高等学校规划教材·电子、通信与自动控制技术

随机信号分析

（第 2 版）

马 艳 王新宏 编著

西北工业大学出版社
西安

【内容简介】 本书共分7章,主要内容包括概率论基础,随机信号的时域分析,随机信号的谱分析,随机信号通过线性系统,窄带随机过程,随机信号通过非线性系统,马尔可夫过程、独立增量过程及独立随机过程,等等,每章都附有相应数量的MATLAB仿真例子和习题。

本书强调对基本概念和物理含义的理解,注重基本理论、分析方法与工程实践相结合,通过结合信号处理领域的典型实例的分析,以加深对基本理论与分析方法的理解和应用。

本书可作为高等院校电子信息类专业高年级本科生和研究生教材,亦可供相关领域的科研和工程技术人员参考。

图书在版编目(CIP)数据

随机信号分析 / 马艳,王新宏编著. — 2 版. — 西安 : 西北工业大学出版社,2022.12
高等学校规划教材. 电子、通信与自动控制技术
ISBN 978 - 7 - 5612 - 8566 - 4

Ⅰ. ①随… Ⅱ. ①马… ②王… Ⅲ. ①随机信号-信号分析-高等学校-教材 Ⅳ. ①TN911.6

中国版本图书馆 CIP 数据核字(2022)第 224818 号

SUIJI XINHAO FENXI (DI-2 BAN)
随 机 信 号 分 析 (第2版)
马艳　王新宏　编著

责任编辑:李阿盟　刘　敏	策划编辑:何格夫
责任校对:李阿盟	装帧设计:李　飞

出版发行:西北工业大学出版社
通信地址:西安市友谊西路 127 号　　邮编:710072
电　　话:(029)88491757,88493844
网　　址:www.nwpup.com
印 刷 者:陕西向阳印务有限公司
开　　本:787 mm×1 092 mm　　　1/16
印　　张:16.25
字　　数:426 千字
版　　次:2014 年 10 月第 1 版　2022 年 12 月第 2 版　2022 年 12 月第 1 次印刷
书　　号:ISBN 978 - 7 - 5612 - 8566 - 4
定　　价:68.00 元

第 2 版前言

随机信号分析是研究随机信号的特点和分析方法的理论,是信号处理的基础理论之一。随机信号与确定信号一样,是雷达、声呐、通信、语音信号处理、图像信号处理、自动控制、随机振动、气象预报、生物医学、地震信号处理等领域必须涉及的信号形式,因此随机信号分析广泛应用于上述领域。

随机信号分析是电子、信息、控制等专业的主要专业基础课之一,是信号检测与估计、自适应滤波、通信原理等信号处理类课程的先修课程。在信号与系统课程中学生已经系统地学习了确定信号的特性和分析方法,随机信号分析课程旨在使学生建立随机信号的观念,认识到绝大多数的信号处理领域研究的问题都是针对随机信号的,培养学生采用统计思维来认识问题、研究问题的能力,在此基础上,使学生全面、系统地掌握随机信号的基本概念、物理含义和分析方法。

本书第 1 版于 2014 年出版,是工业和信息化部"十二五"规划教材,第 2 版是在保持第 1 版整体内容和特色不变的基础上,进一步结合笔者多年讲授随机信号分析课程的体会和学生反馈修订而成的。考虑到初学者对随机信号分析这门课程往往感觉到抽象、模糊、难懂,许多人常常停留在理论层面,而在实际科研和工程实践中却感到无从下手,因此在本次修订中,着重增加了许多仿真例子和练习,加大了随机信号仿真内容以及对实际信号处理方法的介绍,这些计算实例都是在 MATLAB 环境下的程序。MATLAB 是面向科学计算的编程语言,因其强大功能、可视化计算、简捷方便而广泛应用于工程领域。相信本书对初学随机信号的学生、需要进行随机信号仿真实验的研究生和相关科研工作者都会有所帮助。

全书共分 7 章。第 1 章概率论基础,归纳了后续章节要用到的概率论的基础知识。第 2 章引入了随机信号和相关理论的概念,讲述了随机信号时域分析中常用的数字特征,以及工程应用中重要的平稳随机过程、各态历经过程的概念和特性。第 3 章讲述了随机信号的频域分析方法,以及时域和频域的关系。第 4、6 章讲述了随机信号通过线性系统和非线性系统后输出端的统计特性和分析方法。第 5 章讲述了窄带随机信号的特性和分析方法。第 7 章讲述了马尔可夫过程、独立增量过程和独立随机过程等。

本书第 1,6,7 章由马艳编写,第 2～5 章由王新宏编写,书中的 MATLAB 数值仿真内容由马艳修订完成。

在编写本书的过程中,笔者参阅了大量参考资料和文献,在此向这些资料和文献的作者表示衷心感谢。

由于水平有限,难免有错误和疏漏之处,敬请读者批评指正。

编著者

2022 年 8 月

第1版前言

随机信号分析主要研究随机信号的特点和分析方法,是信号处理的基础理论之一,广泛应用于雷达、声呐、通信、语音信号处理、图像信号处理、自动控制、随机振动、气象预报、生物医学、地震信号处理等领域。随着信息技术的发展,随机信号分析的理论和应用将日益广泛和深入。

随机信号分析课程是电子信息类专业的专业基础课,是信号检测与估计、自适应滤波等信号处理类课程的基础。在学习本课程之前,学生已经系统地学习了确定信号的特性和分析方法,设置本课程的目的是使学生建立随机信号的观念,认识到绝大多数的信号处理领域研究的问题都是针对随机信号的,培养学生采用统计思维认识、研究问题的能力。在此基础上,学生能够全面、系统地掌握随机信号的基本概念、物理含义和分析方法。

随机信号分析是一门将数学与实际工程应用相结合的课程,它采用统计学的方法研究信号分析的问题。初学者常常会陷入两种状况:一种是将这门课程当作数学课,不注重对基础概念的物理含义的理解,不注重与实际问题相联系,死记硬背概念和公式;另一种是迟迟建立不起随机信号的观念,不习惯用统计的方法来研究问题,总是用确定信号的方法来看待随机信号的问题。

本书是笔者在多年讲授随机信号分析课程及指导学生论文工作的基础上,参考了目前同类教材的长处,结合教学体会和科研经验编写的。针对初学者容易遇到的问题,本书在内容的编排和讲解上,强调对基本概念和物理含义的理解,注重基础理论、分析方法与工程实践相结合,在基本概念、分析方法的讲述中,结合对信号处理领域的典型实例的分析,加深对基础理论与分析方法的理解和应用。本书还在内容上做了相应的加深和拓展,引入了高阶累积量、高阶谱等相对较新的内容。

在使用本书时,读者应时刻意识到这是一门专业基础课,而不是一门数学课,数学工具的运用是为了解决工程应用问题。因此,在学习时,读者要注重数学公式的物理含义的理解,注重数学推导过程的方法、结果和结论的理解,明白数学公式是要表达某个物理量,以及与这个物理量有关的因素,明白数学推导的目的是为了得到某个工程应用需要的结果或结论,以及为得到这个结果或结论而采用的方法。在学习时,读者不要对数学公式和数学推导过程死记硬背,更不必深究其数学推导的严密性，而重在结合实际问题，加强基本概念和物理含义的理解，以及分析问题的思路和方法的掌握。

全书共分 7 章。第 1 章概率论基础，归纳了后续章节要用到的概率论的基础知识。第 2 章引入了随机信号和相关理论的概念，讲述了随机信号时域分析中常用的数字特征，以及工程应用中重要的平稳随机过程、各态历经过程的概念和特性。第 3 章讲述随机信号的频域分析方法，以及时域和频域的关系。第 4 章和第 6 章讲述了随机信号通过线性系统和非线性系统后输出端的统计特性和分析方法，第 5 章讲述了窄带随机信号的特性和分析方法。第 7 章讲述了实际中可能遇到的马尔可夫过程、独立增量过程和独立随机过程等。

在使用本书之前，读者应具有微积分、概率论、电路基础、信号与系统和数字信号处理等基础知识。

本书第 2~5 章由王新宏编写，第 1,6,7 章由马艳编写。在编写过程中，硕士生张娜、年华做了大量的文字录入、编程和图形绘制工作，在此一并表示感谢。

由于水平有限，书中难免有错误和疏漏之处，敬请读者批评指正。

编著者

2014 年 7 月

目　　录

第1章 概率论基础

概率论是研究随机信号分析的基础,本章将简单介绍概率论的相关知识,为后续章节的学习奠定基础。如果学过概率论课程,可以直接跳过本章。

本章的内容主要包括概率简述、条件概率与统计独立、随机变量与概率分布、随机变量的函数变换、统计平均、特征函数、多维正态随机变量、复随机变量及其统计特性及随机变量的仿真。

1.1 概 率 简 述

自然界和社会上发生的各种现象可以粗略地划分成两类。有一类现象是在一定条件下必然发生的,称之为确定性现象。微积分学、线性代数等就是研究这类现象的数学工具。另有一类现象,在相同条件下进行多次重复试验,每次试验的可能结果不止一个,而试验前也不能准确地预言它的结果,即呈现出不确定性。这类现象,虽然在个别试验中呈现出不确定性,但在大量重复试验中,却呈现出某种规律性——统计规律性,这类现象称为随机现象。概率论与数理统计就是研究随机现象统计规律性的数学工具。

1.1.1 概率

在概率论中,把具有以下 3 个特性的试验称为随机试验:①可以在相同条件下重复进行;②每次试验的可能结果不止一个,并能事先确定试验的所有可能结果;③每次试验前不能确定哪个结果会出现。

在随机试验中,对一次试验可能出现也可能不出现的事情称为随机事件(简称事件)。每个可能出现的结果都是一个随机事件,它们是这个试验最简单的随机事件,称为基本事件。把随机试验所有基本事件(可能结果)组成的集合,叫作试验的样本空间,记为 S。一个事件可以是样本空间中的一个元素,也可以是一些可能结果的集合。亦即 S 中的每一事件是 S 的子集。

在大量实践中发现,尽管随机事件的发生与否是偶然的、变化的,但每一个随机事件发生的"可能性大小"却是固定不变的。为了在数量上比较各个事件出现的可能性的大小,用数字 $P(A)$ 来表示事件 A 出现的可能性,并称 $P(A)$ 为事件 A 的概率。$P(A)$ 大,则表示 A 出现的可能性大;$P(A)$ 小,则表示 A 出现的可能性小。不过,当重复试验次数不多时,事件出现的频率有明显的随机性,一组试验与另一组试验的结果会不相同。只有当试验次数增多时,事件出现的相对频率才逐渐减小随机性,趋于稳定。

可以证明:在相当广泛的条件下,当试验次数 n 无限增加时,在一定意义下,事件 A 出现的频率趋近于事件 A 出现的概率,即

$$\lim_{n \to \infty} \frac{n_A}{n} \to P(A) \tag{1.1}$$

式中，n_A 是事件 A 出现的次数。

现在给出度量事件出现可能性大小的公理化定义。

定义 1.1 设 S 是随机试验的样本空间，对于试验中的每一事件 A 赋予一个实数，记为 $P(A)$，如果它满足条件：

1）对于每一事件 A 有 $0 \leqslant P(A) \leqslant 1$；

2）$P(S) = 1$；

3）对于两两互不相容的事件 $A_k(k=1,2,\cdots,n)$，有

$$P(A_1 \bigcup A_2 \bigcup \cdots \bigcup A_n) = P(A_1) + P(A_2) + \cdots + P(A_n) \tag{1.2}$$

则称 $P(A)$ 为事件 A 的概率。

1.1.2 条件概率

1. 条件概率的定义

条件概率所涉及的是一个事件在另一个事件发生后的知识。

定义 1.2 设 A,B 为随机试验的两个事件，且 $P(A) > 0, P(B) > 0$，分别为事件 A,B 发生的概率，称

$$P(B \mid A) = \frac{P(AB)}{P(A)} \tag{1.3}$$

为事件 A 发生条件下事件 B 发生的条件概率，$P(AB)$ 为事件 A,B 同时发生的概率，类似地有

$$P(A \mid B) = \frac{P(AB)}{P(B)} \tag{1.4}$$

为事件 B 发生条件下事件 A 发生的条件概率。

2. 概率的乘法定理

设 $P(A) > 0$，则

$$P(AB) = P(B \mid A)P(A) \tag{1.5}$$

利用这个定理可以计算两个事件 A,B 同时发生的概率 $P(AB)$。

3. 全概率公式

设试验的样本空间为 S，A 为试验的一个事件，$B_1, B_2, \cdots, B_n$ 为 S 的一个划分，且 $P(B_i) > 0(i=1,2,\cdots,n)$，则

$$P(A) = P(A \mid B_1)P(B_1) + P(A \mid B_2)P(B_2) + \cdots + P(A \mid B_n)P(B_n) =$$

$$\sum_{i=1}^{n} P(A \mid B_i)P(B_i) \tag{1.6}$$

全概率公式可用来解决这样一类问题：直接计算 $P(A)$ 困难，但能找到 S 的一个划分 B_1，$B_2, \cdots, B_n$，且能求得 $P(B_i)$ 及 $P(A \mid B_i)(i=1,2,\cdots,n)$，此时就可用全概率公式求得 $P(A)$。

4. 贝叶斯(Bayes) 公式

设 $B_1,B_2,\cdots,B_n$ 为样本空间 S 的一个划分，且 $P(B_i)>0\ (i=1,2,\cdots,n)$。对于任一事件 $A,P(A)>0$，由乘法定理 $P(AB_i)=P(B_i\mid A)P(A)=P(A\mid B_i)P(B_i)$ 及全概率公式 $P(A)=\sum\limits_{i=1}^{n}P(A\mid B_i)P(B_i)$，即得

$$P(B_i\mid A)=\frac{P(A\mid B_i)P(B_i)}{\sum\limits_{i=1}^{n}P(A\mid B_i)P(B_i)} \tag{1.7}$$

式(1.7) 称为贝叶斯公式。

贝叶斯公式可用来解决这样一类问题：事件 A 可以在不同条件 $B_1,B_2,\cdots,B_n$ 下实现，并在已知 $P(B_i)$ 及 $P(A\mid B_i)\ (i=1,2,\cdots,n)$ 的情况下，当一次试验中已观察到 A 发生时，求与 A 发生相联系的某一假设事件 B_i 发生的概率 $P(B_i\mid A)$。

通常把观察前分析计算得到的概率 $P(B_i)$ 称为先验概率，而把观察到 A 发生后，按贝叶斯公式计算得到的条件概率 $P(B_i\mid A)$ 称为后验概率。

1.1.3　统计独立性

设 A,B 为随机试验的两个事件，若 $P(A)>0$，可以定义 $P(B\mid A)$，一般情况下，$P(B\mid A)\neq P(B)$，即 A 的发生对于 B 发生的概率有影响。只有当 $P(B\mid A)=P(B)$ 时，才可以认为这种影响不存在。此时，由条件概率定义可导出：

$$P(AB)=P(A)P(B\mid A)=P(A)P(B) \tag{1.8}$$

这就是说，其中一个事件的发生并未提供另一事件发生概率的信息，这样两个事件称为统计独立的。式(1.8) 也就是两事件相互独立的定义式。

式(1.8) 还可以推广到 n 个相互独立事件的情况。设 A,B,C 是 3 个事件，若满足

$$\left.\begin{array}{l}P(AB)=P(A)P(B)\\P(BC)=P(B)P(C)\\P(AC)=P(A)P(C)\end{array}\right\} \tag{1.9}$$

$$P(ABC)=P(A)P(B)P(C) \tag{1.10}$$

则称 A,B,C 为相互独立的事件。若只满足式(1.9)，而不满足式(1.10)，则称 3 个事件 A,B,C 两两相互独立。

1.2　随机变量与概率分布

1.2.1　随机变量

一次随机试验有许多种可能的结果。有些随机试验的各种结果与某一数值相联系，而另一些试验，其可能的各种结果往往和数值没有直接的联系，但可以规定一些数值来表示它的各

个可能结果。如掷一枚硬币,可规定"1"表示出现正面,"0"表示出现反面。于是,总可以用一个变量 X 来定量地表示随机试验的结果。换言之,随机试验的各个可能结果,可通过 X 可能取的数值定量地表示出来,这个变量就称作随机变量。显然随机变量可能取值的范围是由它所对应的那个随机试验来决定的,而且在试验前就已知。但在试验前无法准确预言随机变量将取什么值,只能知道以多大概率分别取这些值。对应一次试验结果,随机变量取唯一的确定值。下面给出随机变量的定义。

定义 1.3 设随机试验的样本空间 $S=\{\zeta\}$,如果对于每一个 $\zeta \in S$ 有一实数 $X(\zeta)$ 和它对应,这样就得到一个定义在 S 上的实值单值函数 $X(\zeta)$,称 $X(\zeta)$ 为随机变量。

本书将以大写英文字母 X,Y 表示随机变量,用相应的小写字母 x,y 表示随机变量的可能取值。随机变量概念的引入使概率论的研究对象由具体事件抽象为随机变量,使人们有可能利用数学分析的方法去研究随机试验。

有些随机变量,其全部可能取到的值是有限个或者可列无限多个,这种随机变量称为离散型随机变量;否则就是连续型随机变量。连续型随机变量有无限多个可能值,且连续地占据着整个取值区间。

1.2.2 概率分布

1. 离散型随机变量的分布列

为了研究随机变量 X 的统计规律,必须要知道 X 的所有可能取值,以及取每个可能值的概率。把随机变量 X 各可能取值与其相应概率之间的各种不同形式的对应关系,统称为随机变量的分布律。

若离散型随机变量 X 的所有可能取值为 $x_i(i=1,2,\cdots)$,X 取各 x_i 相应的概率为 $p_i(i=1,2,\cdots)$,即 $P\{X=x_i\}=p_i$,则 X 的统计特性可用表 1.1 来表示。

表 1.1 X 的概率分布

X	x_1	x_2	$\cdots$	x_n	$\cdots$
$P(X)$	p_1	p_2	$\cdots$	p_n	$\cdots$

由于 x_i 是 X 的所有可能取值,而且 X 取某一值时不能同时取另一值,则有

$$p_1 + p_2 + \cdots + p_n + \cdots = \sum_{i=1}^{\infty} p_i = 1 \tag{1.11}$$

可见,表 1.1 把总量为"1"的概率,分配到各个取值 x_i 上,而且不同的随机变量将有着不同的概率分布,此表称为随机变量的分布列。离散型随机变量的概率分布如图 1.1 所示。

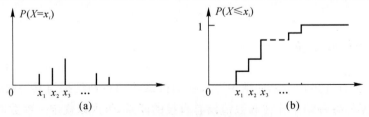

图 1.1 离散型随机变量的概率分布

2. 分布函数

用分布列描述随机变量的统计特性只适用于离散型随机变量。对于连续型随机变量,由于其可能取的值不能一一列举出来,所以不能用分布列来描述;再者,连续型随机变量通常取任一指定值的概率为零,因此转而去研究随机变量的取值落在一个区间内的概率 $P\{x_1 < X \leqslant x_2\}$。

设随机变量 X 为图 1.2 所示 x 轴上随机点的坐标,由图可得

$$P\{X \leqslant x_2\} = P\{X \leqslant x_1\} + P\{x_1 < X \leqslant x_2\} \tag{1.12}$$

故得

$$P\{x_1 < X \leqslant x_2\} = P\{X \leqslant x_2\} - P\{X \leqslant x_1\} \tag{1.13}$$

因此,只需知道 $P\{X \leqslant x_2\}$ 和 $P\{X \leqslant x_1\}$ 就可以了。现在给出随机变量分布函数的定义。

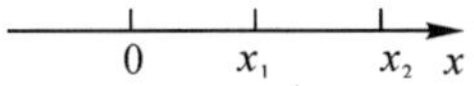

图 1.2　式(1.13)的图解说明

定义 1.4　随机变量 X 取值不超过 x 的概率 $P\{X \leqslant x\}$,称为 X 的分布函数,记为 $F_X(x)$,即

$$F_X(x) = P\{X \leqslant x\} \tag{1.14}$$

式(1.14)表明,只要知道了分布函数 $F_X(x)$,就可获知 X 落在区间 $(-\infty, x]$ 内的概率。因此分布函数 $F_X(x)$ 能够完整地描述随机变量的统计特性。显然,分布函数对连续型和离散型随机变量都适用。

分布函数具有以下性质:

1) 单调不减性,即 $F_X(x)$ 是 x 的单调不减函数。因为 $x_2 > x_1$,故有 $F_X(x_2) - F_X(x_1) = P\{x_1 < X \leqslant x_2\} \geqslant 0$,即 $F_X(x_2) \geqslant F_X(x_1)$。

2) $0 \leqslant F_X(x) \leqslant 1$, $F_X(-\infty) = \lim\limits_{x \to -\infty} F_X(x) = 0$, $F_X(\infty) = \lim\limits_{x \to \infty} F_X(x) = 1$。

3) $F_X(x)$ 右连续,即 $F_X(x+0) = F_X(x)$。

4) 如果 $F_X(x)$ 在 $x = x_i$ 处不连续,则在这一点的矩形等于 $P\{X = x_i\}$。

以上的讨论可以推广到两个随机变量(二维分布)或更多个随机变量(多维分布)的情况。对于两个随机变量 X 和 Y(它们可以是连续的,亦可以是离散的),它们的联合分布函数定义为

$$F_{XY}(x, y) = P\{X \leqslant x, Y \leqslant y\} \tag{1.15}$$

联合分布函数具有以下性质:

1) $F_{XY}(x, y)$ 是 x 或 y 的不减函数,即对于任意固定 y 值,当 $x_2 > x_1$ 时,有 $F_{XY}(x_2, y) \geqslant F_{XY}(x_1, y)$;对任意固定 x 值,当 $y_2 > y_1$ 时,有 $F_{XY}(x, y_2) \geqslant F_{XY}(x, y_1)$。

2) $0 \leqslant F_{XY}(x, y) \leqslant 1$,且对于任意固定 y 值,有 $F_{XY}(-\infty, y) = 0$,对于任意固定 x 值,有 $F_{XY}(x, -\infty) = 0$,并有 $F_{XY}(-\infty, -\infty) = 0$, $F_{XY}(\infty, \infty) = 1$。

3) 二维随机变量 (X, Y) 关于 X 和关于 Y 的边缘分布函数分别为

$$F_X(x) = P\{X \leqslant x\} = P\{X \leqslant x, Y < \infty\} = F_{XY}(x, \infty) \qquad (1.16)$$

换言之，$F_{XY}(x, y)$ 中令 $y \to \infty$ 就能得到 $F_X(x)$；同理可得 $F_{XY}(\infty, y) = F_Y(y)$。

4）$P\{x_1 < X \leqslant x_2, y_1 < Y \leqslant y_2\} = F_{XY}(x_2, y_2) - F_{XY}(x_1, y_2) - F_{XY}(x_2, y_1) + F_{XY}(x_1, y_1) \geqslant 0$。

3. 概率密度函数

随机变量的统计特性还可用分布函数的另一变换形式来描述，这就是概率密度函数。

（1）一维随机变量。若随机变量 X 的分布函数 $F_X(x)$ 存在非负的函数 $f_X(x)$，使得对于任意实数 x，有

$$F_X(x) = \int_{-\infty}^{x} f_X(u) \mathrm{d}u \qquad (1.17)$$

则称 X 为连续型随机变量，称 $f_X(x)$ 为 X 的概率密度函数。式（1.17）也可写成

$$f_X(x) = \frac{\mathrm{d}F_X(x)}{\mathrm{d}x} \qquad (1.18)$$

可见，概率密度函数是分布函数的导数。图 1.3 所示为连续随机变量 X 的概率密度函数 $f_X(x)$ 和分布函数 $F_X(x)$ 的例子。

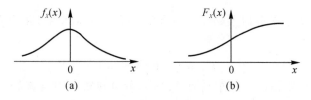

图 1.3 连续随机变量的概率分布

概率密度函数具有以下性质：

1）$f_X(x) \geqslant 0$，由于 $F_X(x)$ 是单调不减函数，所以其导数必是非负的。

2）$\int_{-\infty}^{\infty} f_X(x) \mathrm{d}x = 1$。

3）$\int_{a}^{b} f_X(x) \mathrm{d}x = \int_{-\infty}^{b} f_X(x) \mathrm{d}x - \int_{-\infty}^{a} f_X(x) \mathrm{d}x = F_X(b) - F_X(a) = P\{a < X \leqslant b\}$。

以上的讨论实际是在 X 为连续型随机变量的情况下进行的。利用 δ 函数，则对离散型随机变量亦可用概率密度函数来描述。对于离散型随机变量 X，它的分布函数可表示成

$$F_X(x) = \sum_i P_i U(x - x_i) \qquad (1.19)$$

式中，$U(x)$ 是一个矩形函数，即 $U(x) = \begin{cases} 1, x \geqslant 0 \\ 0, x < 0 \end{cases}$。离散型随机变量 X 的概率密度函数为

$$f_X(x) = \frac{\mathrm{d}F_X(x)}{\mathrm{d}x} = \sum_i P_i \delta(x - x_i) \qquad (1.20)$$

通常，还可能遇到混合型的随机变量，其分布函数由矩形的间断部分和处处连续部分组成。这类随机变量的例子如图 1.4 所示。

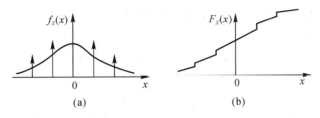

图 1.4　混合型随机变量的概率密度函数与分布函数

(2) 二维随机变量。两个随机变量 X 和 Y,其联合概率密度函数记作 $f_{XY}(x,y)$。对于二维随机变量(X,Y) 的分布函数 $F_{XY}(x,y)$,如果存在非负的函数 $f_{XY}(x,y)$,使得对于任意实数 x,y,有

$$F_{XY}(x,y)=\int_{-\infty}^{y}\int_{-\infty}^{x} f_{XY}(u,v)\mathrm{d}u\mathrm{d}v \tag{1.21}$$

则称(X,Y) 是连续型的二维随机变量,函数 $f_{XY}(x,y)$ 称作二维随机变量(X,Y) 的概率密度函数。显然,式(1.21)也可写成

$$f_{XY}(x,y)=\frac{\partial^{2} F_{XY}(x,y)}{\partial x \partial y} \tag{1.22}$$

联合概率密度函数具有以下性质:

1)$f_{XY}(x,\ y)\geqslant 0$;

2)$\displaystyle\int_{-\infty}^{\infty}\int_{-\infty}^{\infty} f_{XY}(x,y)\mathrm{d}x\mathrm{d}y=F_{XY}(\infty,\infty)=1$;

3)$\begin{cases} F_X(x)=F_{XY}(x,\infty)=\displaystyle\int_{-\infty}^{\infty}\int_{-\infty}^{x} f_{XY}(x,y)\mathrm{d}x\mathrm{d}y \\ F_Y(y)=F_{XY}(\infty,y)=\displaystyle\int_{-\infty}^{y}\int_{-\infty}^{\infty} f_{XY}(x,y)\mathrm{d}x\mathrm{d}y \end{cases}$;

4)$\begin{cases} f_X(x)=\displaystyle\int_{-\infty}^{\infty} f_{XY}(x,y)\mathrm{d}y \\ f_Y(y)=\displaystyle\int_{-\infty}^{\infty} f_{XY}(x,y)\mathrm{d}x \end{cases}$。

$f_X(x)$ 和 $f_Y(y)$ 依次称作二维随机变量(X,Y) 关于 X 和关于 Y 的边缘概率密度函数。

4. 条件分布

将随机事件条件概率的概念引入概率分布问题中,可以得出条件分布函数和条件概率密度函数。

在条件 B 下随机变量 Y 的条件分布函数为

$$F_Y(y \mid B)=P\{Y \leqslant y \mid B\}=\frac{P\{Y \leqslant y,B\}}{P(B)} \tag{1.23}$$

如果事件 B 用随机变量 $X \leqslant x$ 表示,则

$$F_Y(y \mid X \leqslant x)=\frac{P\{X \leqslant x,Y \leqslant y\}}{P(X \leqslant x)}=\frac{F_{XY}(x,\ y)}{F_X(x)} \tag{1.24}$$

事件 B 在 $X=x$ 的情况下,对二维连续型随机变量而言,就不能像以上所述那样,直接由

条件概率的公式引入"条件分布函数"概念,此时要用极限方法来处理。

假设对于任意正数 ε,有

$$P\{x-\varepsilon < X \leqslant x+\varepsilon\} \geqslant 0 \tag{1.25}$$

若极限

$$\lim_{\varepsilon \to 0^+} P\{Y \leqslant y \mid x-\varepsilon < X \leqslant x+\varepsilon\} = \lim_{\varepsilon \to 0^+} \frac{P\{Y \leqslant y, x-\varepsilon < X \leqslant x+\varepsilon\}}{P\{x-\varepsilon < X \leqslant x+\varepsilon\}} \tag{1.26}$$

存在,则称此极限为"在条件 $X=x$ 下,Y 的条件分布函数",记为 $F_Y(y \mid X=x)$ 或 $F_Y(y \mid x)$。
可推导出:

$$F_Y(y \mid x) = \lim_{\varepsilon \to 0^+} \frac{P\{Y \leqslant y, x-\varepsilon < X \leqslant x+\varepsilon\}}{P\{x-\varepsilon < X \leqslant x+\varepsilon\}} = \lim_{\varepsilon \to 0^+} \frac{F(y, x+\varepsilon) - F(y, x-\varepsilon)}{F_X(x+\varepsilon) - F_X(x-\varepsilon)} =$$

$$\frac{\lim_{\varepsilon \to 0^+}\{[F(y, x+\varepsilon) - F(y, x-\varepsilon)]/2\varepsilon\}}{\lim_{\varepsilon \to 0^+}\{[F_X(x+\varepsilon) - F_X(x-\varepsilon)]/2\varepsilon\}} = \frac{\partial F_{XY}(x, y)/\partial x}{\mathrm{d}F_X(x)/\mathrm{d}x} \tag{1.27}$$

或

$$F_Y(y \mid x) = \frac{\displaystyle\int_{-\infty}^{y} f_{XY}(x, v)\mathrm{d}v}{f_X(x)}, \quad f_X(x) \neq 0 \tag{1.28}$$

等号左、右对 y 求导,得

$$f_Y(y \mid x) = \frac{f_{XY}(x, y)}{f_X(x)}, \quad f_X(x) \neq 0 \tag{1.29}$$

$f_Y(y \mid x)$ 称为"在条件 $X=x$ 下,Y 的条件概率密度函数"。

条件概率分布的概念可推广到多维随机变量的情况,用 $f_Y(y_1, y_2, \cdots, y_n \mid x_1, x_2, \cdots, x_m)$ 表示在条件 $X_1=x_1, X_2=x_2, \cdots, X_m=x_m$ 下,$Y_1, Y_2, \cdots, Y_n$ 的条件概率密度函数,于是由上述概念可得

$$f_Y(y_1, y_2, \cdots, y_n \mid x_1, x_2, \cdots, x_m) = \frac{f_{XY}(x_1, x_2, \cdots, x_m, y_1, y_2, \cdots, y_n)}{f_X(x_1, x_2, \cdots, x_m)} \tag{1.30}$$

5. 统计独立

现在用概率密度函数给出随机变量统计独立的条件。由式(1.29),可得

$$f_{XY}(x, y) = f_X(x) f_Y(y \mid x) \tag{1.31}$$

若

$$\left.\begin{array}{l} f_X(x \mid y) = f_X(x) \\ f_Y(y \mid x) = f_Y(y) \end{array}\right\} \tag{1.32}$$

且对所有 x 和 y 取值都成立,则称 X 和 Y 是相互统计独立的随机变量。于是可得 X 和 Y 统计独立的充要条件为

$$f_{XY}(x, y) = f_X(x) f_Y(y) \tag{1.33}$$

推广到多维随机变量的情况,若满足:

$$f_{X_1, X_2, \cdots, X_N}(x_1, x_2, \cdots, x_N) = f_{X_1}(x_1) f_{X_2}(x_2) \cdots f_{X_N}(x_N) \tag{1.34}$$

则随机变量 $X_1, X_2, \cdots, X_N$ 相互统计独立。

1.2.3　几种常用的概率分布

1. 二项式分布

假设进行了 n 次独立试验,每次试验中某事件 A 可以发生或不发生。若 A 在每次试验中发生的概率是 p,则 A 不发生的概率是 $q=1-p$。现在求事件 A 在这 n 次试验中发生 m 次的概率 $P_n(m)$。

如果事件 A 在 n 次独立试验的前 m 次出现,而其余的 $n-m$ 次不出现,那么依概率乘法定理可知,其概率为 $p^m q^{n-m}$。又由于只要求 A 在 n 次试验中出现 m 次,并未限定在前 m 次出现,实际上可以在 n 次中任意组合,这样共可以有 C_n^m 种组合方法。于是有

$$P_n(m)=C_n^m p^m q^{n-m}=\frac{n!}{m!\ (n-m)!}p^m q^{n-m} \tag{1.35}$$

显然,在 n 次独立试验中,事件 A 发生的次数是一个离散型随机变量,将其记为 X。X 可以随机地取从 0 到 n 的任一整数,对应每一整数都有一相应的概率,即

$$P\{X=m\}=P_n(m)=C_n^m p^m q^{n-m},\quad m=0,1,\cdots,n \tag{1.36}$$

因此,它的分布函数为

$$F_X(x)=\begin{cases}0, & x<0 \\ \sum_{m\leqslant x}P_n(m), & 0\leqslant x<n \\ 1, & x\geqslant n\end{cases} \tag{1.37}$$

由于 $P_n(m)$ 等于 $(px+q)^n$ 展开式中 x^m 项的系数,所以式(1.36)所表示的分布称作二项式分布。

图 1.5 给出二项式分布函数 $F_X(x)$ 的图形,可见它是一个阶梯形曲线,在 $0,1,\cdots,n$ 处有矩形,而且对固定的 n 及 p 而言,随着 m 的增大,矩形高度加大,直到出现最大值。

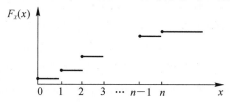

图 1.5　二项式分布函数

二项式分布的数学期望和方差分别为

$$E[X]=np,\quad D[X]=npq \tag{1.38}$$

式中:$E[\cdot],D[\cdot]$ 分别表示随机变量的数学期望和方差,其具体定义见 1.4 节。

2. 泊松(Poisson)分布

在二项式分布中,若试验次数 n 无限增大,同时 p 无限减小(即 $n\to\infty,p\to0$),且 $np=\lambda$ 不变,则在 n 次独立试验中事件 A 发生 m 次的概率可有一近似式,即

$$P\{X=m\}=P_n(m)=\frac{\lambda^m}{m!}e^{-\lambda} \tag{1.39}$$

满足式(1.39)的随机变量 X 为服从泊松分布的随机变量。泊松分布仅取决于参量 λ。知道了 $P_n(m)=P\{X=m\}$，就不难得出泊松分布函数的表达式为

$$F_X(x)=\begin{cases}0, & x<0 \\ \sum_{m\leqslant x}P_n(m), & 0\leqslant x<n \\ 1, & x\geqslant n\end{cases} \tag{1.40}$$

图 1.6 所示为几种不同 λ 值下的分布情况。泊松分布的数学期望和方差分别为

$$E[X]=\lambda, \quad D[X]=\lambda \tag{1.41}$$

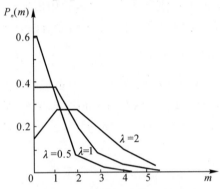

图 1.6　不同 λ 值下的泊松分布

以上所介绍的二项式分布及泊松分布都是离散型随机变量的分布函数。现在介绍几种重要的连续型随机变量分布函数。

3. 正态分布(高斯分布)

正态分布又称高斯分布,在概率论和统计数学中起着重要的作用,是科学技术领域中最常遇到的分布,也是无线电技术领域中(包括噪声理论、信号检测理论、信息理论等)最重要的概率分布,大量的随机现象可以用正态分布描述。同时,正态分布具有许多良好的性质,许多分布可以用正态分布来近似,一些分布可以通过正态分布来导出。因此,无论在理论研究还是在实际应用中,正态分布都十分重要,而且根据正态分布各高阶矩的特点,出现了信号处理的一个重要分支 —— 高阶累积量。

若随机变量 X 的概率密度函数为

$$f_X(x)=\frac{1}{\sqrt{2\pi}\,\sigma}e^{-\frac{(x-m)^2}{2\sigma^2}}, \quad -\infty<x<\infty \tag{1.42}$$

其中, $\sigma>0$, m 与 σ 为常数,则称 X 服从正态分布,记为 $X\sim N(m,\sigma^2)$,相应的分布函数为

$$F_X(x)=\frac{1}{\sqrt{2\pi}\,\sigma}\int_{-\infty}^x e^{-\frac{(\lambda-m)^2}{2\sigma^2}}\mathrm{d}\lambda, \quad -\infty<x<\infty \tag{1.43}$$

特别当 $m=0$, $\sigma=1$ 时,称 X 服从标准正态分布,记为 $X\sim N(0,1)$,有时也称为归一化的正态分布。

正态分布随机变量的期望和方差分别为

$$E[X] = m, \quad D[X] = \sigma^2 \tag{1.44}$$

高斯概率密度函数曲线具有对称的形式,如图 1.7(a) 所示。曲线最大值出现在横坐标轴的 $x = m$ 点上,其纵坐标值等于 $1/(\sigma\sqrt{2\pi})$。曲线在 $x = m \pm \sigma$ 处有拐点,概率密度函数值随着与 m 点的距离加大而逐渐减小,当 $x \to \pm\infty$ 时,曲线逼近横轴。参数 σ 与分布曲线的最大纵坐标值成反比,σ 增大,最大纵坐标值减小。由于概率密度函数曲线所形成的面积是保持为 1 的,所以 σ 越大,曲线就越平坦地伸展在横坐标轴上。反之,σ 越小,曲线就越尖锐(表明随机变量的值落在一个给定区间内的概率越大),如图 1.7(b) 所示。当 m 大小改变时,曲线沿横轴移动,而形状不变,如图 1.7(c) 所示。可见 m 表征了高斯分布曲线的位置,而 σ 描述了分布曲线本身的形状,是曲线的扩散特征。

现在给出高斯(正态)变量的矩。

归一化高斯变量的 n 阶矩为

$$E[X^n] = \frac{1}{\sqrt{2\pi}} \int_{-\infty}^{\infty} x^n \mathrm{e}^{-\frac{x^2}{2}} \mathrm{d}x \tag{1.45}$$

由于高斯分布的概率密度函数是 x 的偶函数,当 n 为奇数时,被积函数为奇函数,积分为零,即当 n 为奇数时,有 $E[X^n] = 0$,当 n 为不小于 2 的偶数时,有 $E[X^n] = 1 \cdot 3 \cdot 5 \cdot \cdots \cdot (n-1) = (n-1)!!$。

这个结果可以通过直接计算相应的积分或对高斯变量的特征函数连续求导得到。这里不作证明,感兴趣的读者可以自己推导或参阅相关文献。

对于均值为 m,方差为 σ^2 的高斯变量 Y 而言,它的 n 阶中心矩为

$$E[(Y - m)^n] = \sigma^n E[X^n] \tag{1.46}$$

式中,$X = (Y - m)/\sigma$ 为归一化高斯变量。于是当 n 为奇数时,有 $E[(Y - m)^n] = 0$;当 n 为不小于 2 的偶数时,有 $E[(Y - m)^n] = 1 \cdot 3 \cdot 5 \cdot \cdots \cdot (n-1)\sigma^n = \sigma^n \cdot (n-1)!!$。

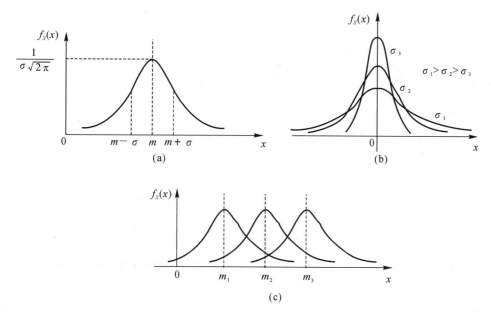

图 1.7　高斯分布的概率密度函数曲线

4. 均匀分布

若随机变量 X 的概率密度函数为

$$f_X(x) = \begin{cases} \dfrac{1}{b-a}, & a < x < b \\ 0, & \text{其他} \end{cases} \tag{1.47}$$

则称 X 在区间 (a,b) 内服从均匀分布。其区间 (a,b) 可出现在 x 轴上任何位置。显然,其分布函数为

$$F_X(x) = \int_{-\infty}^{x} f_X(u)\,\mathrm{d}u = \begin{cases} 0, & x < a \\ \dfrac{x-a}{b-a}, & a \leqslant x < b \\ 1, & x \geqslant b \end{cases} \tag{1.48}$$

图 1.8 给出了均匀分布随机变量的概率密度函数曲线。均匀分布随机变量的数学期望和方差分别为

$$E[X] = \frac{1}{2}(a+b), \quad D[X] = \frac{1}{12}(b-a)^2 \tag{1.49}$$

均匀分布是常见的概率分布之一,例如从正弦振荡源得到的输出正弦信号,它的初始相位就是在 $(0, 2\pi)$ 内服从均匀分布的随机变量。

5. 瑞利(Rayleigh)分布

瑞利分布是在通信中常遇到的一种分布。例如一般窄带噪声包络的瞬时值和一般衰落信号的包络瞬时值,都是服从瑞利分布的随机变量。

瑞利分布随机变量的概率密度函数为

$$f_X(x) = \begin{cases} \dfrac{x}{\sigma^2}\exp\left(-\dfrac{x^2}{2\sigma^2}\right), & x \geqslant 0 \\ 0, & \text{其他} \end{cases} \tag{1.50}$$

式中,σ 是大于零的常数。$f_X(x)$ 的曲线如图 1.9 所示。

瑞利分布随机变量的数学期望和方差分别为

$$E[X] = \sqrt{\frac{\pi}{2}}\,\sigma, \quad D[X] = \left(2 - \frac{\pi}{2}\right)\sigma^2 \tag{1.51}$$

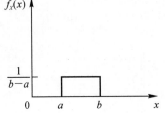
图 1.8　均匀分布的概率密度函数曲线

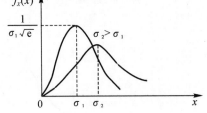
图 1.9　瑞利分布的概率密度函数曲线

6. 对数正态分布

对数正态分布也是较常见的一种概率分布。例如,海浪杂波在一定条件下就呈现为对数

正态分布。

如果随机变量 X 的对数 $\lg X$ 是按正态分布的,那么就称随机变量 X 服从对数正态分布,其概率密度函数为

$$f_X(x) = \frac{1}{x\sigma\sqrt{2\pi}}\exp\left[-\frac{1}{2\sigma^2}(\lg x - m)^2\right], \quad x > 0 \tag{1.52}$$

由式(1.52)可得

$$E[\lg X] = m, \quad D[\lg X] = \sigma^2 \tag{1.53}$$

当 $m=1$,σ 具有不同值时的对数正态分布的概率密度函数曲线如图 1.10 所示。

从式(1.52)可见,对数正态分布的概率密度函数 $f_X(x)$ 完全由 m 和标准离差 σ 两个参量决定。对于正态变量 $\lg X$ 而言可取正值或负值,但对于对数正态随机变量 X 而言只能取正值。由图 1.10 可见,当 $\sigma=0.1$ 时,曲线趋近于正态分布。

7. 韦伯(Weibull)分布

韦伯分布是可靠性理论中的基本分布之一,许多器件的使用寿命(如电子元件或器件的寿命等)都服从这一分布。此外,它还被用作雷达目标的随机起伏模型,海浪杂波在一定条件下也可能呈现这种分布。其概率密度函数表示式为

$$f_X(x) = \gamma x^{\gamma-1}\exp(-x^\gamma), \quad x > 0, \quad \gamma > 0 \tag{1.54}$$

韦伯分布随机变量 X 的 n 阶原点矩、数学期望和方差分别为

$$\left.\begin{array}{l} E[X^n] = \Gamma\left(\frac{n}{\gamma}+1\right) \\[2mm] E[X] = \Gamma\left(\frac{\gamma+1}{\gamma}\right) \\[2mm] D[X] = \Gamma\left(\frac{\gamma+2}{\gamma}\right) - \Gamma^2\left(\frac{\gamma+1}{\gamma}\right) \end{array}\right\} \tag{1.55}$$

式中,$\Gamma(\alpha) = \int_0^\infty x^{\alpha-1}e^{-x}dx$。图 1.11 给出了 γ 分别为 0.5,1.0,1.5,3 时的韦伯分布的概率密度函数曲线。当 $\gamma=1$ 时,韦伯分布呈指数分布;当 $\gamma=3$ 时,韦伯分布趋于正态分布;若以随机变量 $X'/(\sqrt{2}\sigma)$ 代替原来的韦伯随机变量 X,则 $\gamma=2$ 时,X' 呈瑞利分布。

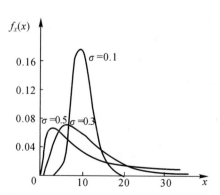

图 1.10 对数正态分布的概率密度函数曲线

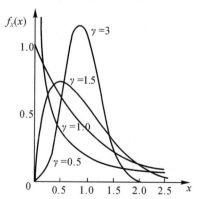

图 1.11 韦伯分布的概率密度函数曲线

8. 指数分布

具有恒定损坏率的器件寿命、排队论中到达服务设施各顾客的到达时间间隔和窄带高斯噪声包络平方的一维概率密度函数都为指数分布,其概率密度函数为

$$f_X(x) = \begin{cases} \dfrac{1}{\beta} e^{-\frac{x}{\beta}}, & x \geqslant 0 \\ 0, & \text{其他} \end{cases} \tag{1.56}$$

其中,$\beta > 0$ 称为比例参数,这种分布记为 $\exp O(\beta)$,它的概率密度函数曲线如图 1.12 所示。它其实是韦伯分布的一种特例(形状参数 $\gamma = 1$,引入比例参数 β)。它的概率分布函数为

$$F_X(x) = \begin{cases} 1 - e^{-\frac{x}{\beta}}, & x \geqslant 0 \\ 0, & \text{其他} \end{cases} \tag{1.57}$$

它的数学期望和方差分别为

$$\left. \begin{array}{l} E[X] = \beta \\ D[X] = \beta^2 \end{array} \right\} \tag{1.58}$$

指数分布是具有无记忆的连续分布,如果 $X_1, X_2, \cdots, X_m$ 是独立的指数分布 $\exp O(\beta)$ 的随机变量,那么 $X_1 + X_2 + \cdots + X_m$ 是 Γ 分布的随机变量。

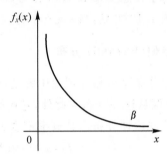

图 1.12　指数分布的概率密度函数曲线

1.3　随机变量的函数变换

在 1.2 节讨论了随机变量的概念及其分布特征。在实际中,还经常会遇到随机变量的函数变换问题,也就是已知随机变量 X 的概率分布,并知 $Y = k(X)$,求随机变量 Y 的概率分布问题,这对于系统理论有着广泛的应用价值。它可以直接应用于随机信号通过无记忆系统的研究,因为这类系统的输入 X 与输出 Y 的关系,可以用公式 $Y = k(X)$ 来表示,这在第 6 章中将作详细讨论。下面着重研究一个和两个随机变量的函数变换问题,然后推广到多个随机变量的情况。

1.3.1　单个随机变量函数的分布

首先讨论一种最简单的情况。假设 Y 和 X 存在单调函数关系,并存在反函数 $X = g(Y)$,如图 1.13 所示。此时,如果 X 位于 $(x_0, x_0 + \mathrm{d}x)$ 这样一个很小的区间内,则 Y 必位于 $(y_0, y_0 + \mathrm{d}y)$ 这样一个相应的区间内,那么这两个事件发生的概率应该相等,即

$$f_Y(y) = f_X(x) \frac{\mathrm{d}x}{\mathrm{d}y} = f_X[g(y)] \dot{g}(y) \tag{1.59}$$

由于概率密度函数不可能取负值，所以$\dfrac{\mathrm{d}x}{\mathrm{d}y}$应取绝对值，即

$$f_Y(y)=f_X[g(y)]|\dot{g}(y)| \tag{1.60}$$

这样，不论$g(y)$是单调增函数[$\dot{g}(y)$是正的]，还是单调减函数[$\dot{g}(y)$是负的]，式(1.60)均成立。

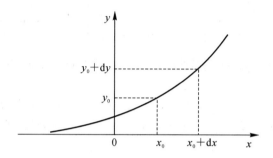

图 1.13　随机变量 X 和 Y 的单调函数关系

例 1.1　设随机变量 X 和 Y 间呈线性关系 $Y=cX+b$，已知随机变量 X 为高斯分布，X 的概率密度函数为 $f_X(x)=\dfrac{1}{\sigma_X\sqrt{2\pi}}\mathrm{e}^{-\frac{(x-m_X)^2}{2\sigma_X^2}}$，求 Y 的概率密度函数。

解　先找出随机变量 X 和 Y 之间的反函数关系为

$$X=g(Y)=\frac{Y-b}{c},\quad |\dot{g}(y)|=\frac{1}{|c|}$$

由式(1.60)，得

$$f_Y(y)=f_X[g(y)]|\dot{g}(y)|=f_X\left(\frac{y-b}{c}\right)\frac{1}{|c|}=$$

$$\frac{1}{|c|\,\sigma_X\sqrt{2\pi}}\mathrm{e}^{-\frac{\left(\frac{y-b}{c}-m_X\right)^2}{2\sigma_X^2}}=\frac{1}{|c|\,\sigma_X\sqrt{2\pi}}\mathrm{e}^{-\frac{[y-(cm_X+b)]^2}{2c^2\sigma_X^2}}$$

可见，高斯变量 X 的线性函数 Y 也是高斯分布的随机变量，其均值为 cm_X+b，方差为 $c^2\sigma_X^2$。

稍微复杂一点的情况是，假定 $X=g(Y)$ 是一个非单调的反函数，并设一个 y 值对应着两个 x 值，$X_1=g_1(Y)$，$X_2=g_2(Y)$，如图 1.14 所示。于是，当 Y 位于$(y_0,y_0+\mathrm{d}y)$区间内时，X 相应地有两种可能性：$x_1<X<x_1+\mathrm{d}x_1$ 和 $x_2<X<x_2+\mathrm{d}x_2$。这样根据概率的加法定理有

$$f_Y(y)\mathrm{d}y=f_X(x_1)\mathrm{d}x_1+f_X(x_2)\mathrm{d}x_2 \tag{1.61}$$

将 x_1,x_2 分别用 $g_1(y)$ 和 $g_2(y)$ 表示，并考虑到概率密度函数不能取负值，故有

$$f_Y(y)=f_X[g_1(y)]|\dot{g}_1(y)|+f_X[g_2(y)]|\dot{g}_2(y)| \tag{1.62}$$

更复杂的情况是一个 y 值对应多个 x 值，如图 1.15 所示。此时可将式(1.62)进一步推广，得

$$f_Y(y)|\mathrm{d}y|=f_X(x_1)|\mathrm{d}x_1|+f_X(x_2)|\mathrm{d}x_2|+f_X(x_3)|\mathrm{d}x_3|+\cdots \tag{1.63}$$

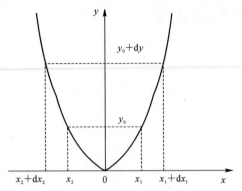

图 1.14 随机变量间的双值函数关系   图 1.15 随机变量间的多值函数关系

例 1.2 设有一个双向平方律设备，输出随机变量 Y 和输入随机变量 X 之间的关系为 $Y = cX^2, c > 0$。已知随机变量 X 是均值为 m_X、方差为 σ_X^2 的高斯变量，求设备输出 Y 的概率密度函数。

解 由于 $y = cx^2$，故有

$$x = \pm\sqrt{\frac{y}{c}}, \quad \left|\frac{dx}{dy}\right| = \frac{1}{2\sqrt{cy}}$$

因为 $c > 0$，随机变量 Y 不可能取负值，所以 $y < 0$ 时必有 $f_Y(y) = 0$。考虑到 $x = g(y)$ 是双值的，故求 $f_Y(y)$ 时可代入式(1.62)进行计算，有

$$f_Y(y) = \begin{cases} \frac{1}{2\sqrt{cy}}\left[f_X\left(\sqrt{\frac{y}{c}}\right) + f_X\left(-\sqrt{\frac{y}{c}}\right)\right], & y \geqslant 0 \\ 0, & y < 0 \end{cases}$$

若令 $m_X = 0$，则高斯随机变量 X 概率密度函数为 $f_X(x) = \frac{1}{\sigma_X\sqrt{2\pi}}e^{-\frac{x^2}{2\sigma_X^2}}$，代入上式中，可得

$$f_Y(y) = \begin{cases} \frac{1}{\sigma_X\sqrt{2\pi cy}}e^{-\frac{y}{2c\sigma_X^2}}, & y \geqslant 0 \\ 0, & y < 0 \end{cases}$$

该式表明高斯随机变量通过一个双向平方律设备以后，其概率密度函数呈 χ^2 分布。其概率密度函数曲线如图 1.16 所示。

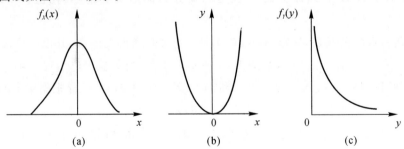

图 1.16 高斯分布与 χ^2 分布的概率密度函数曲线
(a) 高斯概率密度函数；(b) X 与 Y 的函数关系曲线；(c) χ^2 概率密度函数

1.3.2　两个随机变量函数的分布

先讨论两个随机变量的函数分布问题,然后推广到多个随机变量(所指两个或多个随机变量是定义在同一样本空间上)的情况。

设有二维随机变量(X_1, X_2)的概率密度函数为$f_{X_1 X_2}(x_1, x_2)$,现在来求新随机变量

$$\left.\begin{array}{l} Y_1 = k_1(X_1, X_2) \\ Y_2 = k_2(X_1, X_2) \end{array}\right\} \tag{1.64}$$

的二维概率密度函数$f_{Y_1 Y_2}(y_1, y_2)$,k_1和k_2可以是单值变换,也可以是多值变换,这里仅讨论单值变换的情况。若反变换函数为

$$\left.\begin{array}{l} X_1 = g_1(Y_1, Y_2) \\ X_2 = g_2(Y_1, Y_2) \end{array}\right\} \tag{1.65}$$

且X_1, X_2被Y_1, Y_2唯一地确定,则这种变换是单值变换。

从几何意义上说,前面讨论的单个随机变量的单值变换$f_X(x)|dx| = f_Y(y)|dy|$,相当于随机变量X的概率密度函数曲线在dx内的面积等于新随机变量Y的概率密度函数曲线在dy内的面积,这也就是说这两个事件的概率相等。同样地,当二维随机变量(X_1, X_2)和(Y_1, Y_2)为单值变换关系时,新随机变量的概率密度函数$f_{Y_1 Y_2}(y_1, y_2)$构成的曲面在$dS_{y_1 y_2}$内形成的体积,应等于原随机变量的概率密度函数$f_{X_1 X_2}(x_1, x_2)$在$dS_{x_1 x_2}$内形成的体积,即

$$f_{X_1 X_2}(x_1, x_2)|dS_{x_1 x_2}| = f_{Y_1 Y_2}(y_1, y_2)|dS_{y_1 y_2}| \tag{1.66}$$

式中:$dS_{x_1 x_2} = dx_1 dx_2$;$dS_{y_1 y_2} = dy_1 dy_2$。

由图1.17可以进一步从物理意义上来说明。假设A是在X域内的一个任意闭域,B是它在Y域中的映射,那么X点落入A内的概率应等于Y点落入B内的概率。式(1.66)表明了这一含义,由此式可得新变量的二维概率密度函数为

$$f_{Y_1 Y_2}(y_1, y_2) = f_{X_1 X_2}(x_1, x_2)\left|\frac{dS_{x_1 x_2}}{dS_{y_1 y_2}}\right| \tag{1.67}$$

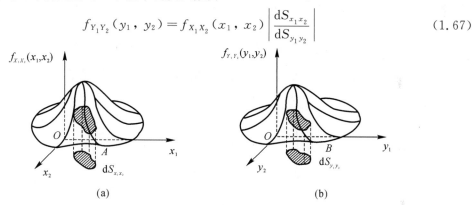

(a)　　　　　　　　　　　　　(b)

图 1.17　二维随机变量的单值变换

在坐标转换中,$dS_{x_1 x_2}$和$dS_{y_1 y_2}$间的变换称为雅可比变换J,关系式为

$$J = \frac{dS_{x_1 x_2}}{dS_{y_1 y_2}} = \frac{\partial(x_1, x_2)}{\partial(y_1, y_2)} = \begin{vmatrix} \dfrac{\partial g_1}{\partial y_1} & \dfrac{\partial g_1}{\partial y_2} \\ \dfrac{\partial g_2}{\partial y_1} & \dfrac{\partial g_2}{\partial y_2} \end{vmatrix} \tag{1.68}$$

于是得

$$f_{Y_1Y_2}(y_1, y_2) = |J|f_{X_1X_2}(x_1, x_2) = |J|f_{X_1X_2}[g_1(y_1, y_2), g_2(y_1, y_2)] \quad (1.69)$$

借助二维随机变量的变换,可以推出两个随机变量的和、差、积、商等一系列有用的公式。下面来求两个随机变量和的分布 $f_Y(y)$。设

$$\left.\begin{array}{l} y_1 = k_1(x_1) = x_1 \\ y_2 = k_2(x_1, x_2) = x_1 + x_2 = y \end{array}\right\} \quad (1.70)$$

其反函数为

$$\left.\begin{array}{l} x_1 = g_1(y_1) = y_1 \\ x_2 = g_2(y_1, y_2) = y_2 - y_1 \end{array}\right\} \quad (1.71)$$

可求得雅可比变换为

$$J = \begin{vmatrix} \dfrac{\partial g_1}{\partial y_1} & \dfrac{\partial g_1}{\partial y_2} \\ \dfrac{\partial g_2}{\partial y_1} & \dfrac{\partial g_2}{\partial y_2} \end{vmatrix} = \begin{vmatrix} 1 & 0 \\ -1 & 1 \end{vmatrix} = 1 \quad (1.72)$$

代入式(1.69)中,得

$$f_{Y_1Y_2}(y_1, y_2) = f_{X_1X_2}(x_1, x_2) = f_{X_1X_2}(y_1, y_2 - y_1) \quad (1.73)$$

于是有

$$f_Y(y) = f_{Y_2}(y_2) = \int_{-\infty}^{\infty} f_{Y_1Y_2}(y_1, y_2)\mathrm{d}y_1 = \int_{-\infty}^{\infty} f_{X_1X_2}(x_1, y - x_1)\mathrm{d}x_1, \quad y = x_2 + x_1$$

$$(1.74)$$

同理,可求得两个随机变量差、积、商的分布律公式为

$$f_Y(y) = \int_{-\infty}^{\infty} f_{X_1X_2}(x_1, y + x_1)\mathrm{d}x, \quad y = x_2 - x_1 \quad (1.75)$$

$$f_Y(y) = \int_{-\infty}^{\infty} f_{X_1X_2}\left(x_1, \frac{y}{x_1}\right)\frac{\mathrm{d}x_1}{|x_1|}, \quad y = x_1 x_2 \quad (1.76)$$

$$f_Y(y) = \int_{-\infty}^{\infty} f_{X_1X_2}(x_1, yx_1)|x_1|\mathrm{d}x_1, \quad y = \frac{x_2}{x_1} \quad (1.77)$$

如果 X_1 和 X_2 是相互独立的随机变量,且概率密度函数分别是 $f_{X_1}(x_1)$ 和 $f_{X_2}(x_2)$,那么上述一系列公式中的 $f_{X_1X_2}(x_1, x_2)$ 均可写成 $f_{X_1X_2}(x_1, x_2) = f_{X_1}(x_1)f_{X_2}(x_2)$,于是式 (1.74)～式(1.77)变为

$$f_Y(y) = \int_{-\infty}^{\infty} f_{X_1}(x_1)f_{X_2}(y - x_1)\mathrm{d}x_1, \quad y = x_1 + x_2 \quad (1.78)$$

$$f_Y(y) = \int_{-\infty}^{\infty} f_{X_1}(x_1)f_{X_2}(y + x_1)\mathrm{d}x_1, \quad y = x_2 - x_1 \quad (1.79)$$

$$f_Y(y) = \int_{-\infty}^{\infty} f_{X_1}(x_1)f_{X_2}\left(\frac{y}{x_1}\right)\frac{\mathrm{d}x_1}{|x_1|}, \quad y = x_1 x_2 \quad (1.80)$$

$$f_Y(y) = \int_{-\infty}^{\infty} f_{X_1}(x_1)f_{X_2}(yx_1)|x_1|\mathrm{d}x_1, \quad y = \frac{x_2}{x_1} \quad (1.81)$$

其中求两个随机变量和的分布律问题在实际中经常遇到,因此式(1.74)和式(1.78)有着重要的实用价值,式(1.78)常称为分布律卷积。

例 1.3 若已知随机变量 X_1, X_2 为高斯分布,其二维概率密度函数为

$$f_{X_1X_2}(x_1,x_2)=\frac{1}{2\pi\sigma_1\sigma_2\sqrt{1-\rho^2}}\exp\left[-\frac{1}{2(1-\rho^2)}\left(\frac{x_1^2}{\sigma_1^2}-\frac{2\rho x_1x_2}{\sigma_1\sigma_2}+\frac{x_2^2}{\sigma_2^2}\right)\right]$$

（1）求随机变量 $Y=\dfrac{X_1}{X_2}$ 的概率密度函数 $f_Y(y)$；

（2）求 $P\left\{\dfrac{X_1}{X_2}\leqslant 0\right\}=F_Y(0)$。

解　（1）令 $y_1=x_1$，$y_2=\dfrac{x_1}{x_2}=y$，反函数为

$$x_1=y_1,\quad x_2=\frac{x_1}{y_2}=\frac{y_1}{y}$$

则有 $|J|=\dfrac{|x_1|}{y_2^2}=\dfrac{|y_1|}{y^2}$，$f_{Y_1Y_2}(y_1,y_2)=f_{X_1X_2}\left(y_1,\dfrac{y_1}{y}\right)\dfrac{|y_1|}{y^2}$。

$$f_Y(y)=f_{Y_2}(y_2)=\int_{-\infty}^{\infty}f_{Y_1Y_2}(y_1,y_2)\mathrm{d}y_1=\int_{-\infty}^{\infty}f_{X_1X_2}\left(y_1,\frac{y_1}{y}\right)\frac{|y_1|}{y^2}\mathrm{d}y_1=$$

$$\int_{-\infty}^{\infty}f_{X_1X_2}\left(x_1,\frac{x_1}{y}\right)\frac{|x_1|}{y^2}\mathrm{d}x_1$$

将 $f_{X_1X_2}(x_1,x_2)$ 代入，得

$$f_Y(y)=\int_{-\infty}^{\infty}\frac{|x_1|}{2\pi\sigma_1\sigma_2 y^2\sqrt{1-\rho^2}}\exp\left[-\frac{x_1^2}{2(1-\rho^2)}\left(\frac{1}{\sigma_1^2}-\frac{2\rho}{y\sigma_1\sigma_2}+\frac{1}{y^2\sigma_2^2}\right)\right]\mathrm{d}x_1=$$

$$\frac{\sqrt{1-\rho^2}\,\sigma_1\sigma_2/\pi}{\sigma_2^2(y-\rho\sigma_1/\sigma_2)^2+\sigma_1^2(1-\rho^2)}$$

（2）先求出

$$F_Y(y)=\int_{-\infty}^{y}f_Y(u)\mathrm{d}u$$

通过积分运算可得

$$F_Y(y)=\frac{1}{2}+\frac{1}{\pi}\arctan\frac{\sigma_2 y-\rho\sigma_1}{\sigma_1\sqrt{1-\rho^2}}$$

于是，得

$$F_Y(0)=P\left\{\frac{X_1}{X_2}\leqslant 0\right\}=\frac{1}{2}-\frac{1}{\pi}\arctan\frac{\rho}{\sqrt{1-\rho^2}}$$

再令 $\alpha=\arctan\dfrac{\rho}{\sqrt{1-\rho^2}}$，如图 1.18 所示，得

$$P\left\{\frac{X_1}{X_2}\leqslant 0\right\}=\frac{1}{2}-\frac{\alpha}{\pi}=\frac{1}{\pi}\left(\frac{\pi}{2}-\alpha\right)=\frac{\beta}{\pi} \tag{1.82}$$

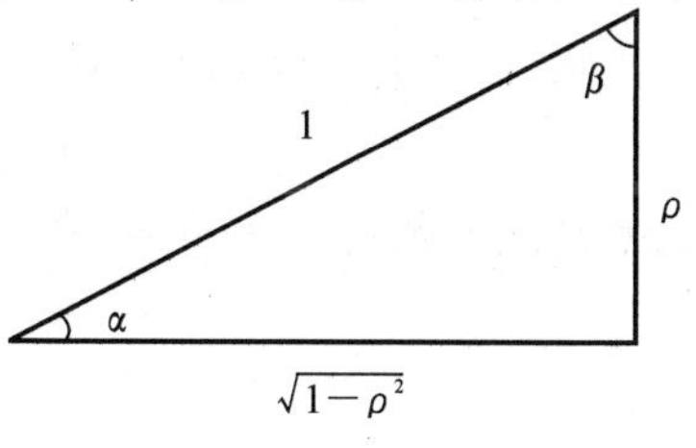

图 1.18　α 的图解说明

最后,再讨论一下多个随机变量的变换问题。上述两个随机变量的函数变换方法,可以很容易地推广到多个随机变量的情况。假设变换是单值的,则有

$$f_Y(y_1, y_2, \cdots, y_N) = f_X(x_1 = f_1, x_2 = f_2, \cdots, x_N = f_N) |J| \tag{1.83}$$

式中,雅可比变换 J 为

$$J = \frac{\partial(x_1, x_2, \cdots, x_N)}{\partial(y_1, y_2, \cdots, y_N)} = \begin{vmatrix} \dfrac{\partial g_1}{\partial y_1} & \dfrac{\partial g_1}{\partial y_2} & \cdots & \dfrac{\partial g_1}{\partial y_N} \\ \dfrac{\partial g_2}{\partial y_1} & \dfrac{\partial g_2}{\partial y_2} & \cdots & \dfrac{\partial g_2}{\partial y_N} \\ \vdots & \vdots & & \vdots \\ \dfrac{\partial g_N}{\partial y_1} & \dfrac{\partial g_N}{\partial y_2} & \cdots & \dfrac{\partial g_N}{\partial y_N} \end{vmatrix} \tag{1.84}$$

当新旧多维随机变量之间为多值变换时,则式(1.83)的等号右边应是每个子域变换之和。

1.4 随机变量的数字特征

1.4.1 随机变量及其函数的数学期望

1. 随机变量的数学期望

对于概率为 $p_{x_k}(k = 1, 2, \cdots)$ 的离散随机变量 X,若级数 $\sum\limits_{k=1}^{\infty} x_k p_{x_k}$ 绝对收敛,则定义 X 的数学期望(又称之为统计平均、集平均或简称均值)为

$$E[X] = \sum_{k=1}^{\infty} x_k p_{x_k} \tag{1.85}$$

式中,$E[\cdot]$ 表示求数学期望(或统计平均)的运算,有时为了书写方便也常采用符号 $\langle \cdot \rangle$ 来表示。求数学期望,实际就是对随机变量的所有可能取值加权求和,而权重是各个值出现的相应概率。

对于概率密度函数为 $f_X(x)(-\infty < x < \infty)$ 的连续随机变量 X,若 $\int_{-\infty}^{\infty} |x| f_X(x) \mathrm{d}x < \infty$,则定义 X 的数学期望为

$$E[X] = \int_{-\infty}^{\infty} x f_X(x) \mathrm{d}x \tag{1.86}$$

例 1.4 若随机变量 X 的概率密度函数为 $f_X(x) = \begin{cases} \dfrac{1}{b} \mathrm{e}^{-\frac{(x-a)}{b}}, & x > a \\ 0, & x < a \end{cases}$,求 X 的数学期望 $E[X]$。

解

$$E[X] = \int_a^{\infty} \frac{x}{b} \mathrm{e}^{-\frac{(x-a)}{b}} \mathrm{d}x = \frac{\mathrm{e}^{\frac{a}{b}}}{b} \int_a^{\infty} x \mathrm{e}^{-\frac{x}{b}} \mathrm{d}x = a + b$$

2. 随机变量函数的数学期望

随机变量数学期望的定义可推广应用到求随机变量 X 实函数的数学期望。设 $Y = k(X)$（k 是连续实函数）。若 X 为离散型随机变量，且 $\sum_{k=1}^{\infty} k(x_k) p_{x_k}$ 绝对收敛，则有

$$E[Y] = E[k(X)] = \sum_{k=1}^{\infty} k(x_k) p_{x_k} \tag{1.87}$$

若 X 为连续型随机变量，且 $\int_{-\infty}^{+\infty} k(x) f_X(x) \mathrm{d}x$ 绝对收敛，则有

$$E[Y] = E[k(x)] = \int_{-\infty}^{\infty} k(x) f_X(x) \mathrm{d}x \tag{1.88}$$

若 Y 的概率密度函数已知为 $f_Y(y)$，显然又有

$$E[Y] = \int_{-\infty}^{\infty} y f_Y(y) \mathrm{d}y \tag{1.89}$$

3. 两个或多个随机变量的函数的数学期望

单个随机变量函数求数学期望的公式又可推广到多个随机变量的情况。假设随机变量 X 和 Y 是离散的，分别有 M 个可能取值 x_m 和 K 个可能取值 y_k，可得 $g(X,Y)$ 的数学期望为

$$E[g(X,Y)] = \sum_{k=1}^{K} \sum_{m=1}^{M} g(x_m, y_k) p_{x_m, y_k} \tag{1.90}$$

若 X 和 Y 为连续型随机变量，且联合概率密度函数为 $f_{XY}(x,y)$，则相应的表示式为

$$E[g(X,Y)] = \int_{-\infty}^{\infty} \int_{-\infty}^{\infty} g(x,y) f_{XY}(x,y) \mathrm{d}x \mathrm{d}y \tag{1.91}$$

对于 N 个随机变量 $X_1, X_2, \cdots, X_N$，其函数为 $g(X_1, X_2, \cdots, X_N)$ 的情况，数学期望为

$$E[g(X_1, X_2, \cdots, X_N)] = \int_{-\infty}^{\infty} \int_{-\infty}^{\infty} \cdots \int_{-\infty}^{\infty} g(x_1, x_2, \cdots, x_N) f_X(x_1, x_2, \cdots, x_N) \mathrm{d}x_1 \mathrm{d}x_2 \cdots \mathrm{d}x_N \tag{1.92}$$

例 1.5　设 $g(X_1, X_2, \cdots, X_N) = \sum_{i=1}^{N} a_i X_i$，式中权重 a_i 为常数。求数学期望 $E[g(X_1, X_2, \cdots, X_N)]$。

解

$$E[g(X_1, X_2, \cdots, X_N)] = E\left[\sum_{i=1}^{N} a_i X_i\right] = \sum_{i=1}^{N} \int_{-\infty}^{\infty} \cdots \int_{-\infty}^{\infty} a_i x_i f_X(x_1, x_2, \cdots, x_N) \mathrm{d}x_1 \mathrm{d}x_2 \cdots \mathrm{d}x_N$$

根据边缘密度函数的公式，每一求和项都可化成

$$\int_{-\infty}^{\infty} a_i x_i f_{X_i}(x_i) \mathrm{d}x_i = E[a_i X_i] = a_i E[X_i]$$

故得

$$E\left[\sum_{i=1}^{N} a_i X_i\right] = \sum_{i=1}^{N} a_i E[X_i]$$

由此可见，随机变量加权求和的均值等于均值的加权和。

1.4.2 条件数学期望

在1.2节中,除了讨论随机变量的分布函数和概率密度函数以外,还讨论了条件分布函数和条件概率密度函数的概念,因此这里自然地会联想到能否类似地引入条件数学期望的概念。

若X,Y为连续随机变量,$f_Y(y\mid x)$是随机变量Y在条件$X=x$下的条件概率密度函数,则积分

$$E[Y\mid X=x]=\int_{-\infty}^{\infty}yf_Y(y\mid x)\mathrm{d}y \tag{1.93}$$

称为Y在条件$X=x$下的条件数学期望。

类似地可推得

$$E[g(Y)\mid X=x]=\int_{-\infty}^{\infty}g(y)f_Y(y\mid x)\mathrm{d}y=\frac{\int_{-\infty}^{\infty}g(y)f_{XY}(x,y)\mathrm{d}y}{f_X(x)} \tag{1.94}$$

$$E[g(X,Y)\mid X=x]=\frac{\int_{-\infty}^{\infty}g(x,y)f_{XY}(x,y)\mathrm{d}y}{f_X(x)}=\int_{-\infty}^{\infty}g(x,y)f_Y(y\mid x)\mathrm{d}y \tag{1.95}$$

由式(1.95)可得

$$E[g_1(X)g_2(Y)\mid X=x]=g_1(x)E[g_2(Y)\mid X=x] \tag{1.96}$$

还应该指出,$E[Y\mid X=x]$是个取决于x的数,而$E[Y\mid X]$则是一个随机变量。它定义为:对于一个给定的实验结果ζ,随机变量X取$X(\zeta)$值,相应的$E[Y\mid X]$的值为$E[Y\mid X=X(\zeta)]$。可以证明,随机变量$E[Y\mid X]$的数学期望等于Y的数学期望,即

$$E\{E[Y\mid X]\}=E[Y] \tag{1.97}$$

证明

$$E\{E[Y\mid X]\}=\int_{-\infty}^{\infty}E[Y\mid X=x]f_X(x)\mathrm{d}x=\int_{-\infty}^{\infty}\int_{-\infty}^{\infty}yf_Y(y\mid x)f_X(x)\mathrm{d}y\mathrm{d}x=$$
$$\int_{-\infty}^{\infty}\int_{-\infty}^{\infty}yf_{XY}(x,y)\mathrm{d}x\mathrm{d}y=\int_{-\infty}^{\infty}yf_Y(y)\mathrm{d}y=E[Y] \tag{1.98}$$

同理,$E[g(X,Y)\mid X]$也是随机变量,并用类似的方法可以证明:

$$E\{E[g(X,Y)\mid X]\}=E[g(X,Y)] \tag{1.99}$$

此外,由式(1.96)可得

$$E[g_1(X)g_2(Y)\mid X]=g_1(X)E[g_2(Y)\mid X] \tag{1.100}$$

由式(1.99)可得

$$E\{E[g_1(X)g_2(Y)\mid X]\}=E[g_1(X)g_2(Y)] \tag{1.101}$$

式(1.99)～式(1.101)的证明,请读者自己完成。

1.4.3 随机变量的矩和方差

对随机变量的函数求数学期望运算的一个重要应用就是计算矩。

1.随机变量的矩

(1)n阶原点矩。对随机变量X的n次幂求统计平均:

$$E[X^n] = \int_{-\infty}^{\infty} x^n f_X(x) \mathrm{d}x \tag{1.102}$$

称为 X 的 n 阶原点矩，常用符号 m_n 表示。

显然：当 $n=0$ 时，有 $m_0=1$；当 $n=1$ 时，有 $m_1=E[X]$，即 X 的数学期望；当 $n=2$ 时，有 $m_2=E[X^2]$，即二阶原点矩，常称作均方值。有时还用到 $E[|X|^n]$，称为 n 阶绝对矩，即

$$E[|X|^n] = \int_{-\infty}^{\infty} |X|^n f_X(x) \mathrm{d}x \tag{1.103}$$

(2) n 阶中心矩。n 阶中心矩是指随机变量 X 相对于均值的 n 阶矩，即

$$E[(X-m_1)^n] = \int_{-\infty}^{\infty} (x-m_1)^n f_X(x) \mathrm{d}x \tag{1.104}$$

常用符号 μ_n 表示。显然一阶中心矩 $\mu_0=0$。在中心矩中最重要的是二阶中心矩，常以 $D[X]$ 或 σ^2 表示，并称之为方差，即

$$D[X] = \sigma^2 = \mu_2 = E[(X-m_1)^2] = \int_{-\infty}^{\infty} (x-m_1)^2 f_X(x) \mathrm{d}x \tag{1.105}$$

它给出了随机变量 X 的取值相对于均值分散程度的度量。它的正二次方根 σ 称为随机变量 X 的标准离差。

方差可以由已知的一、二阶矩求出，即

$$\sigma^2 = E[(X-m_1)^2] = E[X^2 - 2m_1 X + m_1^2] = m_2 - m_1^2 \tag{1.106}$$

有时还用到 $E[|X-m_1|^n]$，称为 n 阶绝对中心矩，即

$$E[|X-m_1|^n] = \int_{-\infty}^{\infty} |X-m_1|^n f_X(x) \mathrm{d}x \tag{1.107}$$

应指出，如果一个随机变量 X，它的各阶矩都存在，那么通过各阶矩就可以充分描述 X 的统计特性。但有的随机变量不满足这个条件，如柯西分布

$$f_X(x) = \frac{\sigma_1 \sigma_2}{\pi(\sigma_1^2 + \sigma_2^2 x^2)} \tag{1.108}$$

它的数学期望就不存在，因为积分 $\int_{-\infty}^{\infty} |x| f_X(x) \mathrm{d}x$ 是发散的。

2. 联合矩

这里讨论多随机变量的联合矩。

(1) 联合原点矩。设连续随机变量 (X,Y) 的联合概率密度函数为 $f_{XY}(x,y)$，定义 X 和 Y 的 $n+k$ 阶联合原点矩 m_{nk} 为

$$m_{nk} = E[X^n Y^k] = \int_{-\infty}^{\infty} \int_{-\infty}^{\infty} x^n y^k f_{XY}(x,y) \mathrm{d}x \mathrm{d}y \tag{1.109}$$

显然：$m_{n0}=E[X^n]$，即 X 的 n 阶原点矩 m_n；$m_{0k}=E[Y^k]$，即 Y 的 k 阶原点矩 m_k；而 m_{02}，m_{20} 以及 m_{11} 是 X 和 Y 的全部二阶矩。此外，$m_{10}=E[X]$，$m_{01}=E[Y]$ 是 X 和 Y 的数学期望，它们是联合概率密度函数 $f_{XY}(x,y)$ "重心"的坐标。在联合原点矩中，m_{11} 非常重要，常用 R_{XY} 表示为

$$R_{XY} = m_{11} = E[XY] = \int_{-\infty}^{\infty} \int_{-\infty}^{\infty} xy f_{XY}(x,y) \mathrm{d}x \mathrm{d}y \tag{1.110}$$

它反映了两个随机变量 X，Y 间的关联程度。

对于 N 个随机变量 X_1，X_2，$\cdots$，X_N 的情况，$(n_1+n_2+\cdots+n_N)$ 阶矩定义为

$$m_{n_1 n_2 \cdots n_N} = E[X_1^{n_1} X_2^{n_2} \cdots X_N^{n_N}] =$$

$$\int_{-\infty}^{\infty} \cdots \int_{-\infty}^{\infty} x_1^{n_1} x_2^{n_2} \cdots x_N^{n_N} f_X(x_1, x_2, \cdots, x_N) \mathrm{d}x_1 \mathrm{d}x_2 \cdots \mathrm{d}x_N \tag{1.111}$$

式中，$n_1, n_2, \cdots, n_N$ 都是正整数。

（2）联合中心矩。连续随机变量 X 和 Y 的 $n+k$ 阶联合中心矩 μ_{nk} 为

$$\mu_{nk} = E[(X-m_X)^n (Y-m_Y)^k] = \int_{-\infty}^{\infty} \int_{-\infty}^{\infty} (x-m_X)^n (y-m_Y)^k f_{XY}(x,y)\mathrm{d}x\mathrm{d}y \tag{1.112}$$

二阶中心矩为

$$\left.\begin{array}{l} \mu_{20} = E[(X-m_X)^2] = \sigma_X^2 \\ \mu_{02} = E[(Y-m_Y)^2] = \sigma_Y^2 \\ \mu_{11} = E[(X-m_X)(Y-m_Y)] = \int_{-\infty}^{\infty} \int_{-\infty}^{\infty} (x-m_X)(y-m_Y) f_{XY}(x,y)\mathrm{d}x\mathrm{d}y \end{array}\right\} \tag{1.113}$$

式中，m_X, m_Y 分别为 X 和 Y 的数学期望。二阶中心矩中 μ_{11} 最为重要，它常用的名称有"协方差""相关矩""二阶混合中心矩"。本书中用符号 C_{XY} 来表示，即

$$C_{XY} = \mu_{11} = E[(X-m_X)(Y-m_Y)] = R_{XY} - m_X m_Y = R_{XY} - E[X]E[Y] \tag{1.114}$$

它同样被用来表征两个随机变量间的关联程度。

X 和 Y 的归一化协方差定义为

$$\rho_{XY} = \frac{E[(X-m_X)(Y-m_Y)]}{\{E[(X-m_X)^2]E[(Y-m_Y)^2]\}^{\frac{1}{2}}} = \frac{C_{XY}}{\sigma_X \sigma_Y} \tag{1.115}$$

ρ_{XY} 又被称为相关系数。相关系数具有以下性质：

1）$|\rho_{XY}| \leqslant 1$。

2）若 X 与 Y 间以概率 1 存在线性关系，亦即满足 $P\{Y=aX+b\}=1$（a,b 为实常数）时有 $|\rho_{XY}|=1$。

最后，给出 N 个随机变量 $X_1, X_2, \cdots, X_N$ 的 $(n_1+n_2+\cdots+n_N)$ 阶联合中心矩为

$$\mu_{n_1 n_2 \cdots n_N} = E[(X_1-m_{X_1})^{n_1}(X_2-m_{X_2})^{n_2}\cdots(X_N-m_{X_N})^{n_N}] =$$

$$\int_{-\infty}^{\infty}\cdots\int_{-\infty}^{\infty}(x_1-m_{X_1})^{n_1}(x_2-m_{X_2})^{n_2}\cdots(x_N-m_{X_N})^{n_N}\cdot$$

$$f_X(x_1,x_2,\cdots,x_N)\mathrm{d}x_1\mathrm{d}x_2\cdots\mathrm{d}x_N \tag{1.116}$$

N 个随机变量的相关矩可由下式给出：

$$c_{x_i x_j} = c_{ij} = \int_{-\infty}^{\infty}\int_{-\infty}^{\infty}(x_i-m_{X_i})(x_j-m_{X_j})f_X(x_i,x_j)\mathrm{d}x_i\mathrm{d}x_j, \quad i,j=1,2,\cdots,N \tag{1.117}$$

对于所有的相关矩和方差可以列成一个矩阵，并记为 $\boldsymbol{C}$，有

$$\boldsymbol{C} = \begin{bmatrix} c_{11} & c_{12} & \cdots & c_{1N} \\ c_{21} & c_{22} & \cdots & c_{2N} \\ \vdots & \vdots & & \vdots \\ c_{N1} & c_{N2} & \cdots & c_{NN} \end{bmatrix} \tag{1.118}$$

称之为多维随机变量的协方差阵。

由于 $c_{ij} = c_{ji}$，即协方差阵中沿主对角线对称的元素都是相等的，所以协方差阵只需写出主对角线以上半面即可，即

$$C = \begin{bmatrix} c_{11} & c_{12} & \cdots & c_{1N} \\ & c_{22} & \cdots & c_{2N} \\ & & \ddots & \vdots \\ & & & c_{NN} \end{bmatrix} \tag{1.119}$$

协方差阵的主对角线由随机变量 $X_1, X_2, \cdots, X_N$ 的方差组成。在 $X_1, X_2, \cdots, X_N$ 互不相关的情况下，除对角线上的元素外都为零，即

$$C = \begin{bmatrix} \sigma_1^2 & 0 & \cdots & 0 \\ & \sigma_2^2 & \cdots & 0 \\ & & \ddots & \vdots \\ & & & \sigma_N^2 \end{bmatrix} \tag{1.120}$$

正如常用相关系数 $\rho_{ij} = \dfrac{c_{ij}}{\sigma_i \sigma_j}$ 代替 c_{ij} 一样，也常用相关矩阵 $\boldsymbol{\rho}$ 代替协方差阵 C 来研究问题。相关矩阵由相关系数组成，即

$$\boldsymbol{\rho} = \begin{bmatrix} \rho_{11} & \rho_{12} & \cdots & \rho_{1N} \\ \rho_{21} & \rho_{22} & \cdots & \rho_{2N} \\ \vdots & \vdots & & \vdots \\ \rho_{N1} & \rho_{N2} & \cdots & \rho_{NN} \end{bmatrix} \tag{1.121}$$

或

$$\boldsymbol{\rho} = \begin{bmatrix} 1 & \rho_{12} & \cdots & \rho_{1N} \\ & 1 & \cdots & \rho_{2N} \\ & & \ddots & \vdots \\ & & & 1 \end{bmatrix} \tag{1.122}$$

1.4.4　相关与统计独立

1. 相关概念

在实际中经常关心一个随机变量对另一个随机变量的依赖情况。将两个随机变量 X 和 Y 的相互依赖关系表示出来的方法之一，就是将两个变量的实验基本结果（可能取值）作为 xy 平面的点画出来，称为 X, Y 的取值散布图，如图 1.19 所示，图中每个样点都是一次观察得到的结果。若 X, Y 互不依赖，则样点将毫无规则地散布在整个 xOy 平面上，如果 X, Y 密切相关，则样点将集中于某一曲线附近，这条曲线称为"回归线"。最简单的依赖形式是线性关系，此时的回归线将是一条直线。在这种情况下，样点沿某一条直线集中，根据 X 的取值就能预测 Y 的取值，即有 $y_p = a + bx$。一般关系式为

$$Y_p = a + bX \tag{1.123}$$

显然 Y_p 并不就是 Y，而是根据 X 的取值所得到的线性相关预测值，而且选取不同的 a, b 值有不同的 Y_p。为此有一个寻求最佳 Y_p 的问题。由于 Y 和 Y_p 都是随机变量，故可用均方误差

衡量,有

$$\varepsilon = E[(Y - Y_p)^2] = E[(Y - a - bX)^2] \qquad (1.124)$$

这样,能使 ε 最小的直线,即能给出最佳预测值 Y_p 的最佳预测线。

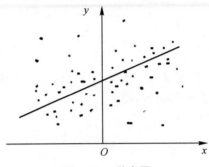

图 1.19　散布图

现在来研究截矩 a 和斜率 b 取何值时能使 ε 达到最小。

将均方误差表示式(1.124)分别对 a 和 b 微分,并令其为零,即

$$\left.\begin{aligned}
\frac{\partial \varepsilon}{\partial a} &= -2E[Y] + 2a + 2bE[X] = 0 \\
\frac{\partial \varepsilon}{\partial b} &= -2E[XY] + 2aE[X] + 2bE[X^2] = 0
\end{aligned}\right\} \qquad (1.125)$$

解出 a,b,得

$$a = E[Y] - E[X] \frac{E[(X - m_X)(Y - m_Y)]}{\sigma_X^2} = m_Y - \frac{\mu_{11}}{\sigma_X^2} m_X \qquad (1.126)$$

$$b = \frac{E[(X - m_X)(Y - m_Y)]}{\sigma_X^2} = \frac{\mu_{11}}{\sigma_X^2} \qquad (1.127)$$

代入式(1.123),并验证其给出的是极小值,从而得到最好的预测直线方程为

$$Y_p = m_Y + \frac{\mu_{11}}{\sigma_X^2}(X - m_X) \qquad (1.128)$$

由式(1.128)可见,最佳预测线通过点 (m_X, m_Y),这条直线可以根据 X 的取值,给出最佳的 Y 预测值。

为了简便,引入归一化随机变量 $\xi = \dfrac{X - m_X}{\sigma_X}$ 和 $\eta_p = \dfrac{Y_p - m_Y}{\sigma_Y}$,代入式(1.128),得

$$\eta_p = \frac{\mu_{11}}{\sigma_X \sigma_Y} \xi \qquad (1.129)$$

式中,$\dfrac{\mu_{11}}{\sigma_X \sigma_Y} = \rho_{XY}$ 正是前面定义的相关系数。显然,相关系数决定着两个随机变量间的线性相关程度。$\rho_{XY} = 0$,则线性不相关;$\rho_{XY} \neq 0$,则其值大小决定着两个变量 ξ, η 间的回归直线的斜率,斜率越小则 η 依赖于 ξ 的程度越弱,斜率越大则依赖程度就越强。

2. 不相关与统计独立

(1)由上述讨论可知,当 $\rho_{XY} = 0$ 时,两个随机变量 X 与 Y 线性不相关,简称为不相关。显然,当 $\rho_{XY} = 0$ 时,有 $C_{XY} = 0$,考虑到 $C_{XY} = R_{XY} - E[X]E[Y]$,则又有

$$R_{XY} = E[XY] = E[X]E[Y] \tag{1.130}$$

于是，满足 $C_{XY}=0$ 或 $E[XY]=E[X]E[Y]$ 时，皆可判定两个随机变量线性不相关。

（2）若随机变量 X 和 Y 相互独立，则它们也必定互不相关，这是因为

$$f_{XY}(x,y) = f_X(x)f_Y(y) \tag{1.131}$$

故得

$$C_{XY} = E[(X-m_X)(Y-m_Y)] = \int_{-\infty}^{\infty}\int_{-\infty}^{\infty}(x-m_X)(y-m_Y)f_{XY}(x,y)\mathrm{d}x\mathrm{d}y =$$

$$\int_{-\infty}^{\infty}(x-m_X)f_X(x)\mathrm{d}x\int_{-\infty}^{\infty}(y-m_Y)f_Y(y)\mathrm{d}y =$$

$$E[X-m_X]E[Y-m_Y] = 0 \tag{1.132}$$

（3）若随机变量 X 和 Y 互不相关，即满足 $\rho_{XY}=0$，则它们不一定相互独立。这是因为相关系数仅仅表征了两个随机变量线性相关的程度，而不能反映它们之间的全部统计关系。

（4）若两个随机变量的联合矩可分解为

$$E[X^nY^k] = E[X^n]E[Y^k] \tag{1.133}$$

则 X 和 Y 统计独立（证明由读者自己完成）。

（5）当随机变量 X 和 Y 之间存在线性函数关系 $Y=aX+b$ 时，则有 $\rho_{XY}=\pm1$；当随机变量 X 和 Y 间存在非线性关系时，X,Y 间不独立，且 $0\leqslant|\rho_{XY}|<1$。

（6）若满足 $R_{XY}=E[XY]=0$，则称随机变量 X 和 Y 正交。

考虑到 $C_{XY}=R_{XY}-E[X]E[Y]$，若有 $C_{XY}=-E[X]E[Y]$，则 X 与 Y 正交。显然，与此同时，若其中 X 或 Y 的均值为零，则有 $C_{XY}=0$。这时正交和不相关是一致的。但是就一般情况而言，当两个随机变量正交时并不能保证它们不相关；反之，两个变量相关也有正交的可能性，甚至当随机变量 Y 与 X 呈线性函数关系 $Y=aX+b$ 时，两个变量也有可能正交。

可以证明，若 $Y=aX+b$ 且 $a\neq0$，则 X 与 Y 总是相关的，若 $a=0$，则它们是不相关的，不过 $a=0$ 的情况没有实际意义。当同时满足 $E[X]\neq0$ 且 a 和 b 间有 $b=-aE[X^2]/E[X]$ 关系时，可证明两个变量是正交的。若 $E[X]=0$，则对于任何 a 值（除去 $a=0$ 以外）X 和 Y 都不可能正交。

例 1.6　已知随机变量 X 的均值、方差分别为 $m_X=3,\sigma_X^2=2$，设随机变量 Y 满足 $Y=-6X+22$，讨论 X 和 Y 的相关性与正交性。

解　一方面，由 $m_X=3,\sigma_X^2=2$，可得

$$E[X^2] = \sigma_X^2 + m_X^2 = 11$$
$$E[Y] = E[-6X+22] = -6E[X]+22 = 4$$
$$R_{XY} = E[XY] = E[-6X^2+22X] = 0$$

可见 X 和 Y 是正交的。

另一方面，若 X 与 Y 不相关，则应满足：

$$E[XY] = E[X]E[Y] = 3\times4 = 12$$

显然，在本题中 $E[XY]=0\neq E[X]E[Y]=12$。

也就是说，X 和 Y 相互正交，但却不是不相关的。

1.4.5　随机变量的特征函数

对于求独立随机变量之和的概率密度函数，以及求随机变量的各阶矩，特征函数都是非常

有效的数学工具,它能使问题的求解大为简化。实际上特征函数的用途还不止于此,从以后章节的问题讨论中我们将会看到,它的应用十分广泛。

1. 特征函数的定义

随机变量 X 的特征函数 $\Phi_X(u)$ 定义为 $\exp(juX)$ 的统计平均,即

$$\Phi_X(u) = E[e^{juX}] \tag{1.134}$$

式中,$j = \sqrt{-1}$。特征函数是实数 u 的函数,$-\infty < u < \infty$。

对于连续型随机变量 X,有

$$\Phi_X(u) = \int_{-\infty}^{\infty} f_X(x) e^{jux} \, dx \tag{1.135}$$

由于概率密度函数 $f_X(x)$ 是非负的,并且对一切实数 u 都有 $|e^{juX}| = 1$,得

$$|\Phi_X(u)| = \left| \int_{-\infty}^{\infty} f_X(x) e^{jux} \, dx \right| \leqslant \int_{-\infty}^{\infty} f_X(x) \, dx = \Phi_X(0) = 1 \tag{1.136}$$

所以,特征函数总是存在的。

同理,对离散型随机变量,其特征函数为

$$\Phi_X(u) = \sum_k e^{juX_k} P_{X_k} \tag{1.137}$$

由于

$$|\Phi_X(u)| = \left| \sum_k P_{X_k} e^{juX_k} \right| \leqslant \sum_k P_{X_k} = \Phi_X(0) = 1 \tag{1.138}$$

所以,对任意随机变量都可以给出它的特征函数,并且即使变量 X 是离散型的,$\Phi_X(u)$ 仍然是 u 的连续函数。

2. 特征函数的性质

(1) 若 $\Phi_X(u)$ 是随机变量 X 的特征函数,则 $Y = qX$ 的特征函数为

$$\Phi_Y(u) = \Phi_X(qu) \tag{1.139}$$

式中,q 为常数。

(2) 若 $Y = aX + b$,a,b 为常数,则

$$\Phi_Y(u) = e^{jbu} \Phi_X(au) \tag{1.140}$$

(3) 相互独立的随机变量和的特征函数,等于各个变量特征函数的乘积。即若 X_1,$X_2,\cdots,X_N$ 是相互独立的随机变量,各具有特征函数 $\Phi_{X_1}(u),\Phi_{X_2}(u),\cdots,\Phi_{X_N}(u)$,则 $Y = \sum_{k=1}^{N} X_k$ 的特征函数为

$$\Phi_Y(u) = E\left[\prod_{k=1}^{N} e^{juX_k} \right] = \prod_{k=1}^{N} E[e^{juX_k}] = \prod_{k=1}^{N} \Phi_{X_k}(u) \tag{1.141}$$

应指出,这种性质只是随机变量独立性的必要特征而不是充分特征,也就是说,各随机变量和的特征函数等于各变量特征函数之积,保证不了这些随机变量是独立的。

3. 逆转公式

前面已经指出,由随机变量 X 的分布函数总可以求得它的特征函数,那么特征函数能否

决定分布函数呢？数学上的逆转公式与唯一性定理给出了肯定回答。唯一性定理指出：分布函数由其特征函数唯一地决定。也就是说，随机变量的分布函数与特征函数之间有着一一对应的关系，因此特征函数同样可以完整地描述一个随机变量。

现在讨论连续随机变量的特征函数与概率密度函数的关系。其关系式为

$$f_X(x) = \frac{1}{2\pi}\int_{-\infty}^{\infty} \Phi_X(u)\mathrm{e}^{-\mathrm{j}ux}\,\mathrm{d}u \tag{1.142}$$

实际上可以把 $\Phi_X(u)$ 看成 $f_X(x)$ 的傅里叶变换（但 u 的符号相反），而 $f_X(x)$ 可由已知的 $\Phi_X(u)$ 经反傅里叶变换（但 x 的符号相反）得到。

例 1.7　随机变量 X_1,X_2 统计独立，且服从高斯分布，概率密度函数分别为 $f_{X_1}(x_1)=\frac{1}{\sqrt{2\pi}}\mathrm{e}^{-\frac{x_1^2}{2}}$，$f_{X_2}(x_2)=\frac{1}{\sqrt{2\pi}}\mathrm{e}^{-\frac{x_2^2}{2}}$，求 $Y=X_1+X_2$ 的概率密度函数。

解　首先求出 X_1,X_2 的特征函数

$$\Phi_{X_1}(u) = \int_{-\infty}^{\infty} \frac{1}{\sqrt{2\pi}}\mathrm{e}^{-\frac{x_1^2}{2}}\mathrm{e}^{\mathrm{j}ux_1}\,\mathrm{d}x_1 = \mathrm{e}^{-\frac{u^2}{2}}$$

$$\Phi_{X_2}(u) = \int_{-\infty}^{\infty} \frac{1}{\sqrt{2\pi}}\mathrm{e}^{-\frac{x_2^2}{2}}\mathrm{e}^{\mathrm{j}ux_2}\,\mathrm{d}x_2 = \mathrm{e}^{-\frac{u^2}{2}}$$

由式(1.141)，得

$$\Phi_Y(u) = \Phi_{X_1}(u)\Phi_{X_2}(u) = \mathrm{e}^{-\frac{u^2}{2}}\mathrm{e}^{-\frac{u^2}{2}} = \mathrm{e}^{-u^2}$$

由式(1.142)，得

$$f_Y(y) = \frac{1}{2\pi}\int_{-\infty}^{\infty} \Phi_Y(u)\mathrm{e}^{-\mathrm{j}uy}\,\mathrm{d}u = \frac{1}{2\pi}\int_{-\infty}^{\infty} \mathrm{e}^{-u^2}\mathrm{e}^{-\mathrm{j}uy}\,\mathrm{d}u = \frac{1}{2\sqrt{\pi}}\mathrm{e}^{-\frac{y^2}{4}}$$

4. 随机变量函数的概率密度函数的确定

特征函数的概念还可被用来求随机变量函数的概率密度函数，且不必算出 $\Phi_X(u)$ 或 $\Phi_Y(u)$。设 $Y=k(X)$，由随机变量函数的数学期望公式可得

$$\Phi_Y(u) = E[\mathrm{e}^{\mathrm{j}uY}] = \int_{-\infty}^{\infty} f_X(x)\mathrm{e}^{\mathrm{j}uk(x)}\,\mathrm{d}x \tag{1.143}$$

当存在变量 $Y=k(X)$ 的变换时，可将式(1.143)的积分写成

$$\Phi_Y(u) = \int_{-\infty}^{\infty} h(y)\mathrm{e}^{\mathrm{j}uy}\,\mathrm{d}y \tag{1.144}$$

考虑到

$$\Phi_Y(u) = \int_{-\infty}^{\infty} f_Y(y)\mathrm{e}^{\mathrm{j}uy}\,\mathrm{d}y \tag{1.145}$$

故有

$$f_Y(y) = h(y) \tag{1.146}$$

这是因为函数可以被它的变换唯一地确定。

采用这种方法的主要困难在于函数关系 $Y=k(X)$ 并不总是一一对应的，这样，式(1.143)不能简单地写成式(1.144)。不过，尽管这种方法有局限性，但它仍有一定的价值，因为它能使某些问题的求解得到简化。

5. 利用特征函数求随机变量的矩

首先取特征函数对 u 的导数：

$$\frac{\mathrm{d}\Phi_X(u)}{\mathrm{d}u} = \mathrm{j}\int_{-\infty}^{\infty} x f_X(x) \mathrm{e}^{\mathrm{j}ux} \mathrm{d}x \tag{1.147}$$

若令 $u=0$，则式（1.147）变成

$$\frac{\mathrm{d}\Phi_X(u)}{\mathrm{d}u}\Bigg|_{u=0} = \mathrm{j}\int_{-\infty}^{\infty} x f_X(x) \mathrm{d}x \tag{1.148}$$

右边的积分式实际正是随机变量的一阶矩，即

$$E[X] = \int_{-\infty}^{\infty} x f_X(x)\mathrm{d}x = -\mathrm{j}\frac{\mathrm{d}\Phi_X(u)}{\mathrm{d}u}\Bigg|_{u=0} \tag{1.149}$$

这就表明，由特征函数对 u 求一阶导数，并令 $u=0$，即可得到随机变量 X 的一阶矩。依此类推，由特征函数对 u 取 n 阶导数，并令 $u=0$，则可得 X 的 n 阶矩，即

$$E[X^n] = \int_{-\infty}^{\infty} x^n f_X(x)\mathrm{d}x = (-\mathrm{j})^n \frac{\mathrm{d}^n \Phi_X(u)}{\mathrm{d}u^n}\Bigg|_{u=0} \tag{1.150}$$

利用特征函数求矩的优点在于 $\Phi_X(u)$ 总是存在的，因此只要 $\Phi_X(u)$ 已知，且 $\Phi_X(u)$ 的导数存在，则总能求出各阶矩来，并且计算比较简便。这些对随机变量是连续或离散的情况都是适用的。

上述讨论表明，由特征函数可以求出 n 阶矩。那么由随机变量的各阶矩能否决定特征函数呢？现在来分析这个问题。

若 X 的特征函数 $\Phi_X(u)$ 可以展开成麦克劳林级数，即

$$\Phi_X(u) = \Phi_X(0) + \dot{\Phi}_X(0)u + \ddot{\Phi}_X(0)\frac{u^2}{2!} + \cdots + \Phi_X^{(n)}(0)\frac{u^n}{n!} + \cdots \tag{1.151}$$

式中，$\Phi_X^{(n)}(0) = \dfrac{\mathrm{d}^n \Phi_X(u)}{\mathrm{d}u^n}\bigg|_{u=0}$。式（1.151）可写成

$$\Phi_X(u) = \sum_{n=0}^{\infty} \frac{\mathrm{d}^n \Phi_X(u)}{\mathrm{d}u^n}\Bigg|_{u=0} \frac{u^n}{n!} \tag{1.152}$$

将式（1.150）代入，得

$$\Phi_X(u) = \sum_{n=0}^{\infty} E[X^n] \frac{(\mathrm{j}u)^n}{n!} \tag{1.153}$$

可见，若 X 的特征函数可以展开成麦克劳林级数，则特征函数可以由该随机变量 X 的各阶矩唯一地确定，从而它们也可唯一地决定概率分布。

6. 联合特征函数

两个随机变量 X 和 Y 的联合特征函数定义为

$$\Phi_{XY}(u,v) = E[\exp(\mathrm{j}uX + \mathrm{j}vY)] = \int_{-\infty}^{\infty}\int_{-\infty}^{\infty} f_{XY}(x,y)\mathrm{e}^{\mathrm{j}ux+\mathrm{j}vy}\mathrm{d}x\mathrm{d}y \tag{1.154}$$

式中，u,v 都是实数。此时可将其看作联合概率密度函数的二维傅里叶变换（但 u 和 v 的符号为正）。于是由反傅里叶变换可得

$$f_{XY}(x,y) = \frac{1}{(2\pi)^2}\int_{-\infty}^{\infty}\int_{-\infty}^{\infty} \Phi_{XY}(u,v)\mathrm{e}^{-(\mathrm{j}ux+\mathrm{j}vy)}\mathrm{d}u\mathrm{d}v \tag{1.155}$$

若在式(1.154)中令 $v=0$ 或 $u=0$，则可分别得到 X 或 Y 的特征函数，并称它们为边缘特征函数，即

$$\left.\begin{array}{l} \Phi_X(u)=\Phi_{XY}(u,0) \\ \Phi_Y(v)=\Phi_{XY}(0,v) \end{array}\right\} \tag{1.156}$$

若将联合特征函数对 u 取 n 次，对 v 取 k 次偏导数，即

$$\frac{\partial^{n+k}\Phi_{XY}(u,v)}{\partial u^n \partial v^k}=j^{n+k}\int_{-\infty}^{\infty}\int_{-\infty}^{\infty}x^n y^k e^{jux+jvy}f_{XY}(x,y)\mathrm{d}x\mathrm{d}y \tag{1.157}$$

并令 u 和 v 都等于零，则二重积分成为联合矩，得

$$E[X^n Y^k]=(-j)^{n+k}\left.\frac{\partial^{n+k}\Phi_{XY}(u,v)}{\partial u^n \partial v^k}\right|_{u=0,v=0} \tag{1.158}$$

因此，随机变量 X 与 Y 的各种联合矩 m_{nk}，可以通过联合特征函数连续求导得到。

通过将式(1.154)中 $\Phi_{XY}(u,v)$ 中的指数项展开成幂级数，可以把联合特征函数用各阶联合矩来表示，即

$$\begin{aligned} \Phi_{XY}(u,v)&=\int_{-\infty}^{\infty}\int_{-\infty}^{\infty}\left[\sum_{n=0}^{\infty}\frac{(jux)^n}{n!}\right]\left[\sum_{k=0}^{\infty}\frac{(jvy)^k}{k!}\right]f_{XY}(x,y)\mathrm{d}x\mathrm{d}y= \\ &\sum_{n=0}^{\infty}\sum_{k=0}^{\infty}\frac{(ju)^n}{n!}\frac{(jv)^k}{k!}\int_{-\infty}^{\infty}\int_{-\infty}^{\infty}x^n y^k f_{XY}(x,y)\mathrm{d}x\mathrm{d}y= \\ &\sum_{n=0}^{\infty}\sum_{k=0}^{\infty}E[X^n Y^k]\frac{(ju)^n}{n!}\frac{(jv)^k}{k!} \end{aligned} \tag{1.159}$$

同理，可以给出 N 个随机变量 $X_1,X_2,\cdots,X_N$ 的联合特征函数定义式为

$$\Phi_X(u_1,u_2,\cdots,u_N)=E[\exp(ju_1 X_1+ju_2 X_2+\cdots+ju_N X_N)]=E\left[\exp\left(\sum_{k=1}^{N}ju_k X_k\right)\right] \tag{1.160}$$

现在给出联合特征函数下述几个有用的性质。

（1）关于独立随机变量的情况。当且仅当 N 个随机变量相互统计独立时，有

$$\begin{aligned} \Phi_X(u_1,u_2,\cdots,u_N)&=E\left[\exp\left(\sum_{k=1}^{N}ju_k X_k\right)\right]=E\left[\prod_{k=1}^{N}\exp(ju_k X_k)\right]= \\ &\prod_{k=1}^{N}E[\exp(ju_k X_k)]=\prod_{k=1}^{N}\Phi_{X_k}(u_k) \end{aligned} \tag{1.161}$$

可见，N 个独立随机变量的联合特征函数是它们各自特征函数的乘积。反之，若联合特征函数等于它们各个随机变量特征函数的乘积，则这些随机变量 X_k 必定相互统计独立。

特别应指出，切不可把式(1.161)与式(1.141)相混淆，二式形式上颇为相似，但本质完全不同。式(1.161)是 N 个随机变量的联合特征函数，因此是 N 个变量 $u_1,u_2,\cdots,u_N$ 的函数；而式(1.141)是一个随机变量 $Y=\sum_{k=1}^{N}X_k$ 的特征函数，因此是一个变量 u 的函数。

（2）联合矩公式为

$$m_{n_1,n_2,\cdots,n_N}=E[X_1^{n_1}X_2^{n_2}\cdots X_N^{n_N}]=(-j)^{n_1+n_2+\cdots+n_N}\left.\frac{\partial^{(n_1+n_2+\cdots+n_N)}\Phi_X(u_1,u_2,\cdots,u_N)}{\partial u_1^{n_1}\partial u_2^{n_2}\cdots\partial u_N^{n_N}}\right|_{u_1,u_2,\cdots,u_N=0} \tag{1.162}$$

（3）边缘特征函数为

$$\Phi_{X_1}(u_1) = \Phi_X(u_1, 0, \cdots, 0) \tag{1.163}$$

1.5 多维正态随机变量

1.5.1 二维正态分布

1. 定义

设两个随机变量 X_1, X_2,若它们的联合概率密度函数为

$$f_{X_1 X_2}(x_1, x_2) = \frac{1}{2\pi \sigma_{X_1} \sigma_{X_2} \sqrt{1-\rho^2}} \times$$

$$\exp\left\{-\frac{1}{2(1-\rho^2)}\left[\frac{(x_1-m_{X_1})^2}{\sigma_{X_1}^2} - \frac{2\rho(x_1-m_{X_1})(x_2-m_{X_2})}{\sigma_{X_1}\sigma_{X_2}} + \frac{(x_2-m_{X_2})^2}{\sigma_{X_2}^2}\right]\right\}$$

$$\tag{1.164}$$

其中,$m_{X_1}, m_{X_2}, \sigma_{X_1}^2, \sigma_{X_2}^2, \rho$ 为常数,分别为随机变量 X_1, X_2 的均值、方差和相关系数,则称 X_1, X_2 是联合正态分布的。可见二维联合正态概率密度函数由参数 $m_{X_1}, m_{X_2}, \sigma_{X_1}^2, \sigma_{X_2}^2, \rho$ 确定,如图 1.20 所示。

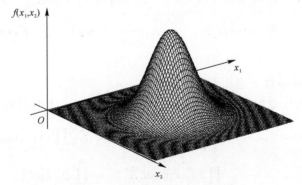

图 1.20 二维正态概率密度函数

可以证明,若 X_1, X_2 是联合正态的,则 X_1, X_2 的边缘分布也是正态的,即

$$f_{X_1}(x_1) = \frac{1}{\sqrt{2\pi}\,\sigma_{X_1}} \exp\left[-\frac{(x_1-m_{X_1})^2}{2\sigma_{X_1}^2}\right] \tag{1.165}$$

$$f_{X_2}(x_2) = \frac{1}{\sqrt{2\pi}\,\sigma_{X_2}} \exp\left[-\frac{(x_2-m_{X_2})^2}{2\sigma_{X_2}^2}\right] \tag{1.166}$$

若 $\rho=0$,即 X_1 和 X_2 是不相关的,则

$$f_{X_1 X_2}(x_1, x_2) = f_{X_1}(x_1) f_{X_2}(x_2) \tag{1.167}$$

故 X_1 和 X_2 也是相互独立的。

二维正态随机变量的特征函数为

$$\Phi_{X_1 X_2}(\omega_1, \omega_2) = E[\exp(j\omega_1 X_1 + j\omega_2 X_2)] =$$

$$\exp\left\{ j(m_{X_1}\omega_1 + m_{X_2}\omega_2) - \frac{1}{2}(\sigma_{X_1}^2 \omega_1^2 + \sigma_{X_2}^2 \omega_2^2 + 2\rho\sigma_{X_1}\sigma_{X_2}\omega_1\omega_2) \right\}$$

$$(1.168)$$

2. 条件分布

$$f_{X_2 | X_1}(x_2 \mid x_1) = \frac{f_{X_1 X_2}(x_1, x_2)}{f_{X_1}(x_1)} =$$

$$\frac{1}{\sqrt{2\pi(1-\rho^2)}\,\sigma_{X_2}} \exp\left\{ -\frac{1}{2(1-\rho^2)\sigma_{X_2}^2}\left[x_2 - m_{X_2} - \frac{\rho\sigma_{X_2}}{\sigma_{X_1}}(x_1 - m_{X_1}) \right]^2 \right\}$$

$$(1.169)$$

条件均值为

$$E(X_2 \mid X_1 = x_1) = m_{X_2} + \frac{\rho\sigma_{X_2}}{\sigma_{X_1}}(x_1 - m_{X_1}) \tag{1.170}$$

条件方差为

$$D(X_2 \mid X_1 = x_1) = (1-\rho^2)\sigma_{X_2}^2 \tag{1.171}$$

如果 $\rho = 0$，即 X_2 与 X_1 不相关，则 $f_{X_2 | X_1}(x_2 \mid x_1) = f_{X_2}(x_2)$。

3. 二维联合概率密度函数的矩阵表示形式

运用矩阵表示形式，不仅可以使二维联合概率密度函数的表示形式变得简洁，而且可以很容易地推广到多维的情况。式(1.164)的二维联合正态概率密度函数可表示为

$$f_X(x) = \frac{1}{2\pi |C|^{\frac{1}{2}}} \exp\left[-\frac{1}{2}(x-m)^{\mathrm{T}} C^{-1}(x-m) \right] \tag{1.172}$$

式中：$x = [x_1 \quad x_2]^{\mathrm{T}}$；$m = [m_{X_1} \quad m_{X_2}]^{\mathrm{T}}$；$C$ 是随机变量 X_1 和 X_2 的协方差矩阵，即

$$C = \begin{bmatrix} E[(X_1 - m_{X_1})^2] & E[(X_1 - m_{X_1})(X_2 - m_{X_2})] \\ E[(X_2 - m_{X_2})(X_1 - m_{X_1})] & E[(X_2 - m_{X_2})^2] \end{bmatrix} = \begin{bmatrix} \sigma_{X_1}^2 & \rho\sigma_{X_1}\sigma_{X_2} \\ \rho\sigma_{X_1}\sigma_{X_2} & \sigma_{X_2}^2 \end{bmatrix}$$

$$(1.173)$$

$|C|$ 是协方差矩阵的行列式，即

$$|C| = (1-\rho^2)\sigma_{X_1}^2 \sigma_{X_2}^2 \tag{1.174}$$

二维特征函数为

$$\Phi_X(\omega) = \exp\left[j m^{\mathrm{T}}\omega - \frac{1}{2}\omega^{\mathrm{T}} C\omega \right] \tag{1.175}$$

式中，$\omega = [\omega_1 \quad \omega_2]^{\mathrm{T}}$。

1.5.2　多维正态随机变量

有了二维正态联合概率密度函数的表达式，可以很容易地推广到多维正态随机变量的情况。设有 n 个随机变量 $X_1, X_2, \cdots, X_n$，若它们的 n 维联合概率密度函数为

$$f_X(x) = \frac{1}{(2\pi)^{\frac{n}{2}} |C|^{\frac{1}{2}}} \exp \left[-\frac{1}{2} (x-m)^{\mathrm{T}} C^{-1} (x-m) \right] \tag{1.176}$$

式中：$x = [x_1 \quad x_2 \quad \cdots \quad x_n]^{\mathrm{T}}$；$m = [m_1 \quad m_2 \quad \cdots \quad m_n]^{\mathrm{T}}$；$C$ 是 n 个随机变量的协方差矩阵，即

$$C = \begin{bmatrix} c_{11} & c_{12} & \cdots & c_{1n} \\ c_{21} & c_{22} & \cdots & c_{2n} \\ \vdots & \vdots & & \vdots \\ c_{n1} & c_{n2} & \cdots & c_{nn} \end{bmatrix} \tag{1.177}$$

其中，$c_{ij} = \mathrm{Cov}(X_i, X_j) = E[(X_i - m_i)(X_j - m_j)]$ $(i, j = 1, 2, \cdots, n)$ 为 X_i 与 X_j 的协方差，则称 $X_1, X_2, \cdots, X_n$ 是联合正态随机变量。

$X_1, X_2, \cdots, X_n$ 的 n 维联合特征函数为

$$\boldsymbol{\Phi}_X(\boldsymbol{\omega}) = E[\exp(\mathrm{j}\omega_1 X_1 + \cdots + \mathrm{j}\omega_n X_n)] = \exp \left[\mathrm{j} m^{\mathrm{T}} \boldsymbol{\omega} - \frac{1}{2} \boldsymbol{\omega}^{\mathrm{T}} C \boldsymbol{\omega} \right] \tag{1.178}$$

式中：$\boldsymbol{\omega} = [\omega_1 \quad \cdots \quad \omega_n]^{\mathrm{T}}$。如果 $X_1, X_2, \cdots, X_n$ 彼此不相关，那么 $c_{ij} = 0 (i \neq j)$，则

$$C = \begin{bmatrix} \sigma_{X_1}^2 & 0 & \cdots & 0 \\ 0 & \sigma_{X_2}^2 & \cdots & 0 \\ \vdots & \vdots & & \vdots \\ 0 & 0 & \cdots & \sigma_{X_n}^2 \end{bmatrix} \tag{1.179}$$

故得

$$f_X(x_1, x_2, \cdots, x_n) = \frac{1}{(2\pi)^{\frac{n}{2}}(\sigma_{X_1} \cdots \sigma_{X_n})} \exp \left[-\sum_{i=1}^{n} \frac{(x_i - m_i)^2}{2\sigma_i^2} \right] = f_{X_1}(x_1) f_{X_2}(x_2) \cdots f_{X_N}(x_n) \tag{1.180}$$

可见，$X_1, X_2, \cdots, X_n$ 是相互独立的，也就是说，对于正态随机变量，不相关与独立等价。

1.5.3 正态随机变量的线性变换

设有一 n 维正态随机向量 $X = [X_1 \quad X_2 \quad \cdots \quad X_n]^{\mathrm{T}}$，定义变换：

$$Y = LX \tag{1.181}$$

式中：$Y = [Y_1 \quad Y_2 \quad \cdots \quad Y_n]^{\mathrm{T}}$；$L = \begin{bmatrix} l_{11} & l_{12} & \cdots & l_{1n} \\ l_{21} & l_{22} & \cdots & l_{2n} \\ \vdots & \vdots & & \vdots \\ l_{n1} & l_{n2} & \cdots & l_{nn} \end{bmatrix}$。则随机向量 Y 的概率密度函数为

$$f_Y(y) = |J| f_X(x) = |J| f_X(L^{-1}y) \tag{1.182}$$

式中：$x = [x_1 \quad x_2 \quad \cdots \quad x_n]^{\mathrm{T}}$；$y = [y_1 \quad y_2 \quad \cdots \quad y_n]^{\mathrm{T}}$；$J$ 为雅可比行列式，有

$$J = \left| \frac{\mathrm{d}X}{\mathrm{d}Y} \right| = |\det(L^{-1})| = \frac{1}{|\det(L)|} \tag{1.183}$$

其中，$\det(L)$ 为 L 的行列式，故得

$$f_Y(y) = \frac{1}{|L|} f_X(L^{-1}y) = \frac{1}{(2\pi)^{\frac{n}{2}} |L| |C|^{\frac{1}{2}}} \exp \left[-\frac{1}{2} (L^{-1}y - m)^{\mathrm{T}} C^{-1} (L^{-1}y - m) \right] =$$

$$\frac{1}{(2\pi)^{\frac{n}{2}}(\mid \boldsymbol{L}\mid^2\mid \boldsymbol{C}\mid)^{\frac{1}{2}}}\exp\left[-\frac{1}{2}(\boldsymbol{y}-\boldsymbol{Lm})^{\mathrm{T}}(\boldsymbol{LCL}^{\mathrm{T}})^{-1}(\boldsymbol{y}-\boldsymbol{Lm})\right]\qquad(1.184)$$

可见,经过式(1.181)的变换后,$\boldsymbol{Y}$ 仍然服从正态分布,其均值为 $\boldsymbol{Lm}$,协方差阵为 $\boldsymbol{LCL}^{\mathrm{T}}$。

1.6　复随机变量及其统计特性

上述介绍的都是实随机变量及其统计特性,在实际中也经常遇到复随机变量的情景。

1.6.1　定义

设有两个实随机变量 X 和 Y,复随机变量 Z 的定义为

$$Z=X+\mathrm{j}Y\qquad(1.185)$$

很显然,Z 的统计特性完全取决于 X 和 Y 的联合统计特性。

1.6.2　数字特征

1. 数学期望

$$m_Z=E[Z]=E[X]+\mathrm{j}E[Y]=m_X+\mathrm{j}m_Y\qquad(1.186)$$

2. 均方值与方差

$$\psi_Z^2=E[Z^*Z]=E[\mid Z\mid^2]=E[X^2]+E[Y^2]=\psi_X^2+\psi_Y^2\qquad(1.187)$$

$$\sigma_Z^2=D[Z]=E[(Z-m_Z)^*(Z-m_Z)]=E[\mid Z-m_Z\mid^2]=D[X]+D[Y]=\sigma_X^2+\sigma_Y^2$$
$$(1.188)$$

可见,复随机变量的均方值和方差都是实数。

3. 协方差

设有两个复随机变量 $Z_1=X_1+\mathrm{j}Y_1$,$Z_2=X_2+\mathrm{j}Y_2$,Z_1 和 Z_2 的协方差为

$$\mathrm{Cov}[Z_1,Z_2]=E[(Z_1-m_{Z_1})^*(Z_2-m_{Z_2})]\qquad(1.189)$$

若 $\mathrm{Cov}[Z_1,Z_2]=0$,则 Z_1 与 Z_2 是不相关的。若 $E[Z_1^*Z_2]=0$,则 Z_1 与 Z_2 是相互正交的。若

$$f(x_1,y_1,x_2,y_2)=f(x_1,y_1)f(x_2,y_2)\qquad(1.190)$$

则 Z_1 与 Z_2 是相互独立的。若 Z_1 与 Z_2 是相互独立的,则必定也是不相关的。

1.7　随机变量的仿真与计算

计算技术的发展和计算机的普及使计算机仿真的应用越来越广泛。尤其是在实际的系统试验消耗人力、物力太多或风险代价太大的情况下,就更能体现出仿真的价值所在。

不论是系统数学模型的建立,还是原始试验数据的产生,最基本的需求是产生一个所需分

布的随机变量。比如在通信与信号处理领域中,电子设备的热噪声、通信信道中的加性噪声、图像中的灰度分布、飞行器高度表接收的地面杂波,甚至机械系统的振动噪声等都是遵循某一分布的随机信号。

在系统仿真的过程中,很多时候需要产生不同分布的随机变量,而随机变量的仿真需要大量的运算。在产生随机变量时,虽然运算量很大,但基本上是简单的重复。利用计算机、单片机或处理器可以很方便地产生不同分布的随机变量,各种分布的随机变量的基础是均匀分布的随机变量。有了均匀分布的随机变量,就可以用函数变换等方法得到其他分布的随机变量。

MATLAB 是由 MathWorks 公司开发的面向科学计算、高度集成的计算机语言。MATLAB 最显著的特点是向量化计算,另外强大功能、可视化计算、简捷方便是它流行的主要原因。MATLAB 的工具箱为不同需求提供了有特色的计算工具或函数,既有通常的数值计算,也有符号运算。Simulink 是 MATLAB 中的一个可视化仿真平台,可以完成连续时间系统和离散时间系统的系统级仿真,既适于线性系统,也适于非线性系统。本书的计算实例都是在 MAT-LAB 环境下的程序,个别程序稍加修改,可以转换成其他语言程序。

需要注意的是,通过计算机仿真生成的随机数并不是真正的随机数,而是"伪随机数",采用合适的算法,可以通过计算机生成非常类似于随机数的"伪随机数序列",这些"伪随机数序列"具有期望的概率分布特性,且重复性非常低,因此被广泛应用于计算机仿真。为描述方便,下文中涉及的"伪随机数"都简称为"随机数"。

1.7.1 常见分布随机数的产生

1. 均匀分布随机数的产生

均匀分布是常见的概率分布之一,例如从正弦振荡器输出的正弦信号,它的初始相位就是在$(0,2\pi)$内服从均匀分布的随机变量。一般来讲,由计算机或处理器产生随机变量时首先要产生均匀分布的随机变量,然后再利用其与均匀分布的关系得到服从相应分布的随机数。常用的计算机语言 BASIC,C 和 MATLAB 都有产生均匀分布随机数的函数可以调用,有的函数可能需要提供种子或初始化。MATLAB 提供的函数 rand()可以产生一个在[0,1]区间分布的随机数,也可以用 rand(M,N)产生 M 行 N 列的随机矩阵,除了 rand 函数外,还可以通过 random('unif',a,b,M,N)产生服从均匀分布的 M 行 N 列的随机矩阵,其中'unif'表示均匀分布,a,b 分别为均匀分布的上下界。

例 1.8 用 MATLAB 编写产生 200 个在(−3,3)区间上均匀分布随机数的程序。

解 (1)利用 rand 函数产生随机数,如图 1-21 所示;

(2)利用 rand(M,N)函数,如图 1-21 所示;

(3)利用 random('unif',a,b,M,N)函数产生,如图 1-21 所示。

```
a = −3;                          %均匀分布区间下限;
b = 3;                           %均匀分布区间上限;
M = 1;                           %均匀分布的行数;
N = 200;                         %均匀分布的样本数;
```

```
%———1.利用 rand()函数
for n = 1:N                        %————循环产生 N 点均匀分布随机数———
    x = rand();                    %产生 1 个在(0,1)区间均匀分布的随机数
    y_dir(n) = x*(b—a)+a,          %将(0,1)区间内均匀分布的随机数变换到(a,b)区间
end


%  2.利用 rand(M,N)函数
x = rand(M,N);                     %———产生 N 个在(0,1)区间均匀分布的随机数
y_rand = (b—a)*x+a;                %将(0,1)区间内均匀分布的随机数变换到(a,b)区间


%——3.利用 random 函数
y_rdm = random('unif',a,b,M,N);   %产生 N 个在(a,b)区间均匀分布的随机数


figure
n = 1:N;
subplot(311),plot(n,y_dir,'ko'),grid on,xlabel('实验次数')
ylabel('随机数'),title('rand()函数')
subplot(312),plot(n,y_rand,'k*'),grid on,xlabel('实验次数')
ylabel('随机数'),title('rand(M,N)函数')
subplot(313),plot(n,y_rdm,'ks'),grid on,xlabel('实验次数')
ylabel('随机数'),title('random 函数')
```

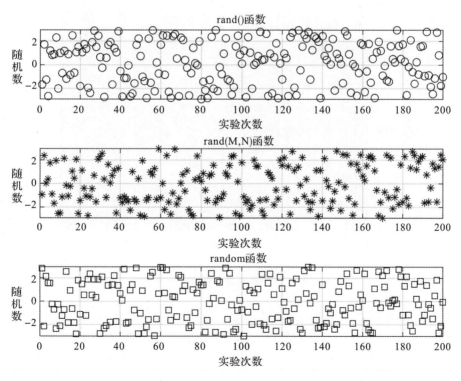

图 1.21　高斯随机数的产生

第 1 种方法程序编写虽然复杂,但原理清楚,很容易转换成其他语言的程序。第 2 种则是利用 MATLAB 向量化的优点,第 3 种是最简单的方法,一个语句完成了分布、分布区间和矩阵大小的设定,也可以用它来产生其他分布的随机数。

在仿真随机变量时,一般用直方图近似表示随机变量的分布。画直方图时先将随机变量的取值区间分为 k 个相等的子区间,然后统计随机数落在所有子区间内的个数,将 k 个子区间落入随机数的个数画成柱图就是直方图。MATLAB 提供了画直方图的函数 hist(X,Y),其中 X 是随机数,Y 是子区间的坐标。采用直方图估计例 1.8 方法产生的 20 000 个均匀分布随机变量的概率密度函数如图 1.22 所示。

```
N=20000;
x = random('unif',-3,3,1,N);        %产生 20000 个在(-3,3)区间均匀分布的随机数
interval = 0.1;
bins = -2.95:interval:2.95;          %将区间分成 30 份;
[yvalues,xvalues]=hist(x,bins);      % 计算 xvalues 和 yvalues.
yvalues=yvalues/N/interval;          % 概率
figure
bar(xvalues,yvalues); % Plot bar graph.
xlabel('x')
```

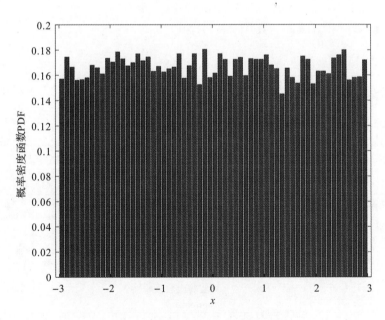

图 1.22　估计的均匀分布概率密度函数

除了产生均匀分布的连续型随机变量,还可以利用 rand()产生的随机数得到均匀分布的离散型随机变量,如对 rand()产生的数进行取整可得到等概率的"0"或者"1",对应于掷硬币实验的"反面"和"正面";对 rand()产生的随机数乘以 6 再向上取整可以得到等概率的 1,2,3,4,5,6,对应于掷骰子实验的结果。

```
coin_flip=round(rand(1))              % 模拟掷硬币实验.
die_toss=ceil(6 * rand(1))            % 模拟掷一个骰子的实验.
dice_toss=ceil(6 * rand(1,2))         % 模拟掷两个骰子的实验.
```

2. 高斯分布随机数的产生

由于高斯变量在工程应用中的重要性,很多随机变量都是基于高斯变量产生的,如 χ^2,指数分布等,所以有必要重点讨论高斯随机数的产生。 常用的有以下两种产生高斯随机数的方法。

（1）变换法:设 X_1 和 X_2 是两个互相独立的均匀分布随机数,那么由下式

$$\left.\begin{array}{l} Y_1 = \sigma\sqrt{-2\ln X_1}\cos(2\pi X_2)+m \\ Y_2 = \sigma\sqrt{-2\ln X_2}\sin(2\pi X_1)+m \end{array}\right\} \tag{1.191}$$

确定的 Y_1 和 Y_2 便是数学期望为 m,方差为 σ^2 的高斯分布随机数,且互相独立。

（2）近似法:依据中心极限定理,n 个在(0,1)区间上均匀分布的互相独立的随机变量 X_i $(i=1,2,\cdots,n)$,当 n 足够大时,其和的分布接近高斯分布。 当然,只要 n 不是无穷大,这个高斯分布就是近似的。 由于近似法避免了开平方和三角函数运算,计算量大大降低。 当精度要求不太高时,近似法还是具有很大应用价值的。 例如(0,1)均匀分布的随机变量 X 近似产生高斯随机数,由于其数学期望和方差分别为 1/2 和 1/12,因此由 n 个不同的 X 相加构成新的随机变量为

$$Y = \frac{\sum_{i=1}^{n}(X_i-1/2)}{\sqrt{n/12}} \tag{1.192}$$

当 n 足够大时,随机变量 Y 为数学期望为 0,方差为 1 的高斯分布随机数,为简便起见,n 取 12。 为了得到均值为 m,标准差为 σ 的高斯分布,需要作变换

$$Z = \sigma Y + m \tag{1.193}$$

例 1.9　用 MATLAB 编写基于变换法产生两个互相独立的高斯变量的函数。
解

```
function [xr,xi]=GaussRandomNumbers_Tr(N,mu,sigma)
    for n=1:N
        a=sqrt(-2.0 * log(rand()));
        b=2 * pi * rand();
        xr(n)=sigma * a * cos(b)+mu;
        xi(n)=sigma * a * sin(b)+mu;
    end
end
```

函数 GaussRandomNumbers_Tr()是基于变换法由服从均匀分布的两个随机变量产生两组互相独立的高斯分布随机数,分别为 xr 和 xi,作为函数的返回值。 形参 N,Mean 和 Variance分别为每组随机数的个数、数学期望和均方差。 在这个函数中,pi 为圆周率,是

MATLAB定义的常数。调用这个函数的主程序为

```
mu = 3;                          %高斯分布的均值；
sigma = 4;                       %高斯分布的标准差；
N = 20000;                       %高斯分布的样本数；
[x1,x2]=GaussRandomNumbers_Tr(N,mu,sigma);
```

返回的两组互相独立的高斯分布随机数分别放在数组 x1 和 x2 中,均值为 3,方差为 16,图 1.23(a)是产生的其中一个随机变量的图,图 1.23(b)是估计的该随机数概率密度函数与均值为 3,方差为 16 的理论 PDF(粗线)的比较,可以看出产生的随机数服从高斯分布。用这种方法产生的两组互相独立的高斯分布随机数,特别适合仿真复随机变量的情况,一组作为复随机变量的实部,另一组作为复随机变量的虚部,且实部与虚部是互相独立的。

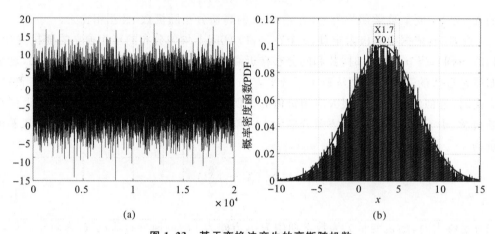

图 1.23　基于变换法产生的高斯随机数

(a)随机数；　(b)随机数的 PDF 与理论 PDF 的比较

例 1.10　用近似法编写一个函数,产生服从 $N(m,\sigma^2)$ 的高斯分布随机数。

解

```
function y = GaussRandomNumbers_Ap(N,mu,sigma)
    for j=1:N
        y(j)=0.0;
        for k=1:12
            x(k)=rand();
            y(j)=y(j)+x(k);
        end
    end
    y = sigma*(y-6)+mu;
end
```

在计算过程中有两重循环,外层循环变量 j 是高斯随机数的序号,内层循环变量 k 是 12

个均匀随机数的序号。每计算一个高斯随机数,需要产生 12 个均匀随机数。产生 N 个$(0,1)$分布随机数之后,再变换数学期望和方差。这个函数也可以利用 MATLAB 向量运算的特点进行简化:

```
function y = GaussRandomNumbers_Ap2(N,mu,sigma)
x = rand(N,12);
y= sum(x,2);
y = sigma * (y-6)+mu;
end
```

除此之外,MATLAB 也提供了三种函数产生高斯随机数:①randn(M,N)产生 M 行 N 列标准高斯分布随机数;②normrnd(mu. sigma,M,N)产生均值为 mu,标准差为sigma的 M 行 N 列高斯分布随机数;③random('Normal',mu,sigma,M,N)产生均值为 mu,标准差为sigma的 M 行 N 列高斯分布随机数。

有了高斯随机变量的仿真方法,就可以利用随机变量与高斯变量的关系产生其他分布随机变量,如瑞利分布、指数分布和 x 分布随机变量。

1.7.2 随机变量数字特征的计算

数字特征是描述随机变量的重要工具,从计算数学期望的式(1.86)中可以看出,需要得到随机变量的所有样本。但事实上,在很多情况下无法得到或不能利用随机变量的全部样本,只能利用一部分样本(子样)来获得随机变量数字特征的估计值。这时,子样的个数 N 就决定了估计的精度。当 N 大时,估计值将依概率收敛于被估计的参数。

1. 均值的计算

设随机数样本序列为$\{x_1,x_2,\cdots,x_N\}$,均值可以通过下式直接计算:

$$m = \frac{1}{N}\sum_{n=1}^{N} x_n \tag{1.194}$$

式中,x_n 为随机数序列中的第 n 个随机数。

另一种方法是利用递推算法,第 n 次迭代的均值即前 n 个随机数的均值为

$$m_n = \frac{n-1}{n}m_{n-1} + \frac{1}{n}x_n = m_{n-1} + \frac{1}{n}(x_n - m_{n-1}) \tag{1.195}$$

迭代结束后,便得到随机数序列的均值

$$m = m_N$$

递推算法的优点是可以实时计算均值,这种方法常用在实时获取数据的场合。

当数据量较大时,为防止计算误差的积累,也可采用

$$m = m_1 + \frac{1}{N}\sum_{n=1}^{N} (x_n - m_1) \tag{1.196}$$

式中,m_1 是取一小部分随机数计算的均值。

2. 方差的计算

计算方差也分为直接法和递推法。方差的直接算法和均值的做法类似：

$$\sigma^2 = \frac{1}{N}\sum_{n=1}^{N}(x_n - m)^2 \ \text{或} \ \sigma^2 = \frac{1}{N}\sum_{n=1}^{N}x_n^2 - m^2 \qquad (1.197)$$

当利用有限字长运算时，前者的运算误差比后者小，而后者可节省运算次数。

方差的递推算法需要同时递推均值和方差：

$$m_n = m_{n-1} + \frac{1}{n}(x_n - m_{n-1})$$

$$\sigma_n^2 = \frac{n-1}{n}\left[\sigma_{n-1}^2 - \frac{1}{n}(x_n - m_{n-1})^2\right] \qquad (1.198)$$

迭代结束后，得到随机数序列的方差为

$$\sigma^2 = \sigma_N^2$$

其他数字特征也可用类似的方法得到。

图 1.24 是用计算机产生的一组均值为零、方差为 1（标准差为 1）的高斯分布随机数。这组随机数共有 2 000 个样本，用式（1.194）和式（1.197）计算的均值和方差分别为 0.027 和 0.989 9。递推计算的均值和方差示于图 1.24 中，图中可以看到均值和方差的起伏。当参与递推计算的随机数个数较少时，递推计算的均值 m 和方差 σ^2 与用式（1.194）和式（1.197）计算的均值 m 和方差 σ 有一定的差距。随着随机数个数的增加，均值和方差分别稳定在均值 m 和方差 σ^2 附近。显然，最终递推计算的均值 m_y 与用式（1.194）计算的结果相同，但递推的方差 0.989 4 存在误差。

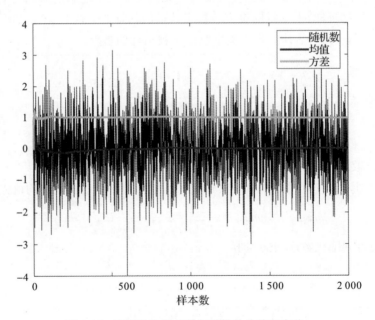

图 1.24 高斯分布随机数与递推的均值和方差

MATLAB 中也提供了计算随机变量数字特征的函数。如果 $y1$ 为一维数组，即 $y1$ 为 $1\times$

N 或 $N×1$ 矩阵，$y2$ 为 $M×N$ 矩阵，均值 mean()和方差 var()函数的使用方法如下：

```
m＝mean(y1)％y1 的均值
d＝var(y1)％y1 的方差
ml＝mean(y2)％按列求均值，ml 是一个 1×N 的数组
m12＝mean(y2,2)％按行求均值，m12 是一个 M×1 的数组
dl＝var(y2)％按列求方差，dl 是一个 1×N 的数组
m2＝mean(mean(y2))％矩阵的均值
d2＝var(var(y2))％矩阵的方差
```

习　题　一

1.1　我方对敌方雷达设备施放干扰，根据以往作战经验可估出措施 α,β,γ 的成功率分别是 0.2,0.3 和 0.4，求恰好只有一种措施干扰成功的概率。如果上述 3 种干扰措施同时采用，敌方雷达被干扰失效的总概率又是多少？

1.2　有 3 个罐子，编号分别为 a,b,c。a 中有两个白球 1 个黑球，b 中有 3 个白球 1 个黑球，c 中有两个白球两个黑球。问从任何一个罐中任掏 1 球恰是白球的概率是多少？

1.3　某高炮排有雷达指挥的高炮与光学仪器指挥的高炮各一门，独立地对一架敌机进行射击，雷达指挥的高炮命中率为 0.9，光学仪器指挥的高炮命中率为 0.2，一次射击后只有一弹射中。求此弹为雷达高炮所射中的概率。

1.4　随机变量 X 的分布函数为 $F_X(x)=\begin{cases}0, & x<0 \\ Ax^2, & 0\leqslant x\leqslant 1 \\ 1, & x>1\end{cases}$。求：

(1)系数 A；

(2)X 落在区间(0.3，0.7)内的概率；

(3)X 的概率密度函数。（提示：请参看分布函数性质）

1.5　随机变量 X 的概率密度函数为 $f_X(x)=\begin{cases}2x, & 0\leqslant x\leqslant 1 \\ 0, & 其他\end{cases}$。求：

(1)$X<\dfrac{1}{2}$ 的概率；

(2)$\dfrac{1}{4}<X<\dfrac{1}{2}$ 的概率。

1.6　随机变量 X 的概率密度函数为(拉普拉斯分布)$f_X(x)=Ae^{-|x|}$，$-\infty<x<\infty$。求：

(1)系数 A；

(2)X 落在区间(0,1)内的概率；

(3)X 的分布函数。

1.7　随机变量 X 的概率密度函数为 $f_X(x)=\begin{cases}1, & 0\leqslant x\leqslant 1 \\ 0, & 其他\end{cases}$。求随机变量 $Y=3X+1$

的概率密度函数。

1.8　随机变量 X 的概率密度函数为 $f_X(x)=\begin{cases}\dfrac{2}{\pi(x^2+1)}, & x>0 \\ 0, & x\leqslant 0\end{cases}$。求随机变量 $Y=\ln X$ 的概率密度函数。

1.9　二维随机变量 (X,Y) 的概率密度函数为

$$f_{XY}(x,y)=\begin{cases}A(R-\sqrt{x^2+y^2}), & x^2+y^2\leqslant R^2 \\ 0, & x^2+y^2>R^2\end{cases}$$

求：

(1) 系数 A；

(2) 随机变量 (X,Y) 落在圆 $x^2+y^2=r^2(r<R)$ 内的概率。〔提示：应用极坐标，将直角坐标点 (x,y) 转换成 (z,φ)〕

1.10　随机变量 X_1 与 X_2 相互独立，它们的概率密度函数分别为

$$f_{X_1}(x_1)=\begin{cases}\dfrac{1}{2}\mathrm{e}^{-\frac{x_1}{2}}, & x_1\geqslant 0 \\ 0, & x_1<0\end{cases}, \quad f_{X_2}(x_2)=\begin{cases}\dfrac{1}{3}\mathrm{e}^{-\frac{x_2}{3}}, & x_2\geqslant 0 \\ 0, & x_2\leqslant 0\end{cases}$$

求随机变量 $Y=X_1+X_2$ 的概率密度函数。

1.11　已知随机变量 (X_1,X_2) 与随机变量 (Y_1,Y_2) 存在线性关系：

$$Y_1=g_1(X_1,X_2)=aX_1+bX_2$$
$$Y_2=g_2(X_1,X_2)=cX_1+dX_2$$

式中，a,b,c,d 均为常数。若同时又知二维随机变量 (X_1,X_2) 的联合概率密度函数为 $f_{X_1,X_2}(x_1,x_2)$，求 $f_{Y_1,Y_2}(y_1,y_2)$ 的表达式。

1.12　两个相互独立的高斯变量 X_1,X_2，它们的概率密度函数分别为

$$f_{X_1}(x_1)=\frac{1}{\sigma_{X_1}\sqrt{2\pi}}\mathrm{e}^{-\frac{x_1^2}{2\sigma_{X_1}^2}}, \quad f_{X_2}(x_2)=\frac{1}{\sigma_{X_2}\sqrt{2\pi}}\mathrm{e}^{-\frac{x_2^2}{2\sigma_{X_2}^2}}$$

求：

(1) $Y_1=\dfrac{X_1}{X_2}$ 的概率密度函数 $f_{Y_1}(y_1)$；

(2) 当 $\sigma_{X_1}^2=\sigma_{X_2}^2=1$ 时，$Y_2=X_2-X_1$ 的概率密度函数 $f_{Y_2}(y_2)$。

1.13　已知相互独立的高斯变量 X,Y，均值为 $m_X=m_Y=0$，方差为 $\sigma_X^2=\sigma_Y^2=\sigma^2$；又知 $Z=\sqrt{X^2+Y^2}$，$\Phi=\arctan\dfrac{Y}{X}$。求概率密度函数 $f_{Z,\Phi}(z,\varphi)$。

1.14　随机变量 X 为均匀分布，概率密度函数为 $f_X(x)=\begin{cases}\dfrac{1}{b-a}, & a\leqslant x\leqslant b \\ 0, & \text{其他}\end{cases}$。求 X 的数学期望与方差。

1.15　随机变量 X 为拉普拉斯分布，概率密度函数为 $f_X(x)=\dfrac{1}{2}\mathrm{e}^{-|x|}(-\infty<x<\infty)$。求 X 的数学期望与方差。

1.16　随机变量 (X,Y) 的联合概率密度函数为

$$f_{XY}(x,y) = A\sin(x+y),\quad 0 \leqslant x \leqslant \frac{\pi}{2}, 0 \leqslant y \leqslant \frac{\pi}{2}$$

求：

(1) 系数 A；

(2) 数学期望 m_X, m_Y；

(3) 方差 σ_X^2, σ_Y^2；

(4) 相关矩 C_{XY} 及相关系数 ρ_{XY}。

1.17　已知两个随机变量 $X = \cos\psi, Y = \sin\psi$，其中 ψ 是在 $(0, 2\pi)$ 上均匀分布的随机变量。求证：$E[X^2 Y^2] \neq E[X^2] E[Y^2]$。

1.18　有 N 个随机变量 $X_1, X_2, \cdots, X_N$，满足 $Y = \sum\limits_{n=1}^{N} X_n$，求证：

$$\sigma_Y^2 = \sum_{n=1}^{N} \sigma_{X_n}^2 + \sum_{n=1}^{N} \sum_{k=1}^{N} C_{X_n X_k}, \quad n \neq k$$

1.19　随机变量 X 的概率密度函数为 $f_X(x) = \begin{cases} 2\mathrm{e}^{-ax}, & x \geqslant 0 \\ 0, & x < 0 \end{cases}$。求：

(1) X 的特征函数；

(2) 图示 $\mathrm{Re}[\Phi_X(u)]$ 及 $\mathrm{Im}[\Phi_X(u)]$ 的奇偶性。

1.20　已知随机变量 X, Y 统计独立，并且服从泊松分布，相应的参量是 a, b。求证：

(1) 泊松随机变量的方差和均值相等；

(2) 随机变量 $Z = X + Y$ 的分布也是泊松分布，其参量是 $a + b$（采用特征函数法）。

1.21　随机变量 X 为均匀分布，概率密度函数为 $f_X(x) = \begin{cases} \dfrac{1}{\pi}, & |x| \leqslant \dfrac{\pi}{2} \\ 0, & \text{其他} \end{cases}$，$Y = \sin X$。

试用特征函数法确定随机变量 Y 的概率密度函数 $f_Y(y)$。

1.22　二维随机变量 (X, Y) 的特征函数为 $\Phi_{XY}(u, v) = \dfrac{\alpha^2}{(\alpha - ju)(\alpha - jv)}$，其中 α 为正常数。求二维变量 (X, Y) 的概率密度函数 $f_{XY}(x, y)$。

1.23　随机变量 X 服从高斯分布，均值为 m_X，方差为 σ_X^2，求证：

$$\Phi_X(u) = \exp\left[jum_X - \frac{u^2 \sigma_X^2}{2}\right]$$

1.24　随机变量 X, Y 相互独立，它们的概率密度函数分别为

$$f_X(x) = \begin{cases} \dfrac{1}{\pi\sqrt{1-x^2}}, & |x| < 1 \\ 0, & |x| > 1 \end{cases}, \quad f_Y(y) = \frac{y}{\sigma^2} \mathrm{e}^{-\frac{y^2}{2\sigma^2}} U(y)$$

证明：随机变量 $Z = XY$ 是具有零均值、σ^2 方差的高斯变量。

1.25　求证：概率积分函数满足 $\Phi(-x) = 1 - \Phi(x)$，$\mathrm{erf}(x) = 2\Phi(\sqrt{2}\,x) - 1$。

1.26　设某炮瞄雷达方位角跟踪的中值误差为 1 米位（1 米位 $= 360°/6\,000$）。试求跟踪误差分别为 1，2，3，4 米位以内的概率各为多少。

1.27　设某无线电元件厂生产的 620 Ω 电阻，其实际阻值是服从高斯分布的随机变量，假设已知标准离差 $\sigma = 40\ \Omega$，并设偏离标准值 10% 以内为合格品，而其中偏离标准值 5% 的为优等品。试求产品的合格品率和优等品率。

第 2 章　随机信号的时域分析

随机过程理论产生于 20 世纪初期,是数学的一个重要分支,是自然科学、工程技术和社会科学等学科领域研究随机现象的重要工具,在雷达、声呐、通信、自动控制、天气预报等领域得到了广泛应用。

随机过程是数学术语,在工程应用中通常把随机过程也称为随机信号。在本书中,随机信号和随机过程代表相同的概念,不加区别地使用这两个术语。

本章先在 2.1 节引入随机过程的基本概念和分类方法,在 2.2 节讨论随机过程的统计特性,引入在相关理论中非常重要的相关函数的概念,2.3 节中分析随机过程的微分与积分,它们是分析研究的数学基础。2.4 节、2.5 节和 2.8 节分析在理论分析和工程应用中都非常重要的平稳随机过程、各态历经过程和高斯过程。平稳随机过程的统计特性不随时间的推移而改变,而各态历经过程可以只通过一个样本函数的各种时间平均代替大量样本函数的统计平均而得到随机过程的统计特性。2.6 节和 2.7 节简要介绍复随机过程和随机序列。最后在 2.9 节给出了随机信号时域分析的仿真例子。

本章是随机信号分析的基础,也是后续章节的基础。

2.1　随机过程的基本概念

随机过程是与确定过程相对应的,在《信号与系统》等教材中主要分析确定信号,如参数为确定值的冲激函数、矩形信号、正弦信号、指数信号等。现在通过下述两个例子的分析来引入随机过程的定义。

2.1.1　随机过程的定义

例 2.1　正弦信号与随机相位正弦信号。

正弦信号可以写成 $x(t)=a\sin(\omega_0 t+\varphi)$,其中正弦信号的幅度 a、角频率 ω_0 和相位 φ 3 个量都是确定值,则 $x(t)$ 是一个确定的正弦信号。若通过试验来观测这个信号,那么每次得到的观测结果都是相同的。实际上,由于 $x(t)$ 是一个确定信号,在试验之前就可以预知观测结果。

若正弦信号的幅度 a、角频率 ω_0 是确定值,而相位 Φ 为 $(0, 2\pi)$ 上均匀分布的随机变量,将正弦信号写成 $X(t)=a\sin(\omega_0 t+\Phi)$,这种相位为随机变量的正弦信号通常称为随机相位正弦信号。同样通过试验来观测这个信号,由于相位 Φ 是随机变量,每次试验时 Φ 取它的一个样本 φ,样本 φ 不同,得到的观测结果也不同。图 2.1 画出了随机相位正弦信号的 4 个观测样本。

与之前分析的确定正弦信号不同,随机相位正弦信号在每次观测之前,并不能预知样本 φ 的取值,因而也就无法预知观测结果,只有观测之后才能知道结果。随机相位正弦信号的这种特性表明它是一种随机信号。

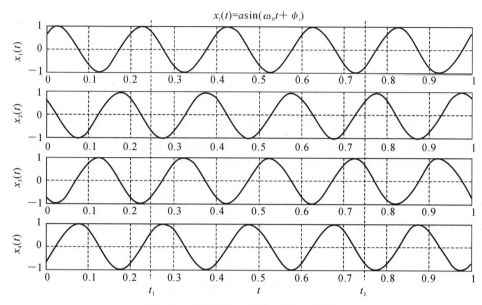

图 2.1　随机相位正弦信号的 4 个样本

例 2.2　接收机的噪声。

假设接收机输入端对地短路,即没有输入信号,但是由于电阻、晶体管等元器件会产生热噪声,这些噪声经过放大后在接收机输出端可以观测到。对接收机输出端的电压波形进行观测,假定第一次观测记录的波形为 $x_1(t)$,第二次观测记录的波形为 $x_2(t)$,……,如图 2.2 所示,每次观测记录的波形都不同。

与之前分析的随机相位正弦信号一样,在每次观测之前,无法预知观测结果,只有观测之后才能知道结果。接收机输出端噪声的这种特性也表明它是一种随机信号。

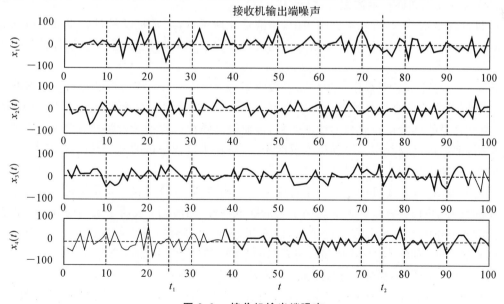

图 2.2　接收机输出端噪声

　　从上面两个例子可以看出,确定信号具有确定的变化规律,试验之前可以预知观测结果,而随机信号的变化规律是未知的,每次试验的观测结果都不同,而且在试验之前无法预知观测结果。

　　随机信号观测结果的未知性与随机变量类似,随机变量在每次试验中也是无法预知结果的。随机信号与随机变量的不同点在于,随机变量每次的试验结果是以一定的概率取某个事先未知,但为确定的数值。通过上面的两个例子可以看到,随机信号每次的试验结果不是一个确定的数值,而是以一定的概率取某个事先未知,但为确定的时间函数。即随机变量的样本是确定的数值,而随机信号的样本是确定的时间函数。

　　随机信号可以看作是随某个或某些参量变化的随机变量,生活中很多随机现象是随某个或某些参量变化的。例如,接收机的噪声是随着时间随机变化的;大气层或海水中的温度可以看作是随高度或深度随机变化的;教室的环境噪声不但是随着时间随机变化的,而且是随着所处的位置随机变化的。把这种随某个或某些参量变化的随机变量,称为随机过程。在研究随机过程中参量可以是一维的,如时间;也可以是多维的,如时间、空间等。本书主要讨论一维的、以时间为参量的随机过程。下面从两个不同的角度给出随机过程的定义。

　　定义 2.1　设随机试验 E 的样本空间为 $\Omega=\{\zeta\}$,若对于每一个样本 $\zeta_i\in\Omega\ (i=1,2,\cdots)$,总有一个确定的时间函数 $x(t,\zeta_i)$ 与它相对应,这样对于所有的样本 $\zeta\in\Omega$,就得到一族时间函数 $X(t,\zeta)$,这一族时间函数称为随机过程(stochastic process 或 random process),族中的每一个函数称为这个随机过程的样本函数(sample function)。

　　定义 2.2　给定参数集 T,若对于每一个 $t_i\in T\ (i=1,2,\cdots)$,$X(t_i,\zeta)$ 都是一个随机变量,则称 $X(t,\zeta)$ 为随机过程。

　　通常用大写字母表示随机过程,如 $X(t,\zeta)$,用小写字母表示随机过程的样本函数,如 $x(t,\zeta_i)$,两个参量 t 和 ζ(或 ζ_i)分别表示时间和样本。为了简便,书写时通常省去样本符号 ζ(或 ζ_i),而将随机过程和样本函数记为 $X(t)$ 和 $x(t)$。

　　随机过程是数学术语,在工程应用中,如信号处理领域,通常把随机过程也称为随机信号(random signal)。在本书中,随机信号和随机过程代表相同的概念,不加区别地使用这两个术语。

　　定义 2.1 将随机过程看作一族样本函数的集合,而定义 2.2 将随机过程看作一族依赖于时间的随机变量的集合。两种定义本质上是一致的,概念上相互补充。定义 2.1 常用于试验观测,通过大量的试验得到充分的样本函数,进而研究随机过程的统计特性。定义 2.2 常用于理论分析,把随机过程看作多维随机变量的推广,是随机过程分析的理论基础,时间分割越细,维数越大,对随机过程的统计描述也就越全面。

　　从定义可以看出,随机过程是一个特殊的二元函数 $X(t,\zeta)$,t 和 ζ 是函数的自变量。这两个自变量具有不同的特性,样本 ζ 表明了它的随机特性,而时间 t 表明了是与时间有关的随机特性。时间 t 和样本 ζ 的取值不同,$X(t,\zeta)$ 表示的含义也不同,分别如下:

　　(1)当时间 t 和样本 ζ 都固定时,它表示一个确定的数值,称为状态(state);

　　(2)当时间 t 固定,而样本 ζ 变化时,它表示一个随机变量;

　　(3)当时间 t 变化,而样本 ζ 固定时,它表示一个样本函数,是一个确定的时间函数;

　　(4)当时间 t 和样本 ζ 都变化时,它表示一个随机过程,是一族样本函数的集合,也是一族依赖于时间的随机变量的集合。

2.1.2 随机过程的分类

随机过程分类方法很多,用不同的标准,便得到不同的分类方法。下面列出几种常见的分类方法。

1. 按照随机过程的时间和状态是连续的还是离散的进行分类

(1) 连续型随机过程:时间连续、状态连续的随机过程;
(2) 离散型随机过程:时间连续、状态离散的随机过程;
(3) 连续型随机序列:时间离散、状态连续的随机过程;
(4) 离散型随机序列:时间离散、状态离散的随机过程。
现在通过两个例子来分析这 4 种随机过程。

例 2.3 随机信号的模数转换。

数字信号处理应用越来越广,要对模拟信号进行数字处理首先就要进行模数转换,而模数转换实际上是包含了采样、量化和编码几个过程,如图 2.3 所示。

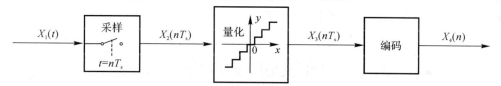

图 2.3 随机信号的模数转换示意图

假设采样的输入 $X_1(t)$ 是连续型随机信号,即时间和状态都是连续的,如例 2.2 中接收机输出端的噪声。采样在等间隔的时刻 $t=nT_s(n=1,2,\cdots)$(T_s 为采样周期)对接收机噪声进行抽样,这是一个时间离散化的过程,每一个抽样点都得到一个状态连续的随机变量,因而采样的输出是时间离散、状态连续的连续型随机序列 $X_2(nT_s)$。

量化的输入与输出的关系是阶梯型的,输入 x 可以是连续的,而输出 y 是离散的,只能取有限的一些数值。具体的取值与数值的大小和量化位数有关。量化输出的离散化会引入误差,这个误差就是通常说的量化误差。采样后的连续型随机序列 $X_2(nT_s)$ 经过量化后,状态也不再连续了,而是只能取有限的一些数值,是一个状态离散化的过程,因而量化后的输出是时间离散、状态离散的离散型随机序列 $X_3(nT_s)$。

编码是将量化输出的数值用二进制码来表示,可以有多种编码方式,如二进制补码、偏移二进制码等。编码后的信号 $X_4(n)$ 就是通常说的数字信号。

例 2.4 随机信号通过比较器。

比较器相当于一个一位量化器,它的输入 x 可以是连续的,而输出 y 只能取两个值。随机信号通过比较器如图 2.4 所示。

假设比较器的输入是例 2.2 中接收机输出端的噪声 $X(t)$,它是时间和状态都连续的连续型随机信号。噪声通过比较器后,由于输出只能取离散的两个数值,即状态离散化了,而时间依然连续,所以输

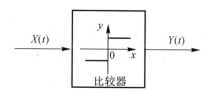

图 2.4 随机信号通过比较器

出是时间连续、状态离散的离散型随机过程 $Y(t)$。

本书的分析讨论主要围绕连续型随机过程,其他类型随机过程的分析方法与之类似。

2. 按照随机过程样本函数的形式进行分类

(1) 确定的随机过程:如果任意样本函数的未来值,可以由过去的观测值准确地预测,则这个过程称为确定的随机过程。如例 2.1 中的随机相位正弦信号,它的幅度、角频率是确定的,虽然相位是随机变量,但是对于任意一个样本函数,相位可取一个具体值。因此可以通过对样本函数的观测值计算出相位的取值,进而预测样本函数的未来值。

(2) 不确定的随机过程:如果任意样本函数的未来值,不能由过去观测值准确地预测,则这个过程称为不确定的随机过程。如例 2.2 中接收机的噪声,就不能由样本函数的观测值准确地预测出未来值。

3. 按照随机过程的概率分布函数、统计特性进行分类

按照随机过程的概率分布函数,可以分为高斯过程、瑞利过程、泊松过程、马尔可夫过程等;按照统计特性的平稳性,可以分为平稳随机过程和非平稳随机过程;按照统计特性的各态历经性,可以分为各态历经过程和非各态历经过程。

2.2 随机过程的统计特性

由上节的讨论可知,随机过程可以看作是一族样本函数的集合,也可以看作是一族依赖于时间的随机变量的集合。尽管一次试验中随机过程取哪一个样本函数或某一时刻随机变量取哪一个数值是不确定的,但是对大量的样本进行统计分析后会呈现出一些规律性,也就是说,随机过程是存在某些统计规律的,这些统计规律就是随机过程的统计特性。

2.2.1 随机过程的概率分布

由定义 2.2 可知,随机过程可以看作是一族依赖于时间的随机变量的集合,因此可以用多维随机变量的联合概率分布来描述随机过程的概率分布。

1. 一维概率分布

随机过程 $X(t), t \in T$,对于任一特定时刻 $t_1 \in T, X(t_1)$ 是一维随机变量,定义

$$F_X(x_1; t_1) = P\{X(t_1) \leqslant x_1\} \tag{2.1}$$

为随机过程 $X(t)$ 的一维概率分布函数(probability distribution function)。若 $F_X(x_1; t_1)$ 对 x_1 的一阶偏导数存在,则定义

$$f_X(x_1; t_1) = \frac{\partial F_X(x_1; t_1)}{\partial x_1} \tag{2.2}$$

为随机过程 $X(t)$ 的一维概率密度函数(probability density function)。$F_X(x_1; t_1)$ 和 $f_X(x_1; t_1)$ 都是时间 t_1 和状态 x_1 的函数,有时简写为 $F_X(x; t)$ 和 $f_X(x; t)$。一般而言,对应不同时刻

t 的 $F_X(x;t), f_X(x;t)$ 是不相同的。

显然,随机过程的一维概率分布函数和一维概率密度函数具有普通随机变量的分布函数和概率密度函数的各种性质,其差别在于前者还是时间 t 的函数。

随机过程的一维分布函数和一维概率密度函数只能描述随机过程在各个孤立时刻的统计特性,而不能反映随机过程在不同时刻的状态之间的联系。因此有必要引入更高维的概率分布。

2. 二维概率分布

随机过程 $X(t), t \in T$,对于任意两个特定时刻 $t_1, t_2 \in T, X(t_1)$ 和 $X(t_2)$ 是两个随机变量,定义

$$F_X(x_1, x_2; t_1, t_2) = P\{X(t_1) \leqslant x_1, X(t_2) \leqslant x_2\} \tag{2.3}$$

为随机过程 $X(t)$ 的二维概率分布函数。若 $F_X(x_1, x_2; t_1, t_2)$ 对 x_1 和 x_2 的二阶偏导数存在,则定义

$$f_X(x_1, x_2; t_1, t_2) = \frac{\partial^2 F_X(x_1, x_2; t_1, t_2)}{\partial x_1 \partial x_2} \tag{2.4}$$

为随机过程 $X(t)$ 的二维概率密度函数。

二维概率分布描述了随机过程在任意两个时刻状态之间的统计关系,比一维概率分布包含了更多的信息,但它仍不能完整地反映出随机过程的全部特性。用同样的方法,可以引入随机过程 $X(t)$ 的 n 维概率分布。

3. n 维概率分布

随机过程 $X(t), t \in T$,对于任意 n 个特定时刻 $t_1, t_2, \cdots, t_n \in T, X(t_1), X(t_2), \cdots, X(t_n)$ 是 n 个随机变量,定义

$$F_X(x_1, x_2, \cdots, x_n; t_1, t_2, \cdots, t_n) = P\{X(t_1) \leqslant x_1, X(t_2) \leqslant x_2, \cdots, X(t_n) \leqslant x_n\} \tag{2.5}$$

为随机过程 $X(t)$ 的 n 维概率分布函数。若 $F_X(x_1, x_2, \cdots, x_n; t_1, t_2, \cdots, t_n)$ 对 $x_1, x_2, \cdots, x_n$ 的 n 阶偏导数存在,则定义

$$f_X(x_1, x_2, \cdots, x_n; t_1, t_2, \cdots, t_n) = \frac{\partial^n F_X(x_1, x_2, \cdots, x_n; t_1, t_2, \cdots, t_n)}{\partial x_1 \partial x_2 \cdots \partial x_n} \tag{2.6}$$

为随机过程 $X(t)$ 的 n 维概率密度函数。

n 维概率分布描述了随机过程在任意 n 个时刻状态之间的统计关系,比一维、二维概率分布包含了更多的信息。从理论上说,可以无限地增加 n,使得 n 维概率分布更加全面地反映出随机过程的统计特性,但在实际上,n 愈大问题会变得愈复杂。在工程上,通常只考虑它的二维概率分布就够了。

例 2.5　随机过程 $X(t) = A\cos \omega_0 t$,式中 ω_0 是常数,A 是均值为 μ_A,方差为 σ_A^2 的高斯随机变量,求 $X(t)$ 的一维概率密度函数 $f_X(x;t)$。

解　均值为 μ_A,方差为 σ_A^2 的高斯随机变量 A 的概率密度函数为

$$f_A(a) = \frac{1}{\sqrt{2\pi}\, \sigma_A} \exp\left(-\frac{(a - \mu_A)^2}{2\sigma_A^2}\right)$$

对于任一时刻 $t, X = X(t) = A\cos \omega_0 t$ 是一个随机变量,是随机变量 A 的函数变换,且是 A

的单调函数,因此雅可比为

$$J = \frac{\mathrm{d}a}{\mathrm{d}x} = \frac{1}{\cos \omega_0 t}$$

于是,可得 $X(t)$ 的一维概率密度函数为

$$f_X(x;t) = f_A(a)\,|J| = \frac{1}{|\cos \omega_0 t|}\frac{1}{\sqrt{2\pi}\,\sigma_A}\exp\left(-\frac{(a-\mu_A)^2}{2\sigma_A^2}\right) =$$

$$\frac{1}{\sqrt{2\pi}\,\sigma_A\,|\cos \omega_0 t|}\exp\left(-\frac{(x/\cos \omega_0 t - \mu_A)^2}{2\sigma_A^2}\right) =$$

$$\frac{1}{\sqrt{2\pi}\,\sigma_A\,|\cos \omega_0 t|}\exp\left(-\frac{(x - \mu_A \cos \omega_0 t)^2}{2(\sigma_A \cos \omega_0 t)^2}\right)$$

例 2.6 随机过程 $X(t)$ 由 2 个样本函数组成,分别为 $x(t,\zeta_1) = \sin\frac{\pi}{2}t$ 和 $x(t,\zeta_2) = 2t^2$,两个样本函数出现的概率各为 $1/2$,求 $X(t)$ 的一维概率密度函数 $f_X(x;1)$,$f_X(x;2)$ 以及二维概率密度函数 $f_X(x_1,x_2;1,2)$。

解 当 $t=1$ 时,$x(1,\zeta_1)=1$,$x(1,\zeta_2)=2$。由于两个样本函数出现的概率各为 0.5,所以,$X(1)$ 的取值为 1,2 的概率各为 0.5,即 $P\{X(1)=x(1,\zeta_1)\}=0.5$,$P\{X(1)=x(1,\zeta_2)\}=0.5$。一维概率密度函数 $f_X(x;1)$ 为

$$f_X(x,1) = 0.5\delta(x-x(1,\zeta_1)) + 0.5\delta(x-x(1,\zeta_2)) = 0.5\delta(x-1) + 0.5\delta(x-2)$$

同理,当 $t=2$ 时,$x(2,\zeta_1)=0$,$x(2,\zeta_2)=8$,一维概率密度函数 $f_X(x;2)$ 为

$$f_X(x,2) = 0.5\delta(x-x(2,\zeta_1)) + 0.5\delta(x-x(2,\zeta_1)) = 0.5\delta(x) + 0.5\delta(x-8)$$

又因为

$$P\{X(1)=x(1,\zeta_1), X(2)=x(2,\zeta_1)\} =$$
$$P\{X(1)=x(1,\zeta_1)\} \cdot P\{X(2)=x(2,\zeta_1) \mid X(1)=x(1,\zeta_1)\}$$

等式右边前一项 $P\{X(1)=x(1,\zeta_1)\}=0.5$,而后一项 $P\{X(2)=x(2,\zeta_1) \mid X(1)=x(1,\zeta_1)\}$ 是条件概率,表示当 $X(1)=x(1,\zeta_1)$ 时,$X(2)=x(2,\zeta_1)$ 出现的概率。实际上,当 $t=1$ 时,$X(1)=x(1,\zeta_1)$,也就意味着本次随机试验取的是样本函数 $x(t,\zeta_1)$,因此 $t=2$ 时,$X(2)$ 一定等于 $x(2,\zeta_1)$,即 $P\{X(2)=x(2,\zeta_1) \mid X(1)=x(1,\zeta_1)\}=1$,故得

$$P\{X(1)=x(1,\zeta_1), X(2)=x(2,\zeta_1)\} = 0.5 \times 1 = 0.5$$

同理可得

$$P\{X(1)=x(1,\zeta_2), X(2)=x(2,\zeta_2)\} = 0.5$$
$$P\{X(1)=x(1,\zeta_1), X(2)=x(2,\zeta_2)\} = 0$$
$$P\{X(1)=x(1,\zeta_2), X(2)=x(2,\zeta_1)\} = 0$$

二维概率密度函数 $f_X(x_1,x_2;1,2)$ 为

$$f_X(x_1,x_2;1,2) = 0.5\delta(x_1-x(1,\zeta_1), x_2-x(2,\zeta_1)) + 0.5\delta(x_1-x(1,\zeta_2), x_2-x(2,\zeta_2)) =$$
$$0.5\delta(x_1-1, x_2) + 0.5\delta(x_1-2, x_2-8)$$

4. 联合概率分布

实际中,还经常会遇到需要同时研究两个或两个以上随机过程的情况,现在仍用上述方法,引入两个随机过程 $X(t)$ 和 $Y(t)$ 的联合概率分布函数与联合概率密度函数:

$$F_{XY}(x_1,\cdots,x_n;y_1,\cdots,y_m;t_1,\cdots,t_n;t_1',\cdots,t_m') =$$
$$P\{X(t_1)\leqslant x_1,\cdots,X(t_n)\leqslant x_n;Y(t_1')\leqslant y_1,\cdots,Y(t_m')\leqslant y_m\} \tag{2.7}$$
$$f_{XY}(x_1,\cdots,x_n;y_1,\cdots,y_m;t_1,\cdots,t_n;t_1',\cdots,t_m') =$$
$$\frac{\partial^{n+m}F_{XY}(x_1,\cdots,x_n;y_1,\cdots,y_m;t_1,\cdots,t_n;t_1',\cdots,t_m')}{\partial x_1\cdots\partial x_n\partial y_1\cdots\partial y_m} \tag{2.8}$$

若两个随机过程 $X(t)$ 和 $Y(t)$ 相互独立,则有

$$f_{XY}(x_1,\cdots,x_n;y_1,\cdots,y_m;t_1,\cdots,t_n;t_1',\cdots,t_m') = f_X(x_1,\cdots,x_n;t_1,\cdots,t_n)f_Y(y_1,\cdots,y_m;t_1',\cdots,t_m')$$
$$\tag{2.9}$$

虽然随机过程的多维概率分布能够比较全面地描述整个过程的统计特性,但是要确定随机过程的多维概率分布并加以分析处理通常是比较困难的,有时甚至是不可能的。而在许多实际应用中,往往只需要研究随机过程的几个常用的数字特征就能满足要求。随机过程的数字特征既能描述随机过程的主要统计特性,又便于测量和运算。

2.2.2　随机过程的数字特征

随机变量常用的数字特征是数学期望、方差和相关系数等。相应地,随机过程常用的数字特征是数学期望、方差和相关函数等,它们是由随机变量的数学特征推广而来的。所不同的是,随机变量的数字特征是确定的数值,而随机过程的数字特征一般不再是确定的数值,而是确定的时间函数。随机过程的数字特征也常称为矩函数。

1. 数学期望(均值)

对任一时刻 t,随机过程 $X(t)$ 是一个随机变量,将这一随机变量的取值记为 x,则根据随机变量数学期望的定义,可得随机过程的数学期望(expectation)、均值(mean),有

$$m_X(t)=E[X(t)]=\int_{-\infty}^{\infty} xf_X(x;t)\mathrm{d}x \tag{2.10}$$

式中,$f_X(x;t)$ 是 $X(t)$ 的一维概率密度函数。

显然,随机过程的数学期望 $m_X(t)$ 是时间 t 的确定函数,它是随机过程的样本函数在时刻 t 的所有取值的统计平均,又称为集平均,它与后面要提到的时间平均有所区别。数学期望反映了随机过程各个样本在它的附近起伏变化。

如果讨论的随机过程是接收机输出端的噪声电压,那么数学期望 $m_x(t)$ 就是此噪声电压的瞬时统计平均值。

2. 均方值与方差

同理,可以得到随机过程的均方值(mean square value)$\psi_X^2(t)$ 和方差(variance)$\sigma_X^2(t)$,有

$$\psi_X^2(t)=E[X^2(t)]=\int_{-\infty}^{+\infty} x^2 f_X(x;t)\mathrm{d}x \tag{2.11}$$
$$\sigma_X^2(t)=D[X(t)]=E\{[X(t)-m_X(t)]^2\}=E[X^2(t)]-m_X^2(t) \tag{2.12}$$

均方值 $\psi_X^2(t)$ 和方差 $\sigma_X^2(t)$ 都是时间 t 的确定函数,方差 $\sigma_X^2(t)$ 反映了随机过程的样本函数对于数学期望 $m_X(t)$ 的偏离程度。

方差 $\sigma_X^2(t)$ 的正二次方根 $\sigma_X(t)$ 称为随机过程的标准差(standard deviation)或方差根

(root of variance)或均方差(mean square deviation),有

$$\sigma_X(t) = \sqrt{\sigma_X^2(t)} = \sqrt{D[X(t)]} \tag{2.13}$$

若随机过程 $X(t)$ 表示噪声电压,那么均方值 $\psi_X^2(t)$ 和方差 $\sigma_X^2(t)$ 就分别表示消耗在单位电阻上的瞬时平均功率和瞬时交流平均功率。注意,这里的平均指的是统计平均,它与后面要提到的时间平均有所区别。

在许多实际应用中均值、均方值和方差有着非常明确的物理含义,表 2.1 总结了它们的物理含义,理解它们的物理含义可以更好地应用这些数字特征。例如,若随机信号 $X(t)$ 为电压(或电流)信号,$X^2(t)$ 就表示消耗在单位电阻上的瞬时功率,而加上统计平均 $E[X^2(t)]$ 则表示瞬时平均功率。如果随机过程 $X(t)$ 是平稳的(平稳随机过程的概念将在后面的章节中介绍),那么均值 $m_X(t)$ 就表示信号中的直流分量,而 $X(t) - m_X(t)$ 则表示信号中的交流分量,$[X(t) - m_X(t)]^2$ 则表示交流功率,加上统计平均 $E\{[X(t) - m_X(t)]^2\}$ 则表示交流平均功率。

表 2.1　数学期望(均值)、均方值和方差的物理含义

随机信号	非平稳随机过程	平稳随机过程
数学期望(均值)	瞬时统计平均值	直流分量
均方值	瞬时平均功率	平均功率
方差	瞬时交流平均功率	交流平均功率

3. 相关函数

数学期望和方差描述了随机过程在各个孤立时刻的统计特性,它们反映不出随机过程在两个不同时刻状态之间的内在联系。虽然图 2.5 所示两个随机过程 $X(t)$ 和 $Y(t)$ 具有大致相同的数学期望和方差,但是从图中可以明显地看出两者的内部结构有着非常明显的差别,其中 $X(t)$ 随时间变化缓慢,各个不同时刻状态之间有着较强的相关性,而 $Y(t)$ 的变化要剧烈得多,各个不同时刻状态之间的相关性要弱得多。这说明数学期望和方差不能反映随机过程两个不同时刻状态之间的内在联系,因此需要引入一个描述随机过程两个不同时刻状态之间内在联系(相关程度、相关性)的重要数字特征 —— 相关函数(correlation function)。

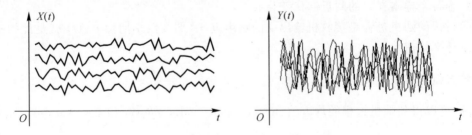

图 2.5　具有相同数学期望和方差的两个随机过程示意图

相关性是一个应用非常广泛的概念,直观的理解是两个事物或两个量之间存在某种关系。例如,酒后驾车与发生车祸之间是存在关系的,饮酒量越大则发生车祸的可能性越大;再比如,一个人的体重和身高之间也是存在关系的。

相关性是建立在统计意义上的一种关系,就个案而言,可能并不反映这种关系。例如,可能有人经常酒后驾车,而且还喝的比较多,却没有发生过交通事故,但是人们却不会因此而得出酒后驾车与发生车祸之间没有关系的结论。这种统计意义的关系表明,相关性是一种非确定性的关系,只能从概率上给出可能性,不能由其中的一个去精确地决定另一个。

(1) 相关函数。随机过程 $X(t)$ 在任意两个时刻 t_1,t_2,定义

$$R_X(t_1,t_2)=E[X(t_1)X(t_2)]=\int_{-\infty}^{\infty}\int_{-\infty}^{\infty}x_1x_2f_X(x_1,x_2;t_1,t_2)\mathrm{d}x_1\mathrm{d}x_2 \qquad (2.14)$$

为随机过程 $X(t)$ 的自相关函数 (autocorrelation function),式中 $f_X(x_1,x_2;t_1,t_2)$ 为 $X(t)$ 的二维概率密度函数。

两个随机过程 $X(t),Y(t)$ 在任意两个时刻 t_1,t_2,定义

$$R_{XY}(t_1,t_2)=E[X(t_1)Y(t_2)]=\int_{-\infty}^{\infty}\int_{-\infty}^{\infty}xyf_{XY}(x,y;t_1,t_2)\mathrm{d}x\mathrm{d}y \qquad (2.15)$$

为随机过程 $X(t),Y(t)$ 的互相关函数(cross-correlation function),式中 $f_{XY}(x,y;t_1,t_2)$ 为 $X(t),Y(t)$ 的二维联合概率密度函数。

自相关函数、互相关函数都简称为相关函数(correlation function),是随机过程在两个时刻状态之间的混合原点矩,用来描述随机过程在两个时刻状态之间的相关程度。相关函数的值可正可负,其绝对值越大,表示相关性越强。

从信号处理的角度来说,将"相关性"看为"相似性"更容易理解,即相关函数描述了随机过程在两个时刻状态之间的相似程度。对自相关函数而言,两个时刻是同一个时刻时,状态是完全相同的,因而相关性最强;一般说来,两个时刻相距越近,状态之间的相似性越强,相关性也就越强;而两个时刻相距越远,状态之间的相似性越弱,相关性也就越弱。

(2) 协方差函数。随机过程 $X(t)$ 在任意两个时刻 t_1,t_2,定义

$$C_X(t_1,t_2)=E\{[X(t_1)-m_X(t_1)][X(t_2)-m_X(t_2)]\}=$$
$$R_X(t_1,t_2)-m_X(t_1)m_X(t_2) \qquad (2.16)$$

为随机过程 $X(t)$ 的自协方差函数(autocovariance function)或中心化自相关函数。

两个随机过程 $X(t),Y(t)$ 在任意两个时刻 t_1,t_2,定义

$$C_{XY}(t_1,t_2)=E\{[X(t_1)-m_X(t_1)][Y(t_2)-m_Y(t_2)]\}=$$
$$R_{XY}(t_1,t_2)-m_X(t_1)m_Y(t_2) \qquad (2.17)$$

为随机过程 $X(t),Y(t)$ 的互协方差函数(cross-covariance function)或中心化互自相关函数。

自协方差函数、互协方差函数都简称为协方差函数(covariance function),是随机过程在两个时刻状态之间的混合中心矩。与相关函数相同,也是用来描述随机过程两个时刻状态之间的相关程度,只是两个时刻的状态都去除了均值分量。

若取 $t_1=t_2=t$,则 $R_X(t,t)=E[X^2(t)]$,$C_X(t,t)=\sigma_X^2(t)$ 分别为随机过程 $X(t)$ 的均方值和方差。

若 $R_X(t_1,t_2)=0$,即 $E[X(t_1)X(t_2)]=0$,则在 t_1,t_2 两个时刻,$X(t_1)$ 和 $X(t_2)$ 正交(orthogonal)。

若 $C_X(t_1,t_2)=0$,即 $R_X(t_1,t_2)=E[X(t_1)X(t_2)]=m_X(t_1)m_X(t_2)$,则在 t_1,t_2 两个时刻,$X(t_1)$ 和 $X(t_2)$ 不相关(uncorrelated)。

若两个随机过程 $X(t)$，$Y(t)$ 统计独立（independence），则必定互不相关。反之则不一定成立。

（3）相关系数。将 $C_X(t_1,t_2)$ 除以 $\sigma_X(t_1)\sigma_X(t_2)$，则得到随机过程 $X(t)$ 自相关系数（auto-correlation coefficient）

$$\rho_X(t_1,t_2)=\frac{C_X(t_1,t_2)}{\sqrt{C_X(t_1,t_1)C_X(t_2,t_2)}}=\frac{C_X(t_1,t_2)}{\sigma_X(t_1)\sigma_X(t_2)} \tag{2.18}$$

将 $C_{XY}(t_1,t_2)$ 除以 $\sigma_X(t_1)\sigma_Y(t_2)$，则得到随机过程 $X(t)$，$Y(t)$ 的互相关系数（Cross-correlation coefficient）

$$\rho_{XY}(t_1,t_2)=\frac{C_X(t_1,t_2)}{\sqrt{C_X(t_1,t_1)C_Y(t_2,t_2)}}=\frac{C_{XY}(t_1,t_2)}{\sigma_X(t_1)\sigma_Y(t_2)} \tag{2.19}$$

自相关系数、互相关系数都简称为相关系数（correlation coefficient），是归一化的相关函数，也是用来描述随机过程两个时刻状态之间的相关程度，只是两个时刻的状态在去除了均值分量后，还用标准差进行了归一化。

从上述分析还可以看出，随机过程最基本的数字特征只有数学期望和相关函数，其他数字特征，如均方值、方差、标准差、协方差函数和相关系数等都可以间接得到。

例 2.7 随机过程 $X(t)=At$，$-\infty<t<\infty$，其中 A 为在 $[0,1]$ 上均匀分布的随机变量。求随机过程 $X(t)$ 的均值、均方值、方差、相关函数和协方差函数。

解 由题意可知随机变量 A 的概率密度函数为 $f_A(a)=\begin{cases}1, & 0\leqslant a\leqslant 1\\0, & \text{其他}\end{cases}$。对于任意时刻 t，随机变量 $X(t)$ 是随机变量 A 的函数变换，故两者的概率分布相等，即 $F_X(x;t)=F_A(a)$，而且 $\mathrm{d}F_X(x;t)=f_X(x;t)\mathrm{d}x$，$\mathrm{d}F_A(a)=f_A(a)\mathrm{d}a$。

由随机过程数字特征的定义和性质，可得

$$m_X(t)=E[X(t)]=\int_{-\infty}^{\infty}xf_X(x;t)\mathrm{d}x=\int_{-\infty}^{\infty}x\mathrm{d}F_X(x;t)=\int_{-\infty}^{\infty}x\mathrm{d}F_A(a)=$$
$$\int_{-\infty}^{\infty}atf_A(a)\mathrm{d}a=\int_0^1 at\cdot 1\mathrm{d}a=\frac{t}{2}$$

或者，将时间 t 看作为常数（非随机变化的），由随机变量的期望运算规则可知

$$m_X(t)=E[X(t)]=E[At]=tE[A]=t\int_{-\infty}^{\infty}af_A(a)\mathrm{d}a=t\int_0^1 a\cdot 1\mathrm{d}a=\frac{t}{2}$$

与上面计算一致。

$$R_X(t_1,t_2)=E[X(t_1)X(t_2)]=E[At_1At_2]=t_1t_2E[A^2]=$$
$$t_1t_2\int_{-\infty}^{\infty}a^2f_A(a)\mathrm{d}a=t_1t_2\int_0^1 a^2\cdot 1\mathrm{d}a=\frac{t_1t_2}{3}$$

$$C_X(t_1,t_2)=R_X(t_1,t_2)-m_X(t_1)m_X(t_2)=\frac{t_1t_2}{3}-\frac{t_1}{2}\frac{t_2}{2}=\frac{t_1t_2}{12}$$

$$E[X^2(t)]=R_X(t,t)=\frac{t^2}{3}$$

$$\sigma_X^2(t)=C_X(t,t)=\frac{t^2}{12}$$

例 2.8 已知随机过程 $X(t)$ 的均值为 $m_X(t)$，协方差函数为 $C_X(t_1,t_2)$，$g(t)$ 为确定的时间函数，求随机过程 $Y(t)=X(t)+g(t)$ 和 $Z(t)=g(t)X(t)$ 的均值和协方差函数。

解　由随机过程数字特征的定义和性质,可得

$$m_Y(t) = E[Y(t)] = E[X(t) + g(t)] = E[X(t)] + g(t) = m_X(t) + g(t)$$

$$m_Z(t) = E[Z(t)] = E[g(t)X(t)] = g(t)E[X(t)] = g(t)m_X(t)$$

由于

$$\mathring{Y}(t) = Y(t) - m_Y(t) = X(t) + g(t) - m_X(t) - g(t) = X(t) - m_X(t) = \mathring{X}(t)$$

$$\mathring{Z}(t) = Z(t) - m_Z(t) = g(t)X(t) - g(t)m_X(t) = g(t)[X(t) - m_X(t)] = g(t)\mathring{X}(t)$$

则

$$C_Y(t_1, t_2) = E[\mathring{Y}(t_1)\mathring{Y}(t_2)] = E[\mathring{X}(t_1)\mathring{X}(t_2)] = C_X(t_1, t_2)$$

$$C_Z(t_1, t_2) = E[\mathring{Z}(t_1)\mathring{Z}(t_2)] = E[g(t_1)\mathring{X}(t_1)g(t_2)\mathring{X}(t_2)] =$$

$$g(t_1)g(t_2)E[\mathring{X}(t_1)\mathring{X}(t_2)] = g(t_1)g(t_2)C_X(t_1, t_2)$$

例 2.9　一个随机过程 $X(t)$ 由 4 个样本函数组成,见表 2.2,且每个样本函数出现的概率相等,$X(t)$ 的 4 个样本函数在 t_1, t_2 两个时刻的取值如图 2.6 所示,求自相关函数 $R_X(t_1, t_2)$。

表 2.2　例 2.9 列表

时刻	函数			
	$x(t, \xi_1)$	$x(t, \xi_2)$	$x(t, \xi_3)$	$x(t, \xi_4)$
t_1	1	2	6	3
t_2	5	4	2	1

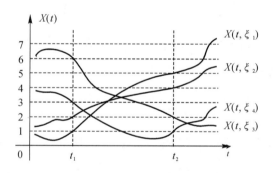

图 2.6　例 2.9 附图

解　由题意可知 $X(t)$ 为离散型随机过程,由式(2.14) 可得

$$R_X(t_1, t_2) = E[X(t_1)X(t_2)] = \sum_{i=1}^{4} \sum_{j=1}^{4} x(t_1, \zeta_i)x(t_2, \zeta_j)f_X[x(t_1, \zeta_i), x(t_2, \zeta_j)]$$

$$f_X[x(t_1, \zeta_i), x(t_2, \zeta_j)] = P\{X(t_1) = x(t_1, \zeta_i), X(t_2) = x(t_2, \zeta_j)\} =$$

$$P\{X(t_1) = x(t_1, \zeta_i)\}P\{X(t_2) = x(t_2, \zeta_j) \mid X(t_1) = x(t_1, \zeta_i)\}$$

其中,前一项 $P\{X(t_1) = x(t_1, \zeta_i)\} = 1/4$,后一项是条件概率,为

$$P\{X(t_2) = x(t_2, \zeta_j) \mid X(t_1) = x(t_1, \zeta_i)\} = \begin{cases} 0, & i \neq j \\ 1, & i = j \end{cases}$$

故得

$$f_X[x(t_1, \zeta_i), x(t_2, \zeta_j)] = \begin{cases} 0, & i \neq j \\ 1/4, & i = j \end{cases}$$

$$R_X(t_1,t_2) = \sum_{i=1}^{4} x(t_1,\zeta_i) x(t_2,\zeta_i) f_X[x(t_1,\zeta_i),x(t_2,\zeta_i)] =$$

$$(1\times5+2\times4+6\times2+3\times1)\times\frac{1}{4}=7$$

例 2.10 通信中常用的异步二进制信号 $X(t)=\sum_n X_n g\left(\dfrac{t-t_0-nT}{T}\right)$，其中 X_n 是服从 $(-a,+a)$ 等概率的两点分布，且 n 值不同的 X_n 之间统计独立，T 为码元周期，是常数，t_0 是服从 $\left(-\dfrac{T}{2},\dfrac{T}{2}\right)$ 均匀分布的随机变量，且 X_n 与 t_0 之间统计独立，$g(t)=\begin{cases}1, & |t|<1/2 \\ 0, & |t|\geqslant 1/2\end{cases}$。图2.7 所示为异步二进制信号的一个样本函数。求异步二进制信号 $X(t)$ 的均值和自相关函数。

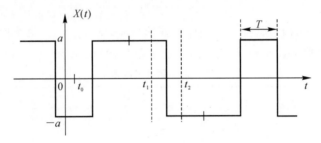

图 2.7　异步二进制信号的一个样本函数

解 由题意可知，$E[X_n]=-a\cdot\dfrac{1}{2}+a\cdot\dfrac{1}{2}=0$，$X(t)$ 的均值为

$$m_X(t)=E\left[\sum_n X_n g\left(\frac{t-t_0-nT}{T}\right)\right]=\sum_n\left\{E[X_n]\cdot E\left[g\left(\frac{t-t_0-nT}{T}\right)\right]\right\}=0$$

$X(t)$ 的自相关函数为

$$R_X(t_1,t_2)=E[X(t_1)X(t_2)]=E\left[\sum_n\sum_m X_n X_m g\left(\frac{t_1-t_0-nT}{T}\right)g\left(\frac{t_2-t_0-mT}{T}\right)\right]=$$

$$\sum_n\sum_m E[X_n X_m]\cdot E\left[g\left(\frac{t_1-t_0-nT}{T}\right)g\left(\frac{t_2-t_0-mT}{T}\right)\right]$$

当 $n\neq m$ 时，$E[X_n X_m]=E[X_n]\cdot[X_m]=0$，而当 $n=m$ 时，$E[X_n X_m]=E[X_n^2]=a^2$，因此

$$R_X(t_1,t_2)=a^2\sum_n E\left[g\left(\frac{t_1-t_0-nT}{T}\right)g\left(\frac{t_2-t_0-nT}{T}\right)\right]$$

当 $-\dfrac{1}{2}<\dfrac{t_1-t_0-nT}{T}<\dfrac{1}{2}$ 时，$g\left(\dfrac{t_1-t_0-nT}{T}\right)=1$，否则为 0；而对于同一个 t_1 值，不同的 n 值，如 $n+1$，则 $\dfrac{1}{2}<\dfrac{t_1-t_0-(n+1)T}{T}<\dfrac{3}{2}$，因此 $g\left(\dfrac{t_1-t_0-(n+1)T}{T}\right)=0$，即对于任意一个 t_1 值，只有一个 n 值与其对应，满足 $-\dfrac{1}{2}<\dfrac{t_1-t_0-nT}{T}<\dfrac{1}{2}$，使 $g\left(\dfrac{t_1-t_0-nT}{T}\right)=1$，而对其他 n 值，则 $g\left(\dfrac{t_1-t_0-(n+1)T}{T}\right)=0$。对于 t_2 也是同样的道理，因此上式可以简化为

$$R_X(t_1,t_2)=a^2 E\left[g\left(\frac{t_1-t_0-nT}{T}\right)g\left(\frac{t_2-t_0-nT}{T}\right)\right]=a^2 R_{t_0}(t_1,t_2)$$

若 $|t_2-t_1|>T$,则必定不能同时满足 $-\dfrac{1}{2}<\dfrac{t_1-t_0-nT}{T}<\dfrac{1}{2}$ 和 $-\dfrac{1}{2}<\dfrac{t_2-t_0-nT}{T}$ $<\dfrac{1}{2}$,故得 $R_{t_0}(t_1,t_2)=0$。

若 $0\leqslant t_2-t_1<T$,则当满足 $-\dfrac{1}{2}<\dfrac{t_1-t_0-nT}{T}<\dfrac{t_2-t_0-nT}{T}<\dfrac{1}{2}$,即 $t_2-\dfrac{T}{2}-nT$ $<t_0<t_1+\dfrac{T}{2}-nT$ 时,$g\left(\dfrac{t_1-t_0-nT}{T}\right)g\left(\dfrac{t_2-t_0-nT}{T}\right)=1$,故得

$$R_{t_0}(t_1,t_2)=E\left[g\left(\dfrac{t_1-t_0-nT}{T}\right)g\left(\dfrac{t_2-t_0-nT}{T}\right)\right]=$$

$$\int_{-\infty}^{\infty}g\left(\dfrac{t_1-t_0-nT}{T}\right)g\left(\dfrac{t_2-t_0-nT}{T}\right)f_{t_0}(t_0)\mathrm{d}t_0=$$

$$\int_{t_2-\frac{T}{2}-nT}^{t_1+\frac{T}{2}-nT}1\cdot\dfrac{1}{T}\mathrm{d}t_0=1-\dfrac{t_2-t_1}{T}$$

同理可得,当 $-T<t_2-t_1\leqslant 0$ 时,$R_{t_0}(t_1,t_2)=1+\dfrac{t_2-t_1}{T}$。故可得

$$R_{t_0}(t_1,t_2)=\begin{cases}1-\dfrac{|t_2-t_1|}{T}, & |t_2-t_1|<T\\ 0, & |t_2-t_1|\geqslant T\end{cases}$$

$$R_X(t_1,t_2)=\begin{cases}a^2\left(1-\dfrac{|t_2-t_1|}{T}\right), & |t_2-t_1|<T\\ 0, & |t_2-t_1|\geqslant T\end{cases}$$

2.2.3　随机过程的特征函数

随机过程的特征函数(characteristic function)也可以描述随机过程的统计特性,它是一种与概率密度函数相对应的统计描述方法。

随机过程 $X(t)$ 的 n 维特征函数定义为

$$\Phi_X(\omega_1,\cdots,\omega_n;t_1,\cdots,t_n)=E\{\mathrm{e}^{\mathrm{j}[\omega_1 X(t_1)+\cdots+\omega_n X(t_n)]}\}=$$

$$\int_{-\infty}^{\infty}\cdots\int_{-\infty}^{\infty}\mathrm{e}^{\mathrm{j}[\omega_1 x_1+\cdots+\omega_n x_n]}f_X(x_1,\cdots,x_n;t_1,\cdots,t_n)\mathrm{d}x_1\cdots\mathrm{d}x_n$$

$$(2.20)$$

式中,$f_X(x_1,\cdots,x_n;t_1,\cdots,t_n)$ 为 $X(t)$ 的 n 维概率密度函数。特征函数与概率密度函数之间构成傅里叶变换对的关系,则有

$$f_X(x_1,\cdots,x_n;t_1,\cdots,t_n)=\dfrac{1}{(2\pi)^n}\int_{-\infty}^{\infty}\cdots\int_{-\infty}^{\infty}\mathrm{e}^{-\mathrm{j}[\omega_1 x_1+\cdots+\omega_n x_n]}\Phi_X(\omega_1,\cdots,\omega_n;t_1,\cdots,t_n)\mathrm{d}\omega_1\cdots\mathrm{d}\omega_n$$

$$(2.21)$$

式(2.20)定义的特征函数也称为第一特征函数,对第一特征函数取自然对数可以定义第二特征函数为

$$\Psi_X(\omega_1,\cdots,\omega_n;t_1,\cdots,t_n)=\ln\Phi_X(\omega_1,\cdots,\omega_n;t_1,\cdots,t_n)\qquad(2.22)$$

2.2.4　高阶矩与高阶累积量

受限于计算上的困难，在传统的信号处理中，一般只在相关理论范围内，即在二阶矩范围内（均值、均方值、方差和相关函数等）进行研究，而随着信号处理理论和计算能力的发展，研究已不再局限于二阶矩范围，而是拓展到了高阶矩。这里只是简单介绍高阶矩和高阶累积量的概念，更深入的内容可以参阅相关文献。

随机过程的 k 阶矩（moment）和 k 阶累积量（cumulant）分别定义为

$$\text{mom}_{kX}(t_1,t_2,\cdots,t_n)=E[X^{k_1}(t_1)X^{k_2}(t_2)\cdots X^{k_n}(t_n)]=$$

$$(-j)^k \left.\frac{\partial^k \Phi_X(\omega_1,\cdots,\omega_n;t_1,\cdots,t_n)}{\partial \omega_1^{k_1}\partial \omega_2^{k_2}\cdots\partial \omega_n^{k_n}}\right|_{\omega_1=\omega_2=\cdots=\omega_n=0} \tag{2.23}$$

$$\text{cum}_{kX}(t_1,t_2,\cdots,t_n)=(-j)^k \left.\frac{\partial^k \Psi_X(\omega_1,\cdots,\omega_n;t_1,\cdots,t_n)}{\partial \omega_1^{k_1}\partial \omega_2^{k_2}\cdots\partial \omega_n^{k_n}}\right|_{\omega_1=\omega_2=\cdots=\omega_n=0} \tag{2.24}$$

式中，$k=k_1+k_2+\cdots+k_n$。

当高阶矩的 $k_1=1,k_2=\cdots=k_n=0$ 时，可以得到均值；当 $k_1=2,k_2=\cdots=k_n=0$ 时，可以得到均方值；而当 $k_1=k_2=1,k_3=\cdots=k_n=0$ 时，可以得到自相关函数，即

$$E[X(t)]=-j\left.\frac{\partial \Phi_X(\omega,t)}{\partial \omega}\right|_{\omega=0} \tag{2.25}$$

$$E[X^2(t)]=-\left.\frac{\partial \Phi_X^2(\omega,t)}{\partial \omega^2}\right|_{\omega=0} \tag{2.26}$$

$$R_X(t_1,t_2)=-\left.\frac{\partial^2 \Phi_X(\omega_1,\omega_2;t_1,t_2)}{\partial \omega_1\partial \omega_2}\right|_{\omega_1=\omega_2=0} \tag{2.27}$$

2.3　随机过程的微分与积分

随机过程的微分与积分是两类重要的线性运算。从系统的角度看，微分与积分都可以看作是一个线性系统，后面会在第4章讨论随机过程通过线性系统，这里主要从数学的角度分析随机过程的微分与积分运算的特性。

随机过程的微分与积分涉及随机变量的极限与收敛的问题，为了方便和一致，这里将假定各种极限都是在均方意义（mean-square，简写为 m.s.）下被定义的。

2.3.1　随机连续

设有随机过程 $X(t)$ 和随机变量 X，若

$$\lim_{t\to t_0}E[X(t)-X]^2=0 \tag{2.28}$$

则称随机过程 $X(t)$ 在 $t\to t_0$ 时刻均方收敛于随机变量 X，记为

$$\underset{t\to t_0}{l\cdot i\cdot m}X(t)=X \tag{2.29}$$

如果随机过程 $X(t)$ 满足：

$$\lim_{\Delta t \to 0} E\left[X(t+\Delta t)-X(t)\right]^2 = 0 \qquad (2.30)$$

则称随机过程 $X(t)$ 在 t 时刻在均方意义下连续，简称均方连续（m.s.连续）。由于

$$E\left[X(t+\Delta t)-X(t)\right]^2 = R_X(t+\Delta t, t+\Delta t) - R_X(t+\Delta t, t) - R_X(t, t+\Delta t) + R_X(t, t) \qquad (2.31)$$

因此，若自相关函数 $R_X(t_1, t_2)$ 在 $t_1 = t_2 = t$ 时刻连续，则随机过程 $X(t)$ 必定在 t 时刻连续。若自相关函数 $R_X(t_1, t_2)$ 在 $t_1 = t_2 = t$ 处处连续，则随机过程 $X(t)$ 处处连续。

需要注意的是，均方意义的连续与一般意义的连续不同，如例 2.10 中的异步二进制信号，从它的自相关函数可以看出异步二进制信号是处处连续的，但是对于异步二进制信号的任意样本，在码元取值变换的时刻，它是不连续的。

设随机过程 $X(t)$ 在均方意义下连续，随机变量 $Y = X(t+\Delta t) - X(t)$，则

$$\left.\begin{aligned} E[Y^2] &= \sigma_Y^2 + E^2[Y] \geqslant E^2[Y] \\ E\{[X(t+\Delta t)-X(t)]^2\} &\geqslant E^2[X(t+\Delta t)-X(t)] \end{aligned}\right\} \qquad (2.32)$$

由于 $X(t)$ 均方连续，则当 $\Delta t \to 0$ 时，不等式的左边趋于零，因此不等式的右边也必定趋于零，即

$$E[X(t+\Delta t)-X(t)] = E[X(t+\Delta t)] - E[X(t)] \to 0，\text{当 } \Delta t \to 0 \text{ 时} \qquad (2.33)$$

也可以写成

$$\lim_{\Delta t \to 0} E[X(t+\Delta t)] = E[\underset{\Delta t \to 0}{\text{l·i·m}} X(t+\Delta t)] = E[X(t)] \qquad (2.34)$$

式（2.34）表明如果随机过程 $X(t)$ 是均方连续的，则它的数学期望也必定是连续的。同时还表明：求极限和求数学期望的次序可以交换。这是一个非常有用的结果，将经常被用到。但需要注意的是，变换次序后的极限是均方意义下的极限。

2.3.2　随机过程的微分

1. 随机过程的微分

随机过程 $X(t)$ 均方意义下的导数可以定义为极限：

$$Y(t) = \dot{X}(t) = \frac{\mathrm{d}X(t)}{\mathrm{d}t} = \underset{\Delta t \to 0}{\text{l·i·m}} \frac{X(t+\Delta t)-X(t)}{\Delta t} \qquad (2.35)$$

随机过程的导数 $\dot{X}(t)$ 仍然是随机过程。

并非所有的随机过程都是均方可导的，可以证明：随机过程在均方意义下导数存在的充要条件是相关函数在它的自变量相等时，存在二阶偏导数，即 $\left.\dfrac{\partial^2 R_X(t_1, t_2)}{\partial t_1 \partial t_2}\right|_{t_1 = t_2}$ 存在。

对随机过程而言，可导必定连续，但连续不一定可导。

2. 随机过程导数的数学期望与相关函数

令 $Y(t)$ 为可导随机过程 $X(t)$ 的导数，即

$$Y(t) = \dot{X}(t) = \frac{\mathrm{d}X(t)}{\mathrm{d}t} = \underset{\Delta t \to 0}{\text{l·i·m}} \frac{X(t+\Delta t)-X(t)}{\Delta t} \qquad (2.36)$$

（1）数学期望：

$$m_Y(t) = E\left[\frac{dX(t)}{dt}\right] = E\left[l \cdot i \cdot m \atop \Delta t \to 0 \frac{X(t+\Delta t)-X(t)}{\Delta t}\right] = \lim_{\Delta t \to 0}\frac{E[X(t+\Delta t)]-E[X(t)]}{\Delta t} =$$

$$\lim_{\Delta t \to 0}\frac{m_X(t+\Delta t)-m_X(t)}{\Delta t} = \frac{dm_X(t)}{dt} = \frac{dE[X(t)]}{dt} \qquad (2.37)$$

式（2.37）表明，随机过程导数的数学期望等于它的数学期望的导数，即导数运算与数学期望的运算次序可以互换。但需要注意的是，变换次序后的导数的含义不同，对随机过程的导数是均方意义下的导数，而对数学期望的导数是一般意义的导数。

（2）相关函数。先求出 $X(t)$ 和 $Y(t)$ 的互相关函数：

$$R_{XY}(t_1,t_2) = E\left[X(t_1)\ l \cdot i \cdot m \atop \Delta t_2 \to 0 \frac{X(t_2+\Delta t_2)-X(t_2)}{\Delta t_2}\right] =$$

$$\lim_{\Delta t_2 \to 0}\frac{R_X(t_1,t_2+\Delta t_2)-R_X(t_1,t_2)}{\Delta t_2} = \frac{\partial R_X(t_1,t_2)}{\partial t_2} \qquad (2.38)$$

再求 $Y(t)$ 的自相关函数：

$$R_Y(t_1,t_2) = E\left[l \cdot i \cdot m \atop \Delta t_2 \to 0 \frac{X(t_1+\Delta t_1)-X(t_1)}{\Delta t_1}Y(t_2)\right] =$$

$$\lim_{\Delta t_2 \to 0}\frac{R_{XY}(t_1+\Delta t_1,t_2)-R_{XY}(t_1,t_2)}{\Delta t_1} = \frac{\partial R_{XY}(t_1,t_2)}{\partial t_1} = \frac{\partial R_X(t_1,t_2)}{\partial t_1 \partial t_2} \qquad (2.39)$$

式（2.39）表明，随机过程导数的相关函数，等于可微随机过程的相关函数的二阶偏导数。

2.3.3 随机过程的积分

1. 随机过程的积分

随机过程 $X(t)$ 均方意义下的积分同样可以定义为一个极限：

$$Y = \int_a^b X(t)dt = l \cdot i \cdot m \atop {\Delta t_i \to 0 \atop n \to \infty} \sum_{i=1}^n X(t_i)\Delta t_i \qquad (2.40)$$

式（2.40）的积分结果 Y 是一个随机变量。实际中还经常遇到可变上限的积分和带有"权函数"的积分，分别为

$$Y(t) = \int_a^t X(\lambda)d\lambda \qquad (2.41)$$

$$Y(t) = \int_a^b X(\lambda)h(t,\lambda)d\lambda \qquad (2.42)$$

式（2.41）和式（2.42）的积分结果 $Y(t)$ 都是随机过程。

2. 随机过程积分的数学期望和相关函数

（1）数学期望：

$$m_Y = E[Y] = E\left[\int_a^b X(t)dt\right] = E\left[l \cdot i \cdot m \atop {\Delta t \to 0 \atop n \to \infty} \sum_{i=1}^n X(t_i)\Delta t\right] =$$

$$\lim_{{\Delta t \to 0 \atop n \to \infty}}\sum_{i=1}^n E[X(t_i)]\Delta t = \int_a^b E[X(t)]dt = \int_a^b m_X dt \qquad (2.43)$$

式（2.43）表明，随机过程积分的数学期望等于它的数学期望的积分，即积分运算与数学期望的运算次序可以互换。但需要注意的是，变换次序后积分的含义不同，对随机过程的积分是均方意义下的积分，而对数学期望的积分是一般意义的积分。

同理可得式（2.41）和式（2.42）积分的数学期望为

$$m_Y(t) = \int_a^t E[X(\lambda)]\,d\lambda = \int_a^t m_X(\lambda)\,d\lambda \tag{2.44}$$

$$m_Y(t) = \int_a^b E[X(\lambda)]h(t,\lambda)\,d\lambda = \int_a^b m_X(\lambda)h(t,\lambda)\,d\lambda \tag{2.45}$$

（2）相关函数。式（2.41）积分的相关函数为

$$R_Y(t_1,t_2) = E[Y(t_1)Y(t_2)] = E\left[\int_a^{t_1} X(\lambda_1)\,d\lambda_1 \int_a^{t_2} X(\lambda_2)\,d\lambda_2\right] =$$

$$\int_a^{t_1}\int_a^{t_2} E[X(\lambda_1)X(\lambda_2)]\,d\lambda_1\,d\lambda_2 = \int_a^{t_1}\int_a^{t_2} R_X(\lambda_1,\lambda_2)\,d\lambda_1\,d\lambda_2 \tag{2.46}$$

同理可得式（2.42）积分的相关函数为

$$R_Y(t_1,t_2) = \int_a^b\int_a^b h(t,\lambda_1)h(t,\lambda_2)R_X(t_1,t_2)\,d\lambda_1\,d\lambda_2 \tag{2.47}$$

式（2.47）表明，随机过程积分的相关函数，等于可积随机过程的相关函数的二重积分，先按一个变量积分，然后再按另一个变量积分即可。

2.4　平稳随机过程

平稳随机过程是一类重要的随机过程，它的统计特性与时间起点无关，不随时间的推移而改变，因此对平稳随机过程的观测、分析和研究可以从任何时候开始。平稳随机过程包括严平稳随机过程和宽平稳随机过程。

2.4.1　严平稳随机过程

一个随机过程 $X(t)$，如果它的任意 n 维概率密度函数（或 n 维分布函数）与时间起点无关，不随时间的推移而变化，则称 $X(t)$ 是严平稳（Strict Sense Stationary，SSS）随机过程。

对于任意的 n 和 Δt，严平稳随机过程 $X(t)$ 的 n 维概率密度函数应满足：

$$f_X(x_1,x_2,\cdots,x_n;t_1,t_2,\cdots,t_n) = f_X(x_1,x_2,\cdots,x_n;t_1+\Delta t,t_2+\Delta t,\cdots,t_n+\Delta t) \tag{2.48}$$

两个随机过程 $X(t)$ 和 $Y(t)$，若它们的联合概率密度函数（或概率分布）与时间起点无关，不随时间的推移而变化，则称这两个随机过程是联合严平稳的，或是严平稳相依的。

对于任意的 n,m 和 Δt，联合严平稳的 $n+m$ 维联合概率密度函数应满足：

$$f_{XY}(x_1,\cdots,x_n,y_1,\cdots,y_m;t_1,\cdots,t_n,t'_1,\cdots,t'_m) =$$
$$f_{XY}(x_1,\cdots,x_n,y_1,\cdots y_m;t_1+\Delta t,\cdots,t_n+\Delta t,t'_1+\Delta t,\cdots,t'_m+\Delta t) \tag{2.49}$$

将随机过程分为平稳和非平稳有着重要的实际意义。如果随机过程是平稳的，那么在任何时间对其进行观测、研究都能得到相同的结果，可以使问题的分析大为简化。

严平稳随机过程 $X(t)$ 的一、二维概率密度函数及数字特征具有下述性质。

1. 一维概率密度函数与时间无关

令 $\Delta t = -t$，则有

$$f_X(x;t) = f_X(x;t+\Delta t) = f_X(x;t-t) = f_X(x;0) = f_X(x) \qquad (2.50)$$

因此，平稳随机过程 $X(t)$ 的均值、均方值和方差也应与时间无关，为常数，分别记作 m_X，Ψ_X^2 和 σ_X^2，即

$$E[X(t)] = \int_{-\infty}^{\infty} x f_X(x) \mathrm{d}x = m_X \qquad (2.51)$$

$$E[X^2(t)] = \int_{-\infty}^{\infty} x^2 f_X(x) \mathrm{d}x = \Psi_X^2 \qquad (2.52)$$

$$D[X(t)] = \int_{-\infty}^{\infty} (x-m_X)^2 f_X(x) \mathrm{d}x = \sigma_X^2 \qquad (2.53)$$

这意味着平稳随机过程的所有样本函数都在水平直线 $m_X(t) = m_X$ 周围波动，偏离度是 σ_X，因此，也就可以理解表 2.1 中平稳随机过程的均值 $m_X(t)$ 表示信号中的直流分量。

2. 二维概率密度函数与时间起点无关，只与时间间隔有关

令 $\Delta t = -t_1$，$\tau = t_2 - t_1$，则有

$$f_X(x_1,x_2;t_1,t_2) = f_X(x_1,x_2;t_1+\Delta t,t_2+\Delta t) = f_X(x_1,x_2;t_1-t_1,t_2-t_1) =$$
$$f_X(x_1,x_2;0,\tau) = f_X(x_1,x_2;\tau) \qquad (2.54)$$

因此平稳随机过程 $X(t)$ 的相关函数和协方差函数与时间起点无关，只与时间间隔 τ 有关，即

$$R_X(t_1,t_2) = \int_{-\infty}^{\infty} \int_{-\infty}^{\infty} x_1 x_2 f_X(x_1,x_2;\tau) \mathrm{d}x_1 \mathrm{d}x_2 = R_X(\tau) \qquad (2.55)$$

$$C_X(\tau) = R_X(\tau) - m_X^2 \qquad (2.56)$$

2.4.2　宽平稳随机过程

随机过程的严平稳性过于严格，研究和分析中按照式(2.48)和式(2.49)来判定是非常困难的。实际上，若产生随机过程的主要物理条件在时间进程中不变化，那么就可以认为此过程是平稳的。在信号与信息处理领域，有很多过程都可以认为是平稳随机过程。另外，在很多问题的研究中并不需要过程在所有时间都平稳，只要在一定的时间范围平稳，如在观测期间平稳，就可以作为平稳随机过程来处理。

很多应用往往只需要在相关理论的范围内考虑过程的平稳性，而相关理论只限于研究随机过程一、二阶矩，且一、二阶矩有着非常明确的物理含义(见表 2.1)，往往获得这些参数，就能解决问题。现在就给出在相关理论范围内考虑的平稳随机过程的定义。

若随机过程 $X(t)$ 满足：

$$\left.\begin{array}{l} m_X(t) = m_X \\ R_X(t_1,t_2) = R_X(\tau), \quad \tau = t_2 - t_1 \end{array}\right\} \qquad (2.57)$$

对于实际的平稳随机信号还需满足 $E[x^2(t)] < \infty$，即实际中平稳随机信号的均方值是有

限的。则称 $X(t)$ 为宽平稳（Wide-Sense Stationary，WSS）随机过程（或称广义平稳随机过程）。

如果两个随机过程 $X(t)$ 和 $Y(t)$ 各自宽平稳，且满足：

$$R_{XY}(t_1,t_2)=R_{XY}(\tau),\quad \tau=t_2-t_1 \tag{2.58}$$

则称 $X(t)$ 和 $Y(t)$ 是联合宽平稳的，或称宽平稳相依。

宽平稳随机过程的定义只涉及与一、二维概率密度函数有关的数字特征，因此严平稳随机过程必定是宽平稳的，而宽平稳随机过程不一定是严平稳的。

今后除特别声明外，平稳随机过程都是指宽平稳随机过程。

例 2.11　随机相位余弦信号 $X(t)=a\cos(\omega_0 t+\Phi)$，其中 a,ω_0 为常数，Φ 为在 $(0,2\pi)$ 上均匀分布的随机变量，讨论 $X(t)$ 是否平稳。

解　由题意可知，随机变量 Φ 的概率密度函数为 $f_\Phi(\varphi)=\begin{cases}\dfrac{1}{2\pi},&0<\varphi<2\pi\\0,&\text{其他}\end{cases}$，令 $\tau=t_2-t_1$，$X(t)$ 的均值和自相关函数分别为

$$m_X(t)=E[X(t)]=\int_{-\infty}^{\infty}xf_\Phi(\varphi)\mathrm{d}\varphi=\int_0^{2\pi}a\cos(\omega_0 t+\varphi)\frac{1}{2\pi}\mathrm{d}\varphi=0=m_X$$

$$R_X(t_1,t_2)=E[X(t_1)X(t_2)]=E[a\cos(\omega_0 t_1+\varphi)a\cos(\omega_0 t_2+\varphi)]=$$
$$\frac{a^2}{2}E[\cos\omega_0(t_2-t_1)+\cos(\omega_0 t_2+\omega_0 t_1+2\varphi)]=$$
$$\frac{a^2}{2}\cos\omega_0\tau+\frac{a^2}{2}E[\cos(\omega_0 t_2+\omega_0 t_1+2\varphi)]=$$
$$\frac{a^2}{2}\cos\omega_0\tau=R_X(\tau)$$

可见，$X(t)$ 的均值为与时间无关的常数，自相关函数与时间起点无关，只与时间间隔有关，故是宽平稳随机过程。

例 2.12　随机过程 $X(t)=tY$，其中 Y 为随机变量，讨论 $X(t)$ 是否平稳。

解　令 $\tau=t_2-t_1$，$X(t)$ 的均值和自相关函数分别为

$$m_X(t)=E[X(t)]=E[tY]=t\cdot E[Y]=t\cdot m_Y$$
$$R_X(t_1,t_2)=E[X(t_1)X(t_2)]=t_1t_2E[Y^2]=t_1t_2\Psi_Y=t_1(t_1+\tau)\Psi_Y$$

可见，$X(t)$ 的均值与时间有关，自相关函数既与时间起点有关，又与时间间隔有关，故是非平稳随机过程。

例 2.13　讨论例 2.10 中异步二进制信号 $X(t)$ 是否平稳。

解　由例 2.10，并令 $\tau=t_2-t_1$，可得异步二进制信号 $X(t)$ 的均值和自相关函数分别为

$$m_X(t)=0$$

$$R_X(\tau)=\begin{cases}a^2\left(1-\dfrac{|\tau|}{T}\right),&|\tau|<T\\0,&|\tau|\geqslant T\end{cases}$$

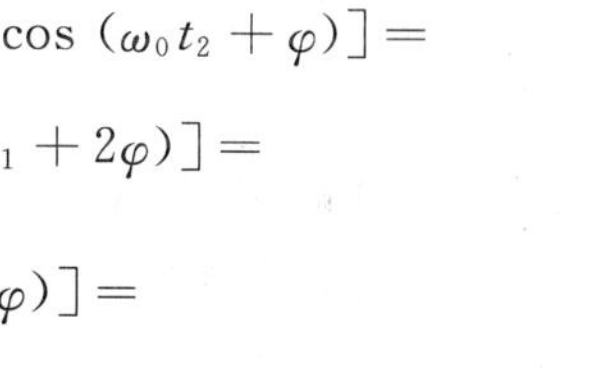

图 2.8　异步二进制信号的自相关函数

可见，$X(t)$ 的均值为与时间无关的常数，自相关函数与时间起点无关，只与时间间隔有

关,故是宽平稳随机过程。自相关函数的图形如图 2.8 所示。

2.4.3 平稳随机过程相关函数的性质

平稳随机过程的均值是与时间无关的常数,相关函数与时间起点无关,只与时间间隔有关,可以使问题的分析大为简化。而平稳随机过程的相关函数有许多非常有用的性质。

1. 平稳随机过程自相关函数的性质

(1)$R_X(\tau)$,$C_X(\tau)$ 在 $\tau=0$ 时有非负的最大值,且分别为过程的均方值和方差,即

$$R_X(0)=\psi_X^2 \geqslant |R_X(\tau)| \geqslant 0 \tag{2.59}$$
$$C_X(0)=\sigma_X^2 \geqslant |C_X(\tau)| \geqslant 0 \tag{2.60}$$

由不等式 $E\{[X(t)\pm X(t+\tau)]^2\} \geqslant 0$,可得

$$E[X^2(t)\pm 2X(t)X(t+\tau)+X^2(t+\tau)] \geqslant 0$$
$$2R_X(0)\pm 2R_X(\tau) \geqslant 0$$

故得
$$R_X(0) \geqslant |R_X(\tau)|$$
同理可得
$$C_X(0) \geqslant |C_X(\tau)|$$

这个性质并不排除当 $\tau \neq 0$ 时也可能出现最大值,如下面要讨论的周期平稳随机过程。

(2)$R_X(\tau)$ 是偶函数,即

$$R_X(\tau)=R_X(-\tau) \tag{2.61}$$
$$C_X(\tau)=C_X(-\tau) \tag{2.62}$$

(3)若平稳随机过程 $X(t)$ 满足 $X(t)=X(t+T)$,则称它为周期平稳随机过程,其中 T 为过程的周期。周期平稳随机过程的自相关函数必是周期函数,且它的周期与过程的周期相同,即

$$R_X(\tau+T)=R_X(\tau) \tag{2.63}$$

(4)若平稳随机过程 $X(t)$ 含有一个周期分量,那么自相关函数 $R_X(\tau)$ 也含有一个周期分量,且周期相同。

例如:设 $X(t)=S(t)+N(t)$,其中 $S(t)$ 是含有周期为 T 的周期分量,即 $S(t)=S(t+T)$,则 $S(t)$ 的自相关函数也是周期函数,即

$$R_S(\tau)=R_S(\tau+T)$$
$$R_X(\tau)=E[X(t)X(t+\tau)]=E\{[S(t)+N(t)][S(t+\tau)+N(t+\tau)]\}=$$
$$E[S(t)S(t+\tau)+N(t)N(t+\tau)+S(t)N(t+\tau)+N(t)S(t+\tau)]=$$
$$R_S(\tau)+R_N(\tau)+R_{SN}(\tau)+R_{NS}(\tau)$$

可见,$R_X(\tau)$ 含有周期分量 $R_S(\tau)$,且周期相同。

(5)若平稳随机过程 $X(t)$ 不包含任何周期分量,则有

$$\lim_{|\tau|\to\infty} R_X(\tau)=R_X(\infty)=m_X^2 \tag{2.64}$$

这是因为,对于非周期平稳随机过程,当 τ 增大时 $X(t)$ 与 $X(t+\tau)$ 之间的相关性会减弱,在 $|\tau|\to\infty$ 的极限情况下,两者相互独立,于是有

$$R_X(\infty) = \lim_{|\tau| \to \infty} R_X(\tau) = \lim_{|\tau| \to \infty} E[X(t)X(t+\tau)] = \lim_{|\tau| \to \infty} E[X(t)] \cdot E[X(t+\tau)] = m_X^2$$

同理可得

$$\lim_{|\tau| \to \infty} C_X(\tau) = C_X(\infty) = 0 \tag{2.65}$$

$$\sigma_X^2 = \psi_X^2 - m_X^2 = R_X(0) - R_X(\infty) \tag{2.66}$$

(6) 若平稳随机过程含有平均分量(均值) m_X,则自相关函数也将含有平均分量,且等于 m_X^2。

这一性质由自相关函数和协方差函数的关系,很容易得到 $R_X(\tau) = C_X(\tau) + m_X^2$。

(7) 平稳随机过程的自相关函数必须满足:

$$\int_{-\infty}^{\infty} R_X(\tau) \mathrm{e}^{-\mathrm{j}\omega\tau} \mathrm{d}\tau \geqslant 0 \tag{2.67}$$

且对所有 ω 都成立。这就是说,自相关函数的傅里叶变换在整个频率轴上是非负的(理由详见第 3 章对功率谱密度的讨论)。这一条件限制了自相关函数曲线图形不能有任意形状,不能出现平顶、垂直边或在幅度上的任何不连续。

例 2.14 已知平稳随机过程 $X(t)$ 的自相关函数为 $R_X(\tau) = 16 + \dfrac{9}{1+5\tau^2}$,求 $X(t)$ 的均值、均方值和方差。

解 平稳随机过程 $X(t)$ 的自相关函数不包含任何周期分量,则有

$$R_X(\infty) = m_X^2 = 16$$

均值: $$m_X = \pm 4$$

均方值: $$\psi_X^2 = R_X(0) = 25$$

方差: $$\sigma_X^2 = \psi_X^2 - m_X^2 = 9$$

例 2.15 平稳随机过程 $X(t)$ 的自相关函数为 $R_X(\tau) = 100\mathrm{e}^{-10|\tau|} + 100\cos\omega_0\tau + 100$,求 $X(t)$ 的均值、均方值和方差。若将周期分量看作信号,非周期能量看作噪声,求信噪比 SNR。

解 将 $R_X(\tau)$ 分为周期与非周期两部分,即 $R_X(\tau) = R_S(\tau) + R_N(\tau)$,其中 $R_S(\tau) = 100\cos\omega_0\tau$ 为周期分量的相关函数,$R_N(\tau) = 100\mathrm{e}^{-10|\tau|} + 100$ 为非周期分量的相关函数。

由非周期分量部分 $R_N(\tau)$ 可得 $R_N(\infty) = m_N^2 = 100$,均值 $m_N = \pm 10$,均方值 $\psi_N^2 = R_N(0) = 200$,方差 $\sigma_N^2 = \psi_N^2 - m_N^2 = 100$。

周期分量部分 $R_S(\tau)$ 不包含任何直流分量,因此可得,均值 $m_S = 0$,均方值 $\psi_S^2 = R_S(0) = 100$,方差 $\sigma_S^2 = \psi_S^2 - m_S^2 = 100$。

平稳随机过程 $X(t)$ 的均值、均方值和方差分别为

均值: $$m_X = m_S + m_N = \pm 10$$

均方值: $$\psi_X^2 = R_X(0) = 300$$

方差: $$\sigma_X^2 = \psi_X^2 - m_X^2 = 200$$

若将周期分量看作信号,非周期能量看作噪声,则信噪比为

$$SNR = \frac{\sigma_S^2}{\sigma_N^2} = 1$$

$$SNR_{\mathrm{dB}} = 10\lg SNR = 0 \text{ dB}$$

例 2.16 设例 2.10 中异步二进制信号中的 X_n 是服从 (b,a) 等概率的两点分布,$a > b$,其

他条件不变,求异步二进制信号的自相关函数。

解 由 X_n 是服从 (b,a) 等概率的两点分布,可得 $E[X_n] = \dfrac{a+b}{2}$,$E[X_n^2] = \dfrac{a^2+b^2}{2}$,$\sigma_{X_n}^2 = \left(\dfrac{a-b}{2}\right)^2$。$X_n$ 可以看作为 $X_n = Y_n + \dfrac{a+b}{2}$ 的随机变量,其中 Y_n 服从 $\left(\dfrac{b-a}{2}, \dfrac{a-b}{2}\right)$ 等概率的两点分布,因此异步二进制信号可以写成

$$X(t) = \sum_n X_n g\left(\frac{t-t_0-nT}{T}\right)$$

$$X(t) = \sum_n \left(Y_n + \frac{a+b}{2}\right) g\left(\frac{t-t_0-nT}{T}\right) = \sum_n Y_n g\left(\frac{t-t_0-nT}{T}\right) + \frac{a+b}{2}$$

可见,异步二进制信号 $X(t)$ 中包含了平均分量,由例 2.13 的结果和性质(6)可得 $X(t)$ 的自相关函数为

$$R_X(\tau) = \begin{cases} \left(\dfrac{a-b}{2}\right)^2 \left(1 - \dfrac{|\tau|}{T}\right) + \left(\dfrac{a+b}{2}\right)^2, & |\tau| < T \\ \left(\dfrac{a+b}{2}\right)^2, & |\tau| \geqslant T \end{cases}$$

(8) 相关系数与相关时间。由式(2.18)可以得到平稳随机过程的相关函数为

$$\rho_X(\tau) = \frac{C_X(\tau)}{C_X(0)} = \frac{R_X(\tau) - m_X^2}{R_X(0) - m_X^2} = \frac{R_X(\tau) - m_X^2}{\sigma_X^2} \tag{2.68}$$

相关系数是归一化的自相关函数,与自相关函数、协方差函数一样都是用来描述随机过程两个时刻状态之间的相关程度的。不同点在于协方差函数是去除了平均分量(均值)后的自相关函数,而相关系数是在去除了平均分量后,又用方差进行了归一化。图 2.9 对比了 3 种相关函数,从图形上可以看出,3 种图形的形状是相似的,不同点在于沿纵轴方向的平移和压缩(或扩展)。

相关系数 $\rho_X(\tau)$ 可正可负,正值表示正相关,即时间间隔为 τ 的两个随机变量 $X(t)$ 与 $X(t+\tau)$ 同方向相关;负值表示负相关,即 $X(t)$ 与 $X(t+\tau)$ 反方向的相关。由式(2.60)可知,相关系数 $|\rho_X(\tau)| \leqslant 1$,当 $|\rho_X(\tau)| = 1$ 时,相关性最强;而当 $\rho_X(\tau) = 0$ 时,表示不相关。

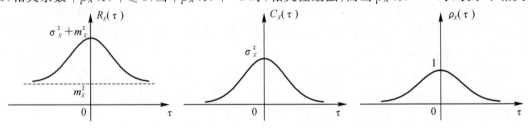

图 2.9 平稳随机过程的相关函数、协方差函数和相关系数对比图

对于非周期平稳随机过程,随着 τ 的增大,时间间隔为 τ 的两个随机变量 $X(t)$ 与 $X(t+\tau)$ 之间的相关性会逐渐减弱,当 $\tau \to \infty$ 时,$\rho_X(\tau) \to 0$,即 $X(t)$ 与 $X(t+\tau)$ 不再相关。实际上,当 τ 大到一定程度时,$\rho_X(\tau)$ 就已经很小了,即 $X(t)$ 与 $X(t+\tau)$ 之间的相关性已经很弱了,可以近似认为不相关了。

实际应用中,为了分析研究的方便,经常定义一个时间 τ_0,当 $\tau > \tau_0$ 时,就认为 $X(t)$ 与 $X(t+\tau)$ 之间不相关了。这个时间 τ_0 就称为相关时间。相关时间有多种取值方法,常用的有

以下两种。

一种方法是取相关系数等于常数 c 时对应的 τ 值,取

$$|\rho_X(\tau_0)|=c \qquad (2.69)$$

对应的 τ 值为相关时间 τ_0。常数 c 与应用要求有关,c 值越小则要求越严格,相关时间 τ_0 越大。工程上常取 $c=0.05$。

另一种方法是将相关系数等效为一个高为 $\rho_X(0)=1$、底为 τ_0 的矩形,矩形的面积与 $\rho_X(\tau)$ 积分的一半相等来定义相关时间 τ_0,如图 2.10 所示,即

$$\tau_0=\int_0^\infty \rho_X(\tau)\mathrm{d}\tau \qquad (2.70)$$

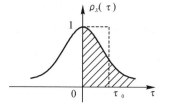

图 2.10　相关时间示意图

相关时间是平稳随机过程两个时刻状态之间不相关所需时间间隔的一种度量。相关时间 τ_0 越小,就意味着相关系数 $\rho_X(\tau)$ 随 τ 的增加降落得越快,随机过程随时间起伏变化得越剧烈;反之,相关时间 τ_0 越大,相关系数 $\rho_X(\tau)$ 随 τ 的增加降落得越慢,随机过程随时间起伏变化得越缓慢。

今后除特别声明外,本书中相关时间 τ_0 都采用式(2.70)的定义方法。

例 2.17　求例 2.10 中异步二进制信号的相关系数和相关时间。

解　由例 2.13 可知异步二进制信号是平稳随机过程,且已经得到了它的均值和自相关函数。因此异步二进制信号的相关系数和相关时间分别为

$$\rho_X(\tau)=\frac{R_X(\tau)-m_X^2}{R_X(0)-m_X^2}=\frac{R_X(\tau)}{R_X(0)}=\begin{cases}1-\dfrac{|\tau|}{T}, & |\tau|<T \\ 0, & |\tau|\geqslant T\end{cases}$$

$$\tau_0=\int_0^\infty \rho_X(\tau)\mathrm{d}\tau=\int_0^T\left(1-\frac{\tau}{T}\right)\mathrm{d}\tau=\left(\tau-\frac{\tau^2}{2T}\right)\Big|_0^T=\frac{T}{2}$$

2. 联合平稳随机过程互相关函数的性质

(1) 互相关函数和互协方差函数既不是奇函数也不是偶函数,但是满足:

$$R_{XY}(\tau)=R_{YX}(-\tau) \qquad (2.71)$$

$$C_{XY}(\tau)=C_{YX}(-\tau) \qquad (2.72)$$

(2) 互相关函数和互协方差函数满足不等式:

$$|R_{XY}(\tau)|^2\leqslant R_X(0)R_Y(0) \qquad (2.73)$$

$$|R_{XY}(\tau)|\leqslant\frac{1}{2}[R_X(0)+R_Y(0)] \qquad (2.74)$$

$$|C_{XY}(\tau)|^2\leqslant C_X(0)C_Y(0)=\sigma_X^2\sigma_Y^2 \qquad (2.75)$$

$$|C_{XY}(\tau)|\leqslant\frac{1}{2}[C_X(0)+C_Y(0)]=\frac{1}{2}[\sigma_X^2+\sigma_Y^2] \qquad (2.76)$$

由不等式 $E\{[X(t)+\lambda Y(t+\tau)]^2\}\geqslant 0$,可得

$$R_X(0)+2\lambda R_{XY}(\tau)+\lambda^2 R_Y(0)\geqslant 0$$

上式可以看成二次方程 $Ax^2+Bx+C\geqslant 0$,必须满足 $B^2-4AC\leqslant 0$,因此可得式(2.73)。当上面的不等式中 $\lambda=\pm 1$ 时,可得式(2.74)。

（3）两个联合平稳随机过程的互相关系数为

$$\rho_{XY}(\tau) = \frac{C_{XY}(\tau)}{\sqrt{C_X(0)C_Y(0)}} = \frac{R_{XY}(\tau) - m_X m_Y}{\sigma_X \sigma_Y} \qquad (2.77)$$

由性质（2）可得 $\rho_{XY}(\tau) \leqslant 1$，当 $\rho_{XY}(\tau) = 0$ 时，两个随机过程 $X(t)$ 和 $Y(t+\tau)$ 不相关。

例 2.18　两个随机相位信号 $X(t) = a\cos(\omega_0 t + \Phi)$，$Y(t) = a\sin(\omega_0 t + \Phi)$，其中 a,ω_0 为常数，Φ 为 $(0,2\pi)$ 上均匀分布的随机变量。讨论两个信号是否联合平稳。

解　由例 2.11 可知，两个随机相位信号的均值和自相关函数均为 $m_X = m_Y = 0$，$R_X(\tau) = R_Y(\tau) = \frac{a^2}{2}\cos\omega_0\tau$，即两个信号各自平稳。令 $\tau = t_2 - t_1$，它们的互相关函数和互协方差函数分别为

$$R_{XY}(t_1,t_2) = E[a^2\cos(\omega_0 t_1 + \Phi)\sin(\omega_0 t_2 + \Phi)] =$$
$$\frac{a^2}{2}E[\sin\omega_0(t_2 - t_1) + \sin(\omega_0 t_1 + \omega_0 t_2 + 2\Phi)] =$$
$$\frac{a^2}{2}\sin\omega_0(t_2 - t_1) = \frac{a^2}{2}\sin\omega_0\tau = R_{XY}(\tau)$$
$$C_{XY}(\tau) = R_{XY}(\tau) - m_X m_Y = R_{XY}(\tau)$$

互相关函数与时间起点无关，只与时间间隔有关，因此是联合平稳的。而且可以看到，当 $\tau = 0$ 时，$R_{XY}(0) = C_{XY}(0) = 0$，因此在同一个时刻两个随机变量是正交的、不相关的。

2.4.4　其他平稳的概念

1. k 阶平稳

一个随机过程 $X(t)$，如果它的 k 维概率密度函数（或 k 维分布函数）与时间起点无关，不随时间的推移而变化，则称 $X(t)$ 是 k 阶平稳随机过程。即对于任意的 Δt，满足：

$$f_X(x_1,x_2,\cdots,x_k;t_1,t_2,\cdots,t_k) = f_X(x_1,x_2,\cdots,x_k;t_1+\Delta t,t_2+\Delta t,\cdots,t_k+\Delta t) \qquad (2.78)$$

若 $k=2$，则 $X(t)$ 是二阶平稳的，也就是前文讨论的宽平稳。对于 k 阶平稳随机过程，必定也是低阶（小于 k 阶）平稳的，这是因为 k 维概率密度函数确定了它的低维概率密度函数。

k 阶平稳随机过程 $X(t)$ 在任意 k 个时刻的 k 阶联合矩和累积量与时间起点无关，即

$$\text{mom}_{kX}(t_1,t_2,\cdots,t_k) = E[X(t_1)X(t_2)\cdots X(t_k)] = \text{mom}_{kX}(\tau_1,\tau_2,\cdots,\tau_{k-1}) \qquad (2.79)$$
$$\text{cum}_{kX}(t_1,t_2,\cdots,t_k) = \text{cum}_{kX}(\tau_1,\tau_2,\cdots,\tau_{k-1}) \qquad (2.80)$$

式中，$\tau_1 = t_2 - t_1$，$\tau_2 = t_3 - t_1$，$\cdots$，$\tau_{k-1} = t_k - t_1$。

2. 循环平稳

非平稳信号中有一类信号，它们的统计特性虽然不能随着时间的推移保持不变，但是能周期性地保持不变，这种特性就是循环平稳（cyclostationary），循环平稳随机信号在现代信号处理中有着广泛的应用。现在给出循环平稳的定义。

对于任意的 n，若随机过程 $X(t)$ 的 n 维概率密度函数满足：

$$f_X(x_1,x_2,\cdots,x_n;t_1+MT,t_2+MT,\cdots,t_n+MT) = f_X(x_1,x_2,\cdots,x_n;t_1,t_2,\cdots,t_n)$$
$$(2.81)$$

式中：M 为整数；T 是循环周期，为常数，则称 $X(t)$ 为严循环平稳随机过程。与式(2.48)相比，循环平稳随机过程不需要时间推移 Δt 为任意值，只需要 Δt 在特定的时间间隔 $\Delta t = MT$ 时统计特性保持不变。

如果随机过程 $X(t)$ 满足：

$$\left.\begin{array}{l} m_X(t+MT) = m_X(t) \\ R_X(t_1+MT, t_2+MT) = R_X(t_1, t_2) \end{array}\right\} \tag{2.82}$$

式中：M 为整数；T 为常数，则称 $X(t)$ 为宽循环平稳随机过程。

2.5　各态历经(遍历性)过程

如果随机过程是平稳的，那么在任何时间对其进行观测、研究都能得到相同的结果，可以使问题的分析大为简化。随机过程的平稳性虽然简化了理论分析，但是从前面的分析可以看出，要得到随机过程的统计特性，需要大量的样本函数进行统计平均(集平均)，这需要大量的试验观测工作，给实际应用带来很大的不便，在很多应用中甚至只能得到一个样本。

各态历经过程可以只通过一个样本函数的各种时间平均代替大量样本函数的统计平均而得到随机过程的统计特性，因而具有很重要的实际意义。

2.5.1　各态历经过程

苏联数学家辛钦证明：在具备一定的补充条件下，对随机过程的任意一个样本函数取时间平均(观察时间足够长)，从概率意义上趋近于该过程的统计平均(集平均)。对于这样的随机过程，说它具备各态历经性(ergodicity)或遍历性。

1. 时间均值和时间相关函数

随机过程 $X(t)$，$Y(t)$ 的时间均值、时间自相关函数和时间互相关函数分别为

$$\overline{X(t)} = \lim_{T\to\infty} \frac{1}{2T}\int_{-T}^{T} X(t)\,\mathrm{d}t \tag{2.83}$$

$$\overline{X(t)X(t+\tau)} = \lim_{T\to\infty} \frac{1}{2T}\int_{-T}^{T} X(t)X(t+\tau)\,\mathrm{d}t \tag{2.84}$$

$$\overline{X(t)Y(t+\tau)} = \lim_{T\to\infty} \frac{1}{2T}\int_{-T}^{T} X(t)Y(t+\tau)\,\mathrm{d}t \tag{2.85}$$

式中，用 $\overline{(\cdot)}$ 表示时间平均。一般说来，时间均值和时间相关函数都是随机变量。

若随机过程 $X(t)$ 的时间均值满足：

$$P\{\overline{X(t)} = m_X\} = 1 \tag{2.86}$$

即

$$\overline{X(t)} = E[X(t)] = m_X \tag{2.87}$$

以概率 1 成立，则称随机过程 $X(t)$ 的均值具备各态历经性。

若随机过程的时间自相关函数满足：

$$P\{\overline{X(t)X(t+\tau)} = R_X(\tau)\} = 1 \tag{2.88}$$

即

$$\overline{X(t)X(t+\tau)} = E[X(t)X(t+\tau)] = R_X(\tau) \tag{2.89}$$

以概率 1 成立,则称随机过程 $X(t)$ 的自相关函数具备各态历经性。

若两个随机过程的时间互相关函数满足:

$$P\{\overline{X(t)Y(t+\tau)} = R_{XY}(\tau)\} = 1 \tag{2.90}$$

即

$$\overline{X(t)Y(t+\tau)} = E[X(t)Y(t+\tau)] = R_{XY}(\tau) \tag{2.91}$$

以概率 1 成立,则称随机过程 $X(t)$,$Y(t)$ 的互相关函数具备各态历经性。

2. 严各态历经过程

按照严格的意义,若随机过程 $X(t)$ 的各种时间平均(时间足够长)以概率 1 收敛于相应的集平均(统计平均),则称随机过程 $X(t)$ 为严各态历经过程,或严遍历性过程。

随机过程的各态历经性,可以理解为随机过程的各种样本函数都同样地经历了随机过程的各种可能状态,因此从随机过程的任何一个样本函数都可以得到随机过程的全部统计信息,任何一个样本函数的特性都可以充分地代表整个随机过程的特性。

严各态历经性的要求过于严格,工程上通常只在相关理论的范围内考虑各态历经过程。

3. 宽各态历经过程

若平稳随机过程 $X(t)$ 的均值和自相关函数都具有各态历经性,则称 $X(t)$ 为宽各态历经过程,或宽遍历性过程。

两个随机过程 $X(t)$,$Y(t)$ 各自都是宽各态历经过程,若它们的互相关函数具备各态历经性,则称 $X(t)$,$Y(t)$ 具备联合宽各态历经性,或联合宽遍历性。

随机过程的各态历经性有重要的实际意义,给许多实际问题的解决带来很大方便。

今后除特别声明外,各态历经过程都是指宽各态历经过程。

如果随机过程是各态历经的,那么就意味着式(2.83)、式(2.84) 和式(2.85) 的时间平均不再是随机的,而是确定值或确定的函数。即所有可能的样本的时间平均都能得到相同的结果。因此,可以只对随机过程的任意一个样本函数进行观测、研究,用求时间平均的方法,就可以得到随机过程的数学期望和相关函数等数字特征。利用任意一个样本求时间平均,则式(2.87)、式(2.89) 和式(2.91) 变为

$$m_X = \overline{x(t)} = \lim_{T\to\infty} \frac{1}{2T} \int_{-T}^{T} x(t)\mathrm{d}t \tag{2.92}$$

$$R_X(\tau) = \overline{x(t)x(t+\tau)} = \lim_{T\to\infty} \frac{1}{2T} \int_{-T}^{T} x(t)x(t+\tau)\mathrm{d}t \tag{2.93}$$

$$R_{XY}(\tau) = \overline{x(t)y(t+\tau)} = \lim_{T\to\infty} \frac{1}{2T} \int_{-T}^{T} x(t)y(t+\tau)\mathrm{d}t \tag{2.94}$$

例 2.19 讨论例 2.11 中的随机相位余弦信号 $X(t) = a\cos(\omega_0 t + \Phi)$ 的各态历经性。

解 随机相位余弦信号是平稳随机过程,其时间均值和时间自相关函数分别为

$$\overline{X(t)} = \lim_{T\to\infty} \frac{1}{2T} \int_{-T}^{T} a\cos(\omega_0 t + \Phi)\mathrm{d}t = \lim_{T\to\infty} \frac{a\sin(\omega_0 T + \Phi) - a\sin(-\omega_0 T + \Phi)}{2\omega_0 T} =$$

$$\lim_{T\to\infty}\frac{a\cos\Phi\sin\omega_0 T}{\omega_0 T}=0=m_X$$

$$\overline{X(t)X(t+\tau)}=\lim_{T\to\infty}\frac{1}{2T}\int_{-T}^{T}a^2\cos(\omega_0 t+\Phi)\cos(\omega_0 t+\omega_0\tau+\Phi)\mathrm{d}t=$$

$$\lim_{T\to\infty}\frac{1}{2T}\int_{-T}^{T}\frac{a^2}{2}\big[\cos\omega_0\tau+\cos(2\omega_0 t+\omega_0\tau+2\Phi)\big]\mathrm{d}t=$$

$$\frac{a^2}{2}\cos\omega_0\tau=R_X(\tau)$$

随机相位余弦信号 $X(t)$ 的均值和自相关函数都具有各态历经性，因此也是宽各态历经过程。

例 2.20　讨论随机过程 $X(t)=Y$ 的各态历经性。其中 Y 是方差不为零的随机变量。

解　随机过程 $X(t)$ 均值和自相关函数分别为

$$m_X=E[X(t)]=E[Y]=m_Y$$

$$R_X(\tau)=E[X(t)X(t+\tau)]=E[Y^2]=\psi_Y^2$$

可见，随机过程 $X(t)$ 是平稳随机过程。随机过程 $X(t)$ 时间均值和时间自相关函数分别为

$$\overline{X(t)}=\lim_{T\to\infty}\frac{1}{2T}\int_{-T}^{T}Y\mathrm{d}t=Y\neq E[Y]$$

$$\overline{X(t)X(t+\tau)}=\lim_{T\to\infty}\frac{1}{2T}\int_{-T}^{T}Y^2\mathrm{d}t=Y^2\neq E[Y^2]$$

可见，时间均值 $\overline{X(t)}$ 和时间自相关函数 $\overline{X(t)X(t+\tau)}$ 都是随机变量，其值随所取的样本的不同而不同，因此 $X(t)$ 不是各态历经过程。

例 2.21　讨论例 2.10 中的异步二进制信号的各态历经性。

解　由例 2.13 可知异步二进制信号是平稳随机过程，其时间均值和时间自相关函数分别为

$$\overline{X(t)}=\lim_{k\to\infty}\frac{1}{2kT}\int_{-kT}^{kT}\sum_n X_n g\left(\frac{t-t_0-nT}{T}\right)\mathrm{d}t=\lim_{k\to\infty}\frac{1}{2kT}\sum_n X_n\int_{-kT}^{kT}g\left(\frac{t-t_0-nT}{T}\right)\mathrm{d}t=$$

$$\lim_{k\to\infty}\frac{1}{2kT}\sum_n X_n\int_{-\frac{T}{2}+t_0+nT}^{\frac{T}{2}+t_0+nT}1\cdot\mathrm{d}t=\lim_{k\to\infty}\frac{1}{2kT}\sum_n X_n T=\lim_{k\to\infty}\frac{1}{2k}\sum_n X_n=0=m_X$$

$$\overline{X(t)X(t+\tau)}=\lim_{k\to\infty}\frac{1}{2kT}\int_{-kT}^{kT}\sum_n\sum_m X_n X_m g\left(\frac{t-t_0-nT}{T}\right)g\left(\frac{t+\tau-t_0-mT}{T}\right)\mathrm{d}t=$$

$$\lim_{k\to\infty}\frac{1}{2kT}\sum_n X_n^2\int_{-kT}^{kT}g\left(\frac{t-t_0-nT}{T}\right)g\left(\frac{t+\tau-t_0-nT}{T}\right)\mathrm{d}t=$$

$$\lim_{k\to\infty}\frac{a^2}{2kT}\sum_n\int_{-kT}^{kT}g\left(\frac{t-t_0-nT}{T}\right)g\left(\frac{t+\tau-t_0-nT}{T}\right)\mathrm{d}t$$

当 $|\tau|>T$ 时，有

$$\overline{X(t)X(t+\tau)}=0$$

当 $0\leqslant\tau<T$ 时，有

$$\overline{X(t)X(t+\tau)}=\lim_{k\to\infty}\frac{a^2}{2kT}\sum_n\int_{-\frac{T}{2}+t_0+nT}^{\frac{T}{2}-\tau+t_0+nT}1\cdot\mathrm{d}t=\lim_{k\to\infty}\frac{a^2}{2kT}\sum_n(T-\tau)=$$

$$\lim_{k\to\infty}\frac{a^2 2k(T-\tau)}{2kT}=a^2\left(1-\frac{\tau}{T}\right)$$

同理可得，当 $-T<\tau\leqslant0$ 时，有

$$\overline{X(t)X(t+\tau)} = a^2\left(1+\frac{\tau}{T}\right)$$

故可得

$$\overline{X(t)X(t+\tau)} = \begin{cases} a^2\left(1-\dfrac{|\tau|}{T}\right), & |\tau| < T \\ 0, & |\tau| \geqslant T \end{cases} = R_X(\tau)$$

异步二进制信号 $X(t)$ 的均值和自相关函数都具有各态历经性,是宽各态历经过程。

2.5.2 随机过程具备各态历经性的条件

各态历经过程一定是平稳随机过程,而平稳随机过程并不一定是各态历经过程。

由式(2.87)和式(2.89)可以看出,时间平均的结果是与时间无关的。各态历经过程的时间均值是常数,时间自相关函数只与时间间隔 τ 有关,即各态历经过程的统计均值是常数,统计自相关函数只与时间间隔 τ 有关,因此各态历经过程必定是平稳随机过程。

由例 2.20 可以看出平稳随机过程不一定是各态历经过程。例 2.20 中样本函数的时间平均与所选取的样本有关,选取的样本不同,时间平均的结果也不同。

可以证明,平稳随机过程 $X(t)$ 的均值具备各态历经性的充要条件是

$$\lim_{T\to\infty}\frac{1}{T}\int_0^{2T}\left(1-\frac{\tau}{2T}\right)\left[R_X(\tau)-m_X^2\right]\mathrm{d}\tau = 0 \tag{2.95}$$

平稳随机过程 $X(t)$ 的自相关函数具备各态历经性的充要条件是

$$\left. \begin{aligned} &\lim_{T\to\infty}\frac{1}{T}\int_0^{2T}\left(1-\frac{\tau}{2T}\right)\left[B(\tau)-R_X(\tau)\right]\mathrm{d}\tau = 0 \\ &B(\tau) = E\left[X(t)X(t+\lambda)X(t+\tau)X(t+\lambda+\tau)\right] \end{aligned} \right\} \tag{2.96}$$

联合平稳随机过程 $X(t),Y(t)$ 的互相关函数具备各态历经性的充要条件是

$$\left. \begin{aligned} &\lim_{T\to\infty}\frac{1}{T}\int_0^{2T}\left(1-\frac{\tau}{2T}\right)\left[B(\tau)-R_{XY}(\tau)\right]\mathrm{d}\tau = 0 \\ &B(\tau) = E\left[X(t)Y(t+\lambda)X(t+\tau)Y(t+\lambda+\tau)\right] \end{aligned} \right\} \tag{2.97}$$

对于高斯平稳随机过程 $X(t)$,若它的均值为零,自相关函数 $R_X(\tau)$ 连续,则 $X(t)$ 为各态历经过程的充分条件是

$$\int_0^\infty |R_X(\tau)|\,\mathrm{d}\tau < \infty \tag{2.98}$$

由式(2.95)也可以判断例 2.20 中随机过程 $X(t)=Y$ 的均值不具备各态历经性,因此该随机过程不是各态历经过程。

需要指出,以上所述的条件,对许多实际的平稳随机过程而言都是满足的。但是,如果要想从理论上确切地证明一个实际过程是否满足这些条件却往往很困难。因此,经常是凭经验把各态历经性作为一种假设,然后根据实验来检验这个假设是否合理。

同时还要注意的是,实际中对随机过程的观察时间总是有限的,计算中时间平均不可能取到无限长,而只能取有限的时间长度。若观测时间为 $0 \sim T$,则式(2.92)、式(2.93)和式(2.94)变为

$$\hat{m}_X = \overline{x(t)} = \frac{1}{T}\int_0^T x(t)\mathrm{d}t \tag{2.99}$$

$$\hat{R}_X(\tau) = \overline{x(t)x(t+\tau)} = \frac{1}{T}\int_0^T x(t)x(t+\tau)\mathrm{d}t \tag{2.100}$$

$$\hat{R}_{XY}(\tau) = \overline{x(t)y(t+\tau)} = \frac{1}{T}\int_0^T x(t)y(t+\tau)\mathrm{d}t \tag{2.101}$$

式中,符号"∧"表示估计值,即均值、自相关函数和互相关函数的估计值(或估值)。

例 2.22　随机相位余弦信号 $X(t)=a\cos(\omega_0 t + \Phi)$,其中,$a,\omega_0$ 为常数,Φ 为 $(0,2\pi)$ 上均匀分布的随机变量。矩形窗函数 $w(t)=\begin{cases}1, & 0<t<T \\ 0, & 其他\end{cases}$,求随机过程 $Y(t)=X(t)w(t)$ 的时间均值和时间自相关函数。

解　由例 2.11 可知,$X(t)$ 是平稳随机过程,先讨论 $Y(t)$ 的平稳性。$Y(t)$ 的均值和自相关函数分别为

$$m_Y(t) = E[Y(t)] = E[X(t)w(t)] = E[X(t)]\cdot w(t) = 0 = m_Y$$

$$R_Y(t,t+\tau) = E[Y(t)Y(t+\tau)] = E[X(t)X(t+\tau)]\cdot w(t)w(t+\tau) =$$
$$R_X(\tau)w(t)w(t+\tau) \neq R_Y(\tau)$$

可见,加了时间窗后,随机相位余弦信号不再平稳了。

现在求 $Y(t)$ 的时间均值和时间自相关函数:

$$\overline{Y(t)} = \frac{1}{T}\int_0^T a\cos(\omega_0 t + \Phi)\mathrm{d}t = \frac{a}{\omega_0 T}[\sin(\omega_0 T + \Phi) - \sin\Phi]$$

若 $\omega_0 T$ 足够大,则上式可以近似为 $\overline{Y(t)} \approx 0 = m_Y$。

$$\overline{Y(t)Y(t+\tau)} = \frac{1}{T}\int_0^T a^2\cos(\omega_0 t + \Phi)\cos(\omega_0 t + \omega_0\tau + \Phi)w(t)w(t+\tau)\mathrm{d}t =$$
$$\frac{1}{T}\int_0^T \frac{a^2}{2}[\cos\omega_0\tau + \cos(2\omega_0 t + \omega_0\tau + 2\Phi)]w(t)w(t+\tau)\mathrm{d}t$$

上面积分式中,当 $|\tau| \geqslant T$ 时,$w(t)w(t+\tau)=0$,得 $\overline{Y(t)Y(t+\tau)}=0$。当 $0 \leqslant \tau < T$ 时,有

$$\overline{Y(t)Y(t+\tau)} = \frac{1}{T}\int_0^{T-\tau}\frac{a^2}{2}[\cos\omega_0\tau + \cos(2\omega_0 t + \omega_0\tau + 2\Phi)]\mathrm{d}t =$$
$$\frac{a^2}{2}\cos\omega_0\tau\cdot\left(1 - \frac{\tau}{T}\right) + \frac{a^2}{4\omega_0 T}[\sin(2\omega_0 T - \omega_0\tau + 2\Phi) - \sin(\omega_0\tau + 2\Phi)]$$

若 $\omega_0 T$ 足够大,则上式第二项可近似为 0,则

$$\overline{Y(t)Y(t+\tau)} \approx \frac{a^2}{2}\cos\omega_0\tau\cdot\left(1 - \frac{\tau}{T}\right)$$

当 $-T < \tau \leqslant 0$ 时,同理可得

$$\overline{Y(t)Y(t+\tau)} \approx \frac{a^2}{2}\cos\omega_0\tau\cdot\left(1 + \frac{\tau}{T}\right)$$

故

$$\overline{Y(t)Y(t+\tau)} \approx \begin{cases}\frac{a^2}{2}\cos\omega_0\tau\cdot\left(1 - \frac{|\tau|}{T}\right), & |\tau| < T \\ 0, & |\tau| \geqslant T\end{cases}$$

可以单独计算矩形窗函数的时间自相关函数为

$$\overline{w(t)w(t+\tau)} = \frac{1}{T}\int_0^T w(t)w(t+\tau)\mathrm{d}t = \begin{cases}1 - \frac{|\tau|}{T}, & |\tau| < T \\ 0, & |\tau| \geqslant T\end{cases}$$

而随机相位余弦信号的时间自相关函数为 $\overline{X(t)X(t+\tau)}=\dfrac{a^2}{2}\cos\omega_0\tau$，故可近似为

$$\overline{Y(t)Y(t+\tau)}\approx\overline{X(t)X(t+\tau)}\cdot\overline{w(t)w(t+\tau)}$$

由这个例子可以看到，有限长度的时间平均相当于给原始信号加了一个矩形窗，如图2.11所示，由此计算出来的结果是有限长度的结果，是有误差的。

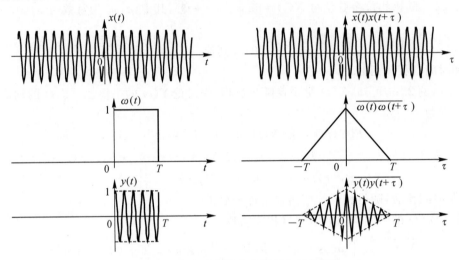

图 2.11　有限时间长度的时间自相关函数

2.6　复随机过程

前面讨论的都是实随机过程，即随机过程为时间的实值函数。但是，在某些情况下，类似于对确定性信号的研究，将随机过程表示成复数形式会更为方便，如在窄带随机过程的处理中，经常将其表示为复数形式，这种用复函数表示的随机过程称为复随机过程。

2.6.1　复随机过程

由于随机过程就是随时间变化的随机变量，因此先定义复随机变量 Z 为

$$Z=X+jY \tag{2.102}$$

式中，X 和 Y 都是实随机变量。实际上，复随机变量 Z 是由实随机变量 X 和 Y 组成的二维随机变量，因此，Z 的统计特性可以用 X 和 Y 的联合概率分布完整地描述。

同样，定义复随机过程 $Z(t)$ 为

$$Z(t)=X(t)+jY(t) \tag{2.103}$$

式中，$X(t)$ 和 $Y(t)$ 都是实随机过程。实际上，复随机过程 $Z(t)$ 是由实随机过程 $X(t)$ 和 $Y(t)$ 组成的，因此，$Z(t)$ 的统计特性可以用 $X(t)$ 和 $Y(t)$ 的 $2n$ 维联合概率分布完整地描述，其概率密度函数为

$$f_Z(z_1,\cdots,z_n;t_1,\cdots,t_n)=f_{XY}(x_1,\cdots,x_n;y_1,\cdots y_n;t_1,\cdots,t_n) \tag{2.104}$$

2.6.2 复随机过程的数字特征

将实随机过程的数学期望、方差和相关等概念推广到复随机过程时,必须遵循的原则是,当复随机过程的虚部 $Y(t)=0$ 时,复随机过程 $Z(t)$ 等于实随机过程 $X(t)$。

1. 数学期望

$$m_Z(t) = E[Z(t)] = m_X(t) + \mathrm{j}m_Y(t) \qquad (2.105)$$

2. 均方值与方差

$$\psi_Z^2(t) = E[|Z(t)|^2] = \psi_X^2(t) + \psi_Y^2(t) \qquad (2.106)$$

$$\sigma_Z^2(t) = D[Z(t)] = E[|Z(t) - m_Z(t)|^2] = \sigma_X^2(t) + \sigma_Y^2(t) \qquad (2.107)$$

3. 自相关函数与自协方差函数

复随机过程 $Z(t)$ 的自相关函数和自协方差函数分别定义为

$$R_Z(t, t+\tau) = E[Z^*(t)Z(t+\tau)] \qquad (2.108)$$

$$C_Z(t, t+\tau) = E\{[Z(t) - m_Z(t)]^*[Z(t+\tau) - m_Z(t+\tau)]\} = $$
$$R_Z(t, t+\tau) - m_Z^*(t)m_Z(t+\tau) \qquad (2.109)$$

式中,"*"表示复共轭。需要注意的是,在有些文献资料中将复共轭放在后面一项上,即 $R_Z(t, t+\tau) = E[Z(t)Z^*(t+\tau)]$。不管采用哪一种定义方法,在分析处理中一定要保持定义的一致,即将复共轭要么都放在前一项上,要么都放在后一项上。今后除特别声明外,本书采用式(2.108)的定义,即将复共轭放在前一项上。

当 $\tau=0$ 时,$R_Z(t,t) = \psi_Z^2(t)$,$C_Z(t,t) = \sigma_Z^2(t) = \psi_Z^2(t) - |m_Z(t)|^2$。

复随机过程 $Z(t)$ 若满足以下两个条件:

$$m_Z(t) = m_Z \qquad (2.110)$$

$$R_Z(t, t+\tau) = R_Z(\tau) \qquad (2.111)$$

则 $Z(t)$ 为宽平稳随机过程。

同理,复随机过程 $Z(t)$ 的时间自相关函数定义为

$$\overline{Z^*(t)Z(t+\tau)} = \lim_{T \to \infty} \frac{1}{2T} \int_{-T}^{T} Z^*(t)Z(t+\tau)\mathrm{d}t \qquad (2.112)$$

4. 互相关函数与互协方差函数

对于两个复随机过程 $Z_1(t)$ 和 $Z_2(t)$,它们的互相关函数和互协方差函数分别定义为

$$R_{Z_1 Z_2}(t, t+\tau) = E[Z_1^*(t)Z_2(t+\tau)] \qquad (2.113)$$

$$C_{Z_1 Z_2}(t, t+\tau) = E\{[Z_1(t) - m_{Z_1}(t)]^*[Z_2(t+\tau) - m_{Z_2}(t+\tau)]\} = $$
$$R_{Z_1 Z_2}(t, t+\tau) - m_{Z_1}^*(t)m_{Z_2}(t+\tau) \qquad (2.114)$$

若 $R_{Z_1 Z_2}(t, t+\tau) = 0$,则两个复随机过程正交;若 $C_{Z_1 Z_2}(t, t+\tau) = 0$,则两个复随机过程不相关。

若两个复随机过程 $Z_1(t)$ 和 $Z_2(t)$ 各自宽平稳,且满足:

$$R_{Z_1 Z_2}(t,t+\tau)=R_{Z_1 Z_2}(\tau) \tag{2.115}$$

则 $Z_1(t)$ 和 $Z_2(t)$ 联合平稳。

同理,两个复随机过程 $Z_1(t)$ 和 $Z_2(t)$ 的时间互相关函数定义为

$$\overline{Z_1^*(t)Z_2(t+\tau)}=\lim_{T\to\infty}\frac{1}{2T}\int_{-T}^{T}Z_1^*(t)Z_2(t+\tau)\mathrm{d}t \tag{2.116}$$

需要说明,上述分析中提到的"实"随机变量和"实"随机过程,主要是为了与复随机变量和复随机过程相对照。今后,除特别声明外,凡是提到"随机变量""随机过程"和"随机序列",一般都是指"实"随机变量、"实"随机过程和"实"随机序列。

例 2.23 复随机过程 $Z(t)$ 由 N 个复信号之和组成,即

$$Z(t)=\sum_{k=1}^{N}A_k\mathrm{e}^{\mathrm{j}(\omega_0 t+\Phi_k)}$$

式中,ω_0 是复信号的角频率,为常数;A_k 是第 k 个复信号的幅度,为随机变量;Φ_k 是第 k 个复信号的相位,为 $(0,2\pi)$ 上均匀分布的随机变量。若所有随机变量 A_k,Φ_k 都是统计独立的,讨论 $Z(t)$ 的平稳性和各态历经性。

解 复随机过程 $Z(t)$ 的数学期望和自相关函数分别为

$$m_Z(t)=E[Z(t)]=E\Big[\sum_{k=1}^{N}A_k\mathrm{e}^{\mathrm{j}(\omega_0 t+\Phi_k)}\Big]=\sum_{k=1}^{N}E[A_k]\cdot E[\mathrm{e}^{\mathrm{j}(\omega_0 t+\Phi_k)}]=0=m_Z$$

$$R_Z(t,t+\tau)=E[Z^*(t)Z(t+\tau)]=E\Big[\sum_{k=1}^{N}A_k\mathrm{e}^{-\mathrm{j}(\omega_0 t+\Phi_k)}\sum_{l=1}^{N}A_l\mathrm{e}^{\mathrm{j}(\omega_0(t+\tau)+\Phi_l)}\Big]=$$

$$\mathrm{e}^{\mathrm{j}\omega_0\tau}\sum_{k=1}^{N}\sum_{l=1}^{N}E[A_kA_l]E[\mathrm{e}^{\mathrm{j}(\Phi_l-\Phi_k)}]$$

其中

$$E[\mathrm{e}^{\mathrm{j}(\Phi_l-\Phi_k)}]=\begin{cases}E[\mathrm{e}^{\mathrm{j}0}]=1, & l=k\\ E[\mathrm{e}^{\mathrm{j}\Phi_l}]\cdot E[\mathrm{e}^{-\mathrm{j}\Phi_k}]=0, & l\neq k\end{cases}$$

故

$$R_Z(t,t+\tau)=\mathrm{e}^{\mathrm{j}\omega_0\tau}\sum_{k=1}^{N}E[A_k^2]=R_Z(\tau)$$

可见,$Z(t)$ 的均值为与时间无关的常数,自相关函数与时间起点无关,只与时间间隔有关,因此是宽平稳随机过程。

复随机过程 $Z(t)$ 的时间均值和时间自相关函数分别为

$$\overline{Z(t)}=\lim_{T\to\infty}\frac{1}{2T}\int_{-T}^{T}Z(t)\mathrm{d}t=\lim_{T\to\infty}\frac{1}{2T}\int_{-T}^{T}\sum_{k=1}^{N}A_k\mathrm{e}^{\mathrm{j}(\omega_0 t+\Phi_k)}\mathrm{d}t=$$

$$\sum_{k=1}^{N}A_k\mathrm{e}^{\mathrm{j}\Phi_k}\lim_{T\to\infty}\frac{1}{2T}\int_{-T}^{T}\mathrm{e}^{\mathrm{j}\omega_0 t}\mathrm{d}t=0=m_Z$$

$$\overline{Z^*(t)Z(t+\tau)}=\lim_{T\to\infty}\frac{1}{2T}\int_{-T}^{T}Z^*(t)Z(t+\tau)\mathrm{d}t=\lim_{T\to\infty}\frac{1}{2T}\int_{-T}^{T}\sum_{k=1}^{N}A_k\mathrm{e}^{-\mathrm{j}(\omega_0 t+\Phi_k)}\sum_{l=1}^{N}A_l\mathrm{e}^{\mathrm{j}(\omega_0(t+\tau)+\Phi_l)}\mathrm{d}t=$$

$$\mathrm{e}^{\mathrm{j}\omega_0\tau}\sum_{k=1}^{N}\sum_{l=1}^{N}A_kA_l\mathrm{e}^{\mathrm{j}(\Phi_l-\Phi_k)}\lim_{T\to\infty}\frac{1}{2T}\int_{-T}^{T}1\cdot\mathrm{d}t=\mathrm{e}^{\mathrm{j}\omega_0\tau}\sum_{k=1}^{N}\sum_{l=1}^{N}A_kA_l\mathrm{e}^{\mathrm{j}(\Phi_l-\Phi_k)}\neq R_Z(\tau)$$

可见,$Z(t)$ 的均值具备各态历经性,自相关函数不具备各态历经性,因此不是各态历经过程。

2.7　随　机　序　列

在本章 2.1 节随机过程的分类中,根据时间和状态是连续的还是离散的可以将随机过程分为连续型随机过程、离散型随机过程、连续随机序列和离散随机序列,其中时间离散的连续型随机序列和离散型随机序列统称为随机序列。随着数字信号处理技术的发展和普及,随机序列的应用越来越多。由于随机序列的很多特性可以由随机过程推广得到,因此本节只是简要介绍实随机序列的基本概念和特性,复随机序列的特性可结合本节和上一节的内容推广得到。

2.7.1　随机序列的概率分布

随机过程 $X(t,\zeta)$ 既是时间 t 的函数,也是样本 ζ 的函数,如果时间参量 t 取离散值 t_1, $t_2,\cdots,t_n$,则这种随机过程称为离散时间随机过程。这时,随机过程 $X(t)$ 是由一串随机变量 $X(t_1),X(t_2),\cdots,X(t_n)$ 所构成的序列,因此也称为随机序列(random sequence,或 stochastic sequence)。随机序列也用 $\{X_n,n=1,2,\cdots,N\}$ 表示,或用 $X(n)$ 表示。另外,因为随机序列 $X(n)$ 的整数参变量 n 代表等间隔的时间增长量,故随机序列也常称为时间序列(time series)。

随机序列 $X(n)$ 是随 n 变化的一串随机变量,对于 N 个随机变量 $X_1,X_2,\cdots,X_N$,可以用它们的 N 维概率分布函数和概率密度函数来描述,分别为

$$F_X(x_1,x_2,\cdots,x_N;1,2,\cdots,N)=P\{X_1\leqslant x_1,X_2\leqslant x_2,\cdots,X_N\leqslant x_N\} \tag{2.117}$$

$$f_X(x_1,x_2,\cdots,x_N;1,2,\cdots,N)=\frac{\partial^N F_X(x_1,x_2,\cdots,x_N;1,2,\cdots,N)}{\partial x_1\partial x_2\cdots\partial x_N} \tag{2.118}$$

对于任意 N 个随机变量 $X_1,X_2,\cdots,X_N$,如果满足:

$$f_X(x_1,x_2,\cdots,x_N;1,2,\cdots,N)=f_X(x_1;1)f_X(x_2;2)\cdots f_X(x_N;N) \tag{2.119}$$

则称这些随机变量是统计独立的。

对于两个随机序列 $X(n),Y(n)$,可以用它们的 $N+M$ 维联合概率分布函数和联合概率密度函数来描述,分别为

$$F_{XY}(x_1,\cdots,x_N;y_1,\cdots,y_M;1,\cdots,N;1,\cdots,M)=$$
$$P\{X_1\leqslant x_1,\cdots,X_N\leqslant x_N;Y_1\leqslant y_1,\cdots,Y_M\leqslant y_M\} \tag{2.120}$$

$$f_{XY}(x_1,\cdots,x_N;y_1,\cdots,y_M;1,\cdots,N;1,\cdots,M)=$$
$$\frac{\partial^{N+M}F_{XY}(x_1,\cdots,x_N;y_1,\cdots,y_M;1,\cdots,N;1,\cdots,M)}{\partial x_1\cdots\partial x_N\partial y_1\cdots\partial y_M} \tag{2.121}$$

若两个随机序列 $X(n),Y(n)$ 相互独立,则有

$$f_{XY}(x_1,\cdots,x_N;y_1,\cdots y_M;1,\cdots,N;1,\cdots,M)=$$
$$f_X(x_1,\cdots,x_N;1,\cdots,N)f_Y(y_1,\cdots y_M;1,\cdots,M) \tag{2.122}$$

2.7.2　随机序列的数字特征

随机序列 $X(n)$ 的均值、均方值、方差、相关函数、协方差函数、相关系数以及两个随机序

列 $X(n),Y(n)$ 的相关函数、协方差函数和相关系数分别为

$$m_X(n) = E[X(n)] = \int_{-\infty}^{\infty} x f_X(x;n) \mathrm{d}x \tag{2.123}$$

$$\psi_X^2(n) = E[X^2(n)] = \int_{-\infty}^{+\infty} x^2 f_X(x;n) \mathrm{d}x \tag{2.124}$$

$$\sigma_X^2(n) = D[X(n)] = E\{[X(n) - m_X(n)]^2\} = E[X^2(n)] - m_X^2(n) \tag{2.125}$$

$$R_X(n_1,n_2) = E[X(n_1)X(n_2)] = \int_{-\infty}^{\infty}\int_{-\infty}^{\infty} x_1 x_2 f_X(x_1,x_2;n_1,n_2)\mathrm{d}x_1\mathrm{d}x_2 \tag{2.126}$$

$$C_X(n_1,n_2) = E\{[X(n_1) - m_X(n_1)][X(n_2) - m_X(n_2)]\} = R_X(n_1,n_2) - m_X(n_1)m_X(n_2) \tag{2.127}$$

$$\rho_X(n_1,n_2) = \frac{C_X(n_1,n_2)}{\sqrt{C_X(n_1,n_1)C_X(n_2,n_2)}} = \frac{C_X(n_1,n_2)}{\sigma_X(n_1)\sigma_X(n_2)} \tag{2.128}$$

$$R_{XY}(n_1,n_2) = E[X(n_1)Y(n_2)] = \int_{-\infty}^{\infty}\int_{-\infty}^{\infty} xy f_{XY}(x,y;n_1,n_2)\mathrm{d}x\mathrm{d}y \tag{2.129}$$

$$C_{XY}(n_1,n_2) = E\{[X(n_1) - m_X(n_1)][Y(n_2) - m_Y(n_2)]\} = R_{XY}(n_1,n_2) - m_X(n_1)m_Y(n_2) \tag{2.130}$$

$$\rho_{XY}(n_1,n_2) = \frac{C_X(n_1,n_2)}{\sqrt{C_X(n_1,n_1)C_Y(n_2,n_2)}} = \frac{C_{XY}(n_1,n_2)}{\sigma_X(n_1)\sigma_Y(n_2)} \tag{2.131}$$

随机序列数字特征的物理含义与随机过程相同。

2.7.3　随机序列的平稳性

若随机序列 $X(n)$ 沿时间轴平移任意 m（m 为整数）个点后,其任意 N 维概率密度函数(或概率分布函数)不变,即

$$f_X(x_{1+m},x_{2+m},\cdots,x_{N+m};1+m,2+m,\cdots,N+m) =$$
$$f_X(x_1,x_2,\cdots,x_N;1,2,\cdots,N) \tag{2.132}$$

则该随机序列是严平稳的。

若两个随机序列 $X(n),Y(n)$ 沿时间轴平移任意 m（m 为整数）个点后,其任意 $N+M$ 维联合概率密度函数(或概率分布函数)不变,即

$$f_{XY}(x_{1+m},\cdots,x_{N+m};y_{1+m},\cdots,y_{M+m};1+m,\cdots,N+m;1+m,\cdots,M+m) =$$
$$f_{XY}(x_1,\cdots,x_N;y_1,\cdots,y_M;1,\cdots,N;1,\cdots,M) \tag{2.133}$$

则这两个随机序列是联合严平稳的,或是严平稳相依的。

若随机序列 $X(n)$ 的均值与序列无关,为一个常数,自相关函数与序列起点无关,只与序列间隔有关,即满足:

$$m_X(n) = E[X(n)] = m_X \tag{2.134}$$

$$R_X(n_1,n_2) = E[X(n_1)X(n_2)] = R_X(m), \quad m = n_2 - n_1 \tag{2.135}$$

则该随机序列是宽平稳的。

若两个随机序列 $X(n),Y(n)$ 各自宽平稳,且互相关函数与序列起点无关,只与序列间隔有关,即满足:

$$R_{XY}(n_1,n_2) = E[X(n_1)Y(n_2)] = R_{XY}(m), \quad m = n_2 - n_1 \tag{2.136}$$

则这两个随机序列是联合宽平稳的,或是宽平稳相依的。

平稳随机序列相关函数的性质与随机过程类似,只是将随机过程中连续的时间间隔 τ 换成离散的序列间隔 m。

2.7.4　随机序列的各态历经性

随机序列 $X(n),Y(n)$ 的时间均值、时间自相关函数和时间互相关函数分别定义为

$$\overline{X(n)} = \lim_{N \to \infty} \frac{1}{2N+1} \sum_{n=-N}^{N} X(n) \tag{2.137}$$

$$\overline{X(n)X(n+m)} = \lim_{N \to \infty} \frac{1}{2N+1} \sum_{n=-N}^{N} X(n)X(n+m) \tag{2.138}$$

$$\overline{X(n)Y(n+m)} = \lim_{N \to \infty} \frac{1}{2N+1} \sum_{n=-N}^{N} X(n)Y(n+m) \tag{2.139}$$

一般说来,随机序列的时间均值和时间相关函数都是随机变量。

如果一个随机序列 $X(n)$ 的各种时间平均(时间足够长)以概率1收敛于相应的集平均(统计平均),则称 $X(n)$ 为严各态历经序列,或严遍历序列。

若平稳随机序列 $X(n)$ 的均值和自相关函数都具有各态历经性,即

$$\overline{X(n)} = E[X(n)] = m_X \tag{2.140}$$

$$\overline{X(n)X(n+m)} = E[X(n)X(n+m)] = R_X(m) \tag{2.141}$$

都以概率 1 成立,则称随机序列 $X(n)$ 为宽各态历经序列,或宽遍历序列。

两个随机过程 $X(n),Y(n)$ 各自都是宽各态历经序列,若它们的互相关函数具备各态历经性,即

$$\overline{X(n)Y(n+m)} = E[X(n)Y(n+m)] = R_Y(m) \tag{2.142}$$

都以概率 1 成立,则称 $X(n),Y(n)$ 具备联合宽各态历经性,或联合宽遍历性。

随机序列的各态历经性有重要的实际意义,给许多实际问题的解决带来很大方便。

如果随机序列是各态历经的,那么就意味着式(2.137)、式(2.138) 和式(2.139) 的时间平均不再是随机的,而是确定值或确定的函数。即所有可能的样本的时间平均都能得到相同的结果。因此,可以只对随机序列的任意一个样本函数进行观测、研究,用求时间平均的方法,就可以得到随机过程的数学期望和相关函数等数字特征。利用任意一个样本求时间平均,则式(2.140)、式(2.141) 和式(2.142) 变为

$$m_X = \overline{x(n)} = \lim_{N \to \infty} \frac{1}{2N+1} \sum_{n=-N}^{N} x(n) \tag{2.143}$$

$$R_X(\tau) = \overline{x(n)x(n+m)} = \lim_{N \to \infty} \frac{1}{2N+1} \sum_{n=-N}^{N} x(n)x(n+m) \tag{2.144}$$

$$R_{XY}(\tau) = \overline{x(n)y(n+m)} = \lim_{N \to \infty} \frac{1}{2N+1} \sum_{n=-N}^{N} x(n)y(n+m) \tag{2.145}$$

同时还要注意的是,实际中对随机序列的观察时间总是有限的,计算中时间平均不可能取到无限长,而只能取有限的时间长度。若观测得到一个样本序列 $x_0,x_1,\cdots,x_{N-1}$,则式(2.143)、式(2.144) 和式(2.145) 变为

$$\hat{m}_X = \overline{x(n)} = \frac{1}{N}\sum_{n=0}^{N-1} x(n) \tag{2.146}$$

$$\hat{R}_X(\tau) = \overline{x(n)x(n+m)} = \frac{1}{N}\sum_{n=0}^{N-1} x(n)x(n+m) \tag{2.147}$$

$$\hat{R}_{XY}(\tau) = \overline{x(n)y(n+m)} = \frac{1}{N}\sum_{n=0}^{N-1} x(n)y(n+m) \tag{2.148}$$

式中,符号"∧"表示估计值,即均值、自相关函数和互相关函数的估计值(或估值)。

例 2.24 随机相位余弦序列 $X(n)=a\cos(\Omega_0 n+\Phi)$,其中 a,Ω_0 为常数,Φ 为在 $(0,2\pi)$ 上均匀分布的随机变量,讨论 $X(n)$ 是否平稳,是否各态历经。

解 令 $m=n_2-n_1$,$X(n)$ 的均值和自相关函数分别为

$$m_X(n)=E[X(n)]=\int_{-\infty}^{\infty} x f_\Phi(\varphi)\mathrm{d}\varphi=\int_0^{2\pi} a\cos(\Omega_0 n+\varphi)\frac{1}{2\pi}\mathrm{d}\varphi=0=m_X$$

$$R_X(n_1,n_2)=E[X(n_1,n_2)]=E[a\cos(\Omega_0 n_1+\Phi)a\cos(\Omega_0 n_2+\Phi)]=$$

$$\frac{a^2}{2}E[\cos\Omega_0(n_2-n_1)+\cos(\Omega_0 n_2+\Omega_0 n_1+2\Phi)]=$$

$$\frac{a^2}{2}\cos\Omega_0 m+\frac{a^2}{2}E[\cos(\Omega_0 n_2+\Omega_0 n_1+2\Phi)]=$$

$$\frac{a^2}{2}\cos\Omega_0 m=R_X(m)$$

可见,$X(n)$ 的均值为与序列无关的常数,自相关函数与序列起点无关,只与序列间隔有关,故是宽平稳随机过程。

$X(n)$ 的时间均值和时间自相关函数分别为

$$\overline{X(n)}=\lim_{N\to\infty}\frac{1}{2N+1}\sum_{n=-N}^{N}X(n)=\lim_{N\to\infty}\frac{1}{2N+1}\sum_{n=-N}^{N}a\cos(\Omega_0 n+\Phi)=0=m_X$$

$$\overline{X(n)X(n+m)}=\lim_{N\to\infty}\frac{1}{2N+1}\sum_{n=-N}^{N}X(n)X(n+m)=$$

$$\lim_{N\to\infty}\frac{1}{2N+1}\sum_{n=-N}^{N}\frac{a^2}{2}[\cos\Omega_0 m+\cos(2\Omega_0 n+\Omega_0 m+2\Phi)]=$$

$$\frac{a^2}{2}\cos\Omega_0 m=R_X(m)$$

$X(n)$ 的均值和自相关函数都具有各态历经性,是宽各态历经序列。

2.7.5 随机序列的矩阵表示

为了分析方便,经常将随机序列及其数字特征写成矩阵的形式。一个 n 点的随机序列 $X(t_1),X(t_2),\cdots,X(t_n)$ 或 $X(1),X(2),\cdots,X(n)$ 写成矩阵形式为

$$\boldsymbol{X}=[X_1\ \ X_2\ \ \cdots\ \ X_n]^{\mathrm{T}}=\begin{bmatrix}X_1\\X_2\\\vdots\\X_n\end{bmatrix} \tag{2.149}$$

式中:T 表示转置;$\boldsymbol{X}$ 为一个列向量。随机序列的均值向量、自相关矩阵、协方差矩阵分别为

$$\boldsymbol{m}_X = E[\boldsymbol{X}] = \begin{bmatrix} m_{X_1} & m_{X_2} & \cdots & m_{X_n} \end{bmatrix}^\mathrm{T} \tag{2.150}$$

$$\boldsymbol{R}_X = E[\boldsymbol{X}\boldsymbol{X}^\mathrm{T}] = \begin{bmatrix} r_{11} & r_{12} & \cdots & r_{1n} \\ r_{21} & r_{22} & \cdots & r_{2n} \\ \vdots & \vdots & & \vdots \\ r_{n1} & r_{n2} & \cdots & r_{nn} \end{bmatrix} \tag{2.151}$$

$$\boldsymbol{C}_X = E[(\boldsymbol{X}-\boldsymbol{m}_X)(\boldsymbol{X}-\boldsymbol{m}_X)^\mathrm{T}] = \boldsymbol{R}_X - \boldsymbol{m}_X \boldsymbol{m}_X^\mathrm{T} = \begin{bmatrix} c_{11} & c_{12} & \cdots & c_{1n} \\ c_{21} & c_{22} & \cdots & c_{2n} \\ \vdots & \vdots & & \vdots \\ c_{n1} & c_{n2} & \cdots & c_{nn} \end{bmatrix} \tag{2.152}$$

式中

$$r_{ij} = E[X_i X_j] \tag{2.153}$$

$$c_{ij} = E[(X_i - m_{X_i})(X_j - m_{X_j})] = r_{ij} - m_{X_i} m_{X_j} \tag{2.154}$$

由于 $r_{ij} = r_{ji}$，$c_{ij} = c_{ji}$，因此，自相关矩阵、协方差矩阵都是对称阵，即 $\boldsymbol{R}_X^\mathrm{T} = \boldsymbol{R}_X$，$\boldsymbol{C}_X^\mathrm{T} = \boldsymbol{C}_X$。

2.8　高斯随机过程

　　高斯分布是一类重要的分布，在工程应用中经常遇到。中心极限定理表明，大量统计独立的随机变量之和趋于高斯分布。如在电子系统和信号处理领域的背景噪声，大多是由很多因素的共同作用而形成的，这些因素是统计独立的随机变量，因此工程上经常将背景噪声近似为高斯过程。此外，高斯分布的统计特性简单，便于理论分析。

2.8.1　高斯随机过程的概念

　　如果一个随机过程 $X(t)$ 的任意 n 维概率分布都服从高斯（正态）分布，则称该随机过程为高斯随机过程（Gaussian random process），也称为正态随机过程（normal random process）。简称为高斯过程或正态过程。

　　高斯过程 $X(t)$ 的 n 维概率密度函数为

$$f_X(x_1, \cdots, x_n; t_1, \cdots, t_n) = \frac{1}{(2\pi)^{\frac{n}{2}} |\boldsymbol{C}_X|^{\frac{1}{2}}} \exp\left[-\frac{(\boldsymbol{x}-\boldsymbol{m}_X)^\mathrm{T} \boldsymbol{C}_X^{-1}(\boldsymbol{x}-\boldsymbol{m}_X)}{2}\right] \tag{2.155}$$

式中：$\boldsymbol{x} = \begin{bmatrix} x_1 & x_2 & \cdots & x_n \end{bmatrix}^\mathrm{T}$；$\boldsymbol{m}_X$ 和 $\boldsymbol{C}_X$ 分别为 n 维均值向量和协方差矩阵，见式（2.150）和式（2.152）；$|\boldsymbol{C}_X|$ 是协方差矩阵的行列式。

　　高斯过程 $X(t)$ 的 n 维第一特征函数和第二特征函数分别为

$$\Phi_X(\omega_1, \cdots, \omega_n; t_1, \cdots, t_n) = E[\mathrm{e}^{\mathrm{j}\boldsymbol{\omega}^\mathrm{T} \boldsymbol{x}}] = \exp\left[\mathrm{j}\boldsymbol{m}_X^\mathrm{T}\boldsymbol{\omega} - \frac{1}{2}\boldsymbol{\omega}^\mathrm{T} \boldsymbol{C}_X \boldsymbol{\omega}\right] \tag{2.156}$$

$$\Psi_X(\omega_1, \cdots, \omega_n; t_1, \cdots, t_n) = \ln \Phi_X(\omega_1, \cdots, \omega_n; t_1, \cdots, t_n) = \mathrm{j}\boldsymbol{m}_X^\mathrm{T}\boldsymbol{\omega} - \frac{1}{2}\boldsymbol{\omega}^\mathrm{T} \boldsymbol{C}_X \boldsymbol{\omega} \tag{2.157}$$

式中，$\boldsymbol{\omega} = \begin{bmatrix} \omega_1 & \omega_2 & \cdots & \omega_n \end{bmatrix}^\mathrm{T}$。

　　由式（2.155）、式（2.156）和式（2.157）可以看出，由高斯过程的均值向量和协方差矩阵就可以确定它的概率分布,也就是说,高斯过程的统计特性可以由它的一、二阶矩完整地描述。这一特性使得只利用相关理论就可以描述高斯过程,解决有关问题。

2.8.2　高斯随机过程的性质

1. 宽平稳与严平稳等价

若高斯随机过程 $X(t)$ 是宽平稳随机过程,则它的数学期望是与时间无关的常数,自相关函数与时间起点无关,只与时间间隔有关。因此式(2.153)、式(2.154)自相关矩阵、协方差矩阵中的元素 r_{ij},c_{ij} 可以写成

$$r_{ij} = E[X(t_i)X(t_j)] = R_X(t_j - t_i) = r_{j-i} \tag{2.158}$$
$$c_{ij} = r_{j-i} - m_X^2 = c_{j-i} \tag{2.159}$$

当所有的时间都平移 t_k 时,协方差矩阵中的元素:

$$c_{i+k,j+k} = c_{(j+k)-(i+k)} = c_{j-i} \tag{2.160}$$

即协方差矩阵中的元素保持不变,也就是协方差矩阵保持不变。由于高斯过程的概率分布只取决于它的均值向量和协方差矩阵,因此,它的概率分布不随时间的推移而改变。由此可以看出,宽平稳高斯过程也是严平稳的。换句话说,对于高斯过程而言,严平稳和宽平稳是等价的。

2. 不相关与统计独立等价

若高斯过程 $X(t)$ 在不同时刻状态间互不相关,则式(2.154)协方差矩阵中的元素可以写成

$$c_{ij} = \begin{cases} \sigma_{X_i}^2, & i=j \\ 0, & i \neq j \end{cases} \tag{2.161}$$

代入式(2.152)和式(2.155),并展开得

$$f_X(x_1,\cdots,x_n;t_1,\cdots,t_n) = \frac{1}{(2\pi)^{\frac{n}{2}}\sigma_{X_0}\sigma_{X_1}\cdots\sigma_{X_{n-1}}}\exp\left[-\sum_{i=1}^n \frac{(x_i-m_{X_i})^2}{2\sigma_{X_i}^2}\right] =$$
$$\prod_{i=1}^n \frac{1}{\sqrt{2\pi}\sigma_{X_i}}\exp\left[-\frac{(x_i-m_{x_i})^2}{2\sigma_{X_i}^2}\right] =$$
$$\prod_{i=1}^n f_X(x_i;t_i) = f_X(x_1;t_1)f_X(x_2;t_2)\cdots f_X(x_n;t_n) \tag{2.162}$$

可见,在不同时刻状态之间互不相关的情况下,n 维概率密度函数可以展开为 n 个一维概率密度函数的乘积,即 n 个时刻状态之间是统计独立的。因此,对于高斯过程而言,不相关与统计独立等价。

这个结论可以推广到多个高斯过程的情况,若两个高斯过程互不相关,则它们也是统计独立的。

3. 平稳高斯过程与确定信号之和仍是高斯过程,但不一定平稳

设随机信号 $Y(t) = X(t) + s(t)$,其中 $X(t)$ 为平稳高斯过程,$s(t)$ 为确定信号。这种情况

在实际中经常遇到,例如,确定信号中叠加了平稳高斯噪声的情况。

对于任一时刻 t_i,$X(t_i)$ 是一个高斯随机变量,而 $s(t_i)$ 是一个确定值,高斯变量加上一个确定值仍是高斯分布的,即 $Y(t_i)$ 是高斯随机变量。由高斯变量的线性变换可以很容易地得到 $Y(t)$ 的 n 维概率密度函数为

$$f_Y(y_1,\cdots,y_n;t_1,\cdots,t_n)=f_X(y_1-s_1,\cdots,y_n-s_n;t_1,\cdots,t_n) \tag{2.163}$$

而 $Y(t)$ 的均值为 $m_Y(t)=E[Y(t)]=E[X(t)+s(t)]=m_X+s(t)$,可见均值与确定信号 $s(t)$ 有关,若 $s(t)$ 随时间变化,则 $Y(t)$ 是非平稳的。

4. 均方可导高斯过程的导数是高斯过程

高斯过程 $X(t)$ 均方意义下的导数可以定义为

$$\dot{X}(t)=\frac{\mathrm{d}X(t)}{\mathrm{d}t}=\underset{\Delta t\to 0}{\mathrm{l\cdot i\cdot m}}\frac{X(t+\Delta t)-X(t)}{\Delta t} \tag{2.164}$$

式中,Δt 是一个趋近于 0 的确定值。对于任一时刻 t_1,$X(t_1+\Delta t)$ 和 $X(t_1)$ 是两个高斯随机变量。高斯过程在 t_1 时刻的导数可以看作是两个高斯变量的线性组合,因此仍是高斯变量。那么对于所有时间 t,高斯过程的导数仍是高斯过程。

5. 均方可积高斯过程的积分是高斯变量或高斯过程

高斯过程 $X(t)$ 均方意义下的积分可以定义为

$$Y=\int_a^b X(t)\mathrm{d}t=\underset{\substack{\Delta t\to 0 \\ n\to\infty}}{\mathrm{l\cdot i\cdot m}}\sum_{i=1}^{n}X(i\cdot\Delta t)\Delta t \tag{2.165}$$

式中,Δt 是趋近于 0 的确定值。对于每一个 i,$X(i\cdot\Delta t)$ 都是高斯随机变量。式(2.165)的积分可以看作是 n 个高斯变量的线性组合,因此积分的结果是高斯变量。

对于可变上限的积分和带有"权函数"的均方意义下的积分,可以分别定义为

$$Y(t)=\int_a^t X(\lambda)\mathrm{d}\lambda=\underset{\substack{\Delta\lambda\to 0 \\ n\to\infty}}{\mathrm{l\cdot i\cdot m}}\sum_{i=1}^{n}X(i\cdot\Delta\lambda)\Delta\lambda \tag{2.166}$$

$$Y(t)=\int_a^b X(\lambda)h(t,\lambda)\mathrm{d}\lambda=\underset{\Delta\lambda\to 0}{\mathrm{l\cdot i\cdot m}}\sum_{i=1}^{n}X(i\cdot\Delta\lambda)h(t,i\cdot\Delta\lambda)\Delta\lambda \tag{2.167}$$

式中,$\Delta\lambda$ 是趋近于 0 的确定值。对于每一个 i,$X(i\cdot\Delta\lambda)$ 都是高斯随机变量,而对于任一时刻 t_1 和任一 i 值,$h(t_1,i\cdot\Delta\lambda)$ 也都是确定值。上面两式的积分可以看作是 n 个高斯变量的线性组合,因此积分的结果 $Y(t_1)$ 是高斯变量。那么对于所有时间 t,高斯过程的积分仍是高斯过程。

6. 高斯过程的累积量

根据式(2.24)和式(2.156)可以得到高斯过程的累积量。高斯过程的一阶累积量向量等于均值向量 $\boldsymbol{m}_X$;二阶累积量矩阵等于协方差矩阵 $\boldsymbol{C}_X$;而三阶及三阶以上的累积量等于零。这一性质表明,高阶累积量对高斯过程不敏感,可以用来抑制加性高斯噪声。高斯过程的高阶矩不具备这一性质。

例 2.25　随机过程 $X(t)=A\cos\omega_0 t+B\sin\omega_0 t$,其中 ω_0 为常数,A,B 为两个统计独立的高斯随机变量,且有 $E[A]=E[B]=0$,$E[A^2]=E[B^2]=\sigma^2$,求 $X(t)$ 的一、二维概率密度

函数。

解 对于任一时刻，$X(t)$ 都是高斯变量 A,B 的线性组合，因此，$X(t)$ 为高斯过程。由式 (2.155) 可知，只要求出 $X(t)$ 的均值向量和协方差矩阵就可以得到它的概率密度函数：

$$m_X(t) = E[X(t)] = E[A]\cos \omega_0 t + E[B]\sin \omega_0 t = 0 = m_X$$

$$R_X(t_1, t_2) = E[X(t_1)]X(t_2)] = E[(A\cos \omega_0 t_1 + B\sin \omega_0 t_1)(A\cos \omega_0 t_2 + B\sin \omega_0 t_2)] =$$

$$E[A^2]\cos \omega_0 t_1 \cos \omega_0 t_2 + E[B^2]\sin \omega_0 t_1 \sin \omega_0 t_2 +$$

$$E[AB]\cos \omega_0 t_1 \sin \omega_0 t_2 + E[AB]\sin \omega_0 t_1 \cos \omega_0 t_2$$

由于 A,B 统计独立，因此 $E[AB] = 0$，可得

$$R_X(t_1, t_2) = \sigma^2 \cos \omega_0 (t_2 - t_1) = \sigma^2 \cos \omega_0 \tau = R_X(\tau), \quad \tau = t_2 - t_1$$

$$C_X(t_1, t_2) = R_X(t_1, t_2) - m_X(t_1)m_X(t_2) = \sigma^2 \cos \omega_0 (t_2 - t_1) = \sigma^2 \cos \omega_0 \tau = C_X(\tau)$$

$X(t)$ 的均值向量为 $\boldsymbol{m}_X = m_X = 0$。

对于一维概率密度函数，$X(t)$ 的协方差矩阵为 $\boldsymbol{C}_X = C_X(t,t) = C_X(0) = \sigma^2$，代入式 (2.155) 得 $X(t)$ 的一维概率密度函数为

$$f_X(x;t) = f_X(x) = \frac{1}{\sqrt{2\pi}\sigma}\exp\left(-\frac{x^2}{2\sigma^2}\right)$$

对于二维概率密度函数，$X(t)$ 的协方差矩阵为

$$\boldsymbol{C}_X = \begin{bmatrix} C_X(t_1,t_1) & C_X(t_1,t_2) \\ C_X(t_2,t_1) & C_X(t_2,t_2) \end{bmatrix} = \begin{bmatrix} C_X(0) & C_X(\tau) \\ C_X(-\tau) & C_X(0) \end{bmatrix} = \begin{bmatrix} \sigma^2 & \sigma^2 \cos \omega_0 \tau \\ \sigma^2 \cos \omega_0 \tau & \sigma^2 \end{bmatrix}$$

$$|\boldsymbol{C}_X| = \begin{vmatrix} \sigma^2 & \sigma^2 \cos \omega_0 \tau \\ \sigma^2 \cos \omega_0 \tau & \sigma^2 \end{vmatrix} = \sigma^4 \sin^2 \omega_0 \tau$$

$$\boldsymbol{C}_X^{-1} = \begin{bmatrix} \dfrac{1}{\sigma^2 \sin^2 \omega_0 \tau} & -\dfrac{\cos \omega_0 \tau}{\sigma^2 \sin^2 \omega_0 \tau} \\ -\dfrac{\cos \omega_0 \tau}{\sigma^2 \sin^2 \omega_0 \tau} & \dfrac{1}{\sigma^2 \sin^2 \omega_0 \tau} \end{bmatrix}$$

$$(\boldsymbol{x} - \boldsymbol{m}_X)^{\mathrm{T}} \boldsymbol{C}_X^{-1} (\boldsymbol{x} - \boldsymbol{m}_X) = [x_1, x_2] \begin{bmatrix} \dfrac{1}{\sigma^2 \sin^2 \omega_0 \tau} & -\dfrac{\cos \omega_0 \tau}{\sigma^2 \sin^2 \omega_0 \tau} \\ -\dfrac{\cos \omega_0 \tau}{\sigma^2 \sin^2 \omega_0 \tau} & \dfrac{1}{\sigma^2 \sin^2 \omega_0 \tau} \end{bmatrix} \begin{bmatrix} x_1 \\ x_2 \end{bmatrix} =$$

$$\frac{x_1^2 - 2x_1 x_2 \cos \omega_0 \tau + x_2^2}{\sigma^2 \sin^2 \omega_0 \tau}$$

代入式 (2.155) 得 $X(t)$ 的二维概率密度函数

$$f_X(x_1, x_2; t_1, t_2) = f_X(x_1, x_2; \tau) = \frac{1}{2\pi \mid \sin \omega_0 \tau \mid}\exp\left[\frac{x_1^2 - 2x_1 x_2 \cos \omega_0 \tau + x_2^2}{2\sigma^2 \sin^2 \omega_0 \tau}\right]$$

2.9 随机信号时域分析的数值仿真

在信号处理、通信及自动控制领域，经常需要仿真随机信号并估计其均值、方差、自相关函数等统计特征。随着数字信号处理技术和计算机技术的发展，工程中处理的随机信号通常是数字信号，它可以看作是对模拟随机信号的采样，即随机序列，因此产生和处理算法是针对随

机序列的,只是要注意采样的时间间隔。

从随机信号的定义可知:要仿真一个随机过程,需产生很多样本函数,其集合平均需要大量的样本函数。但如果这个随机过程是各态历经的,就只需产生一个样本函数,可以用该样本的时间平均代替集合平均。

2.9.1　随机信号的产生及数字期望估计

随机过程是随机变量和时间的二维函数,因此可以通过先产生随机信号中随机变量的样本,再代入具体的信号表达式产生随机过程。

例 2.26　产生随机频率正弦信号 $X(t)=\cos(2\pi Ft)$,其中 F 是 $(0,f_0)$ 上均匀分布的随机变量。

解　该随机过程的均值函数为

$$m_X(t)=E\big[\cos(2\pi Ft)\big]=\frac{1}{f_0}\int_0^{f_0}\cos(2\pi ft)\,\mathrm{d}f=\frac{\sin(2\pi f_0 t)}{2\pi f_0 t}=\mathrm{Sa}(2\pi f_0 t)$$

正如式(2.10)所述,随机过程的数学期望是随机过程的样本函数在时刻 t 的所有取值的统计平均,又称为集合均值。但随机过程是各态历经过程时,时间均值以概率 1 收敛于集合均值。当取 f_0 为 2,采样间隔为 0.01 s 时,该随机信号的 3 个样本函数和样本均值如图 2.12(a)和(b)所示。当样本函数数为 1 000 时,计算的样本均值与理论的集合均值比较如图 2.12(c)所示,可以看出,当样本函数足够多时,样本均值与集合均值的理论值整体趋势一致,但具体数值上还是有一些差别的,这主要取决于样本数的多少。

```
fo=2;                    % 信号最大频率
N=1000;                  % 样本数
t=[−4.995:0.01:4.995];   % 时间范围
F=fo * rand(N,1);        % 均匀分布频率
x=cos(2 * pi * F * t);   % 随机频率信号的实现,每一行都是一个样本函数

figure
plot(t,x,'linewidth',1);

sample_mean=sum(x)/N;    % 计算样本均值
true_mean=sin(2 * pi * fo * t)./(2 * pi * fo * t); % 计算集合均值

figure
plot(t,sample_mean,'−',t,true_mean,'−−','linewidth',2)
xlabel('时间(seconds)'); ylabel('mu(t)');
```

对于其他数字特征,均方值、方差、相关函数等,也都可以通过多个样本函数的集合统计来实现。

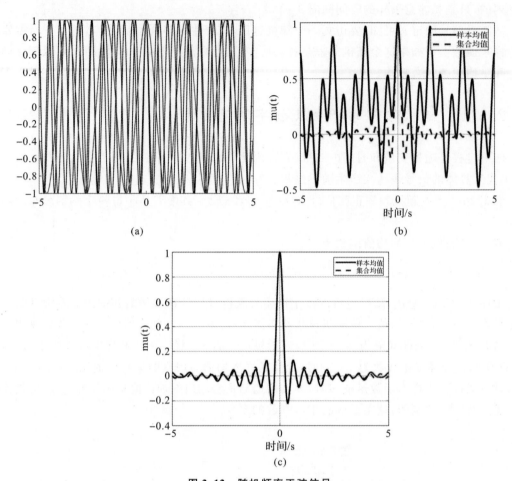

图 2.12　随机频率正弦信号

(a)3 个样本函数；　(b)样本均值和集合均值的比较($N=3$)；　(c)样本均值和集合均值的比较($N=1\,000$)

2.9.2　各态历经随机过程数字特征的估计

为了得到随机过程的数字特征,往往需要足够多的样本函数,但实际中所能得到的样本数是有限的,很难得到集合意义下的均值、方差和自相关函数等。但如果随机信号是各态历经过程,则可以通过某一个样本函数(一次测量)来估计其统计特征。

若各态历经序列 $X(n)$ 的一个样本有 N 个数据 $\{x(1),x(2),\cdots,x(N-1)\}$,$X(n)$ 的均值可以用这个样本函数来估计

$$\hat{m}_X=\frac{1}{N}\sum_{n=0}^{N-1}x(n) \tag{2.168}$$

方差的估值为

$$\hat{\sigma}_X^2=\frac{1}{N}\sum_{n=0}^{N-1}(x^2(n)-\hat{m}_X^2) \tag{2.169}$$

在 N 比较大的情况下,自相关函数可由

$$\hat{R}_X(m)=\frac{1}{N}\sum_{n=0}^{N-|m|-1}x(n)x(n+|m|),\quad |m|<N \tag{2.170}$$

估计。

现在讨论自相关函数估计量的性质,对式(2.170)的自相关估计值求数学期望

$$E[\hat{R}_X(m)]=\frac{1}{N}\sum_{n=0}^{N-|m|-1}E[x(n)x(n+|m|)]=\frac{N-|m|}{N}R_X(m)$$

可见,时间自相关函数 $\hat{R}_X(m)$ 是统计自相关函数 $R_X(m)$ 的有偏估计。当 $N\to\infty$ 时,

$$\lim_{N\to\infty}E[\hat{R}_X(m)]=R_X(m)$$

因此估计值 $\hat{R}_X(m)$ 是渐进无偏估计。

在实际中,若不是用 N 而是用实际求和的项数 $N-|K|$ 去除式(2.170)的求和项也可以得到一个无偏估计量,即

$$\hat{R}'_X(m)=\frac{1}{N-|m|}\sum_{n=0}^{N-|m|-1}x(n)x(n+|m|) \tag{2.171}$$

当 N 比较大,k 比较小时,式(2.170)和式(2.171)两式估值差别不大,但研究表明,由 $\hat{R}'_X(m)$ 计算的功率谱密度可能在某些频率上产生一个负的功率谱值而不常用,因此在实际应用中常常使用式(2.170)的有偏估计量。

当 $N\to\infty$ 时,自相关估计值 $\hat{R}_X(m)$ 的方差为

$$\lim_{N\to\infty}D[\hat{R}_X(m)]=\lim_{N\to\infty}E[(\hat{R}_X(m)-R_X(m))^2]=0$$

估计值 $\hat{R}_X(m)$ 是 $R_X(m)$ 的一致估计。

MATLAB 中的 xcorr 函数可以很方便地估计相关函数。

(1)采用 c=xcorr(a)估计 a 的自相关函数,当 a 的长度为 M 时,结果为 $2M-1$ 的自相关序列;

(2)采用 c=xcorr(a,b)估计 a 和 b 的互相关函数,当 a 和 b 的长度为 M 时,结果为 $2M-1$ 的互相关序列;

(3)采用 c=xcorr(…,scaleopt),参数 scaleopt 用来指定相关函数归一化选项,'none'标识未进行归一化处理,为默认方式,也是当 a,b 长度不同时的唯一有效选项;'biased'表示有偏方式[式(2.170)];'unbiased'表示无偏方式[式(2.171)];'coeff'表示对估计出的相关函数序列进行归一化处理,即 $\hat{R}_X(0)=1$。

下例是采用 MATLAB 中'mean','std'和'xcorr'估计一个数学期望为零,方差为 2 的高斯随机过程的均值、标准差和自相关函数。

```
mu = 0;                        %高斯分布的均值
sigma = 2;                     %高斯分布的标准差
N = 512;                       %高斯分布的样本数
y_normrnd = normrnd(mu,sigma,1,N);
%----产生服从均值为 mu,标准差为 sigma 的高斯分布的随机过程样本
muhat = mean(y_normrnd);       %估计序列的均值
sigmahat = std(y_normrnd);     %估计序列的标准差
[Ry,lags] = xcorr(y_normrnd,'biased');   %----计算序列的自相关函数
```

```
figure
plot(lags,Ry,'linewidth',1.5);                    %———画图
xlim([min(lags),max(lags)]);
xlabel('延时 m');
ylabel('相关函数')
```

图 2.13 分别给出了 $N=512$ 和 $N=128$ 两种长度序列的自相关函数估计曲线,很明显,序列越长自相关函数的估计方差越小。

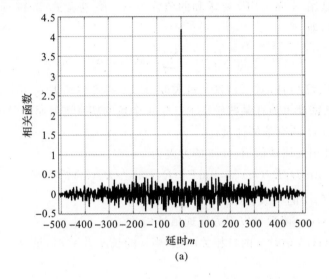

(a)

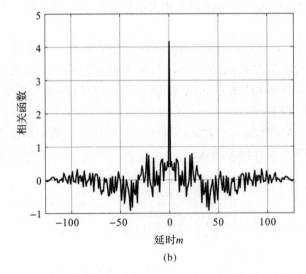

(b)

图 2.13 不同长度随机序列的自相关函数估计

(a)$N=512$; (b)$N=128$

习　题　二

2.1　随机过程 $X(t) = A\cos\omega_0 t$，式中 ω_0 是常数，A 是在 $(0,1)$ 上均匀分布的随机变量。求 $X(t)$ 的一维概率密度函数。

2.2　利用投掷一枚硬币的试验定义随机过程 $X(t) = \begin{cases} \cos\pi t, & \text{正面} \\ 2t, & \text{反面} \end{cases}$，假设出现"正面"和"反面"的概率各为 $1/2$。求 $X(t)$ 的一维概率密度函数 $f_X(x;1/2)$，$f_X(x;1)$ 以及二维概率密度函数 $f_X(x_1,x_2;1/2,1)$。

2.3　随机过程 $X(t)$ 由 3 个样本函数组成，并以等概率出现，3 个样本函数分别为 $X(t,\zeta_1)=1$，$X(t,\zeta_2)=\sin t$ 和 $X(t,\zeta_3)=\cos t$。求 $E[X(t)]$ 和 $R_X(t_1,t_2)$。

2.4　已知随机过程 $X(t)$ 的均值为 $m_X(t)$，协方差函数为 $C_X(t_1,t_2)$，又知 $s(t)$ 是确定的时间函数。求随机过程 $Y(t)=X(t)+s(t)$ 的均值和协方差函数。

2.5　随机过程 $X(t)=A\cos\omega_0 t+B\sin\omega_0 t$，式中，$\omega_0$ 为常数，A 和 B 是两个相互独立的高斯变量，且有 $E[A]=E[B]=0$，$E[A^2]=E[B^2]=\sigma^2$。求随机过程 $X(t)$ 的均值和自相关函数。

2.6　随机过程 $X(t)=a\cos(\omega_0 t+\Phi)$，式中，$a,\omega_0$ 为常数，Φ 为 $(0,2\pi)$ 上均匀分布的随机变量。求 $X(t)$ 的均值、方差和自相关函数。

2.7　随机过程 $X(t)=A\cos(\omega_0 t+\Phi)$，式中，$\omega_0$ 为常数，A 和 Φ 是两个统计独立的均匀分布的随机变量。概率密度函数分别为 $f_A(a)=1,0<a<1$ 和 $f_\Phi(\varphi)=1/2\pi,0<\varphi<2\pi$。求 $X(t)$ 的均值及自相关函数。

2.8　若随机过程 $X(t)$ 的导数存在。求证：$E\left[X(t)\dfrac{\mathrm{d}X(t)}{\mathrm{d}t}\right]=\dfrac{\mathrm{d}R_X(t,t)}{\mathrm{d}t}$。

2.9　若平稳随机过程 $X(t)$ 的导数存在。求证：

(1) 导数的自相关函数为 $-\dfrac{\mathrm{d}R_X^2(\tau)}{\mathrm{d}\tau^2}$；

(2) $E\left[X(t)\dfrac{\mathrm{d}X(t+\tau)}{\mathrm{d}t}\right]=\dfrac{\mathrm{d}R_X(\tau)}{\mathrm{d}\tau}$。

2.10　随机过程 $X(t)=A\cos(\omega_0 t+\Phi)$，式中，$\omega_0$ 为常数，A 为瑞利分布的随机变量，概率密度函数为 $f_A(a)=\dfrac{a}{\sigma^2}\exp\left(-\dfrac{a^2}{2\sigma^2}\right)$，$a>0$，$\Phi$ 为 $(0,2\pi)$ 上均匀分布的随机变量，A 和 Φ 相互统计独立。求 $X(t)$ 是否平稳。

2.11　设 $S(t)$ 是一个周期为 T 的函数，Φ 在 $(0,T)$ 上均匀分布，称 $X(t)=S(t+\Phi)$ 为随机周期过程。试讨论 $X(t)$ 的宽平稳性及宽各态历经性。

2.12　随机过程 $X(t)=A\cos(\omega_0 t+\Phi)$，式中，$\omega_0$ 为常数，A 和 Φ 为统计独立的随机变量，Φ 在 $(0,2\pi)$ 上均匀分布。讨论随机过程 $X(t)$ 是否具有各态历经性。

2.13　随机过程 $X(t)=A\cos(\omega_0 t+\Phi)$，式中，$\omega_0$ 为常数，Φ 为 $(0,2\pi)$ 上均匀分布的随机变量，分两种情况：①A 为常数；②A 为均值为 3，方差为 25 的随机变量，且 A 与 Φ 统计独立。求随机过程 $X(t)$ 的均值、均方值、方差、自相关函数，并讨论随机过程的平稳性和各态历经性。

3.14 若两个随机过程 $X(t) = A(t)\cos t$ 和 $Y(t) = B(t)\sin t$ 都不是平稳随机过程,$A(t)$ 和 $B(t)$ 为相互独立、零均值的平稳随机过程,并有相同的自相关函数。求证:$X(t)$ 与 $Y(t)$ 之和,即 $Z(t) = X(t) + Y(t)$ 是宽平稳的随机过程。

2.14 随机过程 $X(t) = A\sin t + B\cos t$,式中,A 和 B 为零均值的随机变量。求证 $X(t)$ 的均值具备各态历经性,而均方值不具备各态历经性。

2.15 随机过程 $X(t),Y(t)$ 相互独立,且各自平稳。求证由它们的乘积构成的随机过程 $Z(t) = X(t)Y(t)$ 也是平稳的。

2.16 随机过程 $X(t),Y(t)$ 各自平稳,且联合平稳,随机过程 $Z(t) = X(t) + Y(t)$。求:

(1) $Z(t)$ 的自相关函数;

(2) $X(t),Y(t)$ 相互独立时,$Z(t)$ 的自相关函数;

(3) $X(t),Y(t)$ 相互独立且均值都为零时,$Z(t)$ 的自相关函数。

2.17 平稳随机过程 $X(t)$ 的自相关函数为 $R_X(\tau) = 4e^{-|\tau|}\cos \pi\tau + \cos 3\pi\tau$。求:

(1) $X(t)$ 的均方值和方差;

(2) 若将正弦分量看作信号,其他分量看作噪声,求功率信噪比。

2.18 随机过程 $X(t) = A\cos(\omega t + \Phi)$,式中,$A,\omega,\Phi$ 为统计独立的随机变量,其中 A 的均值为2,方差为4;ω 在 $(-5,5)$ 上均匀分布;Φ 在 $(-\pi,\pi)$ 上均匀分布。讨论随机过程 $X(t)$ 的平稳性和各态历经性。

2.19 随机过程 $Z(t) = AX(t)Y(t)$,式中,A 是均值为2,方差为9的随机变量,A 与 $X(t)$,$Y(t)$ 相互独立,$X(t),Y(t)$ 是各自平稳,且相互独立的随机过程,它们的自相关函数分别为 $R_X(\tau) = 2e^{-2|\tau|}\cos \omega_0\tau$,$R_Y(\tau) = 9 + e^{-3\tau^2}$。求 $Z(t)$ 的均值、方差和自相关函数。

2.20 设声呐接收机接收到的信号为 $X(t) = aS(t - \tau_1) + N(t)$,其中 $S(t)$ 是声呐的发射信号,$aS(t - \tau_1)$ 是回波信号,$a \leqslant 1$ 为回波的衰减系数,τ_1 是回波的返回时间,$N(t)$ 是回波中叠加的噪声。

(1) 若 $N(t)$ 和 $S(t)$ 联合平稳,求互相关函数 $R_{XS}(\tau)$;

(2) 若 $N(t)$ 和 $S(t)$ 联合平稳,且相互独立,噪声 $N(t)$ 的均值为零,求 $R_{XS}(\tau)$。

2.21 指出图 2.14 所示函数曲线能否是正确的自相关函数曲线,为什么?

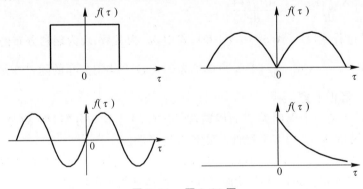

图 2.14 题 2.21 图

2.22 随机过程 $X(t) = a\cos(\omega_0 t + \Phi)$ 和 $Y(t) = b\sin(\omega_0 t + \Phi)$ 单独且联合平稳,式中,

a,b 为常数,Φ 为在 $(0,2\pi)$ 上均匀分布的随机变量。求 $R_{XY}(\tau)$ 与 $R_{YX}(\tau)$,并讨论在 $\tau=0$ 时互相关函数的意义。

2.23 异步二进制信号 $X(t)=\sum_{n}X_{n}g\left(\dfrac{t-t_{0}-nT}{T}\right)$,其中 X_{n} 是服从 $(-a,+a)$ 等概率的两点分布,且 n 值不同的 X_{n} 之间统计独立,T 为码元周期,是常数,t_{0} 是服从 $(0,T)$ 均匀分布的随机变量,且 X_{n} 与 t_{0} 之间统计独立,$g(t)=\begin{cases}1, & 0<t<1\\0, & 其他\end{cases}$。求 $X(t)$ 的自相关函数和均方值。

2.24 复随机过程 $Z(t)=\mathrm{e}^{\mathrm{j}(\omega_{0}t+\Phi)}$,式中,$\omega_{0}$ 为常数,Φ 为 $(0,2\pi)$ 上均匀分布的随机变量。求 $E[Z^{*}(t)Z(t+\tau)]$ 和 $E[Z(t)Z(t+\tau)]$。

2.25 复随机过程 $Z(t)=\sum_{i=1}^{n}A_{i}\mathrm{e}^{\mathrm{j}\omega_{i}t}$,式中,$A_{i}$,$\omega_{i}(i=1,2,\cdots,n)$ 分别为 n 个实随机变量和 n 个实常数。讨论随机变量 $A_{i}(i=1,2,\cdots,n)$ 应满足什么条件,可使 $Z(t)$ 为复平稳随机过程。

2.26 随机过程 $Y(t)=X^{2}(t)$,式中 $X(t)$ 是零均值的平稳高斯过程。求证:$R_{Y}(\tau)=R_{X}^{2}(0)+2R_{X}^{2}(\tau)$。

2.27 如图 2.15 所示电路,$V(t)$ 是电阻热噪声产生的电压,为平稳的高斯过程。$V(t)$ 的自相关函数为 $R_{V}(\tau)=\dfrac{kT}{C}\mathrm{e}^{-\frac{|\tau|}{RC}}$,式中,时常数 $RC=10^{-3}$ s,电容 $C=3\times1.38\times10^{-9}$ F,电阻 R 的绝对温度 $T=300$ K,波尔兹曼常数 $k=1.38\times10^{-23}$ J/K。求电阻热噪声电压的均值、方差,以及在任一时刻 t_{1} 热噪声电压超过 10^{-6} V 的概率。

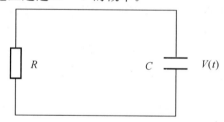

图 2.15 题 2.27 图

第3章 随机信号的谱分析

谱分析是信号处理等领域的重要方法,在很多情况下谱分析可以使问题得到简化。对于随机信号也可以进行谱分析,但与确定信号不同,随机信号的样本函数一般不满足傅里叶变换的绝对可积条件,必须进行某种处理后,才能应用傅里叶变换。同时,与确定信号的频谱相比,随机信号的谱体现出不同的物理含义。

本章在 3.1 节引入随机过程的功率谱密度的概念;在 3.2 节引入随机信号分析中的一个最重要、最基础的关系,即平稳随机过程功率谱密度与相关函数之间构成傅里叶变换对的关系;3.3 节分析平稳随机过程功率谱密度的性质;3.5 节分析在理论分析和工程应用中都非常重要的白噪声;3.4 节、3.6 节简要介绍随机序列的功率谱密度,以及随机过程的时变功率谱和高阶谱的概念;最后在 3.7 节给出随机信号功率谱密度估计的仿真例子。

3.1 随机过程的功率谱密度

随机过程的样本函数是确定的时间函数,但是随机过程的样本函数一般不满足傅里叶变换的绝对可积条件,必须进行某种处理后,才能应用傅里叶变换。本节先从样本函数入手,引出随机过程的功率谱密度。

3.1.1 功率谱密度

1. 确定信号的频谱和能量谱

如果确定信号 $s(t)$,在 $-\infty < t < \infty$ 范围内满足狄里赫利(Dirichlet)条件,且绝对可积,即满足:

$$\int_{-\infty}^{\infty} |s(t)| \, \mathrm{d}t < \infty \tag{3.1}$$

或能量有限的备择条件:

$$\int_{-\infty}^{\infty} |s(t)|^2 \, \mathrm{d}t < \infty \tag{3.2}$$

即信号的总能量有限,则 $s(t)$ 的傅里叶变换存在,为

$$S(\omega) = \int_{-\infty}^{\infty} s(t) \mathrm{e}^{-\mathrm{j}\omega t} \, \mathrm{d}t \tag{3.3}$$

$S(\omega)$ 为 $s(t)$ 的频谱密度,简称频谱。$S(\omega)$ 包含了信号 $s(t)$ 的幅度谱和相位谱,分别表示了信号的幅度和相位按频率的分布。频谱 $S(\omega)$ 的傅里叶反变换可以得到 $s(t)$,即

$$s(t) = \frac{1}{2\pi} \int_{-\infty}^{\infty} S(\omega) \mathrm{e}^{\mathrm{j}\omega t} \, \mathrm{d}\omega \tag{3.4}$$

信号 $s(t)$ 的总能量为

$$E = \int_{-\infty}^{\infty} s^2(t)\,\mathrm{d}t = \int_{-\infty}^{\infty} s(t)\,\frac{1}{2\pi}\int_{-\infty}^{\infty} S(\omega)\,\mathrm{e}^{\mathrm{j}\omega t}\,\mathrm{d}\omega\,\mathrm{d}t =$$

$$\frac{1}{2\pi}\int_{-\infty}^{\infty} S(\omega)\left[\int_{-\infty}^{\infty} s(t)\,\mathrm{e}^{\mathrm{j}\omega t}\,\mathrm{d}t\right]\mathrm{d}\omega = \frac{1}{2\pi}\int_{-\infty}^{\infty} S(\omega)S^*(\omega)\,\mathrm{d}\omega =$$

$$\frac{1}{2\pi}\int_{-\infty}^{\infty} |S(\omega)|^2\,\mathrm{d}\omega \tag{3.5}$$

即

$$E = \int_{-\infty}^{\infty} s^2(t)\,\mathrm{d}t = \frac{1}{2\pi}\int_{-\infty}^{\infty} |S(\omega)|^2\,\mathrm{d}\omega \tag{3.6}$$

式(3.6)就是帕塞瓦尔(Parseval)等式,信号的时域总能量应等于频域总能量。从频域看,总能量 E 等于 $|S(\omega)|^2$ 在整个频域上的积分,$|S(\omega)|^2$ 表示了信号的能量按频率的分布。因此,$|S(\omega)|^2$ 称为信号的能量谱密度,简称能量谱或能谱。

2. 样本函数的功率谱密度

对于随机过程 $X(t)$,一般来说,样本函数 $x(t,\zeta)$ 的持续时间为无限长,其总能量是无限的,不满足式(3.1)和式(3.2)的绝对可积与能量有限的条件,因此,它的傅里叶变换不存在。

为了将傅里叶变换应用于随机过程,对样本函数 $x(t,\zeta)$ 进行时间截取,得

$$x_T(t,\zeta) = \begin{cases} x(t,\zeta), & |t| < T \\ 0, & |t| \geqslant T \end{cases} \tag{3.7}$$

$x_T(t,\zeta)$ 称为 $x(t,\zeta)$ 的截取函数,如图 3.1 所示。截取函数 $x_T(t,\zeta)$ 是能量有限的,它的傅里叶变换为

$$X_T(\omega,\zeta) = \int_{-\infty}^{\infty} x_T(t,\zeta)\,\mathrm{e}^{-\mathrm{j}\omega t}\,\mathrm{d}t = \int_{-T}^{T} x(t,\zeta)\,\mathrm{e}^{-\mathrm{j}\omega t}\,\mathrm{d}t \tag{3.8}$$

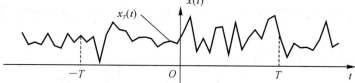

图 3.1 样本及其时间截取函数示意图

$X_T(\omega,\zeta)$ 的傅里叶反变换为

$$x_T(t,\zeta) = \frac{1}{2\pi}\int_{-\infty}^{\infty} X_T(\omega,\zeta)\,\mathrm{e}^{\mathrm{j}\omega t}\,\mathrm{d}\omega \tag{3.9}$$

根据帕塞瓦尔等式,有

$$E_{T,\zeta} = \int_{-T}^{T} x^2(t,\zeta)\,\mathrm{d}t = \frac{1}{2\pi}\int_{-\infty}^{\infty} |X_T(\omega,\zeta)|^2\,\mathrm{d}\omega \tag{3.10}$$

式(3.10)除以时间 $2T$,可以得到样本截取函数的平均功率为

$$P_{T,\zeta} = \frac{1}{2T}\int_{-T}^{T} x^2(t,\zeta)\,\mathrm{d}t = \frac{1}{2\pi \cdot 2T}\int_{-\infty}^{\infty} |X_T(\omega,\zeta)|^2\,\mathrm{d}\omega \tag{3.11}$$

取极限 $T \to \infty$,可以得到样本函数的平均功率为

$$P_\zeta = \lim_{T\to\infty} \frac{1}{2T}\int_{-T}^{T} x^2(t,\zeta)\,dt = \frac{1}{2\pi}\int_{-\infty}^{\infty} \lim_{T\to\infty}\frac{1}{2T}|X_T(\omega,\zeta)|^2 d\omega \tag{3.12}$$

令

$$G_X(\omega,\zeta) = \lim_{T\to\infty}\frac{1}{2T}|X_T(\omega,\zeta)|^2 = \lim_{T\to\infty}\frac{1}{2T}X_T^*(\omega,\zeta)X_T(\omega,\zeta) \tag{3.13}$$

从频域看,样本的平均功率 P_ζ 等于 $G_X(\omega,\zeta)$ 在整个频域上的积分,$G_X(\omega,\zeta)$ 表示了样本函数的平均功率按频率的分布。因此,$G_X(\omega,\zeta)$ 称为样本函数的功率谱密度(Power Spectral Density,PSD)。

应该注意到,$x(t,\zeta)$ 是随机过程 $X(t)$ 的一个样本函数,不同的样本函数平均功率也会不一样,因此,P_ζ 是随机变量,而 $G_X(\omega,\zeta)$ 是频域的随机函数。

3. 随机过程的功率谱密度

对式(3.12)取统计平均(集平均)则可以得到随机过程 $X(t)$ 的平均功率为

$$P_X = \lim_{T\to\infty}\frac{1}{2T}\int_{-T}^{T} E[X^2(t)]\,dt = \frac{1}{2\pi}\int_{-\infty}^{\infty}\lim_{T\to\infty}\frac{1}{2T}E[|X_T(\omega)|^2]d\omega \tag{3.14}$$

而随机过程 $X(t)$ 的功率谱密度为

$$G_X(\omega) = \lim_{T\to\infty}\frac{1}{2T}E[|X_T(\omega)|^2] = \lim_{T\to\infty}\frac{1}{2T}E[X_T^*(\omega)X_T(\omega)] \tag{3.15}$$

可以看出,随机过程的平均功率可以通过均方值的时间平均得到,也可以由功率谱密度在整个频域上的积分得到。

功率谱密度是从频域描述随机过程统计特性的数字特征,描述了随机过程平均功率按频率的分布情况,对其在整个频域积分可以得到随机过程的平均功率。

虽然随机过程的样本函数一般不满足能量有限的条件,不能利用频谱或能量谱来描述它的频域特性,但是它的平均功率是有限的,可以用功率谱来描述它的频域特性。需要指出,功率密度谱仅仅表示了随机过程 $X(t)$ 的平均功率按频率的分布情况,没有包含 $X(t)$ 的任何相位信息。

若 $X(t)$ 是各态历经过程,则有

$$G_X(\omega) = \lim_{T\to\infty}\frac{1}{2T}|X_T(\omega)|^2 = \lim_{T\to\infty}\frac{1}{2T}X_T^*(\omega)X_T(\omega) \tag{3.16}$$

以概率 1 成立。即任意一个样本函数的功率谱密度和随机过程的功率谱密度以概率 1 相等。因此,可以只用随机过程的一个样本函数得到过程的功率谱密度。

对于实随机过程,其功率谱密度是偶函数,负频率没有物理意义,因此也常定义单边带功率谱密度 $F_X(\omega)$,也称为物理谱密度,即

$$F_X(\omega) = \begin{cases} 2G_X(\omega), & \omega \geq 0 \\ 0, & \omega < 0 \end{cases} \tag{3.17}$$

单边谱 $F_X(\omega)$ 与双边谱 $G_X(\omega)$ 的关系如图 3.2 所示。

为了方便,在系统分析时经常用复频率 $s=\sigma+j\omega(\sigma=0)$ 代替实频率 ω。这时,功率谱密度变为复变量 s 的函数 $G_X(s)$。

例 3.1 随机过程 $X(t)=a\cos(\omega_0 t+\Phi)$,式中,$a,\omega_0$ 为常数,Φ 为 $(0,\pi/2)$ 上均匀分布的随机变量,求 $X(t)$ 的平均功率。

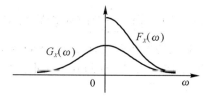

图 3.2　单边谱与双边谱示意图

解　$X(t)$ 的均方值为

$$E[X^2(t)] = E[a^2\cos^2(\omega_0 t + \Phi)] = \frac{a^2}{2} + \frac{a^2}{2}\int_0^{\pi/2}\frac{2}{\pi}\cos(2\omega_0 t + 2\Phi)\mathrm{d}\Phi =$$

$$\frac{a^2}{2} + \frac{a^2}{\pi}\cdot\frac{\sin(2\omega_0 t + 2\Phi)}{2}\bigg|_0^{\pi/2} = \frac{a^2}{2} - \frac{a^2}{\pi}\sin(2\omega_0 t)$$

显然 $X(t)$ 不是平稳随机过程，均方值表示的是瞬时功率的统计平均值，要求平均功率还需要再做一次时间平均，即

$$P_X = \lim_{T\to\infty}\frac{1}{2T}\int_{-T}^{T}E[X^2(t)]\mathrm{d}t = \lim_{T\to\infty}\frac{1}{2T}\int_{-T}^{T}\left[\frac{a^2}{2} - \frac{a^2}{\pi}\sin(2\omega_0 t)\right]\mathrm{d}t = \frac{a^2}{2}$$

例 3.2　随机过程 $X(t)$ 的功率谱密度为 $G_X(\omega) = \dfrac{3\omega^2 + 6}{\omega^4 + 5\omega^2 + 4}$，求用复频率 s 表示的功率谱密度 $G_X(s)$。

解　将 $s = \sigma + \mathrm{j}\omega(\sigma = 0)$，即 $\omega = -\mathrm{j}s$ 代入 $G_X(\omega)$，得

$$G_X(s) = \frac{3(-\mathrm{j}s)^2 + 6}{(-\mathrm{j}s)^4 + 5(-\mathrm{j}s)^2 + 4} = \frac{-3s^2 + 6}{s^4 - 5s^2 + 4}$$

可以看出，$G_X(s)$ 与 $G_X(\omega)$ 的函数形式并不相同。

3.1.2　互功率谱密度

对于两个随机过程 $X(t)$，$Y(t)$，采用同样的方法，定义两个样本函数 $x(t,\zeta)$，$y(t,\zeta)$ 的截取函数 $x_T(t,\zeta)$，$y_T(t,\zeta)$，截取函数都是能量有限的，傅里叶变换分别为 $X_T(\omega,\zeta)$，$Y_T(\omega,\zeta)$，因此有

$$\int_{-T}^{T}x(t,\zeta)y(t,\zeta)\mathrm{d}t = \int_{-T}^{T}x(t,\zeta)\frac{1}{2\pi}\int_{-\infty}^{\infty}Y_T(\omega,\zeta)\mathrm{e}^{\mathrm{j}\omega t}\mathrm{d}\omega\mathrm{d}t =$$

$$\frac{1}{2\pi}\int_{-\infty}^{\infty}Y_T(\omega,\zeta)\left[\int_{-T}^{T}x(t,\zeta)\mathrm{e}^{\mathrm{j}\omega t}\mathrm{d}t\right]\mathrm{d}\omega =$$

$$\frac{1}{2\pi}\int_{-\infty}^{\infty}X_T^*(\omega,\zeta)Y_T(\omega,\zeta)\mathrm{d}\omega \tag{3.18}$$

即帕塞瓦尔等式对它们也适用。对上式两边取时间平均，得

$$\frac{1}{2T}\int_{-T}^{T}x(t,\zeta)y(t,\zeta)\mathrm{d}t = \frac{1}{2\pi\cdot 2T}\int_{-\infty}^{\infty}X_T^*(\omega,\zeta)Y_T(\omega,\zeta)\mathrm{d}\omega \tag{3.19}$$

取极限 $T\to\infty$，得

$$\lim_{T\to\infty}\frac{1}{2T}\int_{-T}^{T}x(t,\zeta)y(t,\zeta)\mathrm{d}t = \frac{1}{2\pi}\int_{-\infty}^{\infty}\lim_{T\to\infty}\frac{1}{2T}X_T^*(\omega,\zeta)Y_T(\omega,\zeta)\mathrm{d}\omega \tag{3.20}$$

令

$$G_{XY}(\omega,\zeta) = \lim_{T\to\infty} \frac{1}{2T} X_T^*(\omega,\zeta) Y_T(\omega,\zeta) \tag{3.21}$$

$G_{XY}(\omega,\zeta)$ 为两个样本函数的互功率谱密度（cross power spectral density）。

由于 $x(t,\zeta)$，$y(t,\zeta)$ 是随机过程 $X(t)$，$Y(t)$ 的两个样本函数，因此，$G_{XY}(\omega,\zeta)$ 是频域的随机函数。

对式（3.20）和式（3.21）取统计平均，可得

$$\lim_{T\to\infty} \frac{1}{2T} \int_{-T}^{T} E\left[X(t)Y(t)\right] dt = \frac{1}{2\pi} \int_{-\infty}^{\infty} \lim_{T\to\infty} \frac{1}{2T} E\left[X_T^*(\omega)Y_T(\omega)\right] d\omega \tag{3.22}$$

$$G_{XY}(\omega) = \lim_{T\to\infty} \frac{1}{2T} E\left[X_T^*(\omega)Y_T(\omega)\right] \tag{3.23}$$

式中，$G_{XY}(\omega)$ 为随机过程 $X(t)$，$Y(t)$ 的互功率谱密度，简称为互功率谱，也称为互谱密度。

类似地，也可以定义互谱密度为

$$G_{YX}(\omega) = \lim_{T\to\infty} \frac{1}{2T} E\left[Y_T^*(\omega)X_T(\omega)\right] \tag{3.24}$$

互谱密度是从频域描述两个随机过程统计特性的数字特征，虽然没有明确的物理含义，但是反映了两个随机过程的相关性随频率的分布情况。若在某个频率 ω_1 处 $G_{XY}(\omega_1)=0$，则表明它们的相应频率分量是正交的。

为了方便，在系统分析时也经常用复频率 $s=\sigma+j\omega(\sigma=0)$ 代替实频率 ω。这时，互谱密度变为复变量 s 的函数 $G_{XY}(s)$，$G_{YX}(s)$。

3.2　功率谱密度与相关函数之间的关系

相关函数是从时域描述随机过程统计特性的最主要的数字特征，而功率谱密度（互谱密度）则是从频域描述随机过程统计特性的数字特征，两者描述的对象相同，那么它们之间是否满足一定的关系呢？

3.2.1　功率谱密度与自相关函数之间的关系

对于随机过程 $X(t)$，可由式（3.15）推导它的功率谱密度与自相关函数之间的关系：

$$G_X(\omega) = \lim_{T\to\infty} \frac{1}{2T} E\left[X_T^*(\omega)X_T(\omega)\right] =$$

$$\lim_{T\to\infty} \frac{1}{2T} E\left[\int_{-T}^{T} X(t_1) e^{j\omega t_1} dt_1 \int_{-T}^{T} X(t_2) e^{-j\omega t_2} dt_2\right] =$$

$$\lim_{T\to\infty} \frac{1}{2T} \int_{-T}^{T} \int_{-T}^{T} E\left[X(t_1)X(t_2)\right] e^{-j\omega(t_2-t_1)} dt_1 dt_2 =$$

$$\lim_{T\to\infty} \frac{1}{2T} \int_{-T}^{T} \int_{-T}^{T} R_X(t_1,t_2) e^{-j\omega(t_2-t_1)} dt_1 dt_2 \tag{3.25}$$

令 $t=t_1$，$\tau=t_2-t_1=t_2-t$，则 $dt_1=dt$，$dt_2=d\tau$，代入式（3.25），进行变量置换，注意积分上、下限，可得

$$G_X(\omega) = \lim_{T\to\infty} \frac{1}{2T} \int_{-T-t}^{T-t} \int_{-T}^{T} R_X(t,t+\tau) e^{-j\omega\tau} dt d\tau = \lim_{T\to\infty} \frac{1}{2T} \int_{-T-t}^{T-t} \left[\int_{-T}^{T} R_X(t,t+\tau) dt\right] e^{-j\omega\tau} d\tau \approx$$

$$\int_{-\infty}^{\infty}\left[\lim_{T\to\infty}\frac{1}{2T}\int_{-T}^{T}R_X(t,t+\tau)\,\mathrm{d}t\right]\mathrm{e}^{-\mathrm{j}\omega\tau}\,\mathrm{d}\tau=\int_{-\infty}^{\infty}\overline{R_X(t,t+\tau)}\mathrm{e}^{-\mathrm{j}\omega\tau}\,\mathrm{d}\tau \tag{3.26}$$

式中

$$\overline{R_X(t,t+\tau)}=\lim_{T\to\infty}\frac{1}{2T}\int_{-T}^{T}R_X(t,t+\tau)\,\mathrm{d}t \tag{3.27}$$

为自相关函数的时间平均。式(3.27)表明,随机过程自相关函数的时间平均与功率谱密度之间构成傅里叶变换对的关系。

对于平稳随机过程,自相关函数与时间起点无关,只与时间间隔有关,其自相关函数的时间平均为

$$\overline{R_X(t,t+\tau)}=\lim_{T\to\infty}\frac{1}{2T}\int_{-T}^{T}R_X(\tau)\,\mathrm{d}t=R_X(\tau) \tag{3.28}$$

故有

$$G_X(\omega)=\int_{-\infty}^{\infty}R_X(\tau)\mathrm{e}^{-\mathrm{j}\omega\tau}\,\mathrm{d}\tau \tag{3.29}$$

$$R_X(\tau)=\frac{1}{2\pi}\int_{-\infty}^{\infty}G_X(\omega)\mathrm{e}^{\mathrm{j}\omega\tau}\,\mathrm{d}\omega \tag{3.30}$$

式(3.29)、式(3.30)表明,平稳随机过程的自相关函数与功率谱密度之间构成傅里叶变换对的关系,即

$$R_X(\tau)\xrightleftharpoons[F^{-1}]{F}G_X(\omega) \tag{3.31}$$

这一关系就是著名的维纳-辛钦(Wiener-Khinchine)定理,或称为维纳-辛钦公式。它给出了平稳随机过程的时域特性与频域特性之间的关系,是分析随机信号的一个最基础、最重要的关系。

由于平稳随机过程自相关函数的傅里叶变换为功率谱密度,而功率谱密度是非负的,因此,也就解释了 2.4.3 节平稳随机过程自相关函数的第(7)个性质。同时,要使自相关函数的傅里叶变换存在,自相关函数必须满足绝对可积的条件,即

$$\int_{-\infty}^{\infty}|R_X(\tau)|\,\mathrm{d}\tau<\infty \tag{3.32}$$

即在平稳随机过程自相关函数绝对可积的条件下,维纳-辛钦定理成立。

而含有直流分量和周期分量的平稳随机过程,由于其自相关函数也含有直流分量和周期分量,因此,自相关函数不满足绝对可积的条件。对于这种情况,借助于 $\delta(\cdot)$ 函数,可以将维纳-辛钦定理推广到含有直流分量和周期分量的平稳随机过程中。

对于平稳实随机过程,它的自相关函数和功率谱密度都是偶函数,因此维纳-辛钦定理可以表示为

$$G_X(\omega)=\int_0^{\infty}2R_X(\tau)\cos\omega\tau\,\mathrm{d}\tau \tag{3.33}$$

$$R_X(\tau)=\frac{1}{2\pi}\int_0^{\infty}2G_X(\omega)\cos\omega\tau\,\mathrm{d}\omega \tag{3.34}$$

对于各态历经过程,它的时间自相关函数以概率 1 等于统计自相关函数,因此维纳-辛钦定理也可以表示为

$$G_X(\omega)=\int_{-\infty}^{\infty}\overline{X(t)X(t+\tau)}\mathrm{e}^{-\mathrm{j}\omega\tau}\,\mathrm{d}\tau \tag{3.35}$$

$$\overline{X(t)X(t+\tau)}=\frac{1}{2\pi}\int_{-\infty}^{\infty}G_X(\omega)\mathrm{e}^{\mathrm{j}\omega\tau}\,\mathrm{d}\omega \tag{3.36}$$

附录一中列出了常用的傅里叶变换对。

例 3.3 平稳随机过程 $X(t)$ 的自相关函数为 $R_X(\tau)=a\mathrm{e}^{-b|\tau|}$，式中，$a,b$ 为正的常数，求 $X(t)$ 的功率谱密度。

解 由维纳-辛钦定理，可得

$$G_X(\omega)=\int_{-\infty}^{\infty}R_X(\tau)\mathrm{e}^{-\mathrm{j}\omega\tau}\,\mathrm{d}\tau=\int_{-\infty}^{0}a\mathrm{e}^{+b\tau}\mathrm{e}^{-\mathrm{j}\omega\tau}\,\mathrm{d}\tau+\int_{0}^{\infty}a\mathrm{e}^{-b\tau}\mathrm{e}^{-\mathrm{j}\omega\tau}\,\mathrm{d}\tau=$$

$$a\cdot\frac{\mathrm{e}^{(b-\mathrm{j}\omega)\tau}}{b-\mathrm{j}\omega}\bigg|_{-\infty}^{0}-a\cdot\frac{\mathrm{e}^{-(b+\mathrm{j}\omega)\tau}}{b+\mathrm{j}\omega}\bigg|_{0}^{\infty}=a\left[\frac{1}{b-\mathrm{j}\omega}+\frac{1}{b+\mathrm{j}\omega}\right]=\frac{2ab}{\omega^2+b^2}$$

平稳随机过程 $X(t)$ 的自相关函数和功率谱密度如图 3.3 所示。

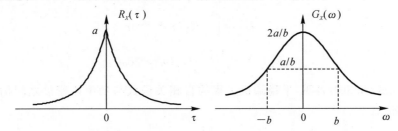

图 3.3 例 3.3 自相关函数和功率谱密度图

例 3.4 随机相位余弦信号 $X(t)=a\cos(\omega_0 t+\Phi)$，式中 a,ω_0 为常数，Φ 为 $(0,2\pi)$ 上均匀分布的随机变量，求 $X(t)$ 的功率谱密度。

解 由上一章的例题可知，$X(t)$ 为平稳随机过程，自相关函数为 $R_X(\tau)=\frac{a^2}{2}\cos\omega_0\tau$，借助于 $\delta(\cdot)$ 函数，由维纳-辛钦定理，可得

$$G_X(\omega)=\int_{-\infty}^{\infty}R_X(\tau)\mathrm{e}^{-\mathrm{j}\omega\tau}\,\mathrm{d}\tau=\int_{-\infty}^{\infty}\frac{a^2}{2}\cos\omega_0\tau\mathrm{e}^{-\mathrm{j}\omega\tau}\,\mathrm{d}\tau=$$

$$\frac{a^2}{4}\int_{-\infty}^{\infty}(\mathrm{e}^{\mathrm{j}\omega_0\tau}+\mathrm{e}^{-\mathrm{j}\omega_0\tau})\mathrm{e}^{-\mathrm{j}\omega\tau}\,\mathrm{d}\tau=\frac{a^2}{4}\int_{-\infty}^{\infty}\left[\mathrm{e}^{-\mathrm{j}(\omega-\omega_0)\tau}+\mathrm{e}^{-\mathrm{j}(\omega+\omega_0)\tau}\right]\mathrm{d}\tau=$$

$$\frac{\pi a^2}{2}\left[\delta(\omega-\omega_0)+\delta(\omega+\omega_0)\right]$$

平稳随机过程 $X(t)$ 的自相关函数和功率谱密度如图 3.4 所示。

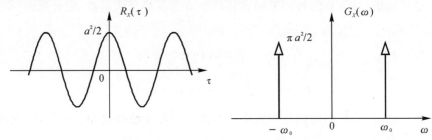

图 3.4 例 3.4 自相关函数和功率谱密度图

例 3.5　平稳异步二进制信号 $X(t)$ 的自相关函数为 $R_X(\tau) = \begin{cases} a^2\left(1 - \dfrac{|\tau|}{T}\right), & |\tau| < T, \\ 0, & |\tau| \geqslant T \end{cases}$

式中，a, T 为常数，求 $X(t)$ 的功率谱密度。

解　由维纳-辛钦定理，可得

$$G_X(\omega) = \int_{-\infty}^{\infty} R_X(\tau) \mathrm{e}^{-\mathrm{j}\omega\tau} \mathrm{d}\tau = \int_{-T}^{T} a^2\left(1 - \frac{|\tau|}{T}\right) \mathrm{e}^{-\mathrm{j}\omega\tau} \mathrm{d}\tau =$$

$$\int_{-T}^{T} a^2\left(1 - \frac{|\tau|}{T}\right)(\cos \omega\tau - \mathrm{j}\sin \omega\tau)\, \mathrm{d}\tau$$

注意到，前一项为偶函数，后一项为奇函数，奇函数在对称区间内积分等于零，因此得

$$G_X(\omega) = 2a^2 \int_0^T \left(1 - \frac{\tau}{T}\right)\cos \omega\tau\, \mathrm{d}\tau = 2a^2 \left.\frac{\sin \omega\tau}{\omega}\right|_0^T - \frac{2a^2}{\omega T}\int_0^T \tau \mathrm{d}\sin \omega\tau =$$

$$2a^2 \frac{\sin \omega T}{\omega} - 2a^2 \left.\frac{\tau\sin \omega\tau}{\omega T}\right|_0^T + \frac{2a^2}{\omega T}\int_0^T \sin \omega\tau\, \mathrm{d}\tau =$$

$$-2a^2 \left.\frac{\cos \omega\tau}{\omega^2 T}\right|_0^T = 2a^2 \frac{1 - \cos \omega T}{\omega^2 T} = 4a^2 \frac{\sin^2\left(\dfrac{\omega T}{2}\right)}{\omega^2 T} = a^2 T \mathrm{Sa}^2\left(\frac{\omega T}{2}\right)$$

平稳随机过程 $X(t)$ 的自相关函数和功率谱密度如图 3.5 所示。

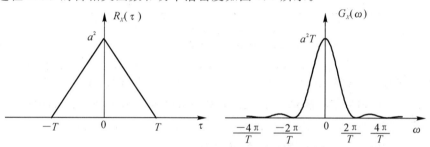

图 3.5　例 3.5 自相关函数和功率谱密度图

例 3.6　平稳随机过程 $X(t)$ 的功率谱密度为 $G_X(\omega) = \dfrac{3\omega^2 + 6}{\omega^4 + 5\omega^2 + 4}$，求 $X(t)$ 的自相关函数和平均功率。

解　先对 $G_X(\omega)$ 进行因式分解，得

$$G_X(\omega) = \frac{3\omega^2 + 6}{\omega^4 + 5\omega^2 + 4} = \frac{3\omega^2 + 6}{(\omega^2 + 1)(\omega^2 + 4)} = \frac{1}{\omega^2 + 1^2} + \frac{2}{\omega^2 + 2^2}$$

应用维纳-辛钦定理，由 $\mathrm{e}^{-b|\tau|} \underset{F^{-1}}{\overset{F}{\rightleftharpoons}} \dfrac{2b}{\omega^2 + b^2}$ 的关系，可得

$$R_X(\tau) = \frac{1}{2}\mathrm{e}^{-|\tau|} + \frac{1}{2}\mathrm{e}^{-2|\tau|}$$

故得平均功率

$$P_X = E[X^2(t)] = R_X(0) = 1$$

例 3.7　平稳随机过程 $X(t)$ 的功率谱密度为 $G_X(\omega)$，又有 $Y(t) = aX(t)\cos \omega_0 t$，式中 a，ω_0 为常数，求 $Y(t)$ 的功率谱密度。

解　$Y(t)$ 的自相关函数为

$$R_Y(t,t+\tau)=E[Y(t)Y(t+\tau)]=a^2E[X(t)X(t+\tau)]\cos\omega_0 t\cos[\omega_0(t+\tau)]=$$

$$\frac{a^2}{2}R_X(\tau)[\cos\omega_0\tau+\cos(2\omega_0 t+\omega_0\tau)]$$

显然，$Y(t)$ 是非平稳随机过程，先求自相关函数的时间平均，为

$$\overline{R_Y(t,t+\tau)}=\lim_{T\to\infty}\frac{1}{2T}\int_{-T}^{T}R_Y(t,t+\tau)\mathrm{d}t=\frac{a^2}{2}R_X(\tau)\cos\omega_0\tau$$

再应用维纳-辛钦定理，得

$$G_Y(\omega)=\int_{-\infty}^{\infty}\overline{R_Y(t,t+\tau)}\mathrm{e}^{-j\omega\tau}\mathrm{d}\tau=\frac{a^2}{2}\int_{-\infty}^{\infty}R_X(\tau)\cos\omega_0\tau\mathrm{e}^{-j\omega\tau}\mathrm{d}\tau=$$

$$\frac{a^2}{4}[G_X(\omega-\omega_0)+G_X(\omega+\omega_0)]$$

图 3.6 为随机过程 $X(t)$ 和 $Y(t)$ 的功率谱密度示意图。

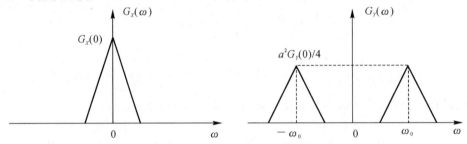

图 3.6 例 3.7 功率谱密度示意图

例 3.8 平稳随机过程 $X(t)=A\mathrm{e}^{j[(\omega_0+\Delta\omega)t+\Phi]}$，式中 ω_0 为常数；A 是均方值为 a^2 的随机变量；Φ 是 $(0,2\pi)$ 上均匀分布的随机变量；$\Delta\omega$ 是概率密度函数为 $f_{\Delta\omega}(\Delta\omega)$ 的随机变量；A,Φ 与 $\Delta\omega$ 相互独立。求证：$X(t)$ 的功率谱密度为 $G_X(\omega)=2\pi a^2 f_{\Delta\omega}(\omega-\omega_0)$。

证明 平稳随机过程 $X(t)$ 的自相关函数为

$$R_X(\tau)=E[X^*(t)X(t+\tau)]=E[A^2\mathrm{e}^{-j[(\omega_0+\Delta\omega)t+\Phi]}\mathrm{e}^{j[(\omega_0+\Delta\omega)(t+\tau)+\Phi]}]=$$

$$E[A^2]E[\mathrm{e}^{j(\omega_0+\Delta\omega)\tau}]=a^2\int_{-\infty}^{\infty}f_{\Delta\omega}(\Delta\omega)\mathrm{e}^{j(\omega_0+\Delta\omega)\tau}\mathrm{d}\Delta\omega=$$

$$\frac{1}{2\pi}\int_{-\infty}^{\infty}2\pi a^2 f_{\Delta\omega}(\Delta\omega)\mathrm{e}^{j(\omega_0+\Delta\omega)\tau}\mathrm{d}\Delta\omega$$

令 $\omega=\omega_0+\Delta\omega$，代入上式得

$$R_X(\tau)=a^2\int_{-\infty}^{\infty}f_{\Delta\omega}(\omega-\omega_0)\mathrm{e}^{j\omega\tau}\mathrm{d}\omega=\frac{1}{2\pi}\int_{-\infty}^{\infty}2\pi a^2 f_{\Delta\omega}(\omega-\omega_0)\mathrm{e}^{j\omega\tau}\mathrm{d}\omega$$

上式可以看成是傅里叶反变换的形式，即 $2\pi a^2 f_{\Delta\omega}(\omega-\omega_0)$ 的傅里叶反变换为 $R_X(\tau)$，根据维纳-辛钦定理，可得功率谱密度为

$$G_X(\omega)=2\pi a^2 f_{\Delta\omega}(\omega-\omega_0)$$

深入分析：这个例子可以看作是"多普勒效应"的应用，若发射信号为 $s(t)=\mathrm{e}^{j\omega_0 t}$，接收信号为随机信号 $X(t)=A\mathrm{e}^{j[(\omega_0+\Delta\omega)t+\Phi]}$，式中 $A,\Delta\omega$ 和 Φ 是统计独立的随机变量，分别为幅度衰减因子、多普勒频移和相移。若信号是单程传输，则多普勒频移为 $\Delta\omega=\omega_0\dfrac{V}{c}$，它与发射端、接收端之间的相对径向速度 V 和波的传播速度 c 有关。通常相对径向速度 V 是随机变量，概率密度

函数为 $f_V(v)$，因此多普勒频移 $\Delta\omega$ 也是随机变量，是相对径向速度 V 的函数变换，概率密度函数为 $f_{\Delta\omega}(\Delta\omega) = \dfrac{c}{\omega_0} f_V\left(c\,\dfrac{\Delta\omega}{\omega_0}\right)$。

　　因此，接收信号的功率谱密度为 $G_X(\omega) = \dfrac{2\pi a^2 c}{\omega_0} f_V\left(c\,\dfrac{\omega-\omega_0}{\omega_0}\right)$，可见，发射信号是一个单频信号，由于多普勒效应的影响，接收信号的功率谱会按照径向速度 V 的概率密度函数 $f_V(v)$ 的形状展宽（或压缩），如图 3.7 所示。

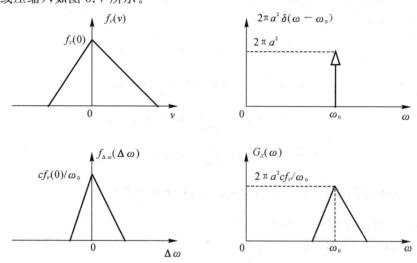

图 3.7　例 3.8 概率密度函数和功率谱密度示意图

3.2.2　互谱密度与互相关函数之间的关系

对于两个随机过程 $X(t)$，$Y(t)$，同理可以推导出：

$$G_{XY}(\omega) = \int_{-\infty}^{\infty} \overline{R_{XY}(t,t+\tau)}\, \mathrm{e}^{-\mathrm{j}\omega\tau}\, \mathrm{d}\tau \tag{3.37}$$

$$G_{YX}(\omega) = \int_{-\infty}^{\infty} \overline{R_{YX}(t,t+\tau)}\, \mathrm{e}^{-\mathrm{j}\omega\tau}\, \mathrm{d}\tau \tag{3.38}$$

式中

$$\overline{R_{XY}(t,t+\tau)} = \lim_{T\to\infty} \frac{1}{2T}\int_{-T}^{T} R_{XY}(t,t+\tau)\,\mathrm{d}t \tag{3.39}$$

$$\overline{R_{YX}(t,t+\tau)} = \lim_{T\to\infty} \frac{1}{2T}\int_{-T}^{T} R_{YX}(t,t+\tau)\,\mathrm{d}t \tag{3.40}$$

式（3.37）和式（3.38）表明，两个随机过程的互相关函数的时间平均与互谱密度之间构成傅里叶变换对的关系。

　　若两个过程联合平稳，则

$$G_{XY}(\omega) = \int_{-\infty}^{\infty} R_{XY}(\tau)\, \mathrm{e}^{-\mathrm{j}\omega\tau}\, \mathrm{d}\tau \tag{3.41}$$

$$G_{YX}(\omega) = \int_{-\infty}^{\infty} R_{YX}(\tau)\, \mathrm{e}^{-\mathrm{j}\omega\tau}\, \mathrm{d}\tau \tag{3.42}$$

$$R_{XY}(\tau) = \frac{1}{2\pi} \int_{-\infty}^{\infty} G_{XY}(\omega) e^{j\omega\tau} d\omega \qquad (3.43)$$

$$R_{YX}(\tau) = \frac{1}{2\pi} \int_{-\infty}^{\infty} G_{YX}(\omega) e^{j\omega\tau} d\omega \qquad (3.44)$$

式(3.41)和式(3.44)表明,联合平稳随机过程的互相关函数与互谱密度也满足维纳-辛钦定理,即它们之间构成傅里叶变换对的关系。

对于联合各态历经过程,它的时间互相关函数以概率 1 等于统计互相关函数,因此维纳-辛钦定理也可以表示为

$$G_{XY}(\omega) = \int_{-\infty}^{\infty} \overline{X(t)Y(t+\tau)} e^{-j\omega\tau} d\tau \qquad (3.45)$$

$$G_{YX}(\omega) = \int_{-\infty}^{\infty} \overline{Y(t)X(t+\tau)} e^{-j\omega\tau} d\tau \qquad (3.46)$$

$$\overline{X(t)Y(t+\tau)} = \frac{1}{2\pi} \int_{-\infty}^{\infty} G_{XY}(\omega) e^{j\omega\tau} d\omega \qquad (3.47)$$

$$\overline{Y(t)X(t+\tau)} = \frac{1}{2\pi} \int_{-\infty}^{\infty} G_{YX}(\omega) e^{j\omega\tau} d\omega \qquad (3.48)$$

例 3.9 随机过程 $X(t)$,$Y(t)$ 联合平稳,它们的互相关函数为 $R_{XY}(\tau) = \frac{a^2}{2} \sin \omega_0 \tau$,式中,$a$ 为常数,求它们的互谱密度 $G_{XY}(\omega)$。

解 由维纳-辛钦定理,得

$$G_{XY}(\omega) = \int_{-\infty}^{\infty} R_{XY}(\tau) e^{-j\omega\tau} d\tau = \int_{-\infty}^{\infty} \frac{a^2}{2} \sin \omega_0 \tau e^{-j\omega\tau} d\tau =$$

$$\frac{a^2}{4j} \int_{-\infty}^{\infty} \left[e^{-j(\omega-\omega_0)\tau} - e^{-j(\omega+\omega_0)\tau} \right] d\tau = \frac{a^2\pi}{2j} \left[\delta(\omega-\omega_0) - \delta(\omega+\omega_0) \right]$$

3.3 平稳随机过程功率谱密度的性质

功率谱密度、互谱密度是从频域描述平稳随机过程、联合平稳随机过程统计特性的重要数字特征,它们有下述重要性质。

3.3.1 功率谱密度的性质

功率谱密度有明确的物理含义,它描述了随机过程平均功率按频率的分布情况,对其在整个频域积分可以得到随机过程的平均功率。设 $X(t)$ 是平稳随机过程,它的功率谱密度有下述性质。

(1) 功率谱密度是非负的,即

$$G_X(\omega) \geqslant 0 \qquad (3.49)$$

根据定义式(3.15),由于 $|X_T(\omega)|^2 \geqslant 0$,因此 $G_X(\omega) \geqslant 0$。同时,根据功率谱密度的物理含义可知,它描述了随机过程平均功率按频率的分布情况,而功率是非负的,因此 $G_X(\omega) \geqslant 0$。

（2）功率谱密度是频率 ω 的实函数。同样根据定义式(3.15)，由于 $|X_T(\omega)|^2$ 是频率 ω 的实函数，因此 $G_X(\omega)$ 也是频率 ω 的实函数。

（3）对于实随机过程，功率谱密度是 ω 的偶函数，即

$$G_X(\omega) = G_X(-\omega) \tag{3.50}$$

根据傅里叶变换的性质，若 $x_T(t)$ 是实函数，则 $X_T^*(\omega) = X_T(-\omega)$，因此

$$G_X(-\omega) = \lim_{T\to\infty}\frac{1}{2T}E[|X_T(-\omega)|^2] = \lim_{T\to\infty}\frac{1}{2T}E[X_T^*(-\omega)X_T(-\omega)] =$$

$$\lim_{T\to\infty}\frac{1}{2T}E[X_T(\omega)X_T^*(\omega)] = \lim_{T\to\infty}\frac{1}{2T}E[|X_T(\omega)|^2] = G_X(\omega) \tag{3.51}$$

需要注意的是，这一性质是对实随机过程而言的，而对于复随机过程，功率谱密度不是偶函数。

（4）若随机过程 $X(t)$ 均方可导，导数为 $\dot{X}(t) = \dfrac{dX(t)}{dt}$，则导数 $\dot{X}(t)$ 的功率谱密度为

$$G_{\dot{X}}(\omega) = \omega^2 G_X(\omega) \tag{3.52}$$

由傅里叶变换的性质，有

$$\frac{d^n x_T(t)}{dt^n} \quad\Leftrightarrow\quad (j\omega)^n X_T(\omega) \tag{3.53}$$

将式(3.53)代入功率谱密度的定义式(3.15)就可以得到这一性质。

（5）功率谱密度可积，即

$$\int_{-\infty}^{\infty} G_X(\omega)d\omega < \infty \tag{3.54}$$

由于 $\dfrac{1}{2\pi}\displaystyle\int_{-\infty}^{\infty} G_X(\omega)d\omega = R_X(0) = E[X^2(t)]$，而实际的平稳随机过程的均方值，即平均功率是有限的，因此功率谱密度可积。

（6）有理谱密度。实际中，许多实平稳随机过程的功率谱密度是频率 ω 的有理函数，即使不是，也常常可以用有理函数来逼近。功率谱密度可以表示为两个多项式的比，即

$$G_X(\omega) = c_0^2 \frac{\omega^{2m} + a_{2m-2}\omega^{2m-2} + \cdots + a_2\omega^2 + a_0}{\omega^{2n} + b_{2n-2}\omega^{2n-2} + \cdots + b_2\omega^2 + b_0} \tag{3.55}$$

式中，c_0^2 为实数，自变量都是以 ω^2 项出现的，由于平均功率总是有限的，因此必须满足 $m < n$；此外，由于实平稳随机过程的功率谱密度是非负的、实的偶函数，因此分母多项式无实数根。又由于功率谱密度是实函数，因此有 $G_X^*(\omega) = G_X(\omega)$。综合以上特性，功率谱密度的有理谱形式可以分解为

$$G_X(\omega) = c_0 \frac{(j\omega+\alpha_1)\cdots(j\omega+\alpha_m)}{(j\omega+\beta_1)\cdots(j\omega+\beta_n)} \cdot c_0 \frac{(-j\omega+\alpha_1)\cdots(-j\omega+\alpha_m)}{(-j\omega+\beta_1)\cdots(-j\omega+\beta_n)} =$$
$$G_X^+(\omega)G_X^-(\omega) \tag{3.56}$$

其中

$$G_X^+(\omega) = c_0 \frac{(j\omega+\alpha_1)\cdots(j\omega+\alpha_m)}{(j\omega+\beta_1)\cdots(j\omega+\beta_n)} \tag{3.57}$$

$$G_X^-(\omega) = c_0 \frac{(-j\omega+\alpha_1)\cdots(-j\omega+\alpha_m)}{(-j\omega+\beta_1)\cdots(-j\omega+\beta_n)} \tag{3.58}$$

$$[G_X^-(\omega)]^* = G_X^+(\omega) \tag{3.59}$$

如果用复频率 $s=\sigma+j\omega(\sigma=0)$ 代替实频率 ω，则有

$$G_X(s)=c_0\frac{(s+\alpha_1)\cdots(s+\alpha_m)}{(s+\beta_1)\cdots(s+\beta_n)}\cdot c_0\frac{(-s+\alpha_1)\cdots(-s+\alpha_m)}{(-s+\beta_1)\cdots(-s+\beta_n)}=G_X^+(s)G_X^-(s) \quad (3.60)$$

$$G_X^+(s)=c_0\frac{(s+\alpha_1)\cdots(s+\alpha_m)}{(s+\beta_1)\cdots(s+\beta_n)} \quad (3.61)$$

$$G_X^-(s)=c_0\frac{(-s+\alpha_1)\cdots(-s+\alpha_m)}{(-s+\beta_1)\cdots(-s+\beta_n)} \quad (3.62)$$

$$[G_X^-(s)]^*=G_X^+(s),\quad [G_X^+(s)]^*=G_X^-(s) \quad (3.63)$$

式中，$\alpha_i,\beta_j(i=1,2,\cdots,m,j=1,2,\cdots,n)$ 分别是功率谱密度在复平面的零点和极点，$G_X^+(s)$ 是零、极点在复平面左半平面的部分，而 $G_X^-(s)$ 零、极点在复平面右半平面的部分。式(3.60)称为功率谱密度的因子分解定理，简称为谱分解定理。

3.3.2　互谱密度的性质

与功率谱密度不同，互谱密度没有明确的物理含义，它不再是频率 ω 的非负的、实的偶函数。设 $X(t)$，$Y(t)$ 是两个实的联合平稳的随机过程，则它们的互谱密度有下述性质。

(1)$G_{XY}(\omega)$ 与 $G_{YX}(\omega)$ 互为共轭，即

$$G_{XY}(\omega)=G_{YX}^*(\omega)=G_{YX}(-\omega) \quad (3.64)$$

$$G_{YX}(\omega)=G_{XY}^*(\omega)=G_{XY}(-\omega) \quad (3.65)$$

由互谱密度的定义式(3.23)，可得

$$G_{YX}^*(\omega)=\lim_{T\to\infty}\frac{1}{2T}E\left[Y_T^*(\omega)X_T(\omega)\right]^*=\lim_{T\to\infty}\frac{1}{2T}E\left[X_T^*(\omega)Y_T(\omega)\right]=G_{XY}(\omega) \quad (3.66)$$

$$G_{YX}(-\omega)=\lim_{T\to\infty}\frac{1}{2T}E\left[Y_T^*(-\omega)X_T(-\omega)\right]=\lim_{T\to\infty}\frac{1}{2T}E\left[X_T^*(\omega)Y_T(\omega)\right]=G_{XY}(\omega) \quad (3.67)$$

同理可得式(3.65)。

(2) 互谱密度的实部是偶函数，虚部是奇函数，即

$$\text{Re}\left[G_{XY}(-\omega)\right]=\text{Re}\left[G_{XY}(\omega)\right],\quad \text{Im}\left[G_{XY}(-\omega)\right]=-\text{Im}\left[G_{XY}(\omega)\right] \quad (3.68)$$

$$\text{Re}\left[G_{YX}(-\omega)\right]=\text{Re}\left[G_{YX}(\omega)\right],\quad \text{Im}\left[G_{YX}(-\omega)\right]=-\text{Im}\left[G_{YX}(\omega)\right] \quad (3.69)$$

由性质(1) 的 $G_{XY}^*(\omega)=G_{XY}(-\omega)$，$G_{YX}^*(\omega)=G_{YX}(-\omega)$ 很容易证明。

(3) 若联合平稳的 $X(t)$，$Y(t)$ 相互正交，则有

$$G_{XY}(\omega)=G_{YX}(\omega)=0 \quad (3.70)$$

由于联合平稳的 $X(t)$，$Y(t)$ 相互正交，因此 $R_{XY}(\tau)=E[X(t)Y(t+\tau)]=0$，根据维纳-辛钦定理可得式(3.70)。

(4) 若联合平稳的 $X(t)$，$Y(t)$ 不相关，且分别有非零均值 m_X 和 m_Y，则有

$$G_{XY}(\omega)=G_{YX}(\omega)=2\pi m_X m_Y\delta(\omega) \quad (3.71)$$

由于联合平稳的 $X(t)$，$Y(t)$ 不相关，因此 $R_{XY}(\tau)=E[X(t)]E[Y(t+\tau)]=m_X m_Y$，根据维纳-辛钦定理可得式(3.71)。

(5) 互谱密度满足不等式

$$\left|G_{XY}(\omega)\right|^2\leqslant G_X(\omega)G_Y(\omega) \quad (3.72)$$

例 3.10　随机过程 $X(t),Y(t)$ 联合平稳,它们的互相关函数为 $R_{XY}(\tau)=\begin{cases}a\mathrm{e}^{-b\tau}, & \tau\geqslant 0 \\ 0, & \tau<0\end{cases}$,

式中,a,b 为正的实常数,求它们的互谱密度。

解　由维纳-辛钦定理,得

$$G_{XY}(\omega)=\int_{-\infty}^{\infty}R_{XY}(\tau)\mathrm{e}^{-\mathrm{j}\omega\tau}\mathrm{d}\tau=\int_{0}^{\infty}a\mathrm{e}^{-(b+\mathrm{j}\omega)\tau}\mathrm{d}\tau=-a\cdot\frac{\mathrm{e}^{-(b+\mathrm{j}\omega)\tau}}{b+\mathrm{j}\omega}\bigg|_{0}^{\infty}=\frac{a}{b+\mathrm{j}\omega}$$

$$G_{YX}(\omega)=G_{XY}^{*}(\omega)=\frac{a}{b-j\omega}$$

例 3.11　随机过程 $Z(t)=X(t)+Y(t)$,式中,$X(t),Y(t)$ 为各自平稳且联合平稳的随机过程,求 $Z(t)$ 的自相关函数和功率谱密度。

解　先求 $Z(t)$ 的均值和自相关函数,分别为

$$E[Z(t)]=E[X(t)+Y(t)]=m_X+m_Y$$

$$R_Z(t,t+\tau)=E[Z(t)Z(t+\tau)]=E\{[X(t)+Y(t)][X(t+\tau)+Y(t+\tau)]\}=$$
$$E[X(t)X(t+\tau)+Y(t)Y(t+\tau)+X(t)Y(t+\tau)+Y(t)X(t+\tau)]=$$
$$R_X(\tau)+R_Y(\tau)+R_{XY}(\tau)+R_{YX}(\tau)=R_Z(\tau)$$

可见,$Z(t)$ 也是平稳随机过程,自相关函数为 $X(t),Y(t)$ 各自的自相关函数及它们的互相关函数的和。由维纳-辛钦定理,得功率谱密度为

$$G_Z(\omega)=G_X(\omega)+G_Y(\omega)+G_{XY}(\omega)+G_{YX}(\omega)$$

由性质(1)(2)可知,$\mathrm{Re}[G_{XY}(\omega)]=\mathrm{Re}[G_{YX}(\omega)]$,$\mathrm{Im}[G_{XY}(\omega)]=-\mathrm{Im}[G_{YX}(\omega)]$,因此

$$G_Z(\omega)=G_X(\omega)+G_Y(\omega)+2\mathrm{Re}[G_{XY}(\omega)]$$

即功率谱密度等于 $X(t),Y(t)$ 各自的功率谱密度及它们的互谱密度实部的和。

若 $X(t),Y(t)$ 不相关,且有非零均值,则 $R_{XY}(\tau)=R_{YX}(\tau)=m_Xm_Y$,故有

$$R_Z(\tau)=R_X(\tau)+R_Y(\tau)+2m_Xm_Y$$

$$G_Z(\omega)=G_X(\omega)+G_Y(\omega)+4\pi m_Xm_Y\delta(\omega)$$

若 $X(t),Y(t)$ 不相关,且均值都为零,或者 $X(t),Y(t)$ 正交,则有 $R_{XY}(\tau)=R_{YX}(\tau)=0$,因此

$$R_Z(\tau)=R_X(\tau)+R_Y(\tau)$$

$$G_Z(\omega)=G_X(\omega)+G_Y(\omega)$$

3.4　随机序列的功率谱密度

傅里叶变换是随机过程频域分析的重要工具,而随机序列是时间离散的随机过程,因此随机序列的谱分析采用离散时间傅里叶变换。本节将功率谱密度的概念及其分析方法推广到随机序列。

3.4.1　功率谱密度

与随机过程类似,随机序列样本函数的序列长度往往也是无限长的,总能量是无限的,不满足离散傅里叶变换的绝对可和与能量有限的条件,因此,它的离散时间傅里叶变换不存在。

对随机序列 $X(n)$ 的样本函数 $x(n,\zeta)$ 进行截取,可以得到一个新的随机序列 $x_N(n,\zeta)$:

$$x_N(n,\zeta) = \begin{cases} x(n,\zeta), & |n| \leqslant N \\ 0, & |n| > N \end{cases} \tag{3.73}$$

它的总能量是有限的,离散时间傅里叶变换为

$$X_N(e^{j\Omega},\zeta) = \sum_{n=-\infty}^{\infty} x_N(n,\zeta)e^{-jn\Omega} = \sum_{n=-N}^{N} x(n,\zeta)e^{-jn\Omega} \tag{3.74}$$

式中,$\Omega = \omega T$,T 为随机序列相邻两点的时间间隔,即采样周期。$X_N(e^{j\Omega},\zeta)$ 也简记为 $X_N(\Omega,\zeta)$,它的傅里叶反变换为

$$x_N(n,\zeta) = \frac{1}{2\pi}\int_{-\pi}^{\pi} X_N(\Omega,\zeta)e^{jn\Omega}d\Omega \tag{3.75}$$

采用与随机过程分析时相同的方法,可以得到随机序列的功率谱密度,即

$$G_X(\Omega) = \lim_{N\to\infty}\frac{1}{2N+1}E\big[|X_N(\Omega)|^2\big] = \lim_{N\to\infty}\frac{1}{2N+1}E\big[X_N^*(\Omega)X_N(\Omega)\big] \tag{3.76}$$

很显然,随机序列的功率谱密度是周期为 2π 的周期函数。

同样可以得到随机序列功率谱密度与自相关函数之间的关系为

$$G_X(\Omega) = \sum_{m=-\infty}^{\infty} \overline{R_X(n,n+m)}e^{-jm\Omega} \tag{3.77}$$

式中

$$\overline{R_X(n,n+m)} = \lim_{N\to\infty}\frac{1}{2N+1}\sum_{n=-N}^{N} R_X(n,n+m) \tag{3.78}$$

为自相关函数的时间平均。式(3.77)表明,随机过程的自相关函数的时间平均与功率谱密度之间构成傅里叶变换对的关系。

对于平稳随机过程,自相关函数与序列起点无关,只与序列间隔有关,因此,自相关函数的时间平均为

$$\overline{R_X(n,n+m)} = \lim_{N\to\infty}\frac{1}{2N+1}\sum_{n=-N}^{N} R_X(n,n+m) = R_X(m) \tag{3.79}$$

因此有

$$G_X(\Omega) = \sum_{m=-\infty}^{\infty} R_X(m)e^{-jm\Omega} \tag{3.80}$$

$$R_X(m) = \frac{1}{2\pi}\int_{-\pi}^{\pi} G_X(\Omega)e^{jm\Omega}d\Omega \tag{3.81}$$

式(3.80)和式(3.81)表明,平稳随机序列的自相关函数与功率谱密度也满足维纳-辛钦定理,它们之间构成傅里叶变换对的关系。

要使自相关函数的离散傅里叶变换存在,自相关函数必须满足绝对可和的条件,即

$$\sum_{m=-\infty}^{\infty} |R_X(m)| < \infty \tag{3.82}$$

而对于含有直流分量和周期分量的平稳随机序列,自相关函数不满足绝对可和的条件。同样借助于 $\delta(\cdot)$ 函数,可以将维纳-辛钦定理推广到含有直流分量和周期分量的离散平稳随机序列中。

为了方便,在离散时间系统的分析中经常用到 z 变换,用 $z = e^{j\Omega} = e^{j\omega T}$ 代替 Ω。这样,功率

谱密度变成 z 的函数 $G_X(z)$。

对于平稳随机序列的 z 变换,有

$$G_X(z) = \sum_{m=-\infty}^{\infty} R_X(m) z^{-m} \tag{3.83}$$

$$R_X(m) = \frac{1}{2\pi \mathrm{j}} \oint_D G_X(z) z^{m-1} \mathrm{d}\Omega \tag{3.84}$$

式中,D 为在 $G_X(z)$ 的收敛域内环绕 z 平面原点逆时针旋转的一条闭合曲线。根据实平稳随机序列自相关函数的对称性 $R_X(m) = R_X(-m)$,可以得到它的功率谱密度的一个性质,即

$$G_X(z) = G_X(z^{-1}) \tag{3.85}$$

如果随机序列的功率谱密度具有有理谱密度的形式,则功率谱密度可以进行谱分解,为

$$G_X(z) = G_X^+(z) G_X^-(z) \tag{3.86}$$

$$G_X^-(z^{-1}) = G_X^+(z), \quad G_X^+(z^{-1}) = G_X^-(z) \tag{3.87}$$

式中,$G_X^+(z)$ 是零、极点在单位圆内的部分,而 $G_X^-(z)$ 是零、极点在单位圆外的部分。根据功率谱密度的性质,功率谱密度中 z 和 z^{-1} 总是成对出现的,即 $G_X(z)$ 可以表示为 $G_X(z+z^{-1})$,而 $G_X(z+z^{-1})|_{z=\mathrm{e}^{\mathrm{j}\Omega}} = G_X(2\cos\Omega)$,因此,用离散傅里叶变换表示的功率谱密度是 $\cos\Omega$ 的函数。

例 3.12　平稳随机序列 $X(n)$ 的自相关函数为 $R_X(m) = a^{|m|}$,式中 $|a| < 1$,求随机序列 $X(n)$ 的功率谱密度。

解　由式(3.83),得

$$G_X(z) = \sum_{m=-\infty}^{\infty} R_X(m) z^{-m} = \sum_{m=-\infty}^{\infty} a^{|m|} z^{-m} = \sum_{m=-\infty}^{-1} a^{-m} z^{-m} + \sum_{m=0}^{\infty} a^m z^{-m} =$$

$$\frac{az}{1-az} + \frac{a^{-1}z}{a^{-1}z-1} = \frac{(a^{-1}-a)z}{-1+(a^{-1}+a)z-z^2} = \frac{(a^{-1}-a)}{(a^{-1}+a)-(z^{-1}+z)}$$

将 $z = \mathrm{e}^{\mathrm{j}\Omega}$ 代入,可得

$$G_X(\Omega) = G_X(z)|_{z=\mathrm{e}^{\mathrm{j}\Omega}} = \frac{a^{-1}-a}{a^{-1}+a-2\cos\Omega} = \frac{1-a^2}{1-2a\cos\Omega+a^2}$$

将 $\Omega = \omega T$ 代入,可得

$$G_X(\omega) = G_X(\Omega)|_{\Omega=\omega T} = \frac{a^{-1}-a}{a^{-1}+a-2\cos\omega T} = \frac{1-a^2}{1-2a\cos\omega T+a^2}$$

例 3.13　随机相位余弦序列 $X(n) = a\cos(\Omega_0 n + \Phi)$,其中 a, Ω_0 为常数,Φ 为在 $(0, 2\pi)$ 上均匀分布的随机变量,求 $X(n)$ 的功率谱密度。

解　由上一章的例题知 $X(n)$ 为平稳随机序列,自相关函数为

$$R_X(m) = \frac{a^2}{2}\cos\Omega_0 m$$

由维纳-辛钦定理,对上式作离散傅里叶变换,可得

$$G_X(\Omega) = \sum_{m=-\infty}^{\infty} R_X(m) \mathrm{e}^{-jm\Omega} = \frac{a^2}{2} \sum_{m=-\infty}^{\infty} \cos\Omega_0 m\, \mathrm{e}^{-jm\Omega} =$$

$$\frac{a^2}{2}\pi \sum_{r=-\infty}^{\infty} \left[\delta(\Omega - \Omega_0 + 2\pi r) + \delta(\Omega + \Omega_0 + 2\pi r) \right]$$

3.4.2 互功率谱密度

类似地,两个随机序列 $X(n),Y(n)$ 的互谱密度为

$$G_{XY}(\Omega) = \lim_{N \to \infty} \frac{1}{2N+1} E[X_N^*(\Omega)Y_N(\Omega)] \tag{3.88}$$

$$G_{YX}(\omega) = \lim_{N \to \infty} \frac{1}{2N+1} E[Y_N^*(\Omega)X_N(\Omega)] \tag{3.89}$$

互谱密度与互相关函数之间的关系为

$$G_{XY}(\Omega) = \sum_{m=-\infty}^{\infty} \overline{R_{XY}(n,n+m)} e^{-jm\Omega} \tag{3.90}$$

$$G_{YX}(\Omega) = \sum_{m=-\infty}^{\infty} \overline{R_{YX}(n,n+m)} e^{-jm\Omega} \tag{3.91}$$

$$\overline{R_{XY}(n,n+m)} = \lim_{N \to \infty} \frac{1}{2N+1} \sum_{n=-N}^{N} R_{XY}(n,n+m) \tag{3.92}$$

$$\overline{R_{YX}(n,n+m)} = \lim_{N \to \infty} \frac{1}{2N+1} \sum_{n=-N}^{N} R_{YX}(n,n+m) \tag{3.93}$$

式(3.90)～式(3.93)表明,两个随机序列的互相关函数的时间平均与互谱密度之间构成傅里叶变换对的关系。

若两个序列联合平稳,则

$$G_{XY}(\Omega) = \sum_{m=-\infty}^{\infty} R_{XY}(m) e^{-jm\Omega} \tag{3.94}$$

$$G_{YX}(\Omega) = \sum_{m=-\infty}^{\infty} R_{YX}(m) e^{-jm\Omega} \tag{3.95}$$

$$R_{XY}(m) = \frac{1}{2\pi} \int_{-\pi}^{\pi} G_{XY}(\Omega) e^{jm\Omega} d\Omega \tag{3.96}$$

$$R_{YX}(m) = \frac{1}{2\pi} \int_{-\pi}^{\pi} G_{YX}(\Omega) e^{jm\Omega} d\Omega \tag{3.97}$$

式(3.94)～式(3.97)表明,联合平稳随机序列的互相关函数与互谱密度也满足维纳-辛钦定理,它们之间构成傅里叶变换对的关系。

为了方便,在离散时间系统的分析中经常用到 z 变换,用 $Z = e^{j\Omega} = e^{j\omega T}$ 代替 Ω。这样,互谱密度变成 z 的函数 $G_{XY}(z),G_{YX}(z)$

平稳随机序列功率谱密度、互谱密度的性质与随机过程的功率谱密度、互谱密度类似。

3.5 白 噪 声

噪声在生活中无处不在,一般人们将不需要的或者无用的信号都称为噪声。在随机信号分析理论中,根据噪声功率谱密度的特性将噪声分为白噪声和色噪声两大类。在工程应用中,很多噪声可以近似认为是白噪声,而白噪声具有统计特性简单,便于理论分析的特性。

3.5.1　白噪声

若平稳随机过程 $N(t)$ 的均值为零,功率谱密度在整个频率轴上均匀分布,即

$$G_N(\omega) = \frac{1}{2}N_0, \quad -\infty < \omega < \infty \tag{3.98}$$

式中,N_0 为正的实常数,则称 $N(t)$ 为白噪声过程,简称白噪声(white noise)。

白噪声的"白"是由光学中的"白光"借用而来的,白光的光谱包含了所有可见光的频率,而且具有均匀的频谱。类似于白光,白噪声的功率谱密度均匀地分布在整个频率轴上。可以看到,白噪声是从随机过程功率谱密度的特性定义的,未涉及随机过程的概率密度函数,因此可以有不同分布律的白噪声,如高斯白噪声(White Gaussian Noise,WGN) 等。

利用傅里叶反变换可求出白噪声的自相关函数为

$$R_N(\tau) = \frac{1}{2\pi}\int_{-\infty}^{\infty} G_N(\omega)\mathrm{e}^{\mathrm{j}\omega\tau}\,\mathrm{d}\omega = \frac{1}{2\pi}\int_{-\infty}^{\infty}\frac{N_0}{2}\mathrm{e}^{\mathrm{j}\omega\tau}\,\mathrm{d}\omega = \frac{N_0}{2}\delta(\tau) \tag{3.99}$$

自相关函数是一个 δ 函数。白噪声的功率谱密度和自相关函数的图形如图 3.8 所示。

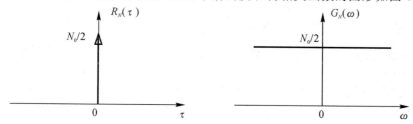

图 3.8　理想白噪声的自相关函数和功率谱密度

白噪声的相关系数为

$$\rho_N(\tau) = \frac{C_N(\tau)}{C_N(0)} = \frac{R_N(\tau) - R_N(\infty)}{R_N(0) - R_N(\infty)} = \frac{R_N(\tau)}{R_N(0)} = \begin{cases} 1, & \tau = 0 \\ 0, & \tau \neq 0 \end{cases} \tag{3.100}$$

实际上,白噪声是一个理想化的数学模型,实际中并不存在这样的随机过程。从频域看,白噪声的功率谱密度,对其在整个频率轴上积分得到的平均功率为无穷大,而实际中的随机过程的平均功率总是有限的。

再从时域看,白噪声的自相关函数和相关系数都表明,白噪声只有在两个相同时刻的状态是相关的,而在任何两个不同的相邻时刻(不管这两个时刻多么邻近)的状态都是不相关的。因此,从时域波形上看,白噪声的样本函数随时间的起伏变化极快,哪怕相邻很近的两个时刻,样本的状态都会有很大的变化。而实际中的任何随机过程,无论样本函数变化多块,紧邻的两个时刻的状态总是存在一定的相关性,自相关函数不可能是 δ 函数。

尽管并不存在理想的白噪声,但是由于白噪声在数学上具有简单、方便的优点,所以在理论研究和实际应用中仍占有重要的地位。

实际中,任何系统的带宽总是有限的,只要干扰过程的功

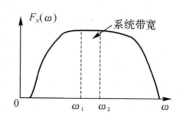

图 3.9　近似白噪声的单边功率谱密度

率谱密度比所关心的频带(如系统带宽)宽得多,而其功率谱密度又在所关心的频带内及其附近分布比较均匀或变化较小,都可以把它近似为白噪声来处理,而不会带来多大的误差,这样可以使问题简化。如图 3.9 所示单边功率谱密度就可以近似认为是白噪声。

3.5.2　限带白噪声

白噪声通过具有理想频率特性的线性系统后,线性系统输出端的噪声的功率谱密度不再是在整个频率轴上均匀分布,而是在有限的频率范围内均匀分布。这种均值为零,功率谱密度在有限频率范围内均匀分布,在此范围外为零的随机过程,称为限带白噪声。下面仅给出限带白噪声的功率谱密度,它的特性将在第 4 章结合白噪声通过理想线性系统的分析中给出。

1. 低通型限带白噪声

若零均值平稳随机过程 $N(t)$ 的功率谱密度满足:

$$G_N(\omega) = \begin{cases} G_0, & |\omega| < B \\ 0, & |\omega| \geq B \end{cases} \tag{3.101}$$

则称 $N(t)$ 为低通型限带白噪声,如图 3.10 所示。

2. 带通型限带白噪声

若零均值平稳随机过程 $N(t)$ 的功率谱密度满足:

$$G_N(\omega) = \begin{cases} G_0, & |\omega \pm \omega_0| < B/2 \\ 0, & \text{其他} \end{cases} \tag{3.102}$$

则称 $N(t)$ 为带通型限带白噪声,如图 3.11 所示。

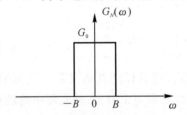

图 3.10　低通型限带白噪声的功率谱密度

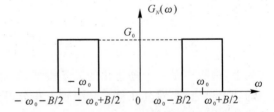

图 3.11　带通型限带白噪声的功率谱密度

3.5.3　色噪声

如果按照功率谱密度的函数形式来区分噪声,则将除了白噪声以外的所有噪声称为有色噪声(colored noise),简称为色噪声。

例 3.14　均值为零,自相关函数为 $R_N(\tau)$,功率谱密度为 $G_N(\omega)$ 的噪声 $N(t)$,若随机过程 $X(t) = N(t) + N(t-T)$,即 $X(t)$ 是 $N(t)$ 与其自身延时 T 后的叠加,其中延时 T 大于噪声的相关时间 τ_0。求随机序列 $X(t)$ 的平均功率、自相关函数和功率谱密度。

解　$X(t)$ 的均值和自相关函数分别为

$$E[X(t)] = E[N(t) + N(t-T)] = 0$$

$$R_X(t, t+\tau) = E[X(t)X(t+\tau)] = E\{[N(t)+N(t-T)][N(t+\tau)+N(t-T+\tau)]\} =$$

$$2R_N(\tau) + R_N(\tau - T) + R_N(\tau + T) = R_X(\tau)$$

可见 $X(t)$ 为平稳随机过程。由维纳-辛钦定理,对上式作傅里叶变换,可得

$$G_X(\omega) = G_N(\omega)[2 + e^{j\omega T} + e^{-j\omega T}] = 2G_N(\omega)(1 + \cos \omega T)$$

平均功率为

$$P_X = E[X^2(t)] = R_X(0) = 2R_N(0) + R_N(-T) + R_N(T) = 2[R_N(0) + R_N(T)]$$

由于延时 T 大于噪声的相关时间 τ_0,因此可认为时间间隔为 T 的两个时刻的噪声的状态是不相关的,即 $R_N(T) = E[N(t)N(t+T)] = E[N(t)]E[N(t+T)] = 0$,因此

$$P_X = 2R_N(0) = 2P_N$$

即叠加后 $X(t)$ 的平均功率为原噪声 $N(t)$ 平均功率的两倍。

若例子中的噪声 $N(t)$ 为白噪声,它与其自身延迟时间 T 叠加后,功率谱密度不再是均匀分布的了,因此成为色噪声。$N(t)$ 和 $X(t)$ 的功率谱密度如图 3.12 所示。

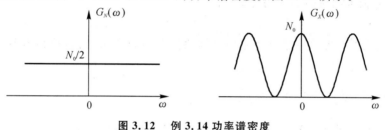

图 3.12　例 3.14 功率谱密度

3.6　时变功率谱和高阶谱

功率谱密度是在二阶矩范围内定义的,主要应用于平稳随机过程的分析。随着信号处理理论和计算能力的发展,随机过程的谱分析也不再局限于二阶矩和平稳随机过程,而是拓展到了高阶谱和非平稳随机过程。本节只是简单介绍时变功率谱、高阶谱等概念,更深入的内容可以参阅相关文献。

3.6.1　时变功率谱

功率谱密度的定义式(3.15)对于平稳和非平稳随机过程都是适用的。平稳随机过程的相关函数与功率谱密度之间构成傅里叶变换对的关系;而对于非平稳随机过程,相关函数的时间平均与功率谱密度之间构成傅里叶变换对的关系。相关函数的时间平均会丢失有用的信息,因此有必要引入时变功率谱。

非平稳随机过程 $X(t)$ 的自相关函数可以写为

$$R_X(t,\tau) = R_X(t,t+\tau) = E[X(t)X(t+\tau)] \tag{3.103}$$

$R_X(t,\tau)$ 是时刻 t 和时间间隔 τ 的二维函数。对它进行傅里叶变换,可得

$$G_X(t,\omega) = \int_{-\infty}^{\infty} R_X(t,\tau)e^{-j\omega\tau} d\tau \tag{3.104}$$

$G_X(t,\omega)$ 是时刻 t 和频率 ω 的二维函数,称为 $X(t)$ 的时变功率谱(time-varying power spectrum)。

时变功率谱是随时间变化的功率谱,反映了随机过程的平均功率随时间和频率的分布情况,具有更精细的谱结构,可以得到更多的信息。时变功率谱是功率谱的推广,而功率谱是时变功率谱的特例。

对时变功率谱 $G_X(t,\omega)$ 求时间平均,可以得到 $X(t)$ 的功率谱 $G_X(\omega)$,即

$$\overline{G_X(t,\omega)} = \lim_{T \to \infty} \frac{1}{2T} \int_{-T}^{T} G_X(t,\omega) \mathrm{d}t = \int_{-\infty}^{\infty} \left[\lim_{T \to \infty} \frac{1}{2T} \int_{-T}^{T} R_X(t,\tau) \mathrm{d}t \right] \mathrm{e}^{-j\omega\tau} \mathrm{d}\tau =$$

$$\int_{-\infty}^{\infty} \overline{R_X(t,\tau)} \mathrm{e}^{-j\omega\tau} \mathrm{d}\tau = G_X(\omega) \tag{3.105}$$

对时变功率谱 $G_X(t,\omega)$ 在整个频域积分可以得到均方值(瞬时功率的统计平均值),即

$$\frac{1}{2\pi} \int_{-\infty}^{\infty} G_X(t,\omega) \mathrm{d}\omega = R_X(t,0) = E[X^2(t)] \tag{3.106}$$

若自相关函数采用对称形式的定义,即

$$R_X(t,\tau) = R_X(t - \tau/2, t + \tau/2) = E[X(t - \tau/2)X(t + \tau/2)] \tag{3.107}$$

则式(3.104)定义的时变功率谱称为维格纳-威利(Wigner-Ville)谱,简称为 W-V 谱。W-V 谱还可以写成

$$G_X(t,\omega) = \int_{-\infty}^{\infty} R_X(t,\tau) \mathrm{e}^{-j\omega\tau} \mathrm{d}\tau =$$

$$E\left[\int_{-\infty}^{\infty} X(t - \tau/2)X(t + \tau/2) \mathrm{e}^{-j\omega\tau} \mathrm{d}\tau \right] = E[W_X(t,\omega)] \tag{3.108}$$

式中

$$W_X(t,\omega) = \int_{-\infty}^{\infty} X(t - \tau/2)X(t + \tau/2) \mathrm{e}^{-j\omega\tau} \mathrm{d}\tau \tag{3.109}$$

称为 $X(t)$ 的维格纳分布,W-V 谱是维格纳分布的数学期望。

3.6.2 高阶谱

平稳随机过程的自相关函数与功率谱密度之间构成傅里叶变换对的关系。

同样地,对 k 阶平稳随机过程 $X(t)$ 在任意 k 个时刻的 k 阶联合矩 $mom_{kX}(\tau_1, \tau_2, \cdots, \tau_{k-1})$ 和累积量 $cum_{kX}(\tau_1, \tau_2, \cdots, \tau_{k-1})$ 进行 $k-1$ 维傅里叶变换可以得到 k 阶谱,分别为

$$G_{kX}(\omega_1, \omega_2, \cdots, \omega_{k-1}) = \int_{-\infty}^{\infty} \int_{-\infty}^{\infty} \cdots \int_{-\infty}^{\infty} mom_{kX}(\tau_1, \tau_2, \cdots, \tau_{k-1}) \mathrm{e}^{-j(\omega_1\tau_1 + \omega_2\tau_2 + \cdots \omega_{k-1}\tau_{k-1})} \mathrm{d}\tau_1 \mathrm{d}\tau_2 \cdots \mathrm{d}\tau_{k-1}$$

$$\tag{3.110}$$

$$S_{kX}(\omega_1, \omega_2, \cdots, \omega_{k-1}) = \int_{-\infty}^{\infty} \int_{-\infty}^{\infty} \cdots \int_{-\infty}^{\infty} cum_{kX}(\tau_1, \tau_2, \cdots, \tau_{k-1}) \mathrm{e}^{-j(\omega_1\tau_1 + \omega_2\tau_2 + \cdots \omega_{k-1}\tau_{k-1})} \mathrm{d}\tau_1 \mathrm{d}\tau_2 \cdots \mathrm{d}\tau_{k-1}$$

$$\tag{3.111}$$

高阶谱也称为多谱,式(3.110)的高阶谱为矩谱,功率谱密度就是二阶矩谱;式(3.111)的高阶谱为累积量谱。特别地,三阶累积量谱 $S_{3X}(\omega_1, \omega_2)$ 称为双谱,四阶累积量谱 $S_{4X}(\omega_1, \omega_2, \omega_3)$ 称为三谱,习惯上,用 $B_X(\omega_1, \omega_2)$ 表示双谱,用 $T_X(\omega_1, \omega_2, \omega_3)$ 表示三谱。

实际中多采用累积量谱进行分析,这是因为对于高斯过程,三阶及三阶以上的累积量为零,因而三阶及三阶以上的累积量谱也为零。在包含高斯过程和非高斯过程的叠加信号中,三阶累积量谱只包含非高斯分量的部分,因此采用累积量谱有助于在加性高斯噪声背景中提取

非高斯信号的信息。

3.7　随机信号功率谱密度的估计

由于随机信号不满足绝对可积的条件,所以是不存在频谱的。但工程中的随机信号一般为功率型信号,可以用功率谱密度来描述它的频域特性。对于各态历经的平稳随机信号,功率谱密度可以利用给定的样本数据来估计。

功率谱估计可以分为非参数化方法和参数化方法,这里只讨论非参数化方法,它又包括直接法和间接法。

1. 直接法(周期图法)

随机过程 $X(t)$ 某个离散化样本为 $x(n)$,其长度是有限的,若序列长度为 N,采样间隔为 Δt,则可认为是一个能量有限的序列。若 $x(n)$ 的离散时间傅里叶变换 $X(k)$ 存在,则基于离散时间傅里叶变换与傅里叶变换的关系,可得离散功率谱密度为

$$\hat{G}_X(\omega) = \frac{1}{T} \mid X(\mathrm{e}^{\mathrm{j}\omega}) \mid^2 \tag{3.112}$$

$$\hat{G}_X(k) = \frac{1}{T} \mid \Delta t^2 X(k) \mid^2 = \frac{\Delta t}{N} \mid X(k) \mid^2 \tag{3.113}$$

由于 $X(\mathrm{e}^{\mathrm{j}\omega})$ 是周期谱,所估计的功率谱也将是周期谱,这种方法称为周期图法,周期图法是一种比较简单的功率谱估计方法。

例 3.15　已知随机过程

$$X(n) = \cos(2\pi f_1 t + \Phi_1) + 3\cos(2\pi f_2 t + \Phi_2) + N(n)$$

其中:$f_1 = 30$ Hz;$f_2 = 100$ Hz;Φ_1 和 Φ_2 为 $(0, 2\pi)$ 内均匀分布的随机变量;$N(n)$ 是数学期望为零,方差为 1 的高斯白噪声,用周期图法估计功率谱密度。

```
Fs=1000;                                    %采样频率
N = 1024;                                   %数据长度
n = (0:N-1)/Fs;                             %时间范围
f1 = 30; f2 = 100;                          %信号频率
phi = random('unif',0,2*pi,1,2);            %随机相位
x = cos(2*pi*f1*n+phi(1))+3*cos(2*pi*f2*n+phi(2))+randn(1,N);%待分析信号
nfft=length(n);                             %傅里叶变换长度
Pxx_1=abs(fft(x,nfft)/length(n)).^2;        %功率谱密度
Pxx_2=Pxx_1/(Fs/length(n));%功率谱密度(谱级)
index=0:round(nfft/2-1);
f=index*Fs/nfft;           %对应频率
figure
subplot(211),
plot(f,Pxx_1(index+1),'k','linewidth',1.5);xlabel('频率/Hz'),ylabel('功率谱');grid on
subplot(212),
```

plot(f,Pxx_2(index+1),'k','linewidth',1.5);xlabel('频率/Hz'),ylabel('功率谱密度/Hz');grid on

程序运行结果如图 3.13 所示,功率谱在 30 Hz 和 100 Hz 处有两个谱峰。可以看出:一方面,谱级功率谱密度与功率谱密度是不同的,它是将功率谱归一到单位频率(Hz)上的值;另一方面,白噪声的功率谱理论上应该是常数功率谱,但仿真所得的功率谱是变化的,这主要是由于周期图法估计功率谱时只用了一个样本序列,且只有有限个观测数据,而理论上,只有当样本序列为无穷个且数据无限长时,白噪声的功率谱为常数。本例中 20 个样本函数的功率谱和这 20 个样本函数功率谱的平均值如图 3.14 所示,可以看出对这 20 个样本平均的功率谱,除了 30 Hz 和 100 Hz 处的两个峰值外,其他频率处的功率谱的起伏也比单个样本函数的起伏小得多。

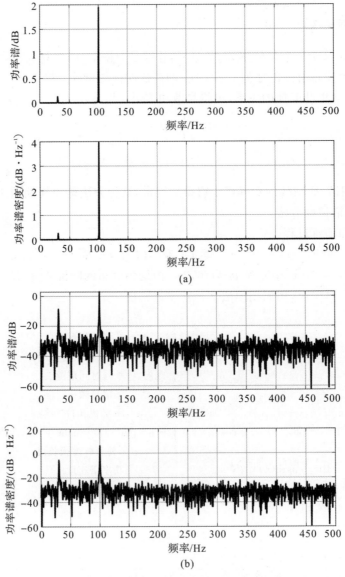

图 3.13　周期图法功率谱和功率谱密度估计

(a)线性坐标；　(b)对数坐标

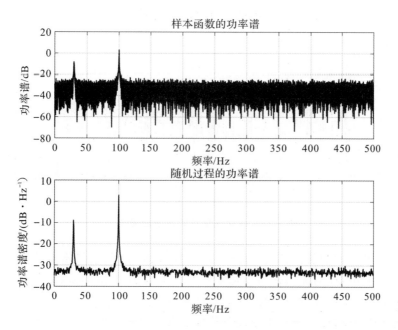

图 3.14　样本的功率谱和随机过程的功率谱

2. 间接法(自相关函数法)

由(3.30)和式(3.31)的维纳-欣钦定理可知,平稳随机过程的功率密度谱和自相关函数是一对傅里叶变换对,因此,可以先用 $X(n)$ 序列估计出其自相关函数 $R(m)$,然后对 $R(m)$ 进行傅里叶变换,就可以得到 $X(n)$ 的功率谱估计值。

对例 3.15 中的随机信号采用间接法估计的功率谱如图 3.15 所示。

```
Fs = 1000;
N = 1024;                       %数据长度
n = (0:N-1)/Fs;                 %时间范围
f1 = 30; f2 = 100;              %信号频率
phi = random('unif',0,2 * pi,1,2);      %随机相位
x = cos(2 * pi * f1 * n+phi(1))+3 * cos(2 * pi * f2 * n+phi(2))+randn(1,N);%待分析信号
Rxx = xcorr(x,'biased');        %自相关函数
nfft = length(Rxx);
RXX = fft(Rxx)/nfft;            %每个采样点的功率
Psd2 = abs(RXX)/(Fs/nfft);      %功率谱密度
index = 0:round(nfft/2)-1;
figure
plot(index * Fs/nfft,10 * log10(PR_XX(index+1)),'k','linewidth',1.0);
xlabel('频率/Hz'),ylabel('功率谱 dB/Hz');grid on;title('间接法估计的功率谱密度')
```

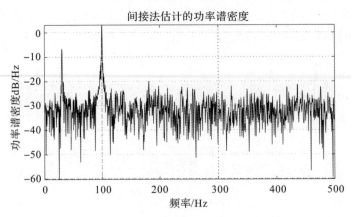

图 3.15   间接法估计的功率谱密度

周期图法和自相关函数法估计功率谱虽然具有计算量小、与信号本身特征无关等主要优点,但是它在计算时相当于对无限长序列加了一个长度为 N 的矩形窗,并不是真实功率谱的一致估计,且存在旁瓣泄露问题,将导致弱信号可能被强信号的旁瓣淹没。可以通过加不同的窗函数(修改周期图)或分段平滑技术来改善其分辨力等估计性能。

MATALB 中有专门的函数 periodogram 实现周期图法功率谱估计。它的选项较多,如 window 可以选择不同的窗函数来估计功率谱,spectrumtype 可设定为'PSD'和'power','PSD'表示功率谱密度估计,而'power'表示功率谱估计,freqrange 选项可设定为'onesided','twosided'和'centered',分别为单边功率谱、双边功率谱和居中的双边功率谱。如估计随机过程 x 的双边功率谱的调用方式为:

[Pxx,f]=periodogram(x,window,length(n),Fs,'psd','twosided');

习 题 三

3.1   以下有理函数是否是实平稳随机过程的功率谱密度的正确表达式?为什么?对正确的功率谱密度表达式计算出自相关函数和均方值。

(1)$G_{X1}(\omega)=\dfrac{\omega^2+9}{(\omega^2+4)(\omega+1)^2}$ (2)$G_{X2}(\omega)=\dfrac{\omega^2+1}{\omega^4+3\omega^2+2}$

(3)$G_{X3}(\omega)=\dfrac{\omega^2+4}{\omega^4-4\omega^2+3}$ (4)$G_{X4}(\omega)=\dfrac{e^{-j\omega^2}}{\omega^2+2}$

3.2   求随机相位余弦信号 $X(t)=\cos(\omega_0 t+\Phi)$ 的功率谱密度。式中,ω_0 为常数,Φ 为 $(0,2\pi)$ 上均匀分布的随机变量。

3.3   求 $Y(t)=X(t)\cos(\omega_0 t+\Phi)$ 的自相关函数和功率谱密度。式中,$X(t)$ 为平稳随机过程,ω_0 为常数,Φ 为 $(0,2\pi)$ 上均匀分布的随机变量,$X(t)$ 与 Φ 相互独立。

3.4   平稳随机过程 $X(t)$ 的功率谱密度为 $G_X(\omega)=\dfrac{\omega^2}{\omega^4+3\omega^2+2}$。求 $X(t)$ 的均方值。

3.5   平稳随机过程 $X(t)$ 的自相关函数为 $R_X(\tau)=e^{-a|\tau|}$。求 $X(t)$ 的功率谱密度

并作图。

3.6　平稳随机过程 $X(t)$ 的自相关函数为 $R_X(\tau)=\mathrm{e}^{-a|\tau|}\cos\omega_0\tau$。求 $X(t)$ 的功率谱密度并作图。

3.7　平稳随机过程 $X(t)$ 的自相关函数为 $R_X(\tau)=\begin{cases}1-\dfrac{|\tau|}{T}, & |\tau|<T \\ 0, & |\tau|\geqslant T\end{cases}$。求 $X(t)$ 的功率谱密度并作图。

3.8　平稳随机过程 $X(t)$ 的功率谱密度为 $G_X(\omega)=\begin{cases}1, & |\omega|\leqslant\omega_0 \\ 0, & |\omega|>\omega_0\end{cases}$。求 $X(t)$ 的自相关函数并作图。

3.9　平稳随机过程 $X(t)$ 的自相关函数为 $R_X(\tau)=4\mathrm{e}^{-|\tau|}\cos\pi\tau+\cos3\pi\tau$。求 $X(t)$ 的功率谱密度。

3.10　平稳随机过程 $X(t)$ 的功率谱密度为

$$G_X(\omega)=\begin{cases}8\delta(\omega)+20\times\left(1-\dfrac{|\omega|}{10}\right), & |\omega|\leqslant10 \\ 0, & |\omega|>10\end{cases}$$

求 $X(t)$ 的自相关函数。

3.11　如图 3.16 所示,系统的输入为平稳随机过程 $X(t)$,$X(t)$ 功率谱密度为 $G_X(\omega)$,系统的输出为 $Y(t)=X(t)+X(t-T)$。求证:$Y(t)$ 的功率谱密度为 $G_Y(\omega)=2G_X(\omega)(1+\cos\omega T)$。

3.12　平稳随机过程 $X(t)=a\mathrm{e}^{\mathrm{j}(\omega t+\Phi)}$,式中 a 为常数;Φ 是 $(0,2\pi)$ 上均匀分布的随机变量;ω 是概率密度函数为 $f(\omega)$ 的随机变量;Φ 与 ω 相互独立。求证:$X(t)$ 的功率谱密度为 $G_X(\omega)=2\pi a^2 f(\omega)$。

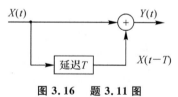

图 3.16　题 3.11 图

3.13　平稳随机过程 $X(t)=a\cos(\omega t+\Phi)$,式中 a 为常数;Φ 是 $(0,2\pi)$ 上均匀分布的随机变量;ω 是概率密度函数为 $f(\omega)$ 的随机变量,并有 $f(\omega)=f(-\omega)$;Φ 与 ω 相互独立。求证:$X(t)$ 的功率谱密度为 $G_X(\omega)=\pi a^2 f(\omega)$。

3.14　随机过程 $Y(t)=X(t)\cos(\omega_0 t+\Phi)$,式中,$\omega_0$ 为常数,Φ 为 $(0,2\pi)$ 上均匀分布的随机变量,$X(t)$ 为平稳随机过程,且 $X(t)$ 与 Φ 相互独立。

(1) 求证:$Y(t)$ 为宽平稳随机过程;

(2) 用 $W(t)=X(t)\cos[(\omega_0+\delta)t+\Phi]$ 表示随机过程 $Y(t)$ 的频率按 δ 差拍,求证:$W(t)$ 也是宽平稳随机过程;

(3) 求证:上述两个过程之和 $[Y(t)+W(t)]$,不是一个平稳随机过程。

3.15　设随机过程 $X(t)$ 和 $Y(t)$ 联合平稳,互谱密度为 $G_{XY}(\omega),G_{YX}(\omega)$。求证:

(1) $\mathrm{Re}[G_{XY}(\omega)]=\mathrm{Re}[G_{YX}(\omega)]$;

(2)$\mathrm{Im}\left[G_{XY}(\omega)\right]=-\mathrm{Im}\left[G_{YX}(\omega)\right]$。

3.16　设 $X(t)$ 和 $Y(t)$ 是两个不相关的平稳随机过程,均值分别为 m_X 和 m_Y,都不为零,定义 $Z(t)=X(t)+Y(t)$。求互谱密度 $G_{XY}(\omega)$ 和 $G_{XZ}(\omega)$。

3.17　求证:实平稳随机过程的自相关函数与功率谱密度都是偶函数。

3.18　设复随机过程 $X(t)$ 是宽平稳的。求证:

(1) 自相关函数 $R_X(\tau)=R_X^*(-\tau)$;

(2) 复过程的功率谱密度是实函数。

3.19　设两个复随机过程 $X(t)$ 和 $Y(t)$ 单独平稳且联合平稳。求证:

(1)$R_{XY}(\tau)=R_{YX}^*(-\tau)$;

(2)$G_{XY}^*(\omega)=G_{YX}(\omega)$。

第 4 章　随机信号通过线性系统

通常信号中包含了各种有用的信息,要从信号中提取出有用的信息,一般要经过一系列的变换,而变换可以看作是信号通过系统。系统可以分为线性系统和非线性系统,在之前的信号与系统的分析中,讨论的是确定信号通过系统。前两章已经讨论了随机信号的基本概念和统计特性,在此基础上,本章分析随机信号通过线性系统后输出信号的特性,以及输入与输出的关系。对于随机信号通过非线性系统的分析将在第 6 章讨论。

本章在 4.1 节讨论随机信号通过连续时间线性系统的分析方法,输出端随机信号的统计特性等;4.2 节简要介绍随机序列通过离散时间线性系统的分析方法;4.3 节分析白噪声通过线性系统后输出端的统计特性,并引入了噪声等效带宽的概念;4.4 节分析高斯随机信号通过线性系统后输出端的概率分布,以及宽带随机信号通过窄带系统后输出端的概率分布,最后4.5 节给出了随机信号通过线性系统的 MATLAB 仿真。

4.1　随机信号通过连续时间线性系统

随机信号通过连续时间系统后,即使已知输入随机信号的全部统计特性,要得到输出信号的全部统计特性也是非常困难的。从前面章节的分析中可以看到,在相关理论的范围内研究问题,主要分析随机信号的一、二阶矩,如均值、相关函数和功率谱密度等。因此,对于随机信号通过连续时间系统,也主要分析输出信号的均值、自相关函数、功率谱密度、输入与输出的互相关函数和互谱密度等统计特性。

本节先简要回顾一下线性系统的基本理论,然后再分析随机信号通过连续时间系统。

4.1.1　线性系统的基本理论

系统是将输入信号 $x(t)$ 变换为输出信号 $y(t)$ 的一种映射,如图 4.1 所示,可以表示为

$$y(t) = L[x(t)] \tag{4.1}$$

式中,$L[\cdot]$ 称为算子,表示对输入信号 $x(t)$ 进行某种运算。若系统的输入输出都是连续时间信号,则称该系统为连续时间系统;若系统的输入输出都是离散信号,则称该系统为离散时间系统。

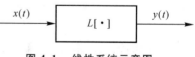

图 4.1　线性系统示意图

满足齐次性和叠加性的系统称为线性系统,即对于任意常数 a_k 和输入信号 $x_k(t)$ 满足:

$$L\left[\sum_{k=1}^{n} a_k x_k(t)\right] = \sum_{k=1}^{n} a_k L[x_k(t)] \tag{4.2}$$

若输入信号 $x(t)$ 延迟时间 t_0,而输出 $y(t)$ 也延迟相同的时间 t_0,即

$$y(t - t_0) = L[x(t - t_0)] \tag{4.3}$$

则称此系统为时不变系统。同时满足式(4.2)和式(4.3)的系统称为线性时不变(Linear Time-Invariant,LTI)系统。

对于连续时间线性时不变系统,通常用系统的冲激响应 $h(t)$ 和传递函数 $H(s)$ 来描述。若系统的冲激响应绝对可积,即

$$\int_{-\infty}^{\infty} |h(t)| \, \mathrm{d}t < \infty \tag{4.4}$$

则该系统是稳定的。

若系统的冲激响应满足:

$$h(t) = 0, \quad t < 0 \tag{4.5}$$

则该系统是物理可实现系统(因果系统)。

物理可实现稳定系统的传递函数 $H(s)$ 的所有极点都位于 s 平面的左半平面(不包含虚轴);若 $H(s)$ 的所有零点也都位于 s 平面的左半平面(不包含虚轴),则该系统为最小相位系统。

对于离散时间线性时不变系统,通常用系统的冲激响应 $h(n)$ 和传递函数 $H(z)$ 来描述。若系统的冲激响应绝对可积,即

$$\sum_{n=-\infty}^{\infty} |h(n)| < \infty \tag{4.6}$$

则该系统是稳定的。

若系统的冲激响应满足:

$$h(n) = 0, \quad n < 0 \tag{4.7}$$

则该系统是物理可实现系统(因果系统)。

物理可实现的稳定系统的传递函数 $H(z)$ 的所有极点都位于 z 平面的单位圆内;若 $H(z)$ 的所有零点也都位于 z 平面的单位圆内,则该系统为最小相位系统。

下文的分析讨论,若无特别声明,系统均限定为单输入单输出的、线性时不变的、物理可实现的稳定系统。

4.1.2 随机信号通过线性系统的时域分析

系统的冲激响应为 $h(t)$,对于每一次观测,系统的输入都是随机信号 $X(t)$ 的一个样本函数 $x(t)$,而样本函数是一个确定的时间函数,样本函数通过线性系统后的输出 $y(t)$ 也是一个确定函数,即

$$y(t) = h(t) * x(t) = \int_{-\infty}^{\infty} h(\tau)x(t-\tau)\mathrm{d}\tau \tag{4.8}$$

不同的输入样本 $x(t)$,输出样本 $y(t)$ 不同。对于所有的输入样本函数,则可以得到一族输出的样本函数,这一族输出的样本函数就构成了一个新的随机过程,即输出随机信号 $Y(t)$,可以写为

$$Y(t) = h(t) * X(t) = \int_{-\infty}^{\infty} h(\tau)X(t-\tau)\mathrm{d}\tau \tag{4.9}$$

输出随机信号 $Y(t)$ 的均值、自相关函数、输入输出的互相关函数分别为

$$m_Y(t) = E[Y(t)] = E\left[\int_{-\infty}^{\infty} h(\tau)X(t-\tau)\mathrm{d}\tau\right] =$$

$$\int_{-\infty}^{\infty} h(\tau) E[X(t-\tau)] d\tau = \int_{-\infty}^{\infty} h(\tau) m_X(t-\tau) d\tau = h(t) * m_X(t) \tag{4.10}$$

$$R_Y(t_1, t_2) = E[Y(t_1)Y(t_2)] = E\left[\int_{-\infty}^{\infty} h(u)X(t_1-u)du \cdot \int_{-\infty}^{\infty} h(v)X(t_2-v)dv\right] =$$

$$\int_{-\infty}^{\infty} \int_{-\infty}^{\infty} h(u)h(v)E[X(t_1-u)X(t_2-v)]dudv =$$

$$\int_{-\infty}^{\infty} \int_{-\infty}^{\infty} h(u)h(v)R_X(t_1-u, t_2-v)dudv =$$

$$h(t_1) * h(t_2) * R_X(t_1, t_2) \tag{4.11}$$

$$R_{XY}(t_1, t_2) = E[X(t_1)Y(t_2)] = E\left[X(t_1)\int_{-\infty}^{\infty} h(\tau)X(t_2-\tau)d\tau\right] =$$

$$\int_{-\infty}^{\infty} h(\tau)E[X(t_1)X(t_2-\tau)]d\tau = \int_{-\infty}^{\infty} h(\tau)R_X(t_1, t_2-\tau)d\tau =$$

$$h(t_2) * R_X(t_1, t_2) \tag{4.12}$$

同理，可得

$$R_{YX}(t_1, t_2) = h(t_1) * R_X(t_1, t_2) \tag{4.13}$$

由式(4.10)、式(4.12)和式(4.13)还可以得出输出自相关函数与输入输出互相关函数的关系为

$$R_Y(t_1, t_2) = h(t_1) * R_{XY}(t_1, t_2) = h(t_2) * R_{YX}(t_1, t_2) \tag{4.14}$$

式(4.10)～式(4.14)可以用输入信号的均值、自相关函数通过线性系统来解释，如图4.2所示。

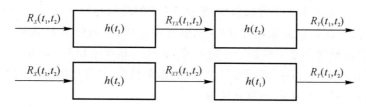

图 4.2　系统输入输出二阶矩之间的关系

有时需要计算输出随机信号 $Y(t)$ 的高阶矩，现在直接给出 n 阶矩的一般表达式为

$$E[Y(t_1)Y(t_2)\cdots Y(t_n)] = h(t_1) * h(t_2) * \cdots * h(t_n) * E[X(t_1)X(t_2)\cdots X(t_n)] \tag{4.15}$$

上述是一般的分析方法，即没有限定输入随机信号的平稳性，也没有限定线性系统的物理可实现性。下面分析平稳信号通过物理可实现系统。

4.1.3　平稳随机信号通过物理可实现系统

现在分两种情况讨论平稳随机信号通过物理可实现系统。一种情况是平稳随机信号 $X(t)$ 从 $t \to -\infty$ 时刻就一直作用于系统的输入端，这种情况下的输入信号称为双侧随机信号；另一种情况是平稳随机信号 $X(t)$ 在 $t = 0$ 时刻才开始作用于系统的输入端（即输入为 $X(t)U(t)$ 的情况），这种情况下的输入信号称为单侧随机信号。

1. 双侧随机信号通过物理可实现系统

设输入随机信号 $X(t)$ 是平稳随机过程,系统的冲激响应为 $h(t)$。输出随机信号 $Y(t)$ 的均值、自相关函数、输入输出的互相关函数分别为

$$m_Y(t) = E[Y(t)] = E\left[\int_0^\infty h(\tau)X(t-\tau)\mathrm{d}\tau\right] = m_X\int_0^\infty h(\tau)\mathrm{d}\tau = m_Y \tag{4.16}$$

$$R_Y(t,t+\tau) = E[Y(t)Y(t+\tau)] = E\left[\int_0^\infty h(u)X(t-u)\mathrm{d}u \cdot \int_0^\infty h(v)X(t+\tau-v)\mathrm{d}v\right] =$$
$$\int_0^\infty\int_0^\infty h(u)h(v)R_X(\tau+u-v)\mathrm{d}u\mathrm{d}v =$$
$$h(\tau)*h(-\tau)*R_X(\tau) = R_Y(\tau) \tag{4.17}$$

$$R_{XY}(t,t+\tau) = E[X(t)Y(t+\tau)] = E\left[X(t)\int_0^\infty h(u)X(t+\tau-u)\mathrm{d}u\right] =$$
$$\int_0^\infty h(u)E[X(t)X(t+\tau-u)]\mathrm{d}\tau = \int_0^\infty h(u)R_X(\tau-u)\mathrm{d}u =$$
$$h(\tau)*R_X(\tau) = R_{XY}(\tau) \tag{4.18}$$

同理,可得

$$R_{YX}(t,t+\tau) = \int_0^\infty h(u)R_X(\tau+u)\mathrm{d}u = h(-\tau)*R_X(\tau) = R_{YX}(\tau) \tag{4.19}$$

由式(4.17)～式(4.19)还可以得出输出自相关函数与输入输出互相关函数的关系为

$$R_Y(\tau) = h(-\tau)*R_{XY}(\tau) = h(\tau)*R_{YX}(\tau) \tag{4.20}$$

由式(4.16)～式(4.19)还可以得出,输出 $Y(t)$ 的均值与时间无关,自相关函数、输入输出的互相关函数与时间起点无关,只与时间间隔有关。因此,若输入是宽平稳的,输出也是宽平稳的,输入输出也是联合宽平稳的。更进一步,若输入是严平稳的,输出也是严平稳的。

若输入随机信号 $X(t)$ 是各态历经过程,则输出随机信号 $Y(t)$ 的时间均值、时间自相关函数,以及输入输出的时间互相关函数分别为

$$\overline{Y(t)} = \lim_{T\to\infty}\frac{1}{2T}\int_{-T}^T Y(t)\mathrm{d}t = \lim_{T\to\infty}\frac{1}{2T}\int_{-T}^T\int_0^\infty h(\tau)X(t-\tau)\mathrm{d}\tau\mathrm{d}t =$$
$$\int_0^\infty h(\tau)\left[\lim_{T\to\infty}\frac{1}{2T}\int_{-T}^T X(t-\tau)\mathrm{d}t\right]\mathrm{d}\tau = \int_0^\infty h(\tau)\,\overline{X(t)}\,\mathrm{d}\tau = m_X\int_0^\infty h(\tau)\mathrm{d}\tau = m_Y \tag{4.21}$$

$$\overline{Y(t)Y(t+\tau)} = \lim_{T\to\infty}\frac{1}{2T}\int_{-T}^T Y(t)Y(t+\tau)\mathrm{d}t =$$
$$\int_0^\infty\int_0^\infty h(u)h(v)\left[\lim_{T\to\infty}\frac{1}{2T}\int_{-T}^T X(t-u)X(t+\tau-v)\mathrm{d}t\right]\mathrm{d}u\mathrm{d}v =$$
$$\int_0^\infty\int_0^\infty h(u)h(v)\,\overline{X(t-u)X(t+\tau-v)}\,\mathrm{d}u\mathrm{d}v =$$
$$\int_0^\infty\int_0^\infty h(u)h(v)R_X(\tau+u-v)\mathrm{d}u\mathrm{d}v = R_Y(\tau) \tag{4.22}$$

$$\overline{X(t)Y(t+\tau)} = \lim_{T\to\infty}\frac{1}{2T}\int_{-T}^T X(t)Y(t+\tau)\mathrm{d}t =$$
$$\int_0^\infty h(u)\left[\lim_{T\to\infty}\frac{1}{2T}\int_{-T}^T X(t)X(t+\tau-u)\mathrm{d}t\right]\mathrm{d}u =$$

$$\int_0^\infty h(u)\,\overline{X(t)X(t+\tau-u)}\,\mathrm{d}u = \int_0^\infty h(u)R_X(\tau-u)\mathrm{d}u = R_{XY}(\tau) \quad (4.23)$$

同理,可得

$$\overline{Y(t)X(t+\tau)} = R_{YX}(\tau) \tag{4.24}$$

由式(4.21)~式(4.24)可以得出,输出随机信号的均值和自相关函数具备各态历经性,输入输出的互相关函数具备各态历经性。因此,若输入是宽各态历经的,则输出也是宽各态历经的,输入输出也是联合宽各态历经的。

例 4.1　图 4.3 所示为 RC 低通电路,输入 $X(t)$ 是自相关函数为 $R_X(\tau)=\dfrac{N_0}{2}\delta(\tau)$ 的白噪声,求输出 $Y(t)$ 的自相关函数、平均功率,输入输出的互相关函数。

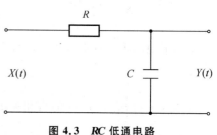

图 4.3　RC 低通电路

解　RC 低通电路的冲激响应为

$$h(t)=b\mathrm{e}^{-bt}U(t),\quad b=\frac{1}{RC}$$

输出 $Y(t)$ 的自相关函数为

$$R_Y(\tau)=\int_0^\infty\int_0^\infty h(u)h(v)R_X(\tau+u-v)\mathrm{d}u\mathrm{d}v=\int_0^\infty h(v)\left[\int_0^\infty h(u)\frac{N_0}{2}\delta(\tau+u-v)\mathrm{d}u\right]\mathrm{d}v=$$

$$\frac{N_0}{2}\int_0^\infty h(v)h(v-\tau)\mathrm{d}v=\frac{N_0b^2}{2}\mathrm{e}^{b\tau}\int_0^\infty \mathrm{e}^{-2bv}U(v)U(v-\tau)\mathrm{d}v$$

当 $\tau\geqslant 0$ 时,有

$$R_Y(\tau)=\frac{N_0b^2}{2}\mathrm{e}^{b\tau}\int_\tau^\infty \mathrm{e}^{-2bv}\mathrm{d}v=\frac{N_0b^2}{2}\mathrm{e}^{b\tau}\left.\frac{\mathrm{e}^{-2bv}}{-2b}\right|_\tau^\infty=\frac{N_0b}{4}\mathrm{e}^{-b\tau}$$

当 $\tau< 0$ 时,有

$$R_Y(\tau)=\frac{N_0b^2}{2}\mathrm{e}^{b\tau}\int_0^\infty \mathrm{e}^{-2bv}\mathrm{d}v=\frac{N_0b^2}{2}\mathrm{e}^{b\tau}\left.\frac{\mathrm{e}^{-2bu}}{-2b}\right|_0^\infty=\frac{N_0b}{4}\mathrm{e}^{b\tau}$$

综合两式可得,输出 $Y(t)$ 的自相关函数为

$$R_Y(\tau)=\frac{N_0b}{4}\mathrm{e}^{-b|\tau|}$$

输出 $Y(t)$ 的平均功率为

$$P_Y=R_Y(0)=\frac{N_0b}{4}$$

输入输出的互相关函数为

$$R_{XY}(\tau)=\int_0^\infty h(u)R_X(\tau-u)\mathrm{d}u=\frac{N_0b}{2}\mathrm{e}^{-b\tau}U(\tau)=\frac{N_0}{2}h(\tau)$$

$$R_{YX}(\tau)=\int_0^\infty h(u)R_X(\tau+u)\mathrm{d}u=\frac{N_0b}{2}\mathrm{e}^{b\tau}U(-\tau)=\frac{N_0}{2}h(-\tau)$$

例 4.2　若例 4.1 中输入 $X(t)$ 的自相关函数为 $R_X(\tau)=\dfrac{N_0\beta}{4}\mathrm{e}^{-\beta|\tau|}$,式中,$\beta>0$ 且 $\beta\neq b$,求输出 $Y(t)$ 的自相关函数。

解　输出 $Y(t)$ 的自相关函数为

$$R_Y(\tau)=\int_0^\infty\int_0^\infty h(u)h(v)R_X(\tau+u-v)\mathrm{d}u\mathrm{d}v=\frac{N_0\beta b^2}{4}\int_0^\infty\int_0^\infty \mathrm{e}^{-bu}\cdot\mathrm{e}^{-bv}\cdot\mathrm{e}^{-\beta|\tau+u-v|}\,\mathrm{d}u\mathrm{d}v$$

当 $\tau \geqslant 0$ 时,有

$$R_Y(\tau) = \frac{N_0\beta b^2}{4}\int_0^\infty \int_0^\infty e^{-bu} \cdot e^{-bv} \cdot e^{-\beta|\tau+u-v|}\, du dv = \frac{N_0\beta b^2}{4}\int_0^\infty e^{-bu}\left[\int_0^\infty e^{-bv}e^{-\beta|\tau+u-v|}\,dv\right]du =$$

$$\frac{N_0\beta b^2}{4}\int_0^\infty e^{-bu}\left[\int_0^{\tau+u} e^{-bv}e^{-\beta(\tau+u-v)}\,dv + \int_{\tau+u}^\infty e^{-bv}e^{\beta(\tau+u-v)}\,dv\right]du =$$

$$\frac{N_0\beta b^2}{4}\int_0^\infty \left[\frac{e^{-\beta\tau}e^{-(b+\beta)u}}{b-\beta} - \frac{e^{-b\tau}e^{-2bu}}{b-\beta} + \frac{e^{-b\tau}e^{-2bu}}{b+\beta}\right]du =$$

$$\frac{N_0\beta b^2}{4}\int_0^\infty \left[\frac{e^{-\beta\tau}}{b-\beta}e^{-(b+\beta)u} - \frac{2\beta e^{-b\tau}}{b^2-\beta^2}e^{-2bu}\right]du = \frac{N_0\beta b^2}{4(b^2-\beta^2)}\left[e^{-\beta\tau} - \frac{\beta}{b}e^{-b\tau}\right]$$

由于实平稳随机过程的自相关函数是偶函数,因此,当 $\tau < 0$ 时,有

$$R_Y(\tau) = \frac{N_0\beta b^2}{4(b^2-\beta^2)}\left[e^{\beta\tau} - \frac{\beta}{b}e^{b\tau}\right]$$

综合两式可得,输出 $Y(t)$ 的自相关函数为

$$R_Y(\tau) = \frac{N_0\beta b^2}{4(b^2-\beta^2)}\left[e^{-\beta|\tau|} - \frac{\beta}{b}e^{-b|\tau|}\right] = \frac{N_0 b}{4}e^{-b|\tau|} \cdot \left(\frac{1}{1-b^2/\beta^2}\right)\left[1 - \frac{b}{\beta}e^{-(\beta-b)|\tau|}\right]$$

实际上,β 是正比于输入噪声带宽的量,而 b 是正比于系统带宽的量。当输入噪声带宽远大于系统带宽时,即当 $\beta \gg b$ 时,有 $R_Y(\tau) \approx \frac{N_0 b}{4}e^{-b|\tau|}$,也就是,输出端自相关函数近似为例 4.1 白噪声通过系统后输出端的自相关函数。因此,在输入噪声带宽远大于系统带宽的情况下,可以将输入噪声近似为白噪声来分析输出端的统计特性。这样可以简化分析,减少计算量,而不会引入很大的误差。

2. 单侧随机信号通过物理可实现系统

如图 4.4 所示,设输入随机信号 $X(t)$ 是平稳随机过程,系统的冲激响应为 $h(t)$,开关 S 在 $t=0$ 时刻闭合,即输入信号 $X(t)$ 在 $t=0$ 时刻才作用于系统的输入端,系统的输出为

$$Y(t) = \int_0^\infty h(\tau)X(t-\tau)U(t-\tau)\,d\tau = \int_0^t h(\tau)X(t-\tau)\,d\tau \tag{4.25}$$

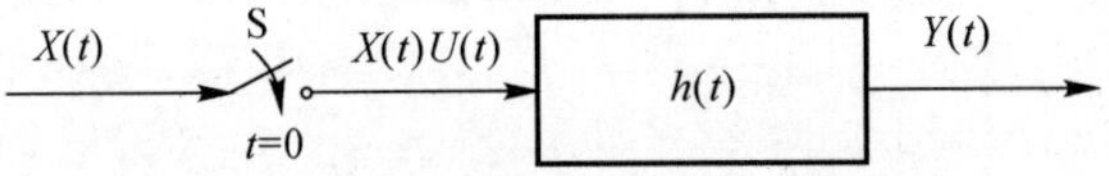

图 4.4 单侧随机信号作用于系统示意图

输出随机信号 $Y(t)$ 的均值、自相关函数、输入输出的互相关函数分别为

$$m_Y(t) = E[Y(t)] = \int_0^t h(\tau)E[X(t-\tau)]\,d\tau = m_X\int_0^t h(\tau)\,d\tau \tag{4.26}$$

$$R_Y(t, t+\tau) = E[Y(t)Y(t+\tau)] = \int_0^{t+\tau}\int_0^t h(u)h(v)E[X(t-u)X(t+\tau-v)]\,du dv =$$

$$\int_0^{t+\tau}\int_0^t h(u)h(v)R_X(\tau+u-v)\,du dv \tag{4.27}$$

$$R_{XY}(t, t+\tau) = E[X(t)Y(t+\tau)] = \int_0^{t+\tau} h(u)E[X(t)X(t+\tau-u)]\,du =$$

$$\int_0^{t+\tau} h(u)R_X(\tau-u)\,du \tag{4.28}$$

同理，可得

$$R_{YX}(t,t+\tau)=E[Y(t)X(t+\tau)]=$$

$$\int_0^t h(u)E[X(t-u)X(t+\tau)]\mathrm{d}u=\int_0^t h(u)R_X(\tau+u)\mathrm{d}u \tag{4.29}$$

由式(4.26) ～ 式(4.29) 可以看出，输出 $Y(t)$ 的均值、自相关函数，以及输入输出的互相关函数都与时间有关，因此输出 $Y(t)$ 不再是宽平稳的了，输入输出也不再是联合宽平稳的了。这是由于系统的实际输入信号为 $X(t)U(t)$，而 $X(t)U(t)$ 是非平稳的。

实际上，在开关 S 刚一闭合时，由于系统的惰性，输出有一个瞬态的建立过程，正是由于这个瞬态的建立过程导致了非平稳的输出。

分析式(4.25) ～ 式(4.29) 可以看到，当 $t\to\infty$ 时，输出 $Y(t)$ 的数字特征就近似与双侧随机信号的情况相同，即输出 $Y(t)$ 是渐进平稳的。实际上，$t\to\infty$ 意味着避开系统输出的瞬态过程，使输出进入平稳状态。实际中，并不需要 $t\to\infty$，只要 t 足够大，使瞬态过程的影响可以忽略，就可以近似认为输出是平稳的。这也是很多测试系统在开机之后需要预热一段时间的原因。

本书中，除特别说明外，系统输入的随机信号都是指双侧随机信号。

4.1.4　随机信号通过线性系统的频域分析

设系统的冲激响应为实函数 $h(t)$，传输函数为 $H(\omega)$，若系统的输入信号 $X(t)$ 是双侧平稳随机过程，则输出信号 $Y(t)$ 也是平稳的，且输入输出是联合平稳的，因此，可以利用维纳-辛钦定理和傅里叶变换来分析系统输出的功率谱密度与输入的功率谱密度的关系。

由式(4.16) 可以得到系统输出 $Y(t)$ 的均值的另一种表达式为

$$m_Y=m_X\int_0^\infty h(\tau)\mathrm{d}\tau=m_X\int_0^\infty h(\tau)\mathrm{e}^{-\mathrm{j}0\tau}\mathrm{d}\tau=m_X H(0) \tag{4.30}$$

对式(4.17) 两边求傅里叶变换得输出 $Y(t)$ 的功率谱密度为

$$G_Y(\omega)=H(\omega)H(-\omega)G_X(\omega)=|H(\omega)|^2 G_X(\omega) \tag{4.31}$$

式中，传输函数的模平方 $|H(\omega)|^2$ 称为系统的功率传输函数。可见，输出的功率谱密度等于输入的功率谱密度与系统传输函数的模平方的乘积。输出的功率谱密度与系统的幅频特性有关，而与系统的相频特性无关。

对式(4.18)、式(4.19) 两边求傅里叶变换得输入输出的互谱密度为

$$G_{XY}(\omega)=H(\omega)G_X(\omega) \tag{4.32}$$

$$G_{YX}(\omega)=H(-\omega)G_X(\omega) \tag{4.33}$$

可见，输入输出的互谱密度等于输入的功率谱密度与系统传输函数（或传输函数的复共轭）的乘积。输入输出的互谱密度既与系统的幅频特性有关，也与系统的相频特性有关，因此，可以通过输入功率谱密度和输入输出互谱密度的测量来确定系统的传输函数，即

$$H(\omega)=\frac{G_{XY}(\omega)}{G_X(\omega)}=\frac{G_{YX}(-\omega)}{G_X(\omega)} \tag{4.34}$$

当输入 $X(t)$ 为白噪声时，若白噪声的功率谱密度为 $G_X(\omega)=N_0/2$，则有

$$H(\omega)=\frac{2}{N_0}G_{XY}(\omega)=\frac{2}{N_0}G_{YX}(-\omega) \tag{4.35}$$

由式(4.31)、式(4.32)和式(4.33)可以得到输出功率谱密度与输入输出互谱密度的关系,有

$$G_Y(\omega) = H(-\omega)G_{XY}(\omega) \tag{4.36}$$

$$G_Y(\omega) = H(\omega)G_{YX}(\omega) \tag{4.37}$$

为了方便,在系统分析时经常用复频率 $s = \sigma + j\omega(\sigma = 0)$ 代替实频率 ω。这样,功率谱密度变为复变量 s 的函数 $G_X(s)$,上面的关系变为

$$m_Y = m_X \int_0^\infty h(\tau)\mathrm{d}\tau = m_X \int_0^\infty h(\tau)\mathrm{e}^{0t}\mathrm{d}\tau = m_X H(0) \tag{4.38}$$

$$G_Y(s) = H(s)H(s^*)G_X(s) = H(s^*)G_{XY}(s) = H(s)G_{YX}(s) \tag{4.39}$$

$$G_{XY}(s) = H(s)G_X(s) \tag{4.40}$$

$$G_{YX}(s) = H(s^*)G_X(s) \tag{4.41}$$

随机信号通过线性系统后,输出随机信号的平均功率既可以从频域计算,也可以从时域计算,得

$$P_Y = E[Y^2(t)] = R_Y(0) = \int_0^\infty \int_0^\infty h(u)h(v)R_X(u-v)\mathrm{d}u\mathrm{d}v =$$

$$\frac{1}{2\pi}\int_{-\infty}^\infty G_Y(\omega)\mathrm{d}\omega = \frac{1}{2\pi}\int_{-\infty}^\infty |H(\omega)|^2 G_X(\omega)\mathrm{d}\omega \tag{4.42}$$

例4.3 采用频域分析法求例4.1中输出 $Y(t)$ 的自相关函数、输入输出的互相关函数。

解 输入 $X(t)$ 的功率谱密度为

$$G_X(\omega) = \frac{N_0}{2}$$

RC 低通电路的传输函数为

$$H(\omega) = \frac{b}{b + j\omega}$$

输出 $Y(t)$ 的功率谱密度、输入输出的互谱密度分别为

$$G_Y(\omega) = G_X(\omega)|H(\omega)|^2 = \frac{N_0 b^2}{2(b^2+\omega^2)} = \frac{N_0 b}{4}\frac{2b}{b^2+\omega^2}$$

$$G_{XY}(\omega) = G_X(\omega)H(\omega) = \frac{N_0 b}{2(b+j\omega)} = \frac{N_0 b}{2}\frac{1}{b+j\omega}$$

$$G_{YX}(\omega) = G_X(\omega)H(-\omega) = \frac{N_0 b}{2(b-j\omega)} = \frac{N_0 b}{2}\frac{1}{b-j\omega}$$

对上面三式分别作傅里叶反变换,可分别得到输出的自相关函数和输入输出互相关函数为

$$R_Y(\tau) = \frac{1}{2\pi}\int_{-\infty}^\infty G_Y(\omega)\mathrm{e}^{j\omega\tau}\mathrm{d}\omega = \frac{N_0 b}{4}\mathrm{e}^{-b|\tau|}$$

$$R_{XY}(\tau) = \frac{1}{2\pi}\int_{-\infty}^\infty G_{XY}(\omega)\mathrm{e}^{j\omega\tau}\mathrm{d}\omega = \frac{N_0 b}{2}\mathrm{e}^{-b\tau}U(\tau)$$

$$R_{YX}(\tau) = \frac{1}{2\pi}\int_{-\infty}^\infty G_{YX}(\omega)\mathrm{e}^{j\omega\tau}\mathrm{d}\omega = \frac{N_0 b}{2}\mathrm{e}^{b\tau}U(-\tau)$$

例4.4 采用频域分析法求例4.2中输出 $Y(t)$ 的自相关函数。

解 输入 $X(t)$ 的功率谱密度为

$$G_X(\omega) = \int_{-\infty}^{\infty} R_X(\tau) e^{-j\omega\tau} d\tau = \int_{-\infty}^{\infty} \frac{N_0\beta}{4} e^{-\beta|\tau|} e^{-j\omega\tau} d\tau = \frac{N_0\beta}{4} \left[\int_0^{\infty} e^{-(\beta+j\omega)\tau} d\tau + \int_{-\infty}^0 e^{(\beta-j\omega)\tau} d\tau \right] =$$

$$\frac{N_0\beta}{4} \left[\frac{1}{\beta+j\omega} + \frac{1}{\beta-j\omega} \right] = \frac{N_0\beta^2}{2(\beta^2+\omega^2)}$$

输出 $Y(t)$ 的功率谱密度为

$$G_Y(\omega) = G_X(\omega) \mid H(\omega)\mid^2 = \frac{N_0\beta^2 b^2}{2(\beta^2+\omega^2)(b^2+\omega^2)} = \frac{N_0\beta b^2}{4(b^2-\beta^2)} \left[\frac{2\beta}{\beta^2+\omega^2} - \frac{\beta}{b} \frac{2b}{b^2+\omega^2} \right]$$

对上式作傅里叶反变换,可得输出的自相关函数为

$$R_X(\tau) = \frac{1}{2\pi} \int_{-\infty}^{\infty} G_X(\omega) e^{j\omega\tau} d\omega = \frac{N_0\beta b^2}{4(b^2-\beta^2)} \left[e^{-\beta|\tau|} - \frac{\beta}{b} e^{-b|\tau|} \right]$$

例 4.5 如图 4.5 所示,系统的输入 $X(t)$ 为平稳随机过程。

(1) 证明:$Y(t)$ 的功率谱密度为 $G_Y(\omega) = 2G_X(\omega)(1+\cos\omega T)$;

(2) 若 $X(t) = S(t) + N(t)$,$S(t)$ 和 $N(t)$ 是均值为零,且相互独立的平稳随机过程,其中,$S(t)$ 是周期为 T 的信号分量;$N(t)$ 为噪声分量,$N(t)$ 的相关时间小于延迟时间 T,求系统的处理增益(即输出信噪比与输入信噪比的比值)。

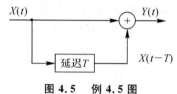

图 4.5 例 4.5 图

解 (1) 由题意可得 $Y(t) = X(t) + X(t-T)$,对其两边作傅里叶变换,得

$$Y(\omega) = X(\omega) + X(\omega) e^{-j\omega T}$$

$$H(\omega) = \frac{Y(\omega)}{X(\omega)} = 1 + e^{-j\omega T} = 1 + \cos\omega T - j\sin\omega T$$

输出 $Y(t)$ 的功率谱密度为

$$G_Y(\omega) = G_X(\omega) \mid H(\omega)\mid^2 = 2G_X(\omega)(1+\cos\omega T)$$

(2) 先求输入 $X(t)$ 的信噪比。$S(t)$ 和 $N(t)$ 是均值为零,且相互独立的平稳随机过程,因此有

$$R_X(\tau) = E[X(t)X(t+\tau)] = R_S(\tau) + R_N(\tau)$$

输入 $X(t)$ 的平均功率为 $\sigma_X^2 = R_X(0) - m_X^2 = R_X(0) = R_S(0) + R_N(0)$,信号分量的平均功率为 $\sigma_S^2 = R_S(0) - m_S^2 = R_S(0)$,噪声分量的平均功率 $\sigma_N^2 = R_N(0) - m_N^2 = R_N(0)$,输入信噪比为

$$SNR_{in} = \frac{\sigma_S^2}{\sigma_N^2} = \frac{R_S(0)}{R_N(0)}$$

再求输出 $Y(t)$ 的信噪比。

$$R_Y(\tau) = E[Y(t)Y(t+\tau)] = E\{[X(t)+X(t-T)][X(t+\tau)+X(t-T+\tau)]\} =$$

$$2R_X(\tau) + R_X(\tau+T) + R_X(\tau-T) =$$

$$2[R_S(\tau)+R_N(\tau)] + [R_S(\tau+T)+R_N(\tau+T)] + [R_S(\tau-T)+R_N(\tau-T)] =$$

$$[2R_S(\tau)+R_S(\tau+T)+R_S(\tau-T)] + [2R_N(\tau)+R_N(\tau+T)+R_N(\tau-T)]$$

输出 $Y(t)$ 的平均功率为

$$\sigma_Y^2 = R_Y(0) - m_Y^2 = R_Y(0) =$$
$$[2R_S(0) + R_S(T) + R_S(-T)] + [2R_N(0) + R_N(T) + R_N(-T)] =$$
$$2[R_S(0) + R_S(T)] + 2[R_N(0) + R_N(T)]$$

由于 $S(t)$ 是周期为 T 的信号分量,即 $R_S(T) = R_S(0)$;而 $N(t)$ 的相关时间小于延迟时间 T,即 $R_N(T) = 0$。因此,输出 $Y(t)$ 的平均功率为 $\sigma_Y^2 = 4R_S(0) + 2R_N(0)$,其中,信号分量的平均功率为 $4R_S(0)$,噪声分量的平均功率为 $2R_N(0)$,输出信噪比为

$$SNR_{\text{out}} = \frac{4R_S(0)}{2R_N(0)}$$

处理增益为输出信噪比与输入信噪比之比,则

$$G = \frac{SNR_{\text{out}}}{SNR_{\text{in}}} = \frac{4R_S(0)}{2R_N(0)} \frac{R_N(0)}{R_S(0)} = 2$$
$$G(\text{dB}) = 10\lg G \approx 3 \text{ dB}$$

深入分析:从这个例子看到,对于噪声中的周期性随机信号,简单的延迟相加就可以提高信噪比。延迟相加的关键点在于延迟时间 T 的选择。延迟时间 T 取为信号周期的整数倍,可以使信号同相叠加,从而使信号的幅度加倍,而功率与幅度的平方成正比,从而增加输出信号的功率。延迟时间 T 的选取一定要大于噪声的相关时间,这样噪声是不相关叠加,输出噪声的功率是两个不相关的噪声的功率和。虽然输出噪声的功率也增加了,但是增加的程度不如输出信号增加的多,从而达到提高信噪比的目的。

从频域分析也可以解释这一过程,图 4.6 给出了输入、输出功率谱密度,以及系统的功率传输函数。系统相当于一个特殊的滤波器,延迟时间 T 取为信号周期的整数倍,可以使信号的功率谱与系统频率响应的最大值对应,从而使信号的输出最大。而对于噪声则会随频率的变化周期性地滤除部分噪声,从而使输出噪声的功率相对于信号功率有所降低,提高输出信噪比。

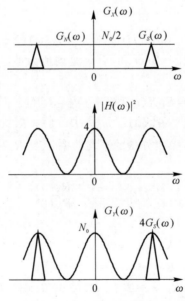

图 4.6　例 4.5 输入输出功率谱密度

4.1.5　相干函数

对于两个平稳随机信号 $X(t)$，$Y(t)$，类似于互相关系数，可以在频域定义相干函数（coherence function），有

$$\gamma_{XY}(\omega) = \frac{|G_{XY}(\omega)|}{\sqrt{G_X(\omega)G_Y(\omega)}} \tag{4.43}$$

相干函数 $\gamma_{XY}(\omega)$ 是频率 ω 的函数，描述了两个随机过程在各个频率处的相关程度。相干函数可以确定随机信号 $Y(t)$ 有多大程度来自于随机信号 $X(t)$。

相干函数是满足 $0 \leqslant \gamma_{XY}(\omega) \leqslant 1$ 的量。当 $\gamma_{XY}(\omega) = 1$ 时，表明两个信号完全相干，即 $Y(t)$ 完全来自于 $X(t)$，且 $Y(t)$ 必定是 $X(t)$ 的线性变换；当 $0 < \gamma_{XY}(\omega) < 1$ 时，表明两个信号部分相干，对于线性变换，表明在频率 ω 处，$Y(t)$ 的功率谱 $G_Y(\omega)$ 有多少来自于 $X(t)$ 的功率谱 $G_X(\omega)$，而其余部分则来自别的信号或噪声；当 $\gamma_{XY}(\omega) = 0$ 时，表明两个信号不相干。

信号总是叠加着噪声的，设 $X(t) = S(t) + N(t)$，$S(t)$ 为有用信号，而 $N(t)$ 为无用的噪声，$S(t)$，$N(t)$ 各自平稳且联合平稳，因而 $X(t)$ 也是平稳的。实际中，通常用相干函数 $\gamma_{SX}(\omega)$ 来度量总信号 $X(t)$ 有多大程度来自于有用信号 $S(t)$。

输入信号 $X(t)$ 的自相关函数和功率谱密度分别为

$$R_X(\tau) = R_S(\tau) + R_N(\tau) + R_{SN}(\tau) + R_{NS}(\tau) \tag{4.44}$$

$$G_X(\omega) = G_S(\omega) + G_N(\omega) + G_{SN}(\omega) + G_{NS}(\omega) \tag{4.45}$$

有用信号 $S(t)$ 与总信号 $X(t)$ 的互相关函数和互谱密度分别为

$$R_{SX}(\tau) = R_S(\tau) + R_{SN}(\tau) \tag{4.46}$$

$$G_{SX}(\omega) = G_S(\omega) + G_{SN}(\omega) \tag{4.47}$$

有用信号 $S(t)$ 与总信号 $X(t)$ 的相干函数 $\gamma_{SX}(\omega)$ 为

$$\gamma_{SX}(\omega) = \frac{|G_{SX}(\omega)|}{\sqrt{G_S(\omega)G_X(\omega)}} = \frac{|G_S(\omega) + G_{SN}(\omega)|}{\sqrt{G_S(\omega)[G_S(\omega) + G_N(\omega) + G_{SN}(\omega) + G_{NS}(\omega)]}} \tag{4.48}$$

若信号 $S(t)$ 与噪声 $N(t)$ 不相关，且噪声为零均值，则 $G_{SN}(\omega) = G_{NS}(\omega) = 0$，因而有

$$\gamma_{SX}(\omega) = \frac{|G_S(\omega)|}{\sqrt{G_S(\omega)[G_S(\omega) + G_N(\omega)]}} = \sqrt{\frac{G_S(\omega)}{G_S(\omega) + G_N(\omega)}} \leqslant 1 \tag{4.49}$$

式(4.49)表明，总信号 $X(t)$ 与有用信号 $S(t)$ 部分相干；$\gamma_{SX}(\omega)$ 越接近于1，表明在频率 ω 处，总信号 $X(t)$ 来自于有用信号 $S(t)$ 的部分越多，而来自噪声 $N(t)$ 的部分越少；$\gamma_{SX}(\omega)$ 越接近于0，表明在频率 ω 处，总信号 $X(t)$ 来自于有用信号 $S(t)$ 的部分越少，而来自噪声 $N(t)$ 的越多。

若 $X(t)$ 通过传输函数为 $H(\omega)$ 的线性系统，输出 $Y(t)$ 为

$$Y(t) = h(t) * X(t) = h(t) * [S(t) + N(t)] \tag{4.50}$$

输出的功率谱密度为

$$G_Y(\omega) = |H(\omega)|^2 G_X(\omega) = |H(\omega)|^2 [G_S(\omega) + G_N(\omega) + G_{SN}(\omega) + G_{NS}(\omega)] \tag{4.51}$$

有用信号 $S(t)$ 与输出 $Y(t)$ 的互相关函数和互谱密度分别为

$$R_{SY}(\tau) = h(\tau) * R_S(\tau) + h(\tau) * R_{SN}(\tau) \tag{4.52}$$

$$G_{SY}(\omega) = H(\omega)[G_S(\omega) + G_{SN}(\omega)] \tag{4.53}$$

有用信号 $S(t)$ 与输出信号 $Y(t)$ 的相干函数为

$$\gamma_{SY}(\omega) = \frac{\left| G_{SY}(\omega) \right|}{\sqrt{G_S(\omega) G_Y(\omega)}} = \frac{\left| H(\omega) \left[G_S(\omega) + G_{SN}(\omega) \right] \right|}{\sqrt{G_S(\omega) \left| H(\omega) \right|^2 \left[G_S(\omega) + G_N(\omega) + G_{SN}(\omega) + G_{NS}(\omega) \right]}} =$$

$$\frac{\left| G_S(\omega) + G_{SN}(\omega) \right|}{\sqrt{G_S(\omega) \left[G_S(\omega) + G_N(\omega) + G_{SN}(\omega) + G_{NS}(\omega) \right]}} \qquad (4.54)$$

同样,若信号 $S(t)$ 与噪声 $N(t)$ 不相关,且噪声为零均值,则有

$$\gamma_{SY}(\omega) = \sqrt{\frac{G_S(\omega)}{G_S(\omega) + G_N(\omega)}} < 1 \qquad (4.55)$$

相干函数 $\gamma_{SY}(\omega)$ 表明了输出信号 $Y(t)$ 有多大程度来自于有用信号 $S(t)$。在没有噪声的极端情况下,即 $N(t) = 0, X(t) = S(t)$,则 $\gamma_{SY}(\omega) = \gamma_{SX}(\omega) = \gamma_{XY}(\omega) = 1$,表明输出信号与有用信号完全相干,输出信号完全来自于有用信号。

4.2 随机序列通过离散时间线性系统

随机序列通过离散时间线性系统的分析方法与前一节的分析方法类似。不同点在于,对于离散系统时域分析时采用差分方程,频域分析时采用离散傅里叶变换或 z 变换;而对于连续系统时域分析时采用微分方程,频域分析时采用傅里叶变换或拉普拉斯变换。

本节的分析假定系统的输入信号是平稳的双侧随机序列,而系统是线性时不变的、稳定的物理可实现的系统。

4.2.1 时域分析

系统的冲激响应为 $h(n)$,输入为平稳的双侧随机序列信号 $X(n)$,则输出随机序列 $Y(n)$ 为

$$Y(n) = h(n) * X(n) = \sum_{m=0}^{\infty} h(m) X(n-m) \qquad (4.56)$$

输出随机序列 $Y(n)$ 的均值、自相关函数、输入输出的互相关函数分别为

$$m_Y(n) = E[Y(n)] = \sum_{m=0}^{\infty} h(m) E[X(n-m)] = m_X \sum_{m=0}^{\infty} h(m) = m_Y \qquad (4.57)$$

$$R_Y(n, n+m) = E[Y(n) Y(n+m)] = \sum_{i=0}^{\infty} \sum_{j=0}^{\infty} h(i) h(j) E[X(n-i) X(n+m-j)] =$$

$$\sum_{i=0}^{\infty} \sum_{j=0}^{\infty} h(i) h(j) R_X(m+i-j) = h(m) * h(-m) * R_X(m) = R_Y(m) \qquad (4.58)$$

$$R_{XY}(n, n+m) = E[X(n) Y(n+m)] = \sum_{i=0}^{\infty} h(i) E[X(n) X(n+m-i)] =$$

$$\sum_{i=0}^{\infty} h(i) R_X(m-i) = h(m) * R_X(m) = R_{XY}(m) \qquad (4.59)$$

同理,可得

$$R_{YX}(n,n+m) = \sum_{i=0}^{\infty} h(i)R_X(m+i) = h(-m) * R_X(m) = R_{YX}(m) \tag{4.60}$$

由式(4.58)、式(4.59)和式(4.60)还可以得出输出自相关函数与输入输出互相关函数的关系为

$$R_Y(m) = h(-m) * R_{XY}(m) = h(m) * R_{YX}(m) \tag{4.61}$$

由式(4.57)～式(4.60)还可以得出,输出 $Y(n)$ 的均值与序列无关,自相关函数、输入输出的互相关函数与序列起点无关,只与序列间隔有关。因此,若输入是宽平稳的,输出也是宽平稳的,输入输出也是联合宽平稳的。更进一步,若输入是严平稳的,输出也是严平稳的。

若输入随机序列 $X(n)$ 是各态历经过程,则输出随机序列 $Y(n)$ 的时间均值、时间自相关函数,以及输入输出的时间互相关函数分别为

$$\overline{Y(n)} = \lim_{N\to\infty} \frac{1}{2N+1} \sum_{n=-N}^{N} Y(n) = \sum_{m=0}^{\infty} h(m)\left[\lim_{N\to\infty}\frac{1}{2N+1}\sum_{n=-N}^{N}X(n-m)\right] =$$

$$\overline{X(n)} \cdot \sum_{m=0}^{\infty} h(m) = m_X \sum_{m=0}^{\infty} h(m) = m_Y \tag{4.62}$$

$$\overline{Y(n)Y(n+m)} = \lim_{N\to\infty}\frac{1}{2N+1}\sum_{n=-N}^{N}Y(n)Y(n+m) =$$

$$\sum_{i=0}^{\infty}\sum_{j=0}^{\infty}h(i)h(j)\left[\lim_{N\to\infty}\frac{1}{2N+1}\sum_{n=-N}^{N}X(n-i)X(n+m-j)\right] =$$

$$\sum_{i=0}^{\infty}\sum_{j=0}^{\infty}h(i)h(j)\overline{X(n-i)X(n+m-j)} =$$

$$\sum_{i=0}^{\infty}\sum_{j=0}^{\infty}h(i)h(j)R_X(m+i-j) = R_Y(m) \tag{4.63}$$

$$\overline{X(n)Y(n+m)} = \lim_{N\to\infty}\frac{1}{2N+1}\sum_{n=-N}^{N}X(n)Y(n+m) =$$

$$\sum_{i=0}^{\infty}h(i)\left[\lim_{N\to\infty}\frac{1}{2N+1}\sum_{n=-N}^{N}X(n)X(n+m-i)\right] =$$

$$\sum_{i=0}^{\infty}h(i)\overline{X(n)X(n+m-i)} = \sum_{i=0}^{\infty}h(i)R_X(m-i) = R_{XY}(m) \tag{4.64}$$

同理,可得

$$\overline{Y(n)X(n+m)} = R_{YX}(m) \tag{4.65}$$

由式(4.62)～式(4.65)可以得出,输出随机序列 $Y(n)$ 的均值和自相关函数具备各态历经性,输入输出的互相关函数具备各态历经性。因此,若输入是宽各态历经的,则输出也是宽各态历经的,输入输出也是联合宽各态历经的。

4.2.2　频域分析

系统的冲激响应为实函数 $h(n)$,传输函数为 $H(\Omega)$,若系统的输入信号 $X(n)$ 是双侧平稳序列,则输出序列 $Y(n)$ 也是平稳的,且输入输出是联合平稳的,因此,可以利用维纳-辛钦定理和离散傅里叶变换来分析系统输出的功率谱密度与输入的功率谱密度的关系。

由式(4.57)可以得到系统输出 $Y(t)$ 的均值的另一种表达式为

$$m_Y = m_X \sum_{m=0}^{\infty} h(m) = m_X \sum_{m=0}^{\infty} h(m) \mathrm{e}^{-\mathrm{j}0m} = m_X H(0) \tag{4.66}$$

对式(4.58)两边求离散傅里叶变换得输出 $Y(n)$ 的功率谱密度,有

$$G_Y(\Omega) = H(\Omega)H(-\Omega)G_X(\Omega) = |H(\Omega)|^2 G_X(\Omega) \tag{4.67}$$

式中,传输函数的模平方 $|H(\Omega)|^2$ 称为系统的功率传输函数。可见,输出的功率谱密度等于输入的功率谱密度与系统传输函数的模平方的乘积。输出的功率谱密度与系统的幅频特性有关,而与系统的相频特性无关。

对式(4.59)、式(4.60)两边求傅里叶变换得输入输出的互谱密度,有

$$G_{XY}(\Omega) = H(\Omega)G_X(\Omega) \tag{4.68}$$

$$G_{YX}(\Omega) = H(-\Omega)G_X(\Omega) \tag{4.69}$$

可见,输入输出的互谱密度等于输入的功率谱密度与系统传输函数(或传输函数的复共轭)的乘积。输入输出的互谱密度既与系统的幅频特性有关,也与系统的相频特性有关,因此,可以通过输入功率谱和输入输出互谱的测量来确定系统的传输函数,即

$$H(\Omega) = \frac{G_{XY}(\Omega)}{G_X(\Omega)} = \frac{G_{YX}(-\Omega)}{G_X(\Omega)} \tag{4.70}$$

当输入 $X(n)$ 为白噪声序列时,若白噪声的功率谱密度为 $G_X(\Omega) = N_0/2$,则有

$$H(\Omega) = \frac{2}{N_0}G_{XY}(\Omega) = \frac{2}{N_0}G_{YX}(-\Omega) \tag{4.71}$$

由式(4.67)、式(4.68)和式(4.69)可以得到输出功率谱密度与输入输出互谱密度的关系为

$$G_Y(\Omega) = H(-\Omega)G_{XY}(\Omega) \tag{4.72}$$

$$G_Y(\Omega) = H(\Omega)G_{YX}(\Omega) \tag{4.73}$$

为了方便,在离散时间系统的分析中经常用到 z 变换,用 $z = \mathrm{e}^{\mathrm{j}\Omega} = \mathrm{e}^{\mathrm{j}\omega T}$ 代替 Ω。这样,功率谱密度变成 z 的函数 $G_X(z)$,上面的关系变为

$$m_Y = m_X \sum_{m=0}^{\infty} h(m) = m_X \left[\sum_{m=0}^{\infty} h(m)z^{-m} \right]\Big|_{z=1} = m_X H(1) \tag{4.74}$$

$$G_Y(z) = H(z)H(z^{-1})G_X(z) = H(z^{-1})G_{XY}(z) = H(z)G_{YX}(z) \tag{4.75}$$

$$G_{XY}(z) = H(z)G_X(z) \tag{4.76}$$

$$G_{YX}(z) = H(z^{-1})G_X(z) \tag{4.77}$$

随机序列通过线性系统后,输出随机序列的平均功率既可以从频域计算,也可以从时域计算,有

$$P_Y = E[Y^2(n)] = R_Y(0) = \sum_{i=0}^{\infty}\sum_{j=0}^{\infty} h(i)h(j)R_X(i-j) = \frac{1}{2\pi}\int_{-\pi}^{\pi} G_Y(\Omega)\mathrm{d}\Omega =$$

$$\frac{1}{2\pi}\int_{-\pi}^{\pi} |H(\Omega)|^2 G_X(\Omega)\mathrm{d}\Omega \tag{4.78}$$

例 4.6 若离散线性系统的单位冲激响应为 $h(n) = r^n U(n)$,$|r| < 1$,输入平稳离散时间随机信号 $X(n)$ 的自相关函数为 $R_X(m) = \sigma^2 \delta(m)$,求系统输出端随机信号 $Y(n)$ 的自相关函数和功率谱密度。

解 输入随机信号 $X(n)$ 的功率谱密度为

$$G_X(z) = \sum_{m=-\infty}^{\infty} R_X(m) z^{-m} = \sum_{m=-\infty}^{\infty} \sigma^2 \delta(m) z^{-m} = \sigma^2$$

系统的传输函数为

$$H(z) = \sum_{m=-\infty}^{\infty} H(n) z^{-n} = \sum_{n=0}^{\infty} r^n z^{-n} = \frac{1}{1 - rz^{-1}}, \quad |z| > |r|$$

输出随机信号 $Y(n)$ 的功率谱密度为

$$G_Y(z) = H(z) H(z^{-1}) G_X(z) = \frac{1}{1 - rz^{-1}} \cdot \frac{1}{1 - rz} \cdot \sigma^2 = \frac{\sigma^2}{1 + r^2 - r(z + z^{-1})}$$

将 $z = e^{j\Omega}$ 代入上式,可得以频率 Ω 为变量的输出随机信号 $Y(n)$ 的功率谱密度为

$$G_Y(\Omega) = \frac{\sigma^2}{1 + r^2 - 2r\cos\Omega}$$

对 $G_Y(\Omega)$ 作傅里叶反变换,或对 $G_Y(z)$ 作 z 反变换可得随机信号 $Y(n)$ 的自相关函数,有

$$R_Y(m) = \frac{\sigma^2 r^{|m|}}{1 - r^2}$$

4.3　白噪声通过线性系统

　　白噪声在数学上具有简单、方便的优点。实际中,很多噪声可以近似为白噪声来处理,而不会带来多大的误差,这样可以使问题简化。白噪声通过线性系统后,由于系统的频率选择性,输出的功率谱就不再是均匀的了。本节先引入噪声等效带宽的概念,再分析白噪声通过线性系统后的统计特性。

4.3.1　噪声等效带宽

　　设白噪声的功率谱密度为 $G_X(\omega) = N_0/2$,白噪声通过传输函数为 $H(\omega)$ 的线性系统后,输出端的功率谱密度为

$$G_Y(\omega) = |H(\omega)|^2 G_X(\omega) = \frac{N_0}{2} |H(\omega)|^2 \tag{4.79}$$

　　式(4.79)表明,输出随机信号的功率谱密度不再是均匀的,而是由系统的幅频特性 $|H(\omega)|$ 决定的。这是由于系统具有频率选择性,只有与其频率特性一致的频率才能通过。

　　对于输出端噪声统计特性的分析,如果按照式(4.79)来计算是很不容易的,尤其当系统的传输函数比较复杂时。而实际中,为了计算方便,常常用一个等效的具有矩形幅频特性的理想系统来代替实际系统,而不引入太大的误差,如图 4.7 所示。

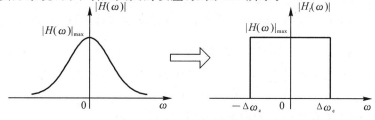

图 4.7　实际低通系统等效为理想低通系统示意图

等效的原则为：

（1）在输入相同的白噪声时，理想系统与实际系统输出端的平均功率相等；

（2）理想系统的增益等于实际系统增益的最大值。

设等效的具有矩形频率特性的理想系统的传输函数为 $H_I(\omega)$，根据等效原则（2），可以知道等效的理想系统的增益，下面就要确定等效的理想系统的带宽 $\Delta\omega_e$。

在输入相同的白噪声时，实际系统和等效的理想系统的输出端的平均功率分别为

$$P_Y = \frac{1}{2\pi}\int_{-\infty}^{\infty} \frac{N_0}{2} \mid H(\omega) \mid^2 \mathrm{d}\omega = \frac{N_0}{2\pi}\int_0^{\infty} \mid H(\omega) \mid^2 \mathrm{d}\omega \tag{4.80}$$

$$P_{Y_I} = \frac{N_0}{2\pi}\int_0^{\infty} \mid H_I(\omega) \mid^2 \mathrm{d}\omega = \frac{N_0}{2\pi} \mid H(\omega) \mid_{\max}^2 \cdot \Delta\omega_e \tag{4.81}$$

根据等效原则（1），实际系统和等效的理想系统的输出端的平均功率相等，即 $P_Y = P_{Y_I}$，由此可得，等效的理想系统的带宽 $\Delta\omega_e$ 为

$$\Delta\omega_e = \frac{\int_0^{\infty} \mid H(\omega) \mid^2 \mathrm{d}\omega}{\mid H(\omega) \mid_{\max}^2} \tag{4.82}$$

式（4.82）中，如果实际系统是一个低通系统，$\mid H(\omega) \mid$ 的最大值一般出现在 $\omega = 0$ 处，即 $\mid H(\omega) \mid_{\max} = \mid H(0) \mid$；如果实际系统是一个带通系统，$\mid H(\omega) \mid$ 的最大值一般出现在中心频率 ω_0 处，即 $\mid H(\omega) \mid_{\max} = \mid H(\omega_0) \mid$。

白噪声通过等效的具有矩形频率特性的理想系统后，输出端就成为一个限带白噪声，从而给分析带来很大的方便。输出端限带白噪声的带宽是由等效的理想系统的带宽 $\Delta\omega_e$ 决定的，因此，$\Delta\omega_e$ 也称为噪声等效带宽，是为简化分析而引入的一个重要概念。利用噪声等效带宽，可以很容易地得到输出端噪声的平均功率。

虽然噪声等效带宽是由白噪声通过线性系统推导出来的，但是由式（4.82）可以看到，噪声等效带宽是系统固有的特性，是由系统自身的参数决定的。

对于线性系统，通常用半功率点定义的带宽 $\Delta\omega$（即 -3 dB 带宽）来表示系统的频率选择性。在随机信号分析中，通常用噪声等效带宽 $\Delta\omega_e$ 表示系统对白噪声的频率选择性，而用 -3 dB 带宽 $\Delta\omega$ 表示系统对有用信号的频率选择性。

噪声等效带宽和 -3 dB 带宽都是系统固有的特性，是由系统自身的参数决定的。当系统的形式和级数确定之后，$\Delta\omega_e$ 和 $\Delta\omega$ 也就确定了，而且两者之间有着确定的关系。可以证明，对于常用的窄带单调谐电路而言，$\Delta\omega_e \approx 1.57\Delta\omega$；对于双调谐电路 $\Delta\omega_e = 1.22\Delta\omega$；对于高斯频率特性的电路 $\Delta\omega_e = 1.05\Delta\omega$；电路级数越多时，噪声等效带宽就越接近于 -3 dB 带宽。如果实际系统的级数较高，可以直接用 -3 dB 带宽 $\Delta\omega$ 代替噪声等效带宽 $\Delta\omega_e$，这种近似引入的误差不大，一般在工程计算上是可以接受的。

应该注意到，如果抛开系统，而只看噪声，采用相同的等效原则，噪声等效带宽也是有效的，式（4.82）变为

$$\Delta\omega_e = \frac{\int_0^{\infty} G_X(\omega)\mathrm{d}\omega}{G_X(\omega) \mid_{\max}} \tag{4.83}$$

此时，噪声等效带宽反映的是噪声的带宽特性，利用噪声的噪声等效带宽，可以很容易地

得到噪声的平均功率。

对于离散噪声和离散时间线性系统,采用相同的等效原则,同样可以得到噪声等效带宽 $\Delta\Omega_e$ 为

$$\Delta\Omega_e = \frac{\int_0^\pi |H(\Omega)|^2 d\Omega}{|H(\Omega)|_{max}^2} \tag{4.84}$$

$$\Delta\Omega_e = \frac{\int_0^\pi G_X(\Omega) d\Omega}{G_X(\Omega)_{max}} \tag{4.85}$$

噪声等效带宽在随机信号的分析与处理中是非常有用的。在很多实际应用中,并不需要知道噪声的精细的功率谱结构,而只关心噪声的平均功率,如在信噪比的计算中。

例 4.7　求例 4.1 中 RC 低通电路的噪声等效带宽 $\Delta\omega_e$ 和 -3 dB 带宽 $\Delta\omega$。

解　RC 低通电路的传输函数为

$$H(\omega) = \frac{b}{b + j\omega}, \quad b = \frac{1}{RC}$$

噪声等效带宽 $\Delta\omega_e$ 为

$$\Delta\omega_e = \frac{\int_0^\infty |H(\omega)|^2 d\omega}{|H(\omega)|_{max}^2} = \frac{\int_0^\infty |H(\omega)|^2 d\omega}{|H(0)|^2} = \int_0^\infty |H(\omega)|^2 d\omega = \int_0^\infty \frac{b^2}{b^2 + \omega^2} d\omega =$$

$$b \cdot \arctan(\omega/b) \Big|_0^\infty = \frac{\pi}{2} b = \frac{\pi}{2RC}$$

-3 dB 带宽 $\Delta\omega$ 为

$$|H(\Delta\omega)|^2 = \frac{1}{2} |H(0)|^2$$

$$\frac{b^2}{b^2 + \Delta\omega^2} = \frac{1}{2}$$

$$\Delta\omega = b = \frac{1}{RC}$$

4.3.2　白噪声通过理想线性系统

通过将实际系统等效为具有矩形幅频特性的理想系统,对白噪声通过线性系统的分析就可以简化为白噪声通过理想线性系统的分析。理想系统输出端的随机信号为限带白噪声,在上一章给出了限带白噪声的定义,而限带白噪声的特性可以通过本节的分析得到。

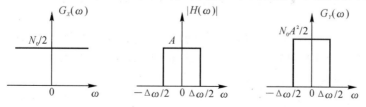

图 4.8　白噪声通过理想低通系统的谱图

1. 白噪声通过理想低通线性系统

理想低通线性系统的幅频特性如图 4.8 所示,有

$$|H(\omega)| = \begin{cases} A, & |\omega| \leqslant \Delta\omega/2 \\ 0, & |\omega| > \Delta\omega/2 \end{cases} \tag{4.86}$$

白噪声的功率谱密度为 $G_X(\omega) = N_0/2$,通过理想低通线性系统后,输出端的功率谱密度为

$$G_Y(\omega) = |H(\omega)|^2 G_X(\omega) = \begin{cases} \dfrac{N_0 A^2}{2}, & |\omega| \leqslant \Delta\omega/2 \\ 0, & |\omega| > \Delta\omega/2 \end{cases} \tag{4.87}$$

$Y(t)$ 的自相关函数和平均功率分别为

$$R_Y(\tau) = \frac{1}{2\pi}\int_{-\infty}^{\infty} G_Y(\omega) \mathrm{e}^{\mathrm{j}\omega\tau} \mathrm{d}\omega = \frac{1}{2\pi}\int_{-\infty}^{\infty} G_Y(\omega)(\cos \omega\tau + \mathrm{j}\sin \omega\tau) \mathrm{d}\omega =$$

$$\frac{1}{2\pi}\int_{-\infty}^{\infty} G_Y(\omega)\cos \omega\tau \mathrm{d}\omega = \frac{2}{2\pi}\int_{0}^{\infty} G_Y(\omega)\cos \omega\tau \mathrm{d}\omega = \frac{N_0 A^2}{2\pi}\int_{0}^{\Delta\omega/2} \cos \omega\tau \mathrm{d}\omega =$$

$$\frac{N_0 A^2 \Delta\omega}{4\pi} \cdot \frac{\sin\dfrac{\Delta\omega\tau}{2}}{\dfrac{\Delta\omega\tau}{2}} = \frac{N_0 A^2 \Delta\omega}{4\pi}\mathrm{Sa}\left(\frac{\Delta\omega\tau}{2}\right) \tag{4.88}$$

$$P_Y = R_Y(0) = \frac{N_0 A^2 \Delta\omega}{4\pi} \tag{4.89}$$

$Y(t)$ 的相关系数和相关时间分别为

$$\rho_Y(\tau) = \frac{C_Y(\tau)}{C_Y(0)} = \frac{R_Y(\tau) - R_Y(\infty)}{R_Y(0) - R_Y(\infty)} = \frac{R_Y(\tau)}{R_Y(0)} = \mathrm{Sa}\left(\frac{\Delta\omega\tau}{2}\right) \tag{4.90}$$

$$\tau_0 = \int_{0}^{\infty} \rho_Y(\tau)\mathrm{d}\tau = \int_{0}^{\infty} \mathrm{Sa}\left(\frac{\Delta\omega\tau}{2}\right)\mathrm{d}\tau = \frac{\pi}{\Delta\omega} = \frac{1}{2\Delta f} \tag{4.91}$$

由上面的分析可以看出,白噪声通过理想低通线性系统后,输出端的随机信号 $Y(t)$ 是低通型限带白噪声,$Y(t)$ 的自相关函数如图 4.9 所示。

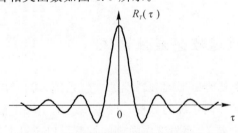

$R_Y(\tau)$

图 4.9　低通型限带白噪声的自相关函数

$Y(t)$ 的相关时间 τ_0 表明,输出随机信号的相关时间与系统的带宽成反比。系统带宽越宽,相关时间越小,输出随机信号随时间起伏变化越剧烈;相反,系统带宽越窄,相关时间越大,输出随机信号随时间起伏变化越缓慢。

上述结论可以进一步引申。如果不考虑系统,只看随机信号自身,那么 $Y(t)$ 的带宽也就是系统带宽 $\Delta\omega$,因此可以说,随机信号的相关时间与它自身的带宽成反比。随机信号的带宽

越宽,相关时间越小,随机信号随时间起伏变化越剧烈;相反,带宽越窄,相关时间越大,随机信号随时间起伏变化越缓慢。

虽然这一结论是由低通型限带白噪声得到的,但是这一结论对于低通型随机过程都是普遍适用的。

2. 白噪声通过理想带通线性系统

理想带通线性系统的幅频特性如图 4.10 所示,有

$$|H(\omega)| = \begin{cases} A, & |\omega \pm \omega_0| \leqslant \Delta\omega/2 \\ 0, & |\omega \pm \omega_0| > \Delta\omega/2 \end{cases} \tag{4.92}$$

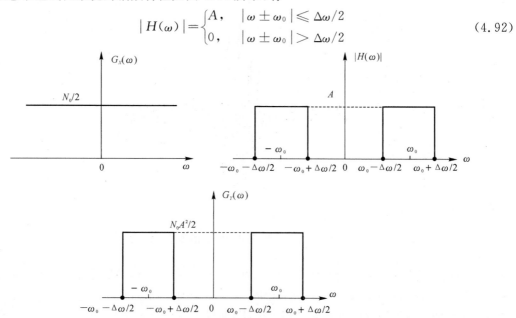

图 4.10 白噪声通过理想带通系统的谱图

白噪声的功率谱密度为 $G_X(\omega) = N_0/2$,通过理想带通线性系统后,输出端的功率谱密度为

$$G_Y(\omega) = |H(\omega)|^2 G_X(\omega) = \begin{cases} \dfrac{N_0 A^2}{2}, & |\omega \pm \omega_0| \leqslant \Delta\omega/2 \\ 0, & |\omega \pm \omega_0| > \Delta\omega/2 \end{cases} \tag{4.93}$$

$Y(t)$ 的自相关函数为

$$R_Y(\tau) = \frac{1}{2\pi}\int_{-\infty}^{\infty} G_Y(\omega) \mathrm{e}^{\mathrm{j}\omega\tau} \mathrm{d}\omega = \frac{N_0 A^2}{2\pi}\int_{\omega_0-\Delta\omega/2}^{\omega_0+\Delta\omega/2} \cos\omega\tau \mathrm{d}\omega =$$

$$\frac{N_0 A^2}{2\pi\tau}\left[\sin(\omega_0 + \Delta\omega/2)\tau - \sin(\omega_0 - \Delta\omega/2)\tau\right] = \frac{N_0 A^2}{\pi\tau}\sin\frac{\Delta\omega\tau}{2} \cdot \cos\omega_0\tau =$$

$$2\left[\frac{N_0 A^2 \Delta\omega}{4\pi}\mathrm{Sa}\left(\frac{\Delta\omega\tau}{2}\right)\right] \cdot \cos\omega_0\tau = a(\tau)\cos\omega_0\tau \tag{4.94}$$

式(4.94)中,$a(\tau)$ 为

$$a(\tau) = 2\left[\frac{N_0 A^2 \Delta\omega}{4\pi}\mathrm{Sa}\left(\frac{\Delta\omega\tau}{2}\right)\right] \tag{4.95}$$

针对以上结果,可以进行几点讨论:

（1）若 $\Delta\omega \ll \omega_0$，则带通线性系统的中心频率远大于系统的带宽，即系统为窄带系统。输出端随机信号的功率谱密度分布在中心频率 ω_0 周围一个很窄的范围内。

（2）由式（4.94）可以看出，输出随机信号 $Y(t)$ 的自相关函数 $R_Y(\tau)$ 分成了 $a(\tau)$ 与 $\cos\omega_0\tau$ 两个部分。当满足 $\Delta\omega \ll \omega_0$ 时，$a(\tau)$ 与 $\cos\omega_0\tau$ 相比，$a(\tau)$ 是 $R_Y(\tau)$ 的慢变化部分，是自相关函数 $R_Y(\tau)$ 的包络，而 $\cos\omega_0\tau$ 是 $R_Y(\tau)$ 的快变化部分，是 $R_Y(\tau)$ 的载波。$Y(t)$ 为带通型限带白噪声，它的自相关函数如图 4.11 所示。

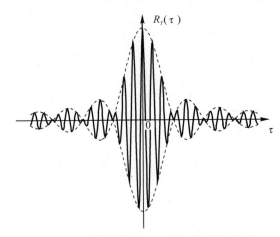

图 4.11　带通型限带白噪声的自相关函数

（3）对比式（4.88）可见，自相关函数的包络 $a(\tau)$ 与白噪声通过理想低通线性系统输出端随机信号的自相关函数的形式几乎完全相同，只是相差了一个系数 2。这是由于带通线性系统的带宽是低通线性系统的带宽的 2 倍。因此，理想带通线性系统的输出的自相关函数等于对应的理想低通线性系统的输出的自相关函数与 $\cos\omega_0\tau$ 的乘积的 2 倍。

（4）换一个角度理解，如果不考虑线性系统，那么带通型限带白噪声可以看作是由低通型限带白噪声载波调制后得到的，如图 4.12 所示，载波频率就是带通线性系统的中心频率 ω_0。因此，自相关函数中的慢变化部分 $a(\tau)$ 包含了调制前的基带信息，而快变化部分 $\cos\omega_0\tau$ 是载波分量在自相关函数中的体现。

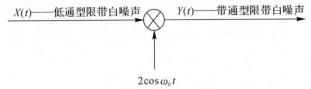

图 4.12　低通型限带白噪声的载波调制

输出端随机信号 $Y(t)$ 的平均功率为

$$P_Y = R_Y(0) = \frac{N_0 A^2 \Delta\omega}{2\pi} \tag{4.96}$$

$Y(t)$ 的相关系数为

$$\rho_Y(\tau) = \frac{C_Y(\tau)}{C_Y(0)} = \frac{R_Y(\tau) - R_Y(\infty)}{R_Y(0) - R_Y(\infty)} = \frac{R_Y(\tau)}{R_Y(0)} = \mathrm{Sa}\left(\frac{\Delta\omega\tau}{2}\right)\cos\omega_0\tau \tag{4.97}$$

根据载波调制理论,载波一般不包含信息,只是信息的载体。那么,对带通型随机信号的分析通常可以抛开载波,而只研究它的基带信息。因此,对于 $Y(t)$ 的相关时间,采用相关系数 $\rho_Y(\tau)$ 的慢变化部分(包络、基带信息)来定义,称为包络的相关时间,则

$$\tau_0 = \int_0^{\infty} \mathrm{Sa}\left(\frac{\Delta\omega\tau}{2}\right)\mathrm{d}\tau = \frac{\pi}{\Delta\omega} = \frac{1}{2\Delta f} \tag{4.98}$$

$Y(t)$ 的包络的相关时间 τ_0 表明,输出带通型随机信号的包络的相关时间与系统的带宽成反比。系统带宽越宽,包络的相关时间越小,输出随机信号的包络随时间起伏变化越剧烈;相反,系统带宽越窄,包络的相关时间越大,输出随机信号的包络随时间起伏变化越缓慢。

上面的结论可以进一步引申。如果不考虑系统,只看随机信号自身,那么 $Y(t)$ 的带宽也就是系统带宽 $\Delta\omega$,因此可以说,带通型随机信号的包络的相关时间与它自身的带宽成反比。随机信号的带宽越宽,包络的相关时间越小,随机信号的包络随时间起伏变化越剧烈;相反,带宽越窄,包络的相关时间越大,随机信号的包络随时间起伏变化越缓慢。

虽然这一结论是由带通型限带白噪声得到的,但是这一结论对于带通型随机过程都是普遍适用的。

4.3.3　白噪声通过具有高斯频率特性的线性系统

在电子系统中,只要有 $4\sim5$ 个以上的谐振回路都调谐到同一频率 ω_0 上,则此设备就具有较为近似的高斯型频率特性,且调谐级数越多,近似程度越高,如图 4.13 所示。设系统的高斯频率特性为

$$H(\omega) = A\exp\left[-\frac{(\omega \pm \omega_0)^2}{2\beta^2}\right] \tag{4.99}$$

式中,β 为大于零的与系统带宽有关的量。

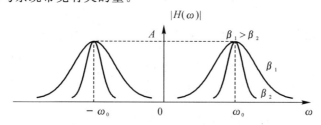

图 4.13　线性系统的高斯幅频特性

输入白噪声的物理谱密度为 $F_X(\omega) = N_0$,系统输出端随机信号 $Y(t)$ 的物理谱密度为

$$F_Y(\omega) = |H(\omega)|^2 F_X(\omega) = N_0 A^2 \exp\left[-\frac{(\omega - \omega_0)^2}{\beta^2}\right], \quad \omega \geqslant 0 \tag{4.100}$$

与式(4.99)对应的低通型线性系统的传输函数为

$$H_L(\omega) = A\exp\left(-\frac{\omega^2}{2\beta^2}\right) \tag{4.101}$$

白噪声通过对应的低通型线性系统后,输出端 $Y_L(t)$ 的物理谱密度和自相关函数分别为

$$F_{Y_L}(\omega) = |H_L(\omega)|^2 F_X(\omega) = N_0 A^2 \exp\left(-\frac{\omega^2}{\beta^2}\right), \quad \omega \geqslant 0 \tag{4.102}$$

$$R_{Y_L}(\tau) = \frac{1}{2\pi}\int_0^\infty F_{Y_L}(\omega)\cos\omega\tau\,d\omega = \frac{N_0 A^2}{2\pi}\int_0^\infty \exp\left(-\frac{\omega^2}{\beta^2}\right)\cos\omega\tau\,d\omega =$$

$$\frac{N_0 A^2\beta}{4\sqrt{\pi}}\exp\left(-\frac{\beta^2\tau^2}{4}\right) \tag{4.103}$$

由式(4.94)可知,$Y(t)$ 的自相关函数为

$$R_Y(\tau) = a(\tau)\cos\omega_0\tau \tag{4.104}$$

$$a(\tau) = 2R_{Y_L}(\tau) = \frac{N_0 A^2\beta}{2\sqrt{\pi}}\exp\left(-\frac{\beta^2\tau^2}{4}\right) \tag{4.105}$$

因此
$$R_Y(\tau) = \frac{N_0 A^2\beta}{2\sqrt{\pi}}\exp\left(-\frac{\beta^2\tau^2}{4}\right)\cos\omega_0\tau \tag{4.106}$$

$Y(t)$ 的平均功率为

$$P_Y = R_Y(0) = \frac{N_0 A^2\beta}{2\sqrt{\pi}} \tag{4.107}$$

$Y(t)$ 的相关系数为

$$\rho_Y(\tau) = \frac{C_Y(\tau)}{C_Y(0)} = \frac{R_Y(\tau)-R_Y(\infty)}{R_Y(0)-R_Y(\infty)} = \frac{R_Y(\tau)}{R_Y(0)} = \exp\left(-\frac{\beta^2\tau^2}{4}\right)\cos\omega_0\tau \tag{4.108}$$

$Y(t)$ 的包络的相关时间为

$$\tau_0 = \int_0^\infty \exp\left(-\frac{\beta^2\tau^2}{4}\right)d\tau = \frac{\sqrt{\pi}}{\beta} \tag{4.109}$$

由式(4.109)还看不出包络的相关时间与系统带宽的关系,现在分别求系统的噪声等效带宽 $\Delta\omega_e$ 和 $-3\,dB$ 带宽 $\Delta\omega$,即

$$\Delta\omega_e = 2\cdot\frac{\int_0^\infty |H_L(\omega)|^2 d\omega}{|H_L(0)|^2} = 2\cdot\int_0^\infty \exp\left(-\frac{\omega^2}{\beta^2}\right)d\omega = \sqrt{\pi}\beta \approx 1.772\beta \tag{4.110}$$

$$|H_L(\Delta\omega/2)|^2 = A^2\exp\left(-\frac{(\Delta\omega/2)^2}{\beta^2}\right) = \frac{1}{2}|H_L(0)|^2 = \frac{1}{2}A^2 \tag{4.111}$$

$$\Delta\omega = 2\sqrt{\ln 2}\,\beta \approx 1.665\beta \tag{4.112}$$

将式(4.110)、式(4.112)代入式(4.109),可得

$$\tau_0 = \frac{\pi}{\Delta\omega_e} = \frac{1}{2\Delta f_e} = \frac{2\sqrt{\pi\ln 2}}{\Delta\omega} \approx \frac{0.47}{\Delta f} \tag{4.113}$$

由式(4.113)可以看出,输出端随机信号 $Y(t)$ 的包络的相关时间与系统带宽成反比。

以上讨论的理想带通系统和高斯频率特性系统的幅频特性都是关于 ω_0 对称的,因此可以方便地转换为对应的低通系统来进行研究。对于幅频特性不是关于 ω_0 对称的情况,可以采用类似的原理,转换为对应的低通系统来进行研究。

4.4　线性系统输出端随机信号的概率分布

在相关理论的范围内,只需要研究随机信号的一、二阶矩。但是在有些应用中,仅仅研究一、二阶矩是不够的,如研究最佳检测系统时还需要知道随机信号通过线性系统后的概率

分布。

　　随机信号通过线性系统是一个线性变换的过程。理论上,按照多维随机变量的线性变换理论是可以确定输出端随机信号的概率分布的。但是,除了高斯变量的计算较为简单外,其他类型随机变量的计算比较复杂,尤其是在多维的情况下。因此,一般来说,要确定系统输出端随机信号的概率分布是困难的,目前还没有一般的方法可供使用。

　　本节分析两种情况下线性系统输出端的概率分布,一种是高斯随机信号通过线性系统;而一种是宽带随机信号通过窄带线性系统。

4.4.1　高斯随机信号通过线性系统

　　随机信号 $X(t)$ 通过冲激响应为 $h(t)$ 的线性系统后,输出随机信号 $Y(t)$ 为

$$Y(t) = \int_0^\infty X(t-\tau)h(\tau)\mathrm{d}\tau = \lim_{\substack{\Delta\tau \to 0 \\ N \to \infty}} \sum_{n=0}^N X(t-n \cdot \Delta\tau)h(n \cdot \Delta\tau)\Delta\tau \tag{4.114}$$

式中:$\Delta\tau$ 为采样间隔;n 为采样序列。

　　对于任一时刻 t,$h(n \cdot \Delta\tau)$ 是 $N+1$ 个常数,$Y(t)$ 是 $N+1$ 个随机变量 $X(t-n \cdot \Delta\tau)$ 的线性组合。若 $X(t)$ 是高斯随机信号,则多维高斯变量的线性组合仍是高斯的,因此,输出随机信号 $Y(t)$ 是高斯随机信号。而对于高斯随机信号,只要知道了它的均值向量和协方差矩阵就可以得到它的多维概率密度函数。

　　例 4.8　设例 4.1 中的输入 $X(t)$ 为高斯白噪声,求输出随机信号 $Y(t)$ 的一维概率密度函数。

　　解　由例 4.1 可知,输出随机信号 $Y(t)$ 的均值 $m_Y = 0$,自相关函数 $R_Y(\tau) = \dfrac{N_0 b}{4}\mathrm{e}^{-b|\tau|}$,方差 $\sigma_Y^2 = R_Y(0) = N_0 b/4$。由于输入 $X(t)$ 为高斯白噪声,因此输出 $Y(t)$ 也是高斯分布的,$Y(t)$ 的一维概率密度函数为

$$f_Y(y;t) = f_Y(y) = \frac{1}{\sqrt{2\pi N_0 b/4}}\exp\left(-\frac{y^2}{N_0 b/2}\right)$$

4.4.2　宽带随机信号通过窄带线性系统

　　如果线性系统输入端的随机信号是非高斯的,只要输入随机信号的噪声等效带宽远大于系统的带宽,则系统输出端的随机信号趋于高斯分布。

　　根据中心极限定理,大量统计独立的随机变量之和的分布趋于高斯分布。中心极限定理要求满足两个条件,一个是随机变量必须统计独立;另一个是统计独立随机变量之和的数目要足够多。

　　式(4.114)表明,只要对于不同的 n,$X(t-n \cdot \Delta\tau)$ 之间统计独立,并且 $N+1$ 足够大,就可以满足中心极限定理。现在分别讨论下述两个要求。

1. 随机变量之间统计独立

　　回顾第二章相关时间的概念,实际应用中,为了分析研究的方便,经常定义一个时间 τ_0,

当 $\tau > \tau_0$ 时,就认为 $X(t)$ 与 $X(t+\tau)$ 之间不相关了,这个时间 τ_0 就称为相关时间。

如果采样间隔 $\Delta\tau$ 大于随机信号 $X(t)$ 的相关时间 τ_0,即 $\Delta\tau > \tau_0$,则可以认为,各采样值之间是不相关的;而如果 $\Delta\tau \gg \tau_0$,则可以认为各采样值之间是统计独立的。

2. 随机变量之和的数目足够多

线性系统是存在惰性的,惰性使系统不能立即对激励做出响应,而需要一定的建立时间 T_y,如图 4.14 所示。建立时间 T_y 使式(4.114)中的积分区间近似为 $(0, T_y)$,即输出随机信号 $Y(t)$ 是输入随机信号 $X(t)$ 在 $t - T_y$ 到 t 这一段时间内作用的结果,其他处的作用忽略不计。体现在式(4.114)的求和中,则是总的求和点数 N 近似为 $N = T_y/\Delta\tau$,即输出为 $N = T_y/\Delta\tau$ 个随机变量的线性组合。当 $\Delta\tau \ll T_y$ 时,则 N 就足够大,随机变量之和的数目就足够多。

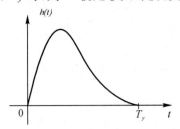

图 4.14　单位冲激响应的建立时间

综合以上两点,当 $\tau_0 \ll \Delta\tau \ll T_y$ 时,或简写为 $\tau_0 \ll T_y$,即输入随机信号的相关时间 τ_0 远小于系统的建立时间 T_y 时,输出随机信号满足大量统计独立的随机变量之和,因此,输出随机信号趋于高斯分布。

又由于随机信号的相关时间 τ_0 与其噪声等效带宽 Δf_X 成反比,即 $\tau_0 \propto 1/\Delta f_X$;系统的建立时间 T_y 与系统的带宽 Δf 成反比,即 $T_y \propto 1/\Delta f$。因此,$\tau_0 \ll T_y$ 可以改写为 $\Delta f_X \gg \Delta f$,即输入随机信号的噪声等效带宽 Δf_X 远大于系统的带宽 Δf 时,输出随机信号趋于高斯分布,而与输入随机信号的概率分布无关。对于输出高斯随机信号,只要知道了它的均值向量和协方差矩阵就可以得到它的多维概率密度函数,为研究、分析带来了方便。

上述分析是定性的说明,虽不够严密,但其结论在实际中是非常有用的。在实际中,比值 $\Delta f_X/\Delta f$ 与输出趋于高斯分布程度的关系,主要取决于输入随机信号 $X(t)$ 的概率分布。例如,对于均匀分布,$3 \sim 5$ 个独立随机变量之和的分布就能很好地逼近高斯分布了;而对于 χ^2 分布,即使数十个独立随机变量之和的分布逼近高斯分布仍然很不理想。当概率密度函数曲线一侧拖着长尾巴时,常会出现逼近不理想的情况。

4.5　随机信号通过线性系统的仿真

随机信号通过线性系统的仿真首先需要仿真一个指定的线性系统,然后仿真产生需要的输入随机信号,再使这个随机信号通过该指定系统,我们可以将仿真方法分为时域和频域。随机信号的仿真产生可参照第 2.9 节。

4.5.1　线性系统的仿真

随着数字信号处理应用越来越广泛,这里主要讨论数字系统的仿真。线性系统的仿真往往只需要设计一个数字滤波器,它的实现可以采用 MATLAB 提供的函数,这些函数可以方便地设计低通、带通、高通、多带通、带阻滤波器。而模拟信号和数字信号频谱之间的关系对系统的设计影响很大,在仿真系统之前,需要对模拟信号和数字信号的频谱进行转换。

1. 模拟频率和数字频率的转换

如果有一个带宽为 1 000 Hz 的模拟信号 $x(t)$,根据奈奎斯特采样定理,最小采样频率 F_s 应为 2 000 Hz。在实际应用中,采样会留有一定的裕量,比如采样频率 F_s 取 2 200 Hz。如果是仿真,往往设置更大的裕量,如 4 000 Hz。采样后,离散信号的频谱 $X(e^{j\omega})$ 是周期重复的,这时对应采样频率 F_s 处的数字频率应该是频谱的重复周期。

在 MATLAB 应用中,数字频率是用采样频率的一半 $F_s/2$ 归一化的是无量纲的,因此离散信号的频谱重复周期为 2,对应最大信号带宽的数字频率为 1。一旦采样频率确定后,被采样的模拟信号最大频率不能超过 $F_s/2$;相应地,数字信号频谱最大频率不能超过 1。否则将不满足采样定理,导致频谱混叠,不能无失真地恢复成模拟信号。

在设计滤波器时,低通滤波器的截止频率 f_c、高通滤波器的低端截止频率 f_c 以及带通滤波器的高端截止频率 f_{c2} 不能超过 1。也就是说,数字滤波器只能在 $0 \sim 1$ 的数字频率范围内进行截止频率的设计。

数字滤波器主要有两种形式,有限冲激响应(Finite Impluse Response,FIR)和无限冲激响应(Infinite Impluse Response,IIR)滤波器。二者在性能上的主要区别是 FIR 滤波器可以获得线性相位,而 IIR 滤波器则不能。但是从运算量角度来看,获得同样的幅度特性,IIR 滤波器需要的阶数比较低,滤波的运算量要比 FIR 滤波器小得多。

2. 数字滤波器仿真的例子

例 4.9　设计一个带宽为 0.3 的 FIR 带通数字滤波器,其低端截止频率为 0.25,并画出幅频特性和相频特性。

解

```
%-----1. 产生线性系统-----
h = fir1(100,[0.25,0.55]);        %100 为阶数,0.25 和 0.55 分别为带通滤波器的截止频率
                                  %输出向量 h 为 FIR 滤波器系数,即滤波器的冲激响应 h(n)

[HH,WW]=freqz(h,512);             %返回幅度和频率,512 为数据点数
figure
subplot(121),plot(WW/pi,20*log10(abs(HH))),grid on,  %对数幅度谱
xlabel('归一化频率'),ylabel('幅度/dB')
subplot(122),plot(WW/pi,unwrap(angle(HH))*180/pi),grid on,  %相位谱
```

xlabel('归一化频率'),ylabel('相位/deg')

图 4.15 为由程序画出的滤波器幅度谱和相位谱。滤波器的阶数决定了滤波器的过渡陡峭程度,如果希望过渡带陡一些,可以加大阶数,不过加大阶数会在滤波时增加计算量。关于 FIR 滤波器的阶数和过渡带之间的关系,请参考数字信号处理相关书籍。图中的幅度特性为对数幅度,通过 $20\lg(|H(e^{j\omega})|)$ 计算得到,相位是经过 unwrap 解缠绕后的相位,单位为度(°)。

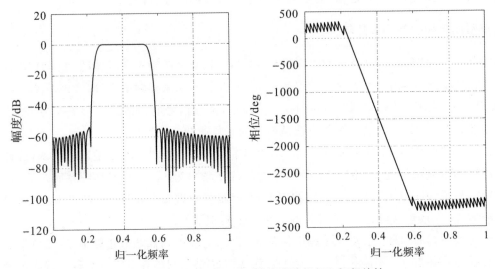

图 4.15 例 4.9 的数字滤波器的幅频和相频特性

MATLAB 中 Fir1 函数是加窗 FIR 滤波器设计方法,它可以设定滤波器的阶数,也可以指定窗函数的类型,缺省的窗函数为 Hamming 窗,通过它可以设计低通、高通、带通和带阻滤波器,其调用方法为:

h = fir1(n,wn,ftype,window);

ftype 可取'low'、'high'、'bandpass'、'bandstop',分别对应低通、高通、带通和带阻滤波器,当 wn 为 1 个元素时,缺省为低通滤波器,当 wn 为两个元素时,缺省为带通滤波器。

函数 freqz 可以获得数字滤波器的频率响应,[h,w] = freqz(d,n)返回数字滤波器 d 的 n 点复频响。

4.5.2 随机信号通过线性系统的仿真

随机信号通过线性系统的仿真一般包括输入信号仿真、线性系统仿真和仿真系统输出 3 个模块。

(1)仿真产生随机信号或者随机信号+确定性信号的混合信号,具体仿真方法参考 1.7 节或 2.9 节。一般都假定随机信号是平稳、各态历经过程;

(2)线性系统的仿真可参考例 4.9 中滤波器设计的例子。

(3)仿真系统的输出,可以是自相关函数,也可以是功率谱密度。由于自相关函数和功率谱密度的关系,可以在频域求输出的功率谱密度,再由傅里叶反变换求自相关函数,反之亦然。

本节随机信号通过线性系统的仿真实例都是在离散信号和离散系统环境下进行的仿真,因此傅里叶变换、DTFT 以及 DFT 都是利用傅里叶变换的快速算法完成的,MATLAB 中用 fft 函数完成正变换,ifft 函数完成反变换。

例 4.10　高斯白噪声通过线性带通系统:服从高斯分布、平均功率为 1 的白噪声通过截止频率为 3 kHz 和 4 kHz 的带通系统,求输出的自相关函数和功率谱密度。

解　分 3 个步骤进行仿真:

(1)输入信号的产生。可以用 random 函数产生高斯白噪声 $X(t)$ 的一个样本函数 $x(t)$,白噪声的数学期望应为零,平均功率为 1 即方差为 1。这种产生随机信号的方式已经是数字形式,不用再考虑采样的问题。

```
Fs = 20000;
N = 1024;
x = random('norm',0,1,1,N);        %产生高斯白噪声序列
[Rxx,tau] = xcorr(x,'biased');     %计算其自相关函数
tau = tau/Fs;
Pxx_1=abs(fft(x,N)/N).^2/(Fs/N);   %输入的功率谱密度;
freq=(0:round(N/2)-1)/N*Fs;
figure
subplot(211),plot(tau,Rxx,'k'),xlabel('时延/s'),ylabel('自相关函数');
subplot(212),plot(freq,Pxx_1(1:N/2),'k'),xlabel('频率/Hz'),ylabel('功率谱密度');
```

(2)线性系统的仿真。利用 MATLAB 提供的滤波器函数 fir1,参考例 4.9 设计的带通滤波器 $h(t)$ 作为带通系统。因为仿真是在数字信号的情况下进行的,可以用归一化频率表示。为了满足高端截止频率为 4 kHz,应该假设整个仿真过程的信号采样频率至少为 8 kHz,这里取 20 kHz。如前所述,截止频率用采样频率的一半即 10 kHz 归一化,得到归一化数字截止频率分别为 0.3 和 0.4。

```
h = fir1(100,[3000,4000]/(Fs/2));  %100 为阶数,带通滤波器的截止频率分别为 3 kHz 和 4 kHz
Hw = fft(h,N);                     % 系统的傅里叶变换
```

(3)系统输出的功率谱密度。分别采用两种方法计算输出的功率谱密度,其一是直接计算线性系统的输出函数,再估计其功率谱密度;其二是直接利用线性系统输出功率谱密度与输入功率谱密度和系统功率传递函数的关系计算,计算结果如图 4-16 所示,从上到下依次为输入的功率谱密度、方法一估计的功率谱密度和方法二计算的功率谱密度。

```
y = filter(h,1,x);                 %系统输出
Pyy = abs(fft(y,N)/N).^2/(Fs/N);   %估计的输出功率谱密度
Pyy_t = abs(Hw).^2.*Pxx_1;         %计算的输出功率谱密度
figure
subplot(311),plot(freq,Pxx_1(1:N/2),'k');xlabel('频率/Hz'),ylabel('功率谱密度')
subplot(312),plot(freq,Pyy(1:N/2),'k'),xlabel('频率/Hz'),ylabel('功率谱密度');
subplot(313),plot(freq,Pyy_t(1:N/2),'k'),xlabel('频率/Hz'),ylabel('功率谱密度');
```

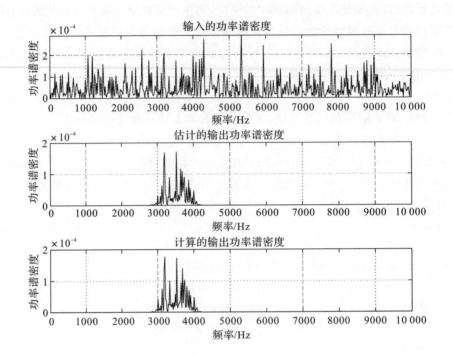

图 4-16　随机信号通过线性系统的功率谱密度

习　题　四

4.1　低通滤波器的冲激响应为 $h(t)=K\beta e^{-\beta t}U(t)$，式中，$K,\beta$ 都是正的实常数，$U(t)$ 是单位矩形函数。求输入 $x(t)=\delta(t-t_0)$ 时，滤波器的输出 $y(t)$。

4.2　利用频域分析方法求上题的滤波器的输出 $y(t)$。

4.3　两个系统具有传输函数 $H_1(\omega)$ 和 $H_2(\omega)$，证明：

(1) 两个系统级联的传函为 $H(\omega)=H_1(\omega)H_2(\omega)$；

(2) 传输函数为 $H_n(\omega)$，$n=1,2,\cdots,N$ 的 N 个线性系统级联，级联后的传输函数为 $H(\omega)=\prod\limits_{n=1}^{N}H_n(\omega)$。

4.4　对于题 4.2，若把滤波器的输出，再加到第二个相同的滤波器中，仍用频域分析法求出第二个滤波器的输出 $y(t)$。

4.5　随机信号 $X(t)=a\cos(\omega_0 t+\Phi)$，式中，$a,\omega_0$ 为常数，Φ 为 $(0,2\pi)$ 上均匀分布的随机变量。将 $X(t)$ 加在题 4.1 给出的网络上，求网络输出随机信号的表示式。

4.6　随机信号 $X(t)$ 的自相关函数为 $R_X(\tau)=a^2+be^{-|\tau|}$，式中，$a,b$ 是正的实常数。系统的冲激响应为 $h(t)=e^{-\beta t}U(t)$，β 为正的实常数，求该系统输出随机信号的均值。

4.7　低通滤波器的传输函数 $H(\omega)=1/(1+j\omega RC)$，输入白噪声的功率谱密度为 $G_X(\omega)=N_0/2$。

（1）求滤波器输出随机信号 $Y(t)$ 的功率谱密度和自相关函数；

（2）证明：$R_Y(t_3 - t_1) = \dfrac{R_Y(t_3 - t_2)R_Y(t_2 - t_1)}{R_Y(0)}$，$t_3 > t_2 > t_1$。

4.8　线性电路的传输函数为 $H(\omega) = \mathrm{j}\omega RC/(1 + \mathrm{j}\omega RC)$，输入白噪声的功率谱密度为 $G_X(\omega) = N_0/2$，求输出随机信号 $Y(t)$ 的功率谱密度及自相关函数。

4.9　若题 4.8 的线性电路，输入电压为 $X(t) = X_0 + \cos(2\pi t + \Phi)$，式中，$X_0$ 为 $(0,1)$ 上均匀分布的随机变量；Φ 为 $(0, 2\pi)$ 上均匀分布的随机变量；X_0 与 Φ 相互独立。求输出随机信号 $Y(t)$ 的自相关函数。

4.10　线性电路的传输函数为 $H(\omega) = \mathrm{j}\omega L/(R + \mathrm{j}\omega L)$，输入白噪声的功率谱密度为 $G_X(\omega) = N_0/2$，求输出随机信号 $Y(t)$ 的功率谱密度及自相关函数。

4.11　功率谱密度为 $G_X(\omega) = N_0/2$ 的白噪声，通过幅频特性如图 4.17 所示的滤波器中，求输出的总噪声功率。

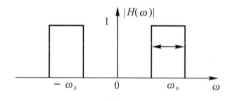

图 4.17　题 4.11 图

4.12　零均值平稳随机信号 $X(t)$，加到冲激响应为 $h(t) = \beta \mathrm{e}^{-\beta t}$（$t \geqslant 0$）的线性滤波器输入端，证明：输出随机信号的功率谱密度为

$$G_Y(\omega) = \frac{\beta^2}{\beta^2 + \omega^2} G_X(\omega)$$

4.13　零均值平稳随机信号 $X(t)$，加到冲激响应为 $h(t) = \begin{cases} \beta \mathrm{e}^{-\beta t}, & 0 \leqslant t \leqslant T \\ 0, & \text{其他} \end{cases}$ 的线性滤波器的输入端，证明：线性系统输出端随机信号的功率谱密度为

$$G_Y(\omega) = \frac{\beta^2}{\beta^2 + \omega^2}(1 - 2\mathrm{e}^{-\beta T}\cos \omega T + \mathrm{e}^{-2\beta T})G_X(\omega)$$

4.14　设线性系统如图 4.18 所示。试用频域分析方法求：

（1）系统的传输函数 $H(\omega)$；

（2）当输入是功率谱密度为 $G_X(\omega) = N_0/2$ 的白噪声时，输出 $Z(t)$ 的均方值。（提示：积分 $\displaystyle\int_0^\infty \frac{\sin^2 \alpha x}{x^2}\mathrm{d}x = |\alpha|\frac{\pi}{2}$）

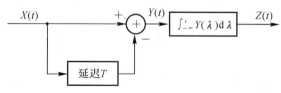

图 4.18　题 4.14 图

4.15 设平稳随机过程 $X(t)$ 的自相关函数为 $R_X(\tau)=\begin{cases} 1-\dfrac{|\tau|}{T}, & |\tau|\leqslant T \\ 0, & |\tau|>T \end{cases}$,$X(t)$ 通过

如图 4.19 所示的积分电路,求 $Z(t)=Y(t)\ \ X(t)$ 的功率谱密度 $G_Z(\omega)$。

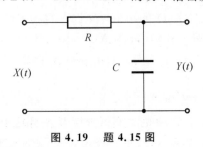

图 4.19 题 4.15 图

4.16 设随机过程 $X(t)$ 通过一个微分器,其输出过程 $\dfrac{\mathrm{d}X(t)}{\mathrm{d}t}$ 存在,微分器的传输函数为

$H(\omega)=\mathrm{j}\omega$。求:

(1) $X(t)$ 与 $\dfrac{\mathrm{d}X(t)}{\mathrm{d}t}$ 的互谱密度;

(2) $\dfrac{\mathrm{d}X(t)}{\mathrm{d}t}$ 的功率谱密度。

4.17 设某积分电路输入输出之间满足以下关系 $y(t)=\displaystyle\int_{t-T}^{t} x(\lambda)\mathrm{d}\lambda$,式中,$T$ 为积分时

间,并设输入输出都是平稳随机过程。求证:积分电路输出随机信号的功率谱密度为 $G_Y(\omega)=$

$G_X(\omega)\ \dfrac{\sin^2(\omega T/2)}{(\omega/2)^2}$。

4.18 如图 4.20 所示为单输入双输出的线性系统,输入 $X(t)$ 为平稳随机过程,求证:输

出 $Y_1(t)$ 和 $Y_2(t)$ 的互谱密度为 $G_{Y_1Y_2}(\omega)=H_1^*(\omega)H_2(\omega)G_X(\omega)$。

4.19 题 4.20 中,若 $X(t)$ 是零均值、非零方差的平稳高斯过程,求:

(1) 使输出 $Y_1(t)$,$Y_2(t)$ 为统计独立过程时 $h_1(t)$ 和 $h_2(t)$ 应具备的条件;

(2) 举出满足上述条件的两个滤波器的实例(可以用传输函数的图形表示)。

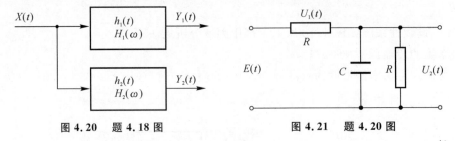

图 4.20 题 4.18 图   图 4.21 题 4.20 图

4.20 如图 4.21 所示电路,输入 $E(t)$ 为电报信号,功率谱密度为 $G_E(\omega)=\dfrac{4\lambda}{4\lambda^2+\omega^2}$,求两

个电阻上的随机电压 $U_1(t)$ 及 $U_2(t)$ 的功率谱密度。

4.21 如图 4.22 所示的线性系统,其输入 $X(t)$ 和 $Y(t)$ 是相互统计独立的平稳随机过

程,根据 $R_X(\tau)$,$R_Y(\tau)$ 和 $G_X(\omega)$,$G_Y(\omega)$,分别求输出 $Z(t)$ 的自相关函数 $R_Z(\tau)$ 和功率谱密度

$G_Z(\omega)$。

4.22　平稳随机过程 $X(t)$,通过传输函数为 $H(\omega)$ 的线性系统,求证:输出 $Y(t)$ 的单边功率谱密度为 $F_Y(\omega) = H^*(\omega) F_{XY}(\omega)$。

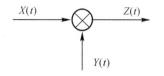

图 4.22　题 4.21 图

4.23　设有冲激响应为 $h(t)$ 的线性系统。系统输入 $X(t)$ 为零均值的平稳高斯随机过程,该过程的自相关函数为 $R_X(\tau) = \delta(\tau)$。问:$h(t)$ 具备什么条件,可使输入过程 $X(t)$ 与输出过程 $Y(t)$,在时刻 $t = t_1$ 的两个随机变量相互独立。

4.24　若线性系统输入平稳随机过程 $X(t)$ 的功率谱密度为 $G_X(\omega) = \dfrac{3 + \omega^2}{8 + \omega^2}$,现要求系统输出 $Y(t)$ 的功率谱密度 $G_Y(\omega) = 1$,求相应的稳定系统的传输函数。

4.25　构造一个稳定的线性系统,使系统输入一个单位谱高度的白噪声时,系统输出的功率谱密度为 $G_Y(\omega) = \dfrac{\omega^2 + 4}{\omega^4 + 10\omega^2 + 9}$。

4.26　低通型线性电路的传输函数为 $H(\omega)$,输入白噪声的功率谱密度为 $G_X(\omega) = N_0/2$,现用一个传输函数为 $H_e(\omega) = \begin{cases} H(0), & |\omega| \leqslant \beta \\ 0, & |\omega| > \beta \end{cases}$ 的等效系统来代替原系统的传输函数,等效系统的输出记为 $Y_e(t)$。

(1) 求 β,使得 $E[Y_e^2(t)] = E[Y^2(t)]$;

(2) 当 $H(\omega) = \dfrac{\alpha}{\mathrm{j}\omega + 2}$ 时,计算噪声等效带宽。

4.27　某个放大器,其功率增益随频率的变化为 $|H(\omega)|^2 = \dfrac{10}{[1 + (\omega/1\,000)^2]^2}$,求该放大器的噪声等效带宽。

第5章 窄带随机过程

由于任何实际电子系统的带宽都是有限的,因此,随机过程通过带宽有限的线性系统后,输出随机过程的带宽也是有限的。对于带通型的随机过程,如果它的功率谱密度只分布在中心频率(或称为载波频率)ω_0附近的一个很小的频带范围 $\Delta\omega$ 内,且频带宽度 $\Delta\omega$ 远小于中心频率(或称为载波频率)ω_0,即 $\Delta\omega \ll \omega_0$,则称它为窄带随机过程。窄带随机过程是通信、雷达、声呐等领域常见的随机过程,本章介绍窄带随机过程的分析方法和特性。

希尔伯特变换是分析窄带信号的数学工具,本章首先在 5.1 节引入希尔伯特变换的概念和特性;然后在 5.2 节讨论窄带信号处理中非常常用的复信号表示和分析方法,引入了解析信号和复指数函数的表示方法,复信号表示方法可以简化分析过程;5.3 节将窄带随机过程表示成准正弦振荡的形式,并分析其同相分量和正交分量的特性;5.4 节介绍工程中常见的窄带高斯随机过程的包络和相位的概率分布,最后在 5.5 节给出窄带随机过程的相关仿真。

5.1 希尔伯特变换

希尔伯特变换是分析窄带信号的数学工具,也是信号处理中常用的一种线性变换。

5.1.1 希尔伯特变换的定义

假设有一个实信号 $x(t)$,它的希尔伯特变换(Hilbert transform)定义为

$$\hat{x}(t) = H[x(t)] = x(t) * \frac{1}{\pi t} = \frac{1}{\pi}\int_{-\infty}^{\infty}\frac{x(t-\tau)}{\tau}\mathrm{d}\tau = \frac{1}{\pi}\int_{-\infty}^{\infty}\frac{x(\tau)}{t-\tau}\mathrm{d}\tau \tag{5.1}$$

式中,$\hat{\cdot}$ 和 $H[\cdot]$ 都表示希尔伯特变换。

如果已知 $\hat{x}(t)$,可以通过希尔伯特反变换得到 $x(t)$,希尔伯特反变换定义为

$$x(t) = H^{-1}[\hat{x}(t)] = \hat{x}(t) * \left(-\frac{1}{\pi t}\right) = -\frac{1}{\pi}\int_{-\infty}^{\infty}\frac{\hat{x}(t-\tau)}{\tau}\mathrm{d}\tau = -\frac{1}{\pi}\int_{-\infty}^{\infty}\frac{\hat{x}(\tau)}{t-\tau}\mathrm{d}\tau \tag{5.2}$$

例 5.1 已知信号 $x(t) = \cos\omega_0 t$,求它的希尔伯特变换 $\hat{x}(t)$。

解 $x(t)$ 希尔伯特变换为

$$\hat{x}(t) = \frac{1}{\pi}\int_{-\infty}^{\infty}\frac{x(t-\tau)}{\tau}\mathrm{d}\tau = \frac{1}{\pi}\int_{-\infty}^{\infty}\frac{\cos\left[\omega_0(t-\tau)\right]}{\tau}\mathrm{d}\tau =$$

$$\frac{1}{\pi}\int_{-\infty}^{\infty}\left[\cos\omega_0 t\,\frac{\cos\omega_0\tau}{\tau} + \sin\omega_0 t\,\frac{\sin\omega_0\tau}{\tau}\right]\mathrm{d}\tau$$

上式中第一项的被积函数是奇函数,积分的结果为零,因此得

$$\hat{x}(t) = \frac{\sin\omega_0 t}{\pi}\int_{-\infty}^{\infty}\frac{\sin\omega_0\tau}{\tau}\mathrm{d}\tau = \sin\omega_0 t$$

5.1.2　希尔伯特变换的性质

在讨论希尔伯特变换的性质之前,先针对确定信号,定义确定信号的自相关函数和互相关函数。确定信号 $x(t)$ 的自相关函数定义为

$$R_x(\tau) = \int_{-\infty}^{\infty} x(t)x(t+\tau)\,\mathrm{d}t \tag{5.3}$$

确定信号 $x(t),y(t)$ 的互相关函数定义为

$$R_{xy}(\tau) = \int_{-\infty}^{\infty} x(t)y(t+\tau)\,\mathrm{d}t \tag{5.4}$$

由式(5.3)和式(5.4)可见,确定信号的相关函数是时间相关函数,而随机信号的相关函数是统计相关函数。确定信号的时间相关函数与它的能谱密度互为傅里叶变换。

希尔伯特变换除了数学上的特性外,在物理上也有明确的含义。下面讨论希尔伯特变换的主要性质,并给出简要的证明。这些性质如没有特别声明,对于确定信号和随机信号都是适用的,而证明过程则只针对确定信号,对于随机信号的证明是类似的。

(1)希尔伯特变换的物理含义:希尔伯特变换是一个 $\pi/2$ 的移相器,它对所有的正频率移相 $-\pi/2$,而对所有的负频率移相 $\pi/2$。

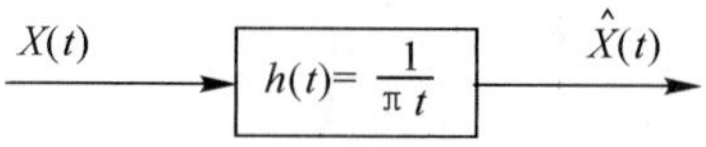

图 5.1　希尔伯特变换

希尔伯特变换是信号与 $1/\pi t$ 的卷积,因此可以将希尔伯特变换看作一个线性系统,如图 5.1所示,系统的冲激响应为

$$h(t) = \frac{1}{\pi t} \tag{5.5}$$

对冲激响应进行傅里叶变换,得到系统的传输函数为

$$H(\omega) = \int_{-\infty}^{\infty} h(t)\mathrm{e}^{-\mathrm{j}\omega t}\,\mathrm{d}t = \int_{-\infty}^{\infty} \frac{1}{\pi t}\mathrm{e}^{-\mathrm{j}\omega t}\,\mathrm{d}t = -\mathrm{j}\operatorname{sgn}(\omega) = \begin{cases} -\mathrm{j}, & \omega > 0 \\ 0, & \omega = 0 \\ \mathrm{j}, & \omega < 0 \end{cases} \tag{5.6}$$

式中,sgn (•) 为符号函数。由于希尔伯特变换主要用于带通信号,直流分量很小,甚至为零,即使存在直流分量,希尔伯特变换后直流分量也变为零。因此,如果没有特别说明,在后面的分析、讨论和叙述中不考虑直流分量,即 $\omega = 0$ 的情况。

由式(5.6)可得系统的幅频特性和相频特性,分别为

$$|H(\omega)| = 1, \quad \omega \neq 0 \tag{5.7}$$

$$\arg\left[H(\omega)\right] = \begin{cases} -\dfrac{\pi}{2}, & \omega > 0 \\ \dfrac{\pi}{2}, & \omega < 0 \end{cases} \tag{5.8}$$

可见,希尔伯特变换可以看作一个全通滤波器(零频除外);也可以看作一个 $\pi/2$ 的理想移相器,它对所有的正频率移相 $-\pi/2$,而对所有的负频率移相 $\pi/2$。

希尔伯特变换的冲激响应、幅频特性和相频特性如图 5.2所示。

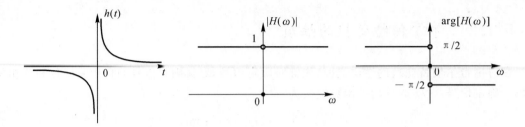

图 5.2　希尔伯特变换的冲激响应、幅频特性和相频特性

虽然希尔伯特变换可以看作一个线性系统,但是应该注意到,它不是一个物理可实现系统。工程上,要实现希尔伯特变换滤波器,必须进行一定的变换,使其成为物理可实现系统。常用的方法是将冲激响应 $1/\pi t$ 延迟一个时间 t_0,并令 $t < 0$ 时,$h(t) = 0$,即

$$h(t) = \begin{cases} \dfrac{1}{\pi(t - t_0)}, & t > 0 \\ 0, & t < 0 \end{cases} \quad (t_0 > 0) \tag{5.9}$$

令 $t < 0$ 时,$h(t) = 0$ 会引入一些误差,只要延迟时间 t_0 选取得合适,引入的误差就可以忽略不计。图 5.3 给出了物理可实现的希尔伯特滤波器的冲激响应。

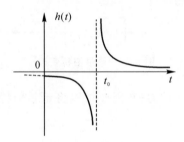

图 5.3　希尔伯特变换的工程实现

(2)$x(t)$ 的希尔伯特变换为 $\hat{x}(t)$,$\hat{x}(t)$ 的希尔伯特变换为 $-x(t)$,即

$$\hat{\hat{x}}(t) = -x(t) \tag{5.10}$$

由式(5.2)和式(5.1)可得

$$\hat{\hat{x}}(t) = \hat{x}(t) * \frac{1}{\pi t} = -x(t) \tag{5.11}$$

这一性质也可以由性质(1)解释,信号 $x(t)$ 经过两次希尔伯特变换,所有的正频率移相 $-\pi$,而所有的负频率移相 $+\pi$,对所有的频率(零频除外)移相 π,即对所有的频率反相。

(3)确定信号 $x(t)$ 与其希尔伯特变换 $\hat{x}(t)$,具有相同的能谱密度、时间自相关函数以及总能量;随机信号 $X(t)$ 与其希尔伯特变换 $\hat{X}(t)$,具有相同的功率谱密度、自相关函数以及平均功率。

信号与其希尔伯特变换具有相同的能谱或功率谱密度比较好理解,因为希尔伯特变换只影响信号的相位,而不影响信号的幅度,而能谱和功率谱密度都不包含相位信息。

由 $\hat{X}(\omega) = -j\mathrm{sgn}(\omega) \cdot X(\omega)$,可得

$$|\hat{X}(\omega)|^2 = |X(\omega)|^2 \tag{5.12}$$

$$\lim_{T\to\infty}\frac{1}{2T}E\big[|\hat{X}_T(\omega)|^2\big]=\lim_{T\to\infty}\frac{1}{2T}E\big[|X_T(\omega)|^2\big] \tag{5.13}$$

对于确定信号,时间自相关函数与能谱密度互为傅里叶变换;对于随机信号,自相关函数与功率谱密度互为傅里叶变换,因此它们的时间自相关函数或自相关函数也是相同的。

而对式(5.12)或式(5.13)在整个频域积分,可知它们的总能量或平均功率也是相同的。

(4) 信号 $x(t)$ 与它的希尔伯特变换 $\hat{x}(t)$ 的互相关函数 $R_{x\hat{x}}(\tau)$ 等于信号 $x(t)$ 的自相关函数的希尔伯特变换 $\hat{R}_x(\tau)$,即

$$R_{x\hat{x}}(\tau)=\hat{R}_x(\tau) \tag{5.14}$$

证明　信号 $x(t)$ 与它的希尔伯特变换 $\hat{x}(t)$ 的互相关函数为

$$R_{x\hat{x}}(\tau)=\int_{-\infty}^{\infty}x(t)\hat{x}(t+\tau)\mathrm{d}t=\int_{-\infty}^{\infty}x(t)\int_{-\infty}^{\infty}\frac{x(t+\tau-\lambda)}{\pi\lambda}\mathrm{d}\lambda\,\mathrm{d}t=$$

$$\int_{-\infty}^{\infty}\frac{1}{\pi\lambda}\Big[\int_{-\infty}^{\infty}x(t)x(t+\tau-\lambda)\mathrm{d}t\Big]\mathrm{d}\lambda=\int_{-\infty}^{\infty}\frac{R_x(\tau-\lambda)}{\pi\lambda}\mathrm{d}\lambda=\hat{R}_x(\tau)$$

同理可得
$$R_{\hat{x}x}(\tau)=-\hat{R}_x(\tau)$$

(5) $x(t)$ 与 $\hat{x}(t)$ 在同一时刻正交,即

$$\int_{-\infty}^{\infty}x(t)\hat{x}(t)\mathrm{d}t=0 \tag{5.15}$$

由性质(4) 可得

$$R_{x\hat{x}}(\tau)=-R_{\hat{x}x}(\tau)=\hat{R}_x(\tau)$$

又由于

$$R_{\hat{x}x}(\tau)=\int_{-\infty}^{\infty}\hat{x}(t)x(t+\tau)\mathrm{d}t=\int_{-\infty}^{\infty}x(t+\tau)\hat{x}(t)\mathrm{d}t=R_{x\hat{x}}(-\tau)$$

故得

$$R_{x\hat{x}}(\tau)=-R_{x\hat{x}}(-\tau)$$

显然,当 $\tau=0$ 时,有 $R_{x\hat{x}}(0)=0$,即

$$\int_{-\infty}^{\infty}x(t)\hat{x}(t)\mathrm{d}t=0$$

(6) 若 $y(t)=f(t)*x(t)$,则有

$$\hat{y}(t)=\hat{f}(t)*x(t)=f(t)*\hat{x}(t) \tag{5.16}$$

证明　根据卷积运算的结合律可以证明该性质:

$$\hat{y}(t)=\frac{1}{\pi}\int_{-\infty}^{\infty}\frac{y(\tau)}{t-\tau}\mathrm{d}\tau=\frac{1}{\pi}\int_{-\infty}^{\infty}\int_{-\infty}^{\infty}\frac{f(\eta)x(\tau-\eta)}{t-\tau}\mathrm{d}\eta\mathrm{d}\tau=\int_{-\infty}^{\infty}f(\eta)\Big[\int_{-\infty}^{\infty}\frac{x(\tau-\eta)}{\pi(t-\tau)}\mathrm{d}\tau\Big]\mathrm{d}\eta$$

令 $\lambda=\tau-\eta$,得

$$\hat{y}(t)=\int_{-\infty}^{\infty}f(\eta)\Big[\int_{-\infty}^{\infty}\frac{x(\lambda)}{\pi(t-\eta-\lambda)}\mathrm{d}\lambda\Big]\mathrm{d}\eta=\int_{-\infty}^{\infty}f(\eta)\hat{x}(t-\eta)\mathrm{d}\eta=f(t)*\hat{x}(t)$$

同理可证

$$\hat{y}(t)=\hat{f}(t)*x(t)$$

实际上,应用卷积运算的结合律很容易证明这一性质。

(7) 偶函数的希尔伯特变换是奇函数,奇函数的希尔伯特变换是偶函数。

这一性质的证明留作习题。

5.2 复 信 号

物理上存在的信号都是实信号,而实信号的频谱总是包含正负两种频率成分,其幅频特性为偶函数,相频特性为奇函数,即正负两种频率成分只要知道其中的一个,就可以得到另一个,因此,正负两种频率成分包含的信息是有冗余的。在研究和分析信号时,采用单边谱往往能简化对问题的分析,而不会丢失信息。

这一节先介绍满足上述两个条件的确定信号的复数表示方法,然后再引申到随机信号的复数表示方法。

5.2.1 确定信号的复信号表示

设实信号 $x(t)$ 的频谱为 $X(\omega)$,为了简化分析,希望得到一种复信号 $\widetilde{x}(t)$,它同时满足以下两个条件:

(1)
$$x(t) = \mathrm{Re}\left[\widetilde{x}(t)\right] \tag{5.17}$$

(2)
$$\widetilde{X}(\omega) = \begin{cases} 2X(\omega), & \omega > 0 \\ 0, & \omega < 0 \end{cases} \tag{5.18}$$

式中,$\widetilde{X}(\omega)$ 为复信号 $\widetilde{x}(t)$ 的频谱。

1. 解析信号

由实信号 $x(t)$ 和它的希尔伯特变换 $\hat{x}(t)$ 构成的复信号为

$$\widetilde{x}(t) = x(t) + \mathrm{j}\hat{x}(t) \tag{5.19}$$

称为 $x(t)$ 的解析信号(analytic signal)或预包络(pre-envelope)。

若实信号 $x(t)$ 的频谱为 $X(\omega)$,则它的解析信号的频谱为

$$\widetilde{X}(\omega) = X(\omega) + \mathrm{j}\hat{X}(\omega) = X(\omega) + \mathrm{sgn}\,(\omega)X(\omega) = \begin{cases} 2X(\omega), & \omega > 0 \\ 0, & \omega < 0 \end{cases} \tag{5.20}$$

解析信号的能量为

$$E_{\widetilde{x}} = \int_{-\infty}^{\infty} \widetilde{x}(t)\widetilde{x}^*(t)\mathrm{d}t = \frac{1}{2\pi}\int_{-\infty}^{\infty} |\widetilde{X}(\omega)|^2\mathrm{d}\omega = 2E_x \tag{5.21}$$

由式(5.19)和式(5.20)可以看出,解析信号的实部就是原实信号,而虚部是原实信号的希尔伯特变换。解析信号的频谱只在正频率上存在,在负频率上为零。解析信号的能量是原实信号的能量的两倍。可见,解析信号满足式(5.17)和式(5.18)的两个条件。

解析信号具有以下重要性质:

(1) 解析信号的频谱只在正频率上存在,在负频率上为零。

(2) 解析信号的幅度就是实信号波形的包络,对窄带信号而言,这个包络有实际的物理意义。

（3）解析信号的相位等于实信号波形的相位。

例 5.2 已知信号 $x(t) = a\cos(\omega_0 t + \varphi)$，求它的解析信号 $\tilde{x}(t)$。

解 $x(t)$ 希尔伯特变换为

$$\hat{x}(t) = \frac{1}{\pi}\int_{-\infty}^{\infty}\frac{x(t-\tau)}{\tau}d\tau = \frac{1}{\pi}\int_{-\infty}^{\infty}\frac{a\cos\lfloor\omega_0(t-\tau)+\varphi\rfloor}{\tau}d\tau =$$

$$\frac{a}{\pi}\int_{-\infty}^{\infty}\left[\cos(\omega_0 t + \varphi)\frac{\cos\omega_0\tau}{\tau} + \sin(\omega_0 t + \varphi)\frac{\sin\omega_0\tau}{\tau}\right]d\tau =$$

$$\frac{a\sin(\omega_0 t + \varphi)}{\pi}\int_{-\infty}^{\infty}\frac{\sin\omega_0\tau}{\tau}d\tau = a\sin(\omega_0 t + \varphi)$$

$x(t)$ 解析信号为

$$\tilde{x}(t) = x(t) + j\hat{x}(t) = a[\cos(\omega_0 t + \varphi) + j\sin(\omega_0 t + \varphi)] = ae^{j(\omega_0 t + \varphi)}$$

解析信号 $\tilde{x}(t)$ 的频谱为

$$\tilde{X}(\omega) = 2\pi ae^{j\varphi}\delta(\omega - \omega_0)$$

例 5.3 窄带信号 $x(t) = a(t)\cos\omega_0 t$，其中，$a(t)$ 为低频限带信号，其频谱为 $A(\omega)$，频谱限定在 $|\omega| < \Delta\omega/2$ 的低频范围内，且 $\omega_0 > \Delta\omega/2$，求窄带信号 $x(t)$ 的解析信号 $\tilde{x}(t)$。

解 由于 $a(t)$ 的频谱为 $A(\omega)$，限定在 $|\omega| < \Delta\omega/2$ 的低频范围内，且 $\omega_0 > \Delta\omega/2$，因此，$x(t)$ 的频谱为

$$X(\omega) = \frac{1}{2}\left[A(\omega - \omega_0) + A(\omega + \omega_0)\right] = \begin{cases} \dfrac{1}{2}A(\omega - \omega_0), & \omega > 0 \\[2mm] \dfrac{1}{2}A(\omega + \omega_0), & \omega < 0 \end{cases}$$

$x(t)$ 的希尔伯特变换的频谱为

$$\hat{X}(\omega) = -j\,\mathrm{sgn}(\omega)X(\omega) = \begin{cases} -\dfrac{j}{2}A(\omega - \omega_0), & \omega > 0 \\[2mm] \dfrac{j}{2}A(\omega + \omega_0), & \omega < 0 \end{cases} = -\frac{j}{2}\left[A(\omega - \omega_0) - A(\omega + \omega_0)\right]$$

对上式作傅里叶反变换，可得 $x(t)$ 的希尔伯特变换 $\hat{x}(t)$ 为

$$\hat{x}(t) = a(t)\sin\omega_0 t$$

$x(t)$ 解析信号为

$$\tilde{x}(t) = x(t) + j\hat{x}(t) = a(t)[\cos\omega_0 t + j\sin\omega_0 t] = a(t)e^{j\omega_0 t}$$

由这两个例子可以清晰地验证解析信号的性质。

2. 高频窄带信号的复指数函数表示

解析信号是具有单边谱特性的复信号，但是要得到解析信号，需要进行希尔伯特变换，而在很多情况下，求解希尔伯特变换是非常困难的，如下面将要讨论的高频窄带信号。

一个高频窄带信号可以表示为

$$x(t) = a(t)\cos[\omega_0 t + \varphi(t)] \tag{5.22}$$

式中，$a(t)$ 和 $\varphi(t)$ 分别为信号的振幅调制和相位调制，它们都是低频限带信号，与载波 $\cos\omega_0 t$ 相比，它们随时间的变化要缓慢得多。将式（5.22）展开，可得

$$x(t) = a(t)\cos\varphi(t)\cos\omega_0 t - a(t)\sin\varphi(t)\sin\omega_0 t = a_c(t)\cos\omega_0 t - a_s(t)\sin\omega_0 t \tag{5.23}$$

式中

随机信号分析

$$a_c(t) = a(t)\cos\varphi(t) \left.\begin{matrix}\\\\\end{matrix}\right\} \tag{5.24}$$
$$a_s(t) = a(t)\sin\varphi(t)$$

对于式(5.22)的高频窄带信号,要得到它的希尔伯特变换是非常困难的,而参照例5.3可以直接写出高频窄带信号的另一种复数形式——复指数函数。定义 $x(t)$ 的复指数函数为

$$\widetilde{x}(t) = a(t)\cos\left[\omega_0 t + \varphi(t)\right] + ja(t)\sin\left[\omega_0 t + \varphi(t)\right] = a(t)e^{j\left[\omega_0 t + \varphi(t)\right]} =$$
$$a(t)e^{j\varphi(t)} \cdot e^{j\omega_0 t} = m_x(t) \cdot e^{j\omega_0 t} \tag{5.25}$$

式中

$$m_x(t) = a(t)e^{j\varphi(t)} = a(t)\cos\varphi(t) + ja(t)\sin\varphi(t) = a_c(t) + ja_s(t) \tag{5.26}$$

复指数函数将高频窄带信号分成两个部分, $m_x(t)$ 称为信号的复包络,而 $e^{j\omega_0 t}$ 称为信号的复载频。复包络 $m_x(t)$ 包含了信号的振幅调制和相位调制,是信号的低频部分,与高频的复载波 $e^{j\omega_0 t}$ 相比,复包络随时间的变化要缓慢得多。

3. 复指数函数表示的误差分析

显然,复指数函数满足式(5.17)的条件,那是否满足式(5.18)的条件呢? 下面分析复指数函数的频谱。为区别起见,分析中将复指数函数用 $\widetilde{x}_e(t)$ 表示,它的频谱用 $\widetilde{X}_e(\omega)$ 表示。

设高频窄带信号复包络 $m_x(t)$ 的频谱为 $M_x(\omega)$,对式(5.25)作傅里叶变换,可得复指数函数的频谱为

$$\widetilde{X}_e(\omega) = M_x(\omega - \omega_0) \tag{5.27}$$

再来分析复指数函数的频谱 $\widetilde{X}_e(\omega)$ 与原实信号的频谱 $X(\omega)$ 的关系,由式(5.25)可得

$$x(t) = \text{Re}\left[\widetilde{x}_e(t)\right] = \frac{1}{2}\left[\widetilde{x}_e(t) + \widetilde{x}_e^*(t)\right] \tag{5.28}$$

由傅里叶变换的共轭特性,可知

$$\widetilde{x}_e^*(t) \leftrightarrow \widetilde{X}_e^*(-\omega) \tag{5.29}$$

对式(5.28)作傅里叶变换,可得原实信号的频谱为

$$X(\omega) = \frac{1}{2}\left[\widetilde{X}_e(\omega) + \widetilde{X}_e^*(-\omega)\right] = \frac{1}{2}\left[M_x(\omega - \omega_0) + M_x^*(-\omega - \omega_0)\right] \tag{5.30}$$

综合式(5.30)、式(5.27),得

$$\widetilde{X}_e(\omega) = M_x(\omega - \omega_0) = 2X(\omega) - M_x^*(-\omega - \omega_0) \tag{5.31}$$

要使复指数函数的频谱满足式(5.18),则必须满足:

$$M_x^*(-\omega - \omega_0) = \begin{cases} 0, & \omega > 0 \\ 2X(\omega), & \omega < 0 \end{cases}$$

通过图5.4分别给出满足和不满足的两种情况。由图5.4(a)可见,要使复指数函数的频谱满足式(5.18),则复包络的频谱必须是一个严格的限带信号,且其带宽必须小于载频 ω_0,带宽以外的频谱必须为零。若不满足这一条件,即复包络的频谱在小于 $-\omega_0$ 的尾部不为零,即使频谱的幅度很小,也不满足式(5.18)的条件,如图5.4(b)所示。

这就是说,用复指数函数表示高频窄带信号是对理想的解析信号的一种近似,而这种近似是有误差的,误差是由复包络的频谱在小于 $-\omega_0$ 的尾部引起的,图形上体现在图5.4(b)中的阴影部分。它的误差为

$$\varepsilon(t) = 2\text{Im}\left[\frac{1}{2\pi}\int_{-\infty}^{-\omega_0} M_x(\omega)e^{j(\omega+\omega_0)t}d\omega\right] \tag{5.32}$$

— 158 —

式(5.32) 是对复包络的频谱在小于 $-\omega_0$ 的尾部作傅里叶反变换得到的。由于复指数函数近似解析信号时实部没有误差，而虚部不是理想的希尔伯特变换，即误差是由虚部产生的，式中取虚部。由图 5.4(b) 中的阴影部分可以看到，正频率和负频率都存在误差，两部分是对称的，因此式中取两倍。

实际的信号很难满足严格的限带信号这一要求，虽然带宽以外的频谱幅度很小，但并不为零。对于高频窄带信号用复指数函数代替解析信号，复包络频谱在 $\omega < -\omega_0$ 的尾部包含的能量通常是很小的，引入的误差通常也是很小的，因此可以忽略不计。而对于宽带信号，则要仔细分析，确保引入的误差是可接受的，这样才能用复指数函数代替解析信号。

用复指数函数代替解析信号会给理论分析和工程实现带来很大的方便。

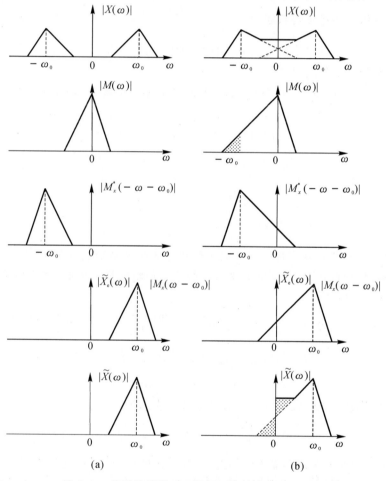

图 5.4　复指数函数对理想解析信号的近似示意图

一方面，要得到解析信号，则必须进行希尔伯特变换。如第 5.1 节所述，希尔伯特变换是物理不可实现的，工程上要实现希尔伯特变换需要进行一定的转换，如图 5.5 所示，而这种转换本身也是有误差的。图中的实部也延迟了 t_0，以保证两个支路的延迟一致。

另一方面，由式(5.25) 可以看到，复指数函数将信号分成了复包络和复载频两个部分。复载频只是信息的载体，本身不包含任何信息，而复包络则包含了所有有用的信息。采用如图

5.6 所示的正交解调可以很容易地提取出有用的复包络,而丢弃不包含信息的载频,进而在低频对信号进行处理。

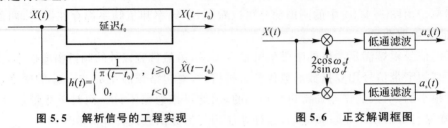

图 5.5 解析信号的工程实现   图 5.6 正交解调框图

4. 高频窄带信号通过窄带系统

复信号的表示方法可以推广应用到线性系统中,从而简化对系统的分析。这里主要讨论窄带信号通过窄带系统的问题。

系统为具有实冲激响应 $h(t)$ 的线性系统,系统的输入为解析信号 $\tilde{x}(t)=x(t)+\mathrm{j}\hat{x}(t)$,则系统的输出为

$$\tilde{y}(t)=\tilde{x}(t)*h(t)=[x(t)+\mathrm{j}\hat{x}(t)]*h(t)=$$
$$x(t)*h(t)+\mathrm{j}\hat{x}(t)*h(t)=y(t)+\mathrm{j}\hat{y}(t) \tag{5.33}$$

式中

$$y(t)=x(t)*h(t) \tag{5.34}$$

$$\hat{y}(t)=\hat{x}(t)*h(t)=y(t)*\frac{1}{\pi t} \tag{5.35}$$

式中,$y(t)$ 和 $\hat{y}(t)$ 分别为输入解析信号的实部和虚部通过系统后的输出,根据希尔伯特变换的性质(6)可得,输出的虚部 $\hat{y}(t)$ 为实部 $y(t)$ 的希尔伯特变换。因此,当线性系统输入是解析信号时,输出也是解析信号。

根据前面对高频窄带信号的讨论,系统的输入和输出可以用复指数函数来近似解析信号,分别为

$$\tilde{x}(t)=x(t)+\mathrm{j}\hat{x}(t)\approx m_x(t)\mathrm{e}^{\mathrm{j}\omega_0 t} \tag{5.36}$$

$$\tilde{y}(t)=y(t)+\mathrm{j}\hat{y}(t)\approx m_y(t)\mathrm{e}^{\mathrm{j}\omega_0 t} \tag{5.37}$$

同理,一个冲激响应为 $h(t)$ 的窄带线性系统可表示为

$$\tilde{h}(t)=\frac{1}{2}[h(t)+\mathrm{j}\hat{h}(t)]\approx m_h(t)\mathrm{e}^{\mathrm{j}\omega_0 t} \tag{5.38}$$

式中:取 1/2 是为了保证在相同输入的情况下,复系统的输出功率(或能量)与对应的实系统的输出功率(或能量)相等;$m_h(t)$ 为系统特性的"复包络",称作复冲激响应,它相当于系统的等效低通冲激响应。由式(5.38)可得

$$h(t)=2\mathrm{Re}\,[\tilde{h}(t)]=2\mathrm{Re}\,[m_h(t)\mathrm{e}^{\mathrm{j}\omega_0 t}]=m_h(t)\mathrm{e}^{\mathrm{j}\omega_0 t}+m_h^*(t)\mathrm{e}^{-\mathrm{j}\omega_0 t} \tag{5.39}$$

用复指数函数表示的系统输入输出关系为

$$m_y(t)\mathrm{e}^{\mathrm{j}\omega_0 t}=m_x(t)\mathrm{e}^{\mathrm{j}\omega_0 t}*h(t)=\int_{-\infty}^{\infty}h(\tau)m_x(t-\tau)\mathrm{e}^{\mathrm{j}\omega_0(t-\tau)}\mathrm{d}\tau=$$

$$\mathrm{e}^{\mathrm{j}\omega_0 t}\cdot\int_{-\infty}^{\infty}h(\tau)m_x(t-\tau)\mathrm{e}^{-\mathrm{j}\omega_0\tau}\mathrm{d}\tau \tag{5.40}$$

即

$$m_y(t) = \int_{-\infty}^{\infty} h(\tau) m_x(t-\tau) e^{-j\omega_0\tau} d\tau \qquad (5.41)$$

将式(5.39)代入式(5.41),得

$$m_y(t) = \int_{-\infty}^{\infty} \left[m_h(\tau) e^{j\omega_0\tau} + m_h^*(\tau) e^{-j\omega_0\tau} \right] m_x(t-\tau) e^{-j\omega_0\tau} d\tau =$$

$$\int_{-\infty}^{\infty} \left[m_h(\tau) + m_h^*(\tau) e^{-2j\omega_0\tau} \right] m_x(t-\tau) d\tau =$$

$$m_x(t) * m_h(t) + m_x(t) * m_h^*(t) e^{-2j\omega_0 t} \qquad (5.42)$$

对于高频窄带信号和窄带系统,式(5.42)中的第二项很小,这可以从频域来解释。设输入信号复包络的频谱为 $M_x(\omega)$,它的频谱处在低频段;系统复包络的频谱为 $M_h(\omega)$,$m_h^*(t) e^{-2j\omega_0 t}$ 的频谱为 $M_h^*(-\omega - 2\omega_0)$,它的频谱处在以 $-2\omega_0$ 为中心的高频段。处在低频段的 $M_x(\omega)$ 和处在高频段的 $M_h^*(-\omega - 2\omega_0)$ 的频谱的相交部分很少,而且幅度也很小,频域相乘后也很小,可以忽略不计。因此式(5.42)近似为

$$m_y(t) \approx m_x(t) * m_h(t) \qquad (5.43)$$

式(5.43)表明:高频窄带信号通过窄带系统,可以等效为信号的复包络通过相应的低通系统,输出复包络可由输入信号的复包络与系统的复冲激响应的卷积获得。

对于高频窄带信号和窄带系统,采用复指数函数的表示和分析方法,可以将问题转化到包含信息的信号复包络和系统复冲激响应上,丢弃不包含信息的高频载波,在低频段对信息进行分析和处理,使问题的分析与运算大为简化。

对于宽带信号和宽带系统,若要采用复指数函数的表示和分析方法,则需要仔细分析式(5.32)和式(5.42)第二项引入的误差,确保误差可以接受,否则不能采用这种方法。

5.2.2　随机信号的复信号表示

对于确定信号的复信号表示和分析方法,同样可以应用到对随机信号的表示和分析。不同点在于,随机信号通常是能量无限的,因此不能用它的频谱,而要用功率谱密度。设实随机过程 $X(t)$ 的功率谱密度为 $G_X(\omega)$,为了简化分析,希望得到一种复随机过程 $\widetilde{X}(t)$,它同时满足以下两个条件:

(1)
$$X(t) = \text{Re} \left[\widetilde{X}(t) \right] \qquad (5.44)$$

(2)
$$G_{\widetilde{X}}(\omega) = \begin{cases} 4G_X(\omega), & \omega > 0 \\ 0, & \omega < 0 \end{cases} \qquad (5.45)$$

式中,$G_{\widetilde{X}}(\omega)$ 为复随机过程 $\widetilde{X}(t)$ 的功率谱密度。

1. 解析过程

与解析信号类似,定义解析过程是由实随机过程 $X(t)$ 和它的希尔伯特变换 $\hat{X}(t)$ 构成的复随机过程为

$$\widetilde{X}(t) = X(t) + j\hat{X}(t) \qquad (5.46)$$

对解析过程的任一样本函数 ζ 在时间 $(-T, T)$ 进行截取,得到样本的时间截取函数,为

$$\tilde{x}_T(t,\zeta) = x_T(t,\zeta) + j\hat{x}_T(t,\zeta) \tag{5.47}$$

对样本的时间截取函数作傅里叶变换,样本时间截取函数的频谱为

$$\tilde{X}_T(\omega,\zeta) = X_T(\omega,\zeta) + j\hat{X}_T(\omega,\zeta) = \begin{cases} 2X_T(\omega,\zeta), & \omega > 0 \\ 0, & \omega < 0 \end{cases} \tag{5.48}$$

对频谱的模二次方作时间平均并求极限,可得样本的功率谱密度为

$$G_{\tilde{X}_T}(\omega,\zeta) = \lim_{T\to\infty}\frac{1}{2T}|\tilde{X}_T(\omega,\zeta)|^2 = \begin{cases} 4G_{X_T}(\omega,\zeta), & \omega > 0 \\ 0, & \omega < 0 \end{cases} \tag{5.49}$$

对样本的功率谱密度求统计平均,可得解析过程的功率谱密度为

$$G_{\tilde{X}}(\omega) = E[G_{\tilde{X}_T}(\omega,\zeta)] = \begin{cases} 4G_X(\omega), & \omega > 0 \\ 0, & \omega < 0 \end{cases} \tag{5.50}$$

可见,解析过程 $\tilde{X}(t)$ 满足式(5.44)和式(5.45)的要求。

若实随机过程 $X(t)$ 是平稳的,由于希尔伯特变换是线性变换,因此 $\hat{X}(t)$ 也是平稳的,进而解析过程 $\tilde{X}(t)$ 也是平稳的。若实随机过程 $X(t)$ 是各态历经的,则 $\hat{X}(t)$ 也是各态历经的,进而解析过程 $\tilde{X}(t)$ 也是各态历经的。

设解析过程 $\tilde{X}(t)$ 是平稳随机过程,则它的自相关函数为

$$R_{\tilde{X}}(\tau) = E[\tilde{X}^*(t)\tilde{X}(t+\tau)] = E\{[X(t) - j\hat{X}(t)][X(t+\tau) + j\hat{X}(t+\tau)]\} =$$
$$R_X(\tau) + R_{\hat{X}}(\tau) + j[R_{X\hat{X}}(\tau) - R_{\hat{X}X}(\tau)] \tag{5.51}$$

由希尔伯特变换的性质(3)和(4)可知,$R_X(\tau) = R_{\hat{X}}(\tau)$,$R_{X\hat{X}}(\tau) = -R_{\hat{X}X}(\tau) = \hat{R}_X(\tau)$,代入式(5.51),得

$$R_{\tilde{X}}(\tau) = 2[R_X(\tau) + j\hat{R}_X(\tau)] \tag{5.52}$$

对上式作傅里叶变换,得到解析过程的功率谱密度为

$$G_{\tilde{X}}(\omega) = 2[G_X(\omega) + \text{sgn}(\omega)G_X(\omega)] = \begin{cases} 4G_X(\omega), & \omega > 0 \\ 0, & \omega < 0 \end{cases} \tag{5.53}$$

2. 高频窄带随机过程的复指数函数表示

对于高频窄带随机过程,同样可以用复指数函数来近似解析过程。定义随机过程 $X(t)$ 的复指数函数为

$$\tilde{X}(t) = A(t)e^{j[\omega_0 t + \Phi(t)]} = A(t)e^{j\Phi(t)} \cdot e^{j\omega_0 t} = m_X(t) \cdot e^{j\omega_0 t} \tag{5.54}$$

式中:$A(t)$ 和 $\Phi(t)$ 都是实随机过程,分别为慢变化的包络和相位;而 $m_X(t) = A(t)e^{j\Phi(t)}$ 则是复随机过程,是包含了包络和相位信息的复包络;$e^{j\omega_0 t}$ 为不包含信息的复载频。

若随机过程 $X(t)$ 是平稳的,则 $\tilde{X}(t)$ 也是平稳的,$\tilde{X}(t)$ 的自相关函数为

$$R_{\tilde{X}}(\tau) = E[\tilde{X}^*(t) \cdot \tilde{X}(t+\tau)] = E[m_X^*(t) \cdot e^{-j\omega_0 t} \cdot m_X(t+\tau) \cdot e^{j\omega_0(t+\tau)}] =$$
$$E[m_X^*(t)m_X(t+\tau)] \cdot e^{j\omega_0\tau} = R_{m_X}(\tau)e^{j\omega_0\tau} \tag{5.55}$$

式中,$R_{m_X}(\tau)$ 为复包络 $m_X(t)$ 的自相关函数,若复包络的功率谱密度为 $G_{m_X}(\omega)$,则 $\tilde{X}(t)$ 的功率谱密度为

$$G_{\tilde{X}}(\omega) = G_{m_X}(\omega - \omega_0) \tag{5.56}$$

可见,用复指数函数表示高频窄带随机过程,同样可以将随机过程分为包含信息的复包络

和不包含信息的复载频两个部分,复指数函数的自相关函数就是复包络的自相关函数与复载频的乘积。因此,对它的分析处理可以转化到包含信息的复包络上,丢弃不包含信息的高频载波,使问题的分析与运算大为简化。

5.3　窄带随机过程的统计特性

在本章开始已经指出,若随机过程的功率谱密度只分布在中心频率(或称为载波频率)ω_0附近的一个很小的频带范围 $\Delta\omega$ 内,且频带宽度 $\Delta\omega$ 远小于中心频率(或称为载波频率)ω_0,即 $\Delta\omega \ll \omega_0$,则称它为窄带随机过程。本节先介绍窄带随机过程的表示方法,进而讨论窄带随机过程的统计特性。

5.3.1　窄带随机过程的准正弦振荡表示

白噪声或者宽带噪声通过一个窄带系统后,由于系统的频率选择性,输出随机过程成为窄带随机过程。如图 5.7 所示,表现为具有载波频率 ω_0,而相对于载波,幅度和相位是慢变化的准正弦振荡形式,可表示为

$$X(t) = A(t)\cos\left[\omega_0 t + \Phi(t)\right] \tag{5.57}$$

式中,ω_0 为中心频率(或称为载波频率);$A(t)$ 和 $\Phi(t)$ 都是实随机过程,分别为慢变化的包络和相位。式(5.57)就称为窄带随机过程的准正弦振荡表示,这也是上一节高频窄带随机过程的复指数函数表示的基础。

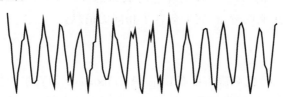

图 5.7　窄带随机过程的准正弦振荡形式

将式(5.57)展开,得

$$X(t) = A(t)\cos\Phi(t)\cos\omega_0 t - A(t)\sin\Phi(t)\sin\omega_0 t = A_c(t)\cos\omega_0 t - A_s(t)\sin\omega_0 t \tag{5.58}$$

其中

$$A_c(t) = A(t)\cos\Phi(t) \tag{5.59}$$

$$A_s(t) = A(t)\sin\Phi(t) \tag{5.60}$$

$A_c(t)$ 和 $A_s(t)$ 也是慢变化的随机过程,分别称为窄带随机过程的同相分量和正交分量,它们也分别是窄带过程的复指数函数表示中复包络 $m_X(t)$ 的实部和虚部。窄带随机过程的包络 $A(t)$ 和相位 $\Phi(t)$ 可以用它的同相分量和正交分量表示为

$$A(t) = \sqrt{A_c^2(t) + A_s^2(t)} \tag{5.61}$$

$$\Phi(t) = \arctan\frac{A_s(t)}{A_c(t)} \tag{5.62}$$

5.3.2 $A_c(t)$ 和 $A_s(t)$ 的性质

假设 $X(t)$ 是具有零均值的、方差为 σ^0 的、宽平稳的窄带随机过程。现在先列出 $A_c(t)$ 和 $A_s(t)$ 的性质，然后再加以证明。

1. 性质

(1) $A_c(t)$ 和 $A_s(t)$ 各自宽平稳且联合宽平稳。

(2) $E[A_c(t)] = E[A_s(t)] = 0$ (5.63)

(3) $R_{A_c}(\tau) = R_{A_s}(\tau)$ (5.64)

(4) $R_{A_c}(0) = R_{A_s}(0) = R_X(0)$, $\sigma_{A_c}^2 = \sigma_{A_s}^2 = \sigma^2$ (5.65)

(5) $R_{A_c A_s}(\tau) = -R_{A_s A_c}(\tau)$, $R_{A_c A_s}(\tau) = -R_{A_c A_s}(-\tau)$ (5.66)

(6) $R_{A_c A_s}(0) = R_{A_s A_c}(0) = 0$ (5.67)

(7) $G_{A_c}(\omega) = G_{A_s}(\omega)$ (5.68)

(8) $G_{A_c A_s}(\omega) = -G_{A_s A_c}(\omega)$ (5.69)

(9) $G_{A_c}(\omega) = Lp[G_X(\omega - \omega_0) + G_X(\omega + \omega_0)]$ (5.70)

(10) $G_{A_c A_s}(\omega) = \mathrm{j} \cdot Lp[G_X(\omega - \omega_0) - G_X(\omega + \omega_0)]$ (5.71)

(11) 若窄带随机过程 $X(t)$ 的功率谱密度对于其中心频率 $\pm\omega_0$ 对称，则

$$\left. \begin{array}{l} G_{A_c A_s}(\omega) = G_{A_s A_c}(\omega) = 0 \\ R_{A_c A_s}(\tau) = R_{A_s A_c}(\tau) = 0 \end{array} \right\}$$ (5.72)

(9)(10) 两个性质中的 $Lp[\cdot]$ 表示理想的低通滤波。$A_c(t)$ 和 $A_s(t)$ 的这些性质表明，$A_c(t)$ 和 $A_s(t)$ 是两个正交的分量，它们包含了相同的信息。

2. 证明

由例 5.3 可知，在满足低频限带的条件下，$A_c(t)\cos\omega_0 t$ 的希尔伯特变换为 $A_c(t)\sin\omega_0 t$；同理，$A_s(t)\sin\omega_0 t$ 的希尔伯特变换为 $-A_s(t)\cos\omega_0 t$。对式(5.58)作希尔伯特变换，得

$$\hat{X}(t) = A_c(t)\sin\omega_0 t + A_s(t)\cos\omega_0 t$$ (5.73)

将式(5.58)和式(5.73)联立，可以求得用 $X(t)$ 和 $\hat{X}(t)$ 表示的同相分量和正交分量，即

$$A_c(t) = X(t)\cos\omega_0 t + \hat{X}(t)\sin\omega_0 t$$ (5.74)

$$A_s(t) = -X(t)\sin\omega_0 t + \hat{X}(t)\cos\omega_0 t$$ (5.75)

由于 $X(t)$ 是零均值的，而希尔伯特变换是线性变换，则 $\hat{X}(t)$ 也是零均值的，则有

$$E[A_c(t)] = E[X(t)\cos\omega_0 t + \hat{X}(t)\sin\omega_0 t] = 0$$ (5.76)

同理，$E[A_s(t)] = 0$，性质(2) 证毕。

$A_c(t)$ 的自相关函数为

$$R_{A_c}(t, t+\tau) = E[A_c(t)A_c(t+\tau)] =$$

$$E\{[X(t)\cos\omega_0 t + \hat{X}(t)\sin\omega_0 t][X(t+\tau)\cos\omega_0(t+\tau) + \hat{X}(t+\tau)\sin\omega_0(t+\tau)]\} =$$

$$R_X(\tau)\cos\omega_0 t\cos\omega_0(t+\tau) + R_{\hat{X}}(\tau)\sin\omega_0 t\sin\omega_0(t+\tau) +$$

$$R_{X\hat{X}}(\tau)\cos \omega_0 t\sin \omega_0(t+\tau)+R_{\hat{X}X}(\tau)\sin \omega_0 t\cos \omega_0(t+\tau) \tag{5.77}$$

根据希尔伯特变换的性质,由 $R_X(\tau)=R_{\hat{X}}(\tau)$,$R_{X\hat{X}}(\tau)=-R_{\hat{X}X}(\tau)=\hat{R}_X(\tau)$,代入式 (5.77),得

$$R_{A_c}(t,t+\tau)=R_X(\tau)\left[\cos \omega_0 t\cos \omega_0(t+\tau)+\sin \omega_0 t\sin \omega_0(t+\tau)\right]+$$

$$\hat{R}_X(\tau)\left[\cos \omega_0 t\sin \omega_0(t+\tau)-\sin \omega_0 t\cos \omega_0(t+\tau)\right]=$$

$$R_X(\tau)\cos \omega_0\tau+\hat{R}_X(\tau)\sin \omega_0\tau=R_{A_c}(\tau) \tag{5.78}$$

同理可证

$$R_{A_s}(\tau)=R_X(\tau)\cos \omega_0\tau+\hat{R}_X(\tau)\sin \omega_0\tau \tag{5.79}$$

性质(3)证毕。由性质(3)可以很容易地证明性质(7)。

当 $\tau=0$ 时,由式(5.78)和式(5.79)可得 $R_{A_c}(0)=R_{A_s}(0)=R_X(0)$,性质(4)证毕。

$A_c(t)$ 和 $A_s(t)$ 的互相关函数为

$$R_{A_cA_s}(t,t+\tau)=E[A_c(t)A_s(t+\tau)]=$$

$$E\{[X(t)\cos \omega_0 t+\hat{X}(t)\sin \omega_0 t][-X(t+\tau)\sin \omega_0(t+\tau)+\hat{X}(t+\tau)\cos \omega_0(t+\tau)]\}=$$

$$-R_X(\tau)\cos \omega_0 t\sin \omega_0(t+\tau)+R_{X\hat{X}}(\tau)\sin \omega_0 t\cos \omega_0(t+\tau)+$$

$$R_{X\hat{X}}(\tau)\cos \omega_0 t\cos \omega_0(t+\tau)-R_{\hat{X}X}(\tau)\sin \omega_0 t\sin \omega_0(t+\tau)=$$

$$-R_X(\tau)\left[\cos \omega_0 t\sin \omega_0(t+\tau)-\sin \omega_0 t\cos \omega_0(t+\tau)\right]+$$

$$\hat{R}_X(\tau)\left[\cos \omega_0 t\cos \omega_0(t+\tau)+\sin \omega_0 t\sin \omega_0(t+\tau)\right]=$$

$$-R_X(\tau)\sin \omega_0\tau+\hat{R}_X(\tau)\cos \omega_0\tau=R_{A_cA_s}(\tau) \tag{5.80}$$

同理可证

$$R_{A_sA_c}(\tau)=R_X(\tau)\sin \omega_0\tau-\hat{R}_X(\tau)\cos \omega_0\tau \tag{5.81}$$

由于 $R_X(\tau)$ 是偶函数,它的希尔伯特变换 $\hat{R}_X(\tau)$ 为奇函数,因此 $R_{A_cA_s}(\tau)=-R_{A_cA_s}(-\tau)$,性质(5)证毕。由性质(5)可以很容易地证明性质(8)。

当 $\tau=0$ 时,由式(5.80)和式(5.81)可得,$R_{A_cA_s}(0)=R_{A_sA_c}(0)=0$,性质(6)证毕。

由性质(2)(3)和(5)可知,$A_c(t)$ 和 $A_s(t)$ 各自宽平稳且联合宽平稳,性质(1)证毕。

对式(5.78)作傅里叶变换,得

$$G_{A_c}(\omega)=\frac{1}{2}\left[G_X(\omega-\omega_0)+G_X(\omega+\omega_0)\right]+$$

$$\frac{1}{2j}\left[-j\mathrm{sgn}(\omega-\omega_0)G_X(\omega-\omega_0)+j\mathrm{sgn}(\omega+\omega_0)G_X(\omega+\omega_0)\right]=$$

$$\frac{1}{2}\left[1-\mathrm{sgn}(\omega-\omega_0)\right]G_X(\omega-\omega_0)+\frac{1}{2}\left[1+\mathrm{sgn}(\omega+\omega_0)\right]G_X(\omega+\omega_0)=$$

$$\begin{cases}G_X(\omega-\omega_0)+G_X(\omega+\omega_0), & |\omega|<\omega_0 \\ 0 & |\omega|\geqslant \omega_0\end{cases}=$$

$$Lp\left[G_X(\omega-\omega_0)+G_X(\omega+\omega_0)\right] \tag{5.82}$$

性质(9)证毕。

对式(5.80)作傅里叶变换,得

$$G_{A_cA_s}(\omega)=-\frac{1}{2j}\left[G_X(\omega-\omega_0)-G_X(\omega+\omega_0)\right]+$$

$$\frac{1}{2}\left[-\mathrm{jsgn}\left(\omega-\omega_0\right)G_X\left(\omega-\omega_0\right)-\mathrm{jsgn}\left(\omega+\omega_0\right)G_X\left(\omega+\omega_0\right)\right]=$$

$$\frac{\mathrm{j}}{2}\left[1-\mathrm{sgn}\left(\omega-\omega_0\right)\right]G_X\left(\omega-\omega_0\right)-\frac{\mathrm{j}}{2}\left[1+\mathrm{sgn}\left(\omega+\omega_0\right)\right]G_X\left(\omega+\omega_0\right)=$$

$$\begin{cases}\mathrm{j}\cdot\left[G_X\left(\omega-\omega_0\right)-G_X\left(\omega+\omega_0\right)\right], & |\omega|<\omega_0 \\ 0 & |\omega|\geqslant\omega_0\end{cases}=$$

$$\mathrm{j}\cdot Lp\left[G_X\left(\omega-\omega_0\right)-G_X\left(\omega+\omega_0\right)\right] \tag{5.83}$$

性质(10)证毕。

由性质(10)还可以看出,当窄带随机过程的功率谱密度对于其中心频率 $\pm\omega_0$ 对称时,式(5.83)中左移的功率谱和右移的功率谱在低频段是相互抵消的,而高频段则为零,即

$$G_{A_cA_s}(\omega)=G_{A_sA_c}(\omega)=0 \tag{5.84}$$

于是可得

$$R_{A_cA_s}(\tau)=R_{A_sA_c}(\tau)=0 \tag{5.85}$$

式(5.85)表明,对于所有的 τ,$A_c(t)$ 和 $A_s(t)$ 的互相关函数都为零。这就是说,当窄带随机过程具有对称于中心频率 $\pm\omega_0$ 的功率谱密度时,其 $A_c(t)$ 和 $A_s(t)$ 是正交的。性质(11)证毕。

5.4　窄带高斯过程包络和相位的概率分布

一方面,宽带随机过程通过一个窄带系统,当窄带系统的带宽远小于输入过程功率谱的带宽时,根据中心极限定理,输出端的随机过程可以近似认为是一个窄带的高斯分布的随机过程。另一方面,信号处理中,信息通常是调制在载波的幅度和/或相位上的,这些信息可以通过包络检波器和/或鉴相器提取出来。综合以上两方面的因素,窄带高斯随机过程通过包络检波器和鉴相器后可以提取出它的包络和相位,为了获得最佳的信号处理结果,研究窄带高斯过程包络和相位的概率分布是有实际意义的。

5.4.1　窄带高斯过程包络和相位的一维概率分布

假设 $X(t)$ 是一个均值为零、方差为 σ^2 的窄带平稳高斯实随机过程,它的准正弦振荡表示为

$$X(t)=A(t)\cos\left[\omega_0 t+\Phi(t)\right]=A_c(t)\cos\omega_0 t-A_s(t)\sin\omega_0 t \tag{5.86}$$

$$\left.\begin{aligned}A(t)&=\sqrt{A_c^2(t)+A_s^2(t)}\\ \Phi(t)&=\arctan\frac{A_s(t)}{A_c(t)}\end{aligned}\right\} \tag{5.87}$$

$$\left.\begin{aligned}A_c(t)&=A(t)\cos\Phi(t)\\ A_s(t)&=A(t)\sin\Phi(t)\end{aligned}\right\} \tag{5.88}$$

由式(5.74)和式(5.75)可知,同相分量 $A_c(t)$ 和正交分量 $A_s(t)$ 都是 $X(t)$ 的线性变换的结果,由于 $X(t)$ 是高斯分布的,因此它们也都是高斯分布的;由式(5.63)和式(5.65)可知,它们也都具有零均值、方差为 σ^2;由式(5.67)可知,它们在同一时刻是不相关的,又由于它们是

高斯分布的,因此在同一时刻,它们也是统计独立的。

现在已知 $A_c(t)$ 和 $A_s(t)$ 的概率分布,包络 $A(t)$ 和相位 $\Phi(t)$ 可以通过 $A_c(t)$ 和 $A_s(t)$ 的函数变换得到。设 A_{ct} 和 A_{st} 分别为 $A_c(t)$ 和 $A_s(t)$ 在 t 时刻的取值,则它们的联合概率密度函数为

$$f_{A_c A_s}(A_{ct}, A_{st}) = f_{A_c}(A_{ct}) \cdot f_{A_s}(A_{st}) = \frac{1}{2\pi\sigma^2} \exp\left(-\frac{A_{ct}^2 + A_{st}^2}{2\sigma^2}\right) \tag{5.89}$$

设 A_t 和 φ_t 分别是 $A(t)$ 和 $\Phi(t)$ 在 t 时刻的取值,则它们的联合概率密度函数为

$$f_{A\Phi}(A_t, \varphi_t) = |J| f_{A_c A_s}(A_{ct}, A_{st}) \tag{5.90}$$

式中,雅可比行列式 J 为

$$J = \begin{vmatrix} \dfrac{\partial A_{ct}}{\partial A_t} & \dfrac{\partial A_{ct}}{\partial \varphi_t} \\ \dfrac{\partial A_{st}}{\partial A_t} & \dfrac{\partial A_{st}}{\partial \varphi_t} \end{vmatrix} = \begin{vmatrix} \cos\varphi_t & -A_t\sin\varphi_t \\ \sin\varphi_t & A_t\cos\varphi_t \end{vmatrix} = A_t \tag{5.91}$$

代入式(5.90),得

$$f_{A\Phi}(A_t, \varphi_t) = A_t f_{A_c A_s}(A_t\cos\varphi_t, A_t\sin\varphi_t) = \begin{cases} \dfrac{A_t}{2\pi\sigma^2} \exp\left(-\dfrac{A_t^2}{2\sigma^2}\right), & A_t \geqslant 0,\ 0 \leqslant \varphi_t \leqslant 2\pi \\ 0, & \text{其他} \end{cases} \tag{5.92}$$

通过对 $f_{A\Phi}(A_t, \varphi_t)$ 求边缘概率,可分别得到包络和相位的一维概率密度函数为

$$f_A(A_t) = \int_0^{2\pi} f_{A\Phi}(A_t, \varphi_t)\mathrm{d}\varphi_t = \frac{A_t}{\sigma^2} \exp\left(-\frac{A_t^2}{2\sigma^2}\right), \quad A_t \geqslant 0 \tag{5.93}$$

$$f_\Phi(\varphi_t) = \int_0^\infty f_{A\Phi}(A_t, \varphi_t)\mathrm{d}A_t = \frac{1}{2\pi}, \quad 0 \leqslant \varphi_t < 2\pi \tag{5.94}$$

可见,窄带高斯过程包络的一维概率分布为瑞利分布,相位的一维概率分布为 $(0, 2\pi)$ 的均匀分布,且包络和相位的一维概率密度函数满足:

$$f_{A\Phi}(A_t, \varphi_t) = f_A(A_t) \cdot f_\Phi(\varphi_t) \tag{5.95}$$

即在同一时刻,随机变量 A_t 和 φ_t 是相互独立的。但是应该注意,这并不意味着包络 $A(t)$ 和相位 $\Phi(t)$ 是统计独立的。

5.4.2　窄带高斯过程包络和相位的二维概率分布

1. 同相分量和正交分量的联合概率分布

设 A_{c1}, A_{s1}, A_1 和 φ_1 分别是 $A_c(t), A_s(t), A(t)$ 和 $\Phi(t)$ 在 t_1 时刻的取值,A_{c2}, A_{s2}, A_2 和 φ_2 分别是 $A_c(t), A_s(t), A(t)$ 和 $\Phi(t)$ 在 t_2 时刻的取值,且 $t_2 - t_1 = \tau$。其中,$A_{c1}, A_{s1}, A_{c2}, A_{s2}$ 是四个高斯随机变量,它们的均值都为零,方差都为 σ^2。令 $\boldsymbol{x} = \begin{bmatrix} A_{c1} & A_{s1} & A_{c2} & A_{s2} \end{bmatrix}^{\mathrm{T}}$,则它们的联合概率密度函数为

$$f_{\boldsymbol{x}}(A_{c1}, A_{s1}, A_{c2}, A_{s2}) = \frac{1}{(2\pi)^2 |\boldsymbol{C_x}|^{\frac{1}{2}}} \exp\left[-\frac{\boldsymbol{x}^{\mathrm{T}} \boldsymbol{C_x}^{-1} \boldsymbol{x}}{2}\right] \tag{5.96}$$

式中，协方差矩阵 C_X 为

$$
C_X = \begin{bmatrix}
R_{A_c}(t_1,t_1) & R_{A_cA_s}(t_1,t_1) & R_{A_c}(t_1,t_2) & R_{A_cA_s}(t_1,t_2) \\
R_{A_sA_c}(t_1,t_1) & R_{A_s}(t_1,t_1) & R_{A_sA_c}(t_1,t_2) & R_{A_s}(t_1,t_2) \\
R_{A_c}(t_2,t_1) & R_{A_cA_s}(t_2,t_1) & R_{A_c}(t_2,t_2) & R_{A_cA_s}(t_2,t_2) \\
R_{A_sA_c}(t_2,t_1) & R_{A_s}(t_2,t_1) & R_{A_sA_c}(t_2,t_2) & R_{A_s}(t_2,t_2)
\end{bmatrix} =
$$

$$
\begin{bmatrix}
\sigma^2 & 0 & R_{A_c}(\tau) & R_{A_cA_s}(\tau) \\
0 & \sigma^2 & -R_{A_cA_s}(\tau) & R_{A_c}(\tau) \\
R_{A_c}(\tau) & -R_{A_cA_s}(\tau) & \sigma^2 & 0 \\
R_{A_cA_s}(\tau) & R_{A_c}(\tau) & 0 & \sigma^2
\end{bmatrix}
\tag{5.97}
$$

以上推导过程中用到了一些上节介绍的 $A_c(t)$ 和 $A_s(t)$ 的性质。

现在讨论一种最简单，也是实际中很常见的情况，即假定窄带随机过程 $X(t)$ 的功率谱密度对于其中心频率 $\pm\omega_0$ 对称，由式(5.72)可得，$R_{A_cA_s}(\tau)=0$，代入式(5.97)，得

$$
C_X = \begin{bmatrix}
\sigma^2 & 0 & R_{A_c}(\tau) & 0 \\
0 & \sigma^2 & 0 & R_{A_c}(\tau) \\
R_{A_c}(\tau) & 0 & \sigma^2 & 0 \\
0 & R_{A_c}(\tau) & 0 & \sigma^2
\end{bmatrix}
\tag{5.98}
$$

则有

$$
|C_X| = [\sigma^4 - R_{A_c}^2(\tau)]^2
\tag{5.99}
$$

$$
C_X^{-1} = \frac{1}{|C_X|^{\frac{1}{2}}} \begin{bmatrix}
\sigma^2 & 0 & -R_{A_c}(\tau) & 0 \\
0 & \sigma^2 & 0 & -R_{A_c}(\tau) \\
-R_{A_c}(\tau) & 0 & \sigma^2 & 0 \\
0 & -R_{A_c}(\tau) & 0 & \sigma^2
\end{bmatrix}
\tag{5.100}
$$

代入式(5.96)，得

$$
f_X(A_{c1},A_{s1},A_{c2},A_{s2}) =
$$
$$
\frac{1}{4\pi^2 |C_X|^{\frac{1}{2}}} \exp\left[-\frac{\sigma^2(A_{c1}^2+A_{s1}^2+A_{c2}^2+A_{s2}^2) - 2R_{A_c}(\tau)(A_{c1}A_{c2}+A_{s1}A_{s2})}{2|C_X|^{\frac{1}{2}}} \right]
\tag{5.101}
$$

2. 包络和相位的联合概率分布

A_1,φ_1,A_2 和 φ_2 的联合概率密度函数为

$$
f_{A\Phi}(A_1,\varphi_1,A_2,\varphi_2) = |J| f_X(A_{c1},A_{s1},A_{c2},A_{s2}) =
$$
$$
|J| f_X(A_1\cos\varphi_1,A_1\sin\varphi_1,A_2\cos\varphi_2,A_2\sin\varphi_2)
\tag{5.102}
$$

式中，雅可比行列式 J 为

$$J = \begin{vmatrix} \partial A_{c1}/\partial A_1 & \partial A_{c1}/\partial \varphi_1 & \partial A_{c1}/\partial A_2 & \partial A_{c1}/\partial \varphi_2 \\ \partial A_{s1}/\partial A_1 & \partial A_{s1}/\partial \varphi_1 & \partial A_{s1}/\partial A_2 & \partial A_{s1}/\partial \varphi_2 \\ \partial A_{c2}/\partial A_1 & \partial A_{c2}/\partial \varphi_1 & \partial A_{c2}/\partial A_2 & \partial A_{c2}/\partial \varphi_2 \\ \partial A_{s2}/\partial A_1 & \partial A_{s2}/\partial \varphi_1 & \partial A_{s2}/\partial A_2 & \partial A_{s2}/\partial \varphi_2 \end{vmatrix} = A_1 A_2 \tag{5.103}$$

代入式(5.102),得

$$f_{A\Phi}(A_1, \varphi_1, A_2, \varphi_2) =$$

$$\begin{cases} \dfrac{A_1 A_2}{4\pi^2 \, |\boldsymbol{C_X}|^{\frac{1}{2}}} \exp\left[-\dfrac{\sigma^2(A_1^2 + A_2^2) - 2R_{A_c}(\tau)A_1 A_2 \cos(\varphi_2 - \varphi_1)}{2 \, |\boldsymbol{C_X}|^{\frac{1}{2}}} \right], & A_1, A_2 \geqslant 0 \\ & 0 \leqslant \varphi_1, \varphi_2 \leqslant 2\pi \\ 0, & \text{其他} \end{cases}$$

$$\tag{5.104}$$

通过对 $f_{A\Phi}(A_1, \varphi_1, A_2, \varphi_2)$ 求边缘概率,可分别得到包络和相位的二维概率密度函数。

3. 包络的二维概率分布

包络的二维概率密度函数为

$$f_A(A_1, A_2) = \int_0^{2\pi} \int_0^{2\pi} f_{A\Phi}(A_1, \varphi_1, A_2, \varphi_2) \, \mathrm{d}\varphi_1 \mathrm{d}\varphi_2 =$$

$$\begin{cases} \dfrac{A_1 A_2}{4\pi^2 \, |\boldsymbol{C_X}|^{\frac{1}{2}}} \exp\left[-\dfrac{\sigma^2(A_1^2 + A_2^2)}{2 \, |\boldsymbol{C_X}|^{\frac{1}{2}}} \right] \mathrm{I}_0\left[\dfrac{A_1 A_2 R_{A_c}(\tau)}{|\boldsymbol{C_X}|^{\frac{1}{2}}} \right], & A_1, A_2 \geqslant 0 \\ 0, & \text{其他} \end{cases}$$

$$\tag{5.105}$$

式中,$\mathrm{I}_0(x)$ 为第一类零阶修正贝塞尔函数,即

$$\mathrm{I}_0(x) = \frac{1}{2\pi} \int_0^{2\pi} \exp(x \cos \varphi) \mathrm{d}\varphi \tag{5.106}$$

4. 相位的二维概率分布

相位的二维概率密度函数为

$$f_\varphi(\varphi_1, \varphi_2) = \int_0^\infty \int_0^\infty f_{A\Phi}(A_1, \varphi_1, A_2, \varphi_2) \, \mathrm{d}A_1 \mathrm{d}A_2 =$$

$$\begin{cases} \dfrac{|\boldsymbol{C_X}|^{\frac{1}{2}}}{4\pi^2 \sigma^4} \left[\dfrac{(1-\beta)^{\frac{1}{2}} + \beta(\pi - \arccos\beta)}{(1-\beta^2)^{\frac{3}{2}}} \right], & 0 \leqslant \varphi_1, \varphi_2 \leqslant 2\pi \\ 0, & \text{其他} \end{cases}$$

$$\tag{5.107}$$

式中,β 为

$$\beta = \frac{R_{A_c}(\tau)\cos(\varphi_2 - \varphi_1)}{\sigma^2} \tag{5.108}$$

从式(5.104)、式(5.105)和式(5.107),可以看出:

$$f_{A\Phi}(A_1, \varphi_1, A_2, \varphi_2) \neq f_A(A_1, A_2) \cdot f_\Phi(\varphi_1, \varphi_2) \tag{5.109}$$

可见,窄带高斯随机过程的包络 $A(t)$ 和相位 $\Phi(t)$ 彼此不是独立的。

5.4.3　窄带高斯噪声加正弦型信号的包络和相位的概率分布

在实际信号处理中,往往更关注噪声中叠加的有用信号,分析信号加噪声的包络和相位的概率分布对于提取有用的信息更为重要。

假设信号为随机相位正弦型信号:

$$S(t) = a\cos(\omega_0 t + \theta) = a\cos\theta\cos\omega_0 t - a\sin\theta\sin\omega_0 t \tag{5.110}$$

式中,a 和 ω_0 为常数,θ 为 $(0,2\pi)$ 上均匀分布的随机变量。噪声为零均值的、方差为 σ^2 的窄带平稳高斯随机过程,它的准正弦振荡表示为

$$N(t) = A_n(t)\cos[\omega_0 t + \Phi_n(t)] = A_n(t)\cos\Phi_n(t)\cos\omega_0 t - A_n(t)\sin\Phi_n(t)\sin\omega_0 t =$$

$$N_c(t)\cos\omega_0 t - N_s(t)\sin\omega_0 t \tag{5.111}$$

那么,信号加噪声为

$$X(t) = S(t) + N(t) = [a\cos\theta + N_c(t)]\cos\omega_0 t - [a\sin\theta + N_s(t)]\sin\omega_0 t =$$

$$A_c(t)\cos\omega_0 t - A_s(t)\sin\omega_0 t = A(t)\cos[\omega_0 t + \Phi(t)] \tag{5.112}$$

其中

$$A_c(t) = A(t)\cos\Phi(t) = a\cos\theta + N_c(t) \tag{5.113}$$

$$A_s(t) = A(t)\sin\Phi(t) = a\sin\theta + N_s(t) \tag{5.114}$$

$$A(t) = \sqrt{A_c^2(t) + A_s^2(t)}, \quad \Phi(t) = \arctan\frac{A_s(t)}{A_c(t)} \tag{5.115}$$

式 (5.112) 是信号加噪声 $X(t)$ 的准正弦振荡表示,$A(t)$ 和 $\Phi(t)$ 是 $X(t)$ 的包络和相位,它们相对于载频 ω_0 都是慢变化的随机过程。

1. 包络和相位的联合概率分布

由于 $N(t)$ 是零均值的、方差为 σ^2 的高斯过程,因此 $N_c(t)$ 和 $N_s(t)$ 也都是零均值、方差为 σ^2 的高斯过程。在给定 θ 的情况下,$A_c(t)$ 和 $A_s(t)$ 也是高斯分布的,它们的均值和方差分别为

$$E[A_c(t) \mid \theta] = a\cos\theta \tag{5.116}$$

$$E[A_s(t) \mid \theta] = a\sin\theta \tag{5.117}$$

$$D[A_c(t) \mid \theta] = \sigma^2 \tag{5.118}$$

$$D[A_s(t) \mid \theta] = \sigma^2 \tag{5.119}$$

在 t 时刻、θ 给定的情况下,$A_c(t)$ 和 $A_s(t)$ 是两个不相关的高斯随机变量,它们的联合概率密度函数为

$$f_{A_cA_s\mid\theta}(A_{ct}, A_{st} \mid \theta) = \frac{1}{2\pi\sigma^2}\exp\left[-\frac{(A_{ct} - a\cos\theta)^2 + (A_{st} - a\sin\theta)^2}{2\sigma^2}\right] \tag{5.120}$$

经过与推导式 (5.92) 相同的步骤,可以得到包络 $A(t)$ 和相位 $\Phi(t)$ 的联合概率分布为

$$f_{A\Phi\mid\theta}(A_t, \varphi_t \mid \theta) = \begin{cases} \frac{A_t}{2\pi\sigma^2}\exp\left[-\frac{A_t^2 + a^2 - 2aA_t\cos(\theta - \varphi_t)}{2\sigma^2}\right], & A_t \geqslant 0, -\pi \leqslant \varphi_t - \theta \leqslant \pi \\ 0, & \text{其他} \end{cases}$$

$$\tag{5.121}$$

2. 包络的一维概率分布

对 $f_{A\Phi|\theta}(A_t, \varphi_t \mid \theta)$ 求边缘概率,可得到包络的一维条件概率密度函数为

$$f_{A|\theta}(A_t \mid \theta) = \frac{A_t}{\sigma^2}\exp\left(-\frac{A_t^2 + a^2}{2\sigma^2}\right)\mathrm{I}_0\left(\frac{aA_t}{\sigma^2}\right), \quad A_t \geqslant 0 \tag{5.122}$$

式中 $\mathrm{I}_0(x)$ 为第一类零阶修正贝塞尔函数。由于式(5.122)与 θ 无关,因此包络的一维概率密度函数为

$$f_A(A_t) = \frac{A_t}{\sigma^2}\exp\left(-\frac{A_t^2 + a^2}{2\sigma^2}\right)\mathrm{I}_0\left(\frac{aA_t}{\sigma^2}\right), \quad A_t \geqslant 0 \tag{5.123}$$

当正弦信号不存在,即 $a=0$ 时,式(5.123)退化为式(5.93)的瑞利分布。式(5.123)称为广义瑞利分布,或莱斯分布。$\mathrm{I}_0(x)$ 可展开为无穷级数,即

$$\mathrm{I}_0(x) = \sum_{n=0}^{\infty}\frac{x^{2n}}{2^{2n}(n!)} \tag{5.124}$$

令

$$\rho = a/\sigma \tag{5.125}$$

ρ 为信号幅度与噪声的标准差之比,表示信噪比。现在分析在不同信噪比情况下,包络的一维概率密度函数。

(1) 当 $\rho \ll 1$,即式(5.124)中的 $x \ll 1$ 时,有

$$\mathrm{I}_0(x) \approx \exp(x^2/4) \tag{5.126}$$

$$f_A(A_t) \approx \frac{A_t}{\sigma^2}\exp\left(-\frac{A_t^2}{2\sigma^2}\right), \quad A_t \geqslant 0 \tag{5.127}$$

可见,当信噪比很小时,包络的一维概率分布趋于瑞利分布。

(2) 当 $\rho \gg 1$,即式(5.124)中的 $x \gg 1$ 时,有

$$f_A(A_t) \approx \sqrt{A_t/a} \cdot \frac{1}{\sqrt{2\pi\sigma^2}}\exp\left[-\frac{(A_t-a)^2}{2\sigma^2}\right], \quad A_t \geqslant 0 \tag{5.128}$$

图 5.8 画出了不同信噪比下包络的一维概率密度函数。当信噪比很大时,概率密度函数在 $A_t = a$ 处取最大值,当 A_t 偏离 a 时,$\sqrt{A_t/a}$ 改变的速度比指数项 $\exp\left[-(A_t-a)^2/2\sigma^2\right]$ 衰减的速度要慢得多。当 A_t 偏离 a 很小时,概率密度函数近似为

$$f_A(A_t) \approx \frac{1}{\sqrt{2\pi\sigma^2}}\exp\left[-\frac{(A_t-a)^2}{2\sigma^2}\right], \quad A_t \geqslant 0 \tag{5.129}$$

可见,当信噪比很大,且在 a 附近时,包络的一维概率分布趋于高斯分布。

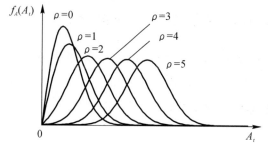

图 5.8　窄带高斯噪声加正弦型信号的包络的一维概率密度函数

3. 相位的一维概率分布

对 $f_{A\Phi|\theta}(A_t,\varphi_t \mid \theta)$ 求边缘概率,可得到相位的一维条件概率密度函数为

$$f_{\Phi|\theta}(\varphi_t \mid \theta) = \frac{1}{2\pi}\exp\left(-\frac{1}{2}\rho^2\right) \cdot \left\{1 + \sqrt{2\pi}\rho\cos(\theta - \varphi_t) \cdot \Psi[\rho\cos(\theta - \varphi_t)] \cdot \right.$$
$$\left. \exp\left[\frac{1}{2}\rho^2\cos^2(\theta - \varphi_t)\right]\right\}, \quad -\pi \leqslant \varphi_t - \theta \leqslant \pi \tag{5.130}$$

式中,$\Psi(\cdot)$ 为概率积分函数。下面分析在不同信噪比情况下,相位的一维概率密度函数,图 5.9 画出了不同信噪比下相位的一维条件概率密度函数。

(1) 当 $\rho = 0$ 时,有

$$f_{\Phi|\theta}(\varphi_t \mid \theta) = f_{\Phi}(\varphi_t) = \frac{1}{2\pi}, \quad 0 \leqslant \varphi_t - \theta \leqslant 2\pi \tag{5.131}$$

可见,当正弦信号不存在时,相位为均匀分布。

(2) 当 $\rho \gg 1$,即信噪比很大时,有

$$f_{\Phi|\theta}(\varphi_t \mid \theta) \approx \frac{\rho}{\sqrt{2\pi}}\cos(\theta - \varphi_t)\exp\left[-\frac{1}{2}\rho^2\sin^2(\theta - \varphi_t)\right], \quad -\pi \leqslant \varphi_t - \theta \leqslant \pi$$
$$\tag{5.132}$$

从图 5.9 和式(5.132)都可以看出,$f_{\Phi|\theta}(\varphi_t \mid \theta)$ 的图形对称于 θ,并在 $\varphi_t = \theta$ 时取最大值。还应该注意到,当 $\theta - \varphi_t \ll 1$ 时,$\cos(\theta - \varphi_t) \approx 1$,$\sin(\theta - \varphi_t) \approx \theta - \varphi_t$,式(5.132)近似为

$$f_{\Phi|\theta}(\varphi_t \mid \theta) \approx \frac{\rho}{\sqrt{2\pi}}\exp\left[-\frac{1}{2}\rho^2(\varphi_t - \theta)^2\right], \quad -\pi \leqslant \varphi_t - \theta \leqslant \pi \tag{5.133}$$

可见,当信噪比很大,且在 θ 附近时,相位的一维条件概率分布近似为均值为 θ、方差为 $1/\rho^2$ 的高斯分布。

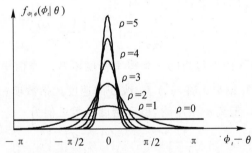

图 5.9　窄带高斯噪声加正弦型信号的相位的一维概率密度函数

5.4.4　窄带高斯过程包络平方的概率分布

在很多实际应用中,会用到平方律检波器,窄带高斯过程通过平方律检波器后,输出端便得到包络的平方 $A^2(t)$。

1. 窄带高斯噪声包络平方的概率分布

设包络的平方为

$$U(t) = A^2(t) \tag{5.134}$$

已知窄带高斯噪声包络的一维概率密度函数为

$$f_A(A_t) = \int_0^{2\pi} f_{A\Phi}(A_t, \varphi_t) \mathrm{d}\varphi_t = \frac{A_t}{\sigma^2} \exp\left(-\frac{A_t^2}{2\sigma^2}\right), \quad A_t \geqslant 0 \tag{5.135}$$

则包络平方的一维概率密度函数为

$$f_U(u_t) = |J| f_A(A_t) = \left|\frac{\mathrm{d}A_t}{\mathrm{d}u_t}\right| f_A(A_t) = \frac{1}{2\sigma^2} \exp\left(-\frac{u_t}{2\sigma^2}\right), \quad u_t \geqslant 0 \tag{5.136}$$

可见,窄带高斯噪声包络平方的一维概率密度函数为指数分布。

2. 窄带高斯噪声加正弦型信号的包络平方的概率分布

设包络的平方为

$$U(t) = A^2(t) \tag{5.137}$$

已知窄带高斯噪声加正弦型信号包络的一维概率密度函数为

$$f_A(A_t) = \frac{A_t}{\sigma^2} \exp\left(-\frac{A_t^2 + a^2}{2\sigma^2}\right) \mathrm{I}_0\left(\frac{aA_t}{\sigma^2}\right), \quad A_t \geqslant 0 \tag{5.138}$$

则包络平方的一维概率密度函数为

$$f_U(u_t) = |J| f_A(A_t) = \left|\frac{\mathrm{d}A_t}{\mathrm{d}u_t}\right| f_A(A_t) = \frac{1}{2\sigma^2} \exp\left(-\frac{u_t + a^2}{2\sigma^2}\right) \mathrm{I}_0\left(\frac{a\sqrt{u_t}}{\sigma^2}\right), \quad u_t \geqslant 0 \tag{5.139}$$

5.5　窄带随机过程的仿真

窄带随机信号是电子系统中经常出现的信号。本节着重介绍窄带信号的产生,窄带信号的包络、相位,以及由它们进一步变换信号的仿真方法。这里假定随机信号都是平稳、各态历经过程,关于信号概率密度直方图的统计、随机信号的相关函数、功率谱密度估计可参照前面章节的内容。

5.5.1　窄带随机过程仿真

1. 窄带随机过程

仿真中,产生给定中心频率及给定带宽的窄带随机信号很重要,通常采用频率为 f_s(Hz)。

设窄带随机信号单边功率谱的中心频率为 f_0,考虑采样频率 f_s 的裕量,采样频率应大于信号最大频率的 2 倍,如果用 Δf 表示窄带信号的带宽,则 $f_s \geqslant 2(f_0 + \Delta f)$。

窄带随机信号的产生过程:① 产生一组均值为零,方差为 1(也可以根据噪声功率的不同选择不同的方差) 的高斯白噪声;② 设计中心频率为 f_0,带宽为 Δf 的带通滤波器;③ 让白噪声通过带通滤波器,产生窄带随机信号的样本,可通过样本与设计好的滤波器直接进行卷积,也可采用 filter 函数进行。 如 narrowbandsignal(N,f0,deltf,fs,M) 函数,可产生窄带随机过程样本,其中 N 为要产生样本的个数;f0 表示窄带随机过程单边功率谱的中心频率为 f_0;deltf 表示信号的带宽;fs 表示信号采样频率 f_s,M 为产生窄带信号的滤波器阶数,须满足 $M < N$。具体程序如下:

```
function yt = narrowBandSignal(N,f0,deltf,fs,M)
%——N:样本点数
%——f0:窄带系统的中心频率;
%——deltf:窄带系统的带宽;
%——fs:采样频率,
%——M:滤波器阶数
    N1 = N−M;
    xt = random('norm',0,1,[1,N]);
    ht = fir1(M,[f0−deltf/2,f0+deltf/2]/(fs/2),'BANDPASS');
    yt = conv(xt(1:N1),ht);
end
```

实际应用中可根据需要设置参数 N、f0、deltf、fs 和 M,在主程序中进行调用。

2. 低频过程 $A_c(t)$ 和 $A_s(t)$

窄带高斯过程的两个低频过程 $A_c(t)$ 和 $A_s(t)$ 样本的获得,需要通过式(5.74)与式(5.75)的变换方法。先产生窄带随机信号的样本,再对随机信号的样本 $x(t)$ 进行希尔伯特变换得到 $\hat{x}(t)$,再用式(5.74)与式(5.75)的变换方法可获得 $A_c(t)$ 和 $A_s(t)$ 样本。变换中要用到 $\cos\omega_0 t$ 和 $\sin\omega_0 t$,这里的 ω_0 是随机信号单边功率谱的中心角频率,$\omega_0 = 2\pi f_0$。由于采用的是随机过程时间离散化的样本函数,所以 $\cos\omega_0 t$ 和 $\sin\omega_0 t$ 也需要离散化,采样频率应与产生随机信号样本的采样频率相同。采用下面的 Lowsignal(x,f0,fs) 来产生低频 $A_c(t)$ 和 $A_s(t)$ 的样本,其中 x 表示要提取的窄带随机过程,f0 表示窄带随机过程的单边功率谱的中心频率,fs 表示信号的采样频率。具体程序如下:

```
function [Ac,As] = Lowsignal(x,f0,fs)
    %——x:窄带随机过程;
    %——f0:窄带随机单边谱的中心频率;
    %——fs:采样频率
    xh = imag(hilbert(x));
    [m,n]= size(x);
    t = (0:n−1)/fs;
    Ac = x.*cos(2*pi*f0*t)+xh.*sin(2*pi*f0*t);
    As = xh.*cos(2*pi*f0*t)−x.*sin(2*pi*f0*t);
end
```

3. 窄带高斯过程的包络 $A(t)$ 和相位 $\Phi(t)$

包络 $A(t)$ 和相位 $\Phi(t)$ 是可以用式(5.87)变换得到的。如函数 EnvelopPhase (Ac,As),其中 Ac 为窄带随机过程的同相分量,As 为窄带随机过程的正交分量,函数的输出信号窄带随机信号的包络、相位和包络平方。具体程序如下:

```
function [At,Ph,A2]= EnvelopPhase(Ac,As)
    Ph = atan2(Ac,As);
    A2 = Ac.^2+As.^2;
    At = sqrt(A2);
end
```

例 5.4　编写 MATLAB 程序,产生中心频率 f_0 为 10 kHz、带宽 Δf 为 500 Hz 的窄带高斯过程 $X(t)$,并对 $X(t)$ 及低频过程 $A_c(t)$ 和 $A_s(t)$ 的功率谱密度进行估计,其中信号采样频率 $f_s=25$ kHz,样本的个数 $N=10\ 000$,滤波器的阶数 $M=200$。

解　程序如下:

```
N = 10000; f0 = 10000; deltf = 500; fs = 25000; M=200;
yt = narrowBandSignal(N,f0,deltf,fs,M);
[Ac,As] = Lowsignal(yt,f0,fs);
rx = xcorr(yt,'biased');
RX = abs(fft(rx));
rac = xcorr(Ac,'biased');
RAC = abs(fft(rac));
ras = xcorr(As,'biased');
RAS = abs(fft(ras));
N1=2*N-1;
freq = (1:floor(N1/2))/N1*fs;
figure
subplot(311),plot(freq,10*log10(RX(1:floor(N1/2))+eps));
subplot(312),plot(freq,10*log10(RAC(1:floor(N1/2))+eps));
subplot(313),plot(freq,10*log10(RAS(1:floor(N1/2))+eps));
```

图 5.10 是应用该程序仿真的结果。其中图 5.10(a)是中心频率为 10 000 Hz,带宽为 500 Hz 的窄带过程 $X(t)$ 功率谱密度;图 5.10(b)和 5.10(c)分别是 $A_c(t)$ 和 $A_s(t)$ 的功率谱密度的仿真结果,图中只显示了正频域部分。

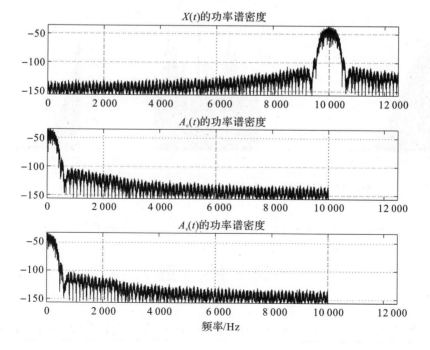

图 5.10　窄带过程、两个低频过程的功率谱仿真

例 5.5　编写中心频率 $f_0 = 10\ \text{kHz}$、带宽 $\Delta f = 500\ \text{Hz}$、方差为 1 的窄带高斯过程 $X(t)$，及其包络 $A(t)$、相位 $\Phi(t)$ 和包络平方的产生程序，并对它们的概率分布情况进行统计，其中信号采样频率 $f_s = 25\ \text{kHz}$，样本的个数 $N = 10\ 000$，滤波器的阶数 $M = 200$。

```
N = 10000;f0 = 10000;deltf = 500;fs = 25000;M = 200;
yt = narrowBandSignal(N,f0,deltf,fs,M);
[Ac,As] = Lowsignal(yt,f0,fs);
[At,Ph,A2] = EnvelopPhase(Ac,As,f0,fs);
LA = 0:0.05:4.5;
[At_p,xvalues] = hist(x,LA);% 计算 xvalues 和 x_p
At_p = At_p/N/0.05;% 概率
figure
subplot(131),bar(xvalues,At_p);
Lp = -pi:0.1:pi;
[Ph_p,xvalues] = hist(Ph,Lp);% 计算 xvalues 和 x_p
Ph_p = Ph_p/N/0.05;% 概率
subplot(132),bar(xvalues,Ph_p);
LA2 = 0:0.2:16;
[A2_p,xvalues] = hist(A2,LA2);% 计算 xvalues 和 xh_p
A2_p = A2_p/N/0.2;% 概率
subplot(133),bar(xvalues,A2_p);
```

图 5.11 是该程序的仿真结果。可以看出包络的分布为瑞利分布。相位在 $-\pi \sim \pi$ 上是均匀分布的。包络的平方为指数分布。

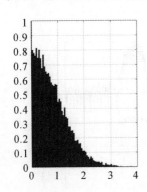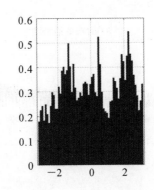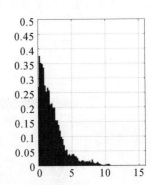

图 5.11　窄带随机过程包络、相位和包络平方的概率密度函数

(a)包络；　(b)相位；　(c)包络平方

习　题　五

5.1　设 $a(t)(-\infty < t < \infty)$ 是具有频谱 $A(\omega)$ 的已知函数，假设 $|\omega| > \Delta\omega$ 时，$A(\omega) = 0$，且满足 $\Delta\omega \leqslant \omega_0$，求：

(1)$a(t)\cos \omega_0 t$ 和 $\frac{1}{2}a(t)\mathrm{e}^{\mathrm{j}\omega_0 t}$ 的傅里叶变换,以及这两个傅里叶变换的关系。

(2)$a(t)\sin \omega_0 t$ 和 $-\mathrm{j}\frac{1}{2}a(t)\mathrm{e}^{\mathrm{j}\omega_0 t}$ 的傅里叶变换,以及它们的关系。

(3)$a(t)\cos \omega_0 t$ 与 $a(t)\sin \omega_0 t$ 的傅里叶变换的关系。

5.2 证明:

(1) 偶函数的希尔伯特变换为奇函数;

(2) 奇函数的希尔伯特变换为偶函数。

5.3 如果 $\widetilde{S}(t)=\mathrm{Sa}\left(\dfrac{\pi t}{\tau}\right)\mathrm{e}^{\mathrm{j}\omega_0 t}$ 是个解析信号,那么 ω_0 与 τ 之间应满足什么关系?试求之,并画出 $\mathrm{Sa}(\pi t/\tau)$ 和 $\widetilde{S}(t)$ 的频谱图形。

5.4 设有调频信号 $s(t)=\cos\left[\omega_0 t+\theta(t)\right]$,并假设 $[\mathrm{d}\theta(t)/\mathrm{d}t]\leqslant\omega_0$,故为窄带信号。求该信号 $s(t)$ 的复包络及包络。

5.5 证明:

(1)$R_{\widetilde{X}}(\tau)=E\left[\widetilde{X}^*(t)\widetilde{X}(t+\tau)\right]=2\left[R_X(\tau)+\mathrm{j}\hat{R}_X(\tau)\right]$;

(2)$E\left[\widetilde{X}(t)\widetilde{X}(t+\tau)\right]=0$。

5.6 窄带平稳随机过程 $X(t)=A_c(t)\cos \omega_0 t-A_s(t)\sin \omega_0 t$,已知它的自相关函数为 $R_X(\tau)=a(\tau)\cos \omega_0\tau$,求证:$R_{A_s}(\tau)=R_{A_c}(\tau)=a(\tau)$。

5.7 对于窄带平稳随机过程,按题 5.6 所给条件,求证:$E\left[A_s(t)A_c(t+\tau)\right]=0$。

5.8 对于窄带平稳随机过程 $X(t)=A_c(t)\cos \omega_0 t-A_s(t)\sin \omega_0 t$,它的希尔伯特变换为 $\hat{X}(t)=A_c(t)\sin \omega_0 t+A_s(t)\cos \omega_0 t$。求证:

(1)$R_{A_c}(\tau)=R_X(\tau)\cos \omega_0\tau+\hat{R}_X(\tau)\sin \omega_0\tau$;

(2)$R_{A_s}(\tau)=R_{A_c}(\tau)$。

5.9 按题 5.8 给出的条件及 $X(t)$,$\hat{X}(t)$ 两表示式,求证:

(1)$R_{A_cA_s}(\tau)=-R_X(\tau)\sin \omega_0\tau+\hat{R}_X(\tau)\cos \omega_0\tau$;

(2)$R_X(\tau)=R_{A_c}(\tau)\cos \omega_0\tau-R_{A_cA_s}(\tau)\sin \omega_0\tau$。

5.10 对于窄带平稳随机过程 $X(t)=A_c(t)\cos \omega_0 t-A_s(t)\sin \omega_0 t$,若其均值为零,功率谱密度为 $G_X(\omega)=\begin{cases}W\cos\left[\pi(\omega-\omega_0)/\Delta\omega\right], & -\dfrac{\Delta\omega}{2}\leqslant\omega-\omega_0\leqslant\dfrac{\Delta\omega}{2}\\ W\cos\left[\pi(\omega+\omega_0)/\Delta\omega\right], & -\dfrac{\Delta\omega}{2}\leqslant\omega+\omega_0\leqslant\dfrac{\Delta\omega}{2}\\ 0, & \text{其他}\end{cases}$,式中,$W,\omega_0$ 和 $\Delta\omega$ 都是正实常数,且 $\omega_0\geqslant\Delta\omega$。试求:

(1)$X(t)$ 的平均功率;

(2)$A_c(t)$ 的功率谱密度 $G_{A_c}(\omega)$;

(3) 互相关函数 $R_{A_cA_s}(\tau)$;

(4)$A_c(t)$ 和 $A_s(t)$ 是否正交?

5.11 对于窄带平稳高斯过程 $X(t)=A_c(t)\cos \omega_0 t-A_s(t)\sin \omega_0 t$,若假定其均值为零,方差为 σ^2,并具有对载频 ω_0 偶对称的功率谱。试借助于已知的二维高斯概率密度函数,求出

四维概率密度函数 $f_{A_c A_s}(A_{ct1}, A_{ct2}, A_{st1}, A_{st2})$。

5.12 窄带平稳高斯过程 $X(t) = A(t)\cos[\omega_0 t + \Phi(t)] = A_c(t)\cos \omega_0 t - A_s(t)\sin \omega_0 t$ 的均值为零、方差为 σ^2。求证：包络在任意时刻所给出的随机变量 A_t，其数学期望与方差分别为

$$E[A_t] = \sqrt{\frac{\pi}{2}}\,\sigma, \quad D[A_t] = \left(2 - \frac{\pi}{2}\right)\sigma^2 。$$

5.13 试证：均值为零、方差为 1 的窄带平稳高斯过程，其任意时刻的包络平方的数学期望为"2"、方差为"4"。

5.14 设 $A(t)$ 和 $\Phi(t)$ 分别为平稳窄带高斯过程的包络和相位。求证：对于式(5.104)、式(5.105) 和式(5.107)，当 $\varphi_1 = \varphi_2$ 时，有 $f_{A\Phi}(A_1, \varphi_1, A_2, \varphi_2) \neq f_A(A_1, A_2) \cdot f_\Phi(\varphi_1, \varphi_2)$。

5.15 信号与窄带高斯噪声之和 $X(t) = a\cos(\omega_0 t + \theta) + N(t)$，式中，$\theta$ 是 $(0, 2\pi)$ 上均匀分布的随机变量，$N(t)$ 为窄带平稳高斯过程，且均值为零、方差为 σ^2，并可表示为 $N(t) = N_c(t)\cos \omega_0 t - N_s(t)\sin \omega_0 t$，求证：$X(t)$ 的包络平方的自相关函数为 $R_U(\tau) = a^4 + 4a^2\sigma^2 + 4\sigma^4 + 4[a^2 R_{N_c}(\tau) + R_{N_c}^2(\tau) + R_{N_c N_s}^2(\tau)]$。

5.16 若题 5.15 中噪声功率谱密度对 ω_0 偶对称，求仅存在噪声时 $X(t)$ 的功率谱密度。

第6章　随机信号通过非线性系统

电子系统可以分成线性系统和非线性系统两大类。随机信号通过线性系统的问题和分析方法已在第4章做了系统阐述,本章研究随机信号通过非线性系统的问题。这一问题的基本任务与随机信号通过线性系统的基本任务一样,即在已知输入随机信号统计特性及系统的非线性特性的情况下,求输出随机信号的统计特性。但这是一个非常困难的问题,或者说是一个至今尚未解决的问题。目前比较成熟的还只是对随机信号通过无记忆非线性系统问题的分析和研究,其中比较重要的分析方法有直接法、特征函数法以及某些近似分析方法。本章将对这些方法做重点介绍。对于有记忆的一般非线性系统的研究,只做一些概要介绍,介绍了随机信号通过非线性系统(非线性变换)后信噪比的变化。最后在 6.6 节给出了随机信号通过非线性系统的仿真。

6.1 引　　言

在非线性变换理论中,非线性系统通常可以被划分为有记忆系统与无记忆系统两类。

如果在某一给定时刻,系统的输出 $y(t)$ 只取决于同一时刻的输入 $x(t)$,而与 $x(t)$ 的任何过去或未来值无关,或者说 $y(t)$ 可以表示成同一时刻系统的输入 $x(t)$ 的函数,即

$$y(t) = g[x(t)] \qquad (6.1)$$

式中,$g[\cdot]$ 表示一种非线性变换,或称为非线性映射算子。则这个系统就是无记忆的非线性系统。当作为一种变换时,它称作无记忆的非线性变换。有时 $g[x]$ 也被称为非线性系统的传输特性,它是个仅取决于 x 在 t 时刻值的函数,代表某种非线性关系。

显然,对一个非线性系统而言并不都是这种情况。实际上,在一个非线性系统中,只要有储能元件存在,就构成有记忆的非线性系统。此时,在给定时刻的输出 $y(t)$,不仅取决于同一时刻的输入,而且还和以前所有时间内的输入有关。一般而言,这种非线性系统的动态特性要用非线性微分方程来描述。但是有时会遇到这样的情况:能够把非线性系统中的储能元件,归并到与非线性系统相连的输入或输出的线性系统中去,或者并入后级的输入电路,或者并入前级的输出电路,如图 6.1 所示。这种情况下,中间环节可以采用无记忆非线性变换的分析方法,而前后级则可用线性系统的分析方法,综合起来解决随机信号通过一般有记忆非线性系统的问题。

对于无记忆非线性系统的非线性传输特性 $g(x)$,就一般情况而言,往往要通过实验方法获得(例如电子管、半导体器件的伏安特性曲线),然后采用适当的渐近方法,如用多项式、折线或指数等来逼近,以便于分析计算。

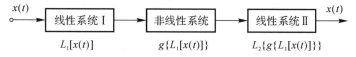

图 6.1　有记忆的非线性系统(L_1, L_2 分别为线性系统 Ⅰ,Ⅱ 的线性运算子)

　　有些无记忆非线性系统,具有简单的 $g(x)$ 函数关系,例如线性检波,平方律检波、限幅等,又常把这类系统统称作非线性简型设备。关于随机信号通过非线性系统有三点需要说明。

　　虽然对随机信号通过非线性系统的研究,已有多种途径及分析方法,但是各种方法都有着局限性,在使用时只能根据实际情况来选用适宜方法。即使是较为成熟的几种方法也不例外。具体而言:从系统类型上讲,对无记忆非线性的典型设备,上述方法比较有效,但对复杂一些的系统就会有很大困难;从系统的输出统计特性上讲,主要是确定和研究输出的数学期望、相关函数和功率谱密度;从系统输入统计特性上讲,包线法要求必须是窄带过程,其他各种方法虽在理论上没有什么限制,实际上在很多情况下,只有高斯过程输入下的问题求解才比较容易。

　　要想得到非线性系统输出随机过程的完整统计特性 —— 多维分布律,是相当困难的。即使是系统输入的多维分布已知,也不存在确定输出概率分布的一般可行方法。而且就是输入为高斯过程时,由于非线性系统输出不再保持高斯分布,所以对问题的解决同样无济于事。不过对无记忆非线性系统还是存在有极少数的例外。例如,对少数简单的传输特性 $g(x)$,在特殊的条件下,可利用函数变换求输出多维分布律。

　　对线性系统而言,要确定输出随机过程的数字特征,除了需要知道系统的传输函数外,只要求已知输入随机过程的相应数字特征。对非线性系统,则除去以上已知条件外,还需要给出过程二维分布律或高阶矩。

6.2　直　接　法

6.2.1　概述

　　当已知非线性系统的传输特性 $y = g(x)$ 及输入统计特性时,怎样确定输出统计特性的问题,从原理上讲,这是一个简单的随机变量函数变换问题。

　　根据传输特性 $Y(t_1) = g[X(t_1)]$,输出 $Y(t)$ 的一维概率密度函数 $f_Y(y;t_1)$,可以由输入 $X(t)$ 的相应概率密度函数 $f_X(x;t_1)$ 按 1.3.1 节给出的方法确定。

　　类似地,由

$$\left.\begin{array}{l} Y(t_1) = g[X(t_1)] \\ Y(t_2) = g[X(t_2)] \end{array}\right\} \tag{6.2}$$

随机变量 $Y(t_1), Y(t_2)$ 的联合概率密度函数 $f_Y(y_1, y_2; t_1, t_2)$,可以由 $f_X(x_1, x_2; t_1, t_2)$ 按 1.3.2 节给出的二维变量的函数变换方法得到。不过应注意到式(6.2)是相当特殊的变换形式,这里 $Y(t_1)$ 仅取决于 $X(t_1)$,而 $Y(t_2)$ 仅取决于 $X(t_2)$。

　　推广到多维情况,通过变换:

$$\left.\begin{array}{l} Y(t_1) = g[X(t_1)] \\ Y(t_2) = g[X(t_2)] \\ \cdots\cdots \\ Y(t_n) = g[X(t_n)] \end{array}\right\} \tag{6.3}$$

随机变量 $Y(t_1), Y(t_2), \cdots, Y(t_n)$ 的联合概率密度函数 $f_Y(y_1, y_2, \cdots, y_n; t_1, t_2, \cdots, t_n)$,也

可以由相应的输入随机变量 $X(t_1), X(t_2), \cdots, X(t_n)$ 的联合概率密度函数 $f_X(x_1, x_2, \cdots, x_n; t_1, t_2, \cdots, t_n)$ 按 1.3 节给出的多维变量的函数变换方法得到。

例 6.1　假设 $Y(t) = X^2(t)$，求 $Y(t)$ 的一维概率密度函数 $f_Y(y; t)$、二维概率密度函数 $f_Y(y_1, y_2; t_1, t_2)$。

解　（1）在例 1.2 中，令 $c = 1$ 即可得到 $Y(t)$ 的一维概率密度函数为

$$f_Y(y; t) = \begin{cases} \dfrac{1}{2\sqrt{y}} \left[f_X(\sqrt{y}; t) + f_X(-\sqrt{y}; t) \right], & y \geqslant 0 \\ 0, y < 0 \end{cases}$$

（2）对于 $y_1 > 0, y_2 > 0, y_1 = x_1^2$ 与 $y_2 = x_2^2$ 有 4 个解，即 $(\sqrt{y_1}, \sqrt{y_2})$，$(-\sqrt{y_1}, \sqrt{y_2})$，$(\sqrt{y_1}, -\sqrt{y_2})$，$(-\sqrt{y_1}, -\sqrt{y_2})$。可求得雅可比式的绝对值为

$$|J| = \frac{1}{4\sqrt{y_1 y_2}}$$

于是有

$$f_Y(y_1, y_2; t_1, t_2) = \frac{1}{4\sqrt{y_1 y_2}} \Big[f_X(\sqrt{y_1}, \sqrt{y_2}; t_1, t_2) + f_X(-\sqrt{y_1}, \sqrt{y_2}; t_1, t_2) +$$
$$f_X(\sqrt{y_1}, -\sqrt{y_2}; t_1, t_2) + f_X(-\sqrt{y_1}, -\sqrt{y_2}; t_1, t_2) \Big]$$

对于 $y_1 < 0$ 或 $y_2 < 0$ 则 $f_Y(y_1, y_2; t_1, t_2) = 0$。

对于输出随机信号的数字特征，可以通过对随机变量函数求统计平均的概念直接引出，即

$$E[Y(t)] = \int_{-\infty}^{\infty} g(x) f_X(x; t) \, dx \tag{6.4}$$

$$E[Y^n(t)] = \int_{-\infty}^{\infty} g^n(x) f_X(x; t) \, dx \tag{6.5}$$

$$R_Y(t_1, t_2) = \int_{-\infty}^{\infty} \int_{-\infty}^{\infty} g(x_1) g(x_2) f_X(x_1, x_2; t_1, t_2) \, dx_1 dx_2 \tag{6.6}$$

式中，$x_1 = x(t_1), x_2 = x(t_2)$。以上 3 式是在输入输出皆为连续型随机过程情况下的表示式。同理可得离散型随机过程的相应表示式，现在通过几个有用的实例说明。

例 6.2　若系统为单向限幅器，系统的输出为 $Y(t) = \begin{cases} 1, & X(t) \leqslant x \\ 0, & X(t) > x \end{cases}$，如图 6.2(a) 所示，求输出 $Y(t)$ 的数学期望 $E[Y(t)]$ 和相关函数 $R_Y(t_1; t_2)$。

解　由于 $Y(t)$ 只能取"1"或者"0"，而且

$$P\{Y(t) = 1\} = P\{X(t) \leqslant x\}, P\{Y(t) = 0\} = P\{X(t) > x\}$$

因此

$$E[Y(t)] = 1 \cdot P\{X(t) \leqslant x\} + 0 \cdot P\{X(t) > x\} = F_X(x)$$
$$R_Y(t_1, t_2) = E[Y(t_1) Y(t_2)] = P\{X(t_1) \leqslant x, X(t_2) \leqslant x\} = F_X(x_1, x_2; t_1, t_2) \tag{6.7}$$
这个结果对于研究各态历经过程很有用处。

例 6.3　若系统为双向理想限幅器，系统的输出为 $Y(t) = \begin{cases} 1, & X(t) > 0 \\ -1, & X(t) \leqslant 0 \end{cases}$，如图 6.2(b) 所示，求输出 $Y(t)$ 的数学期望 $E[Y(t)]$ 和相关函数 $R_Y(t_1; t_2)$。

解　$Y(t)$ 只能取"1"或者"-1"，而且

$$P\{Y(t)=1\}=P\{X(t)>0\}=1-F_X(0)$$
$$P\{Y(t)=-1\}=P\{X(t)\leqslant 0\}=F_X(0)$$

这里，$F_X(0)$ 是 $X(t)$ 的一维分布函数，因此有

$$E[Y(t)]=1\cdot P\{Y(t)=1\}+(-1)\cdot P\{Y(t)=-1\}=1-2F_X(0)$$
$$R_Y(t_1,t_2)=E[Y(t_1)Y(t_2)]=$$
$$1\cdot P\{Y(t_1)=1,Y(t_2)=1\}+1\cdot P\{Y(t_1)=-1,Y(t_2)=-1\}+$$
$$(-1)\cdot P\{Y(t_1)=1,Y(t_2)=-1\}+(-1)\cdot P\{Y(t_1)=-1,Y(t_2)=1\}=$$
$$P\{X(t_1)X(t_2)>0\}-P\{X(t_1)X(t_2)<0\} \tag{6.8}$$

这个结果对于研究零交问题很有用处。

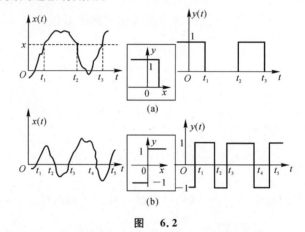

图 6.2

(a) 单向理想限幅器; (b) 双向理想限幅器

例 6.4 本例将利用例 6.3 的结果导出一个重要的定理 —— 范弗莱克定理(Van Vleck's Theorem)。即双向限幅器的输入过程若是零均值高斯过程，可以证明，输出 $Y(t)$ 的自相关函数为

$$R_Y(\tau)=\frac{2}{\pi}\arcsin\left[\frac{R_X(\tau)}{\sigma_X^2}\right] \tag{6.9}$$

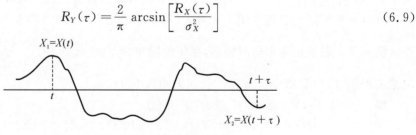

图 6.3 随机过程的零交点示意图

证明 由图 6.3 可见，在间隔 $(t,t+\tau)$ 中零交点为奇次数，也就是事件 $X_1X_2<0$，因此其出现概率 $P_o(\tau)$ 为 $P\{X_1X_2<0\}$。又考虑到事件 $X_1X_2<0$ 的概率与事件 $(X_1/X_2)<0$ 的概率是相同的，于是利用例 1.3 中的式(1.82)及图 1.18 可得

$$P_o(\tau)=P\left\{\frac{X_1}{X_2}<0\right\}=\frac{\beta}{\pi}=\frac{1}{\pi}\arccos\rho=\frac{1}{\pi}\arccos\frac{R_X(\tau)}{R_X(0)}$$

显然，零交偶次数的概率为

$$P_e(\tau) = 1 - P_o(\tau) = 1 - \frac{1}{\pi} \arccos \frac{R_X(\tau)}{R_X(0)}$$

代入式(6.8)，得

$$R_Y(t_1, t_2) = P\{X_1 X_2 > 0\} - P\{X_1 X_2 < 0\} = P_e(\tau) - P_o(\tau) =$$

$$\left[1 - \frac{1}{\pi} \arccos \frac{R_X(\tau)}{R_X(0)}\right] - \frac{1}{\pi} \arccos \frac{R_X(\tau)}{R_X(0)} = 1 - \frac{2}{\pi} \arccos \frac{R_X(\tau)}{R_X(0)}$$

借助于图 1.18，可写成

$$R_Y(\tau) = \frac{2}{\pi} \arcsin\left[\frac{R_X(\tau)}{R_X(0)}\right] = \frac{2}{\pi} \arcsin\left[\frac{R_X(\tau)}{\sigma_X^2}\right]$$

得证。由此式又可推得

$$R_X(\tau) = \sigma_X^2 \sin\left[\frac{\pi}{2} R_Y(\tau)\right] \tag{6.10}$$

可见，高斯过程的自相关函数 $R_X(\tau)$，可以直接由双向硬限幅波形 $Y(t)$ 的自相关函数（或者说是随机过程零交的二阶统计特性）来确定。

综上所述，确定非线性系统输出的统计特性问题，原则上可以运用概率论中有关随机变量函数变换的分析方法及结果予以解决。这种解决随机过程非线性变换的方法，称之为直接法。这种方法的特点是简单、直观。当输入为高斯过程，而系统的非线性传输特性又比较简单时，这种方法相当有效。但是，若用它去解决较复杂的问题，则会产生很大的困难，这时就必须改用其他更适合的分析方法。

现在讨论一下无记忆非线性系统输出的平稳性问题。如果系统输入的随机过程 $X(t)$ 是严平稳的，那么输出 $Y(t)$ 也是严平稳的。因为在通过变换式(6.3)求输出过程 $Y(t)$ 概率密度函数的过程中，变换式本身没有时间因素的影响，故 $Y_1, Y_2, \cdots, Y_n$ 仅取决于各相应时刻的 X_1，$X_2, \cdots, X_n$。这样当输入 $X(t)$ 是严平稳时，输出 $Y(t)$ 也是严平稳的。于是，在平稳输入情况下式(6.4)、式(6.5)和式(6.6)可写成

$$E[Y(t)] = m_Y = \int_{-\infty}^{\infty} g(x) f_X(x) \mathrm{d}x \tag{6.11}$$

$$E[Y^n(t)] = \int_{-\infty}^{\infty} g^n(x) f_X(x) \mathrm{d}x \tag{6.12}$$

$$R_Y(\tau) = \int_{-\infty}^{\infty} \int_{-\infty}^{\infty} g(x_1) g(x_2) f_X(x_1, x_2; \tau) \mathrm{d}x_1 \mathrm{d}x_2 \tag{6.13}$$

式中：$x_1 = x(t_1)$；$x_2 = x(t_2)$；$\tau = t_2 - t_1$。

现在应用直接法来研究在实际中有重要意义的两种非线性设备：全波平方律检波器与半波线性检波器。

6.2.2　全波平方律检波器

平方律检波器是指其传输特性为

$$y = bx^2 \tag{6.14}$$

的检波器。式中，b 是正实常数。平方律检波器的特性曲线如图 6.4 所示，当输入为平稳随机过程 $X(t)$ 时，输

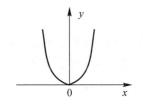

图 6.4　平方律设备的特性曲线

出为 $Y(t) = bX^2(t)$，$Y(t)$ 的 n 阶矩和自相关函数可分别写成

$$E[Y^n(t)] = \int_{-\infty}^{\infty} (bx^2)^n f_X(x) \mathrm{d}x = b^n E[X^{2n}(t)] \tag{6.15}$$

$$R_Y(\tau) = \int_{-\infty}^{\infty} \int_{-\infty}^{\infty} (bx_1^2)(bx_2^2) f_x(x_1,x_2;\tau) \mathrm{d}x_1 \mathrm{d}x_2 = b^2 E[X^2(t_1) X^2(t_2)] \tag{6.16}$$

1. 假定输入为零均值平稳高斯噪声

（1）输出的均值、方差及自相关函数。由 1.2 节中正态分布的特性可得高斯变量的各阶矩为

$$E[X^n(t)] = \begin{cases} (n-1)!! \ \sigma_X^n, & n \geqslant 2 \text{ 的偶数} \\ 0, & n \text{ 是奇数} \end{cases} \tag{6.17}$$

代入到式（6.15），得

$$E[Y^n(t)] = b^n [1 \times 3 \times 5 \times \cdots \times (2n-1) \sigma_X^{2n}] \tag{6.18}$$

令 $n=1$ 及 $n=2$，可分别得

$$E[Y(t)] = m_Y = b\sigma_X^2$$
$$E[Y^2(t)] = 3b^2\sigma_X^4 = 3E^2[Y(t)] \tag{6.19}$$

于是，$Y(t)$ 的方差为

$$\sigma_Y^2 = E[Y^2(t)] - E^2[Y(t)] = 3E^2[Y(t)] - E^2[Y(t)] = 2E^2[Y(t)] = 2b^2\sigma_X^4 \tag{6.20}$$

根据高斯变量的高阶矩可得

$$E[X^2(t_1) X^2(t_2)] = \sigma_X^4 + 2R_X^2(\tau) \tag{6.21}$$

于是，$Y(t)$ 的自相关函数为

$$R_Y(\tau) = b^2 E[X^2(t_1) X^2(t_2)] = b^2\sigma_X^4 + 2b^2 R_X^2(\tau) \tag{6.22}$$

（2）输出的功率谱密度。输出 $Y(t)$ 的功率谱密度可由 $R_Y(\tau)$ 的傅里叶变换得到，即

$$G_Y(f) = b^2\sigma_X^4 \delta(f) + 2b^2 \int_{-\infty}^{\infty} R_X^2(\tau) \mathrm{e}^{-\mathrm{j}2\pi f\tau} \mathrm{d}\tau \tag{6.23}$$

式（6.23）右边的第二项，其积分可化成为

$$\int_{-\infty}^{\infty} R_X^2(\tau) \mathrm{e}^{-\mathrm{j}2\pi f\tau} \mathrm{d}\tau = \int_{-\infty}^{\infty} R_X(\tau) R_X(\tau) \mathrm{e}^{-\mathrm{j}2\pi f\tau} \mathrm{d}\tau = \int_{-\infty}^{\infty} G_X(f') \mathrm{e}^{\mathrm{j}2\pi f'\tau} \mathrm{d}f' \int_{-\infty}^{\infty} R_X(\tau) \mathrm{e}^{-\mathrm{j}2\pi f\tau} \mathrm{d}\tau =$$

$$\int_{-\infty}^{\infty} G_X(f') \mathrm{d}f' \int_{-\infty}^{\infty} R_X(\tau) \mathrm{e}^{-\mathrm{j}2\pi(f-f')\tau} \mathrm{d}\tau = \int_{-\infty}^{\infty} G_X(f') G_X(f-f') \mathrm{d}f' \tag{6.24}$$

于是

$$G_Y(f) = b^2\sigma_X^4 \delta(f) + 2b^2 \int_{-\infty}^{\infty} G_X(f') G_X(f-f') \mathrm{d}f' \tag{6.25}$$

式中，第一项相当于直流部分，可记为 $G_{Y^-}(f)$；第二项相当于起伏部分，可记为 $G_{Y\sim}(f)$。

（3）输入为零均值平稳限带高斯白噪声。假定输入 $X(t)$ 为零均值的平稳限带高斯白噪声，功率谱密度为

$$G_X(f) = \begin{cases} c_0, & |f \pm f_0| < \dfrac{\Delta f}{2} \\ 0, & |f \pm f_0| \geqslant \dfrac{\Delta f}{2} \end{cases} \tag{6.26}$$

如图 6.5(a) 所示,式中,$\sigma_X^2 = \int_{-\infty}^{\infty} G_X(f)\mathrm{d}f = 2c_0\Delta f$。于是,输出 $Y(t)$ 的功率谱密度的直流部分和交流部分分别为

$$G_{Y=}(f) = 4b^2 c_0^2 \Delta f^2 \delta(f) \tag{6.27}$$

$$G_{Y\sim}(f) = \begin{cases} 4b^2 c_0^2 (\Delta f - |f|), & |f| < \Delta f \\ 2b^2 c_0^2 (\Delta f - ||f| - 2f_0|), & |f \pm 2f_0| < \Delta f \\ 0, & \text{其他} \end{cases} \tag{6.28}$$

由此可得,$G_Y(f) = G_{Y=}(f) + G_{Y\sim}(f)$,如图 6.5(b) 所示。最后,通过平方律设备后面的低通滤波器将高频成分滤除。低通滤波器输出端的功率谱密度如图 6.5(c) 所示。

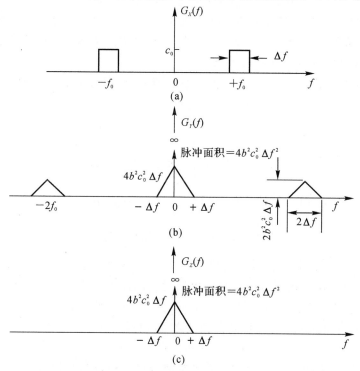

图 6.5　平方律设备的输入为窄带高斯噪声时,输入输出的功率谱密度
（a）输入；　（b）平方律设备的输出；　（c）低通滤波器输出

2. 信号和噪声同时作用于平方律检波器

假设输入 $X(t)$ 为

$$X(t) = S(t) + N(t)$$

式中:$N(t)$ 是零均值随机噪声;$S(t)$ 为零均值随机信号,并设信号与噪声互不相关。

（1）输出的自相关函数为

$$\begin{aligned} R_Y(t_1, t_2) &= E[Y_1 Y_2] = b^2 E[(S_1 + N_1)^2 (S_2 + N_2)^2] = \\ & b^2 E[S_1^2 S_2^2 + 2S_1^2 S_2 N_2 + S_1^2 N_2^2 + 2S_1 S_2^2 N_1 + 4S_1 S_2 N_1 N_2 + \\ & 2S_1 N_1 N_2^2 + S_2^2 N_1^2 + 2S_2 N_1^2 N_2 + N_1^2 N_2^2] = \\ & b^2 E[S_1^2 S_2^2 + 4S_1 S_2 N_1 N_2 + S_1^2 N_2^2 + S_2^2 N_1^2 + N_1^2 N_2^2] \end{aligned} \tag{6.29}$$

式中，$Y_1 = Y(t_1)$，$Y_2 = Y(t_2)$，$S_1 = S(t_1)$，$S_2 = S(t_2)$，$N_1 = N(t_1)$，$N_2 = N(t_2)$。若输入噪声是平稳随机过程，并令 $\tau = t_2 - t_1$，则有

$$R_Y(\tau) = b^2 \left[R_{S^2}(\tau) + 4R_S(\tau)R_N(\tau) + 2\sigma_S^2\sigma_N^2 + R_{N^2}(\tau) \right] \tag{6.30}$$

式中，$R_{S^2}(\tau)$ 与 $R_{N^2}(\tau)$ 分别是信号平方和噪声平方的自相关函数。这时由式（6.29）可见，$Y(t)$ 的自相关函数实际由以下三项构成，即

$$R_Y(\tau) = R_{S \times S}(\tau) + R_{S \times N}(\tau) + R_{N \times N}(\tau) \tag{6.31}$$

$$R_{S \times S}(\tau) = b^2 R_{S^2}(\tau) \tag{6.32}$$

$$R_{N \times N}(\tau) = b^2 R_{N^2}(\tau) \tag{6.33}$$

$$R_{S \times N}(\tau) = 4b^2 R_S(\tau)R_N(\tau) + 2b^2\sigma_S^2\sigma_N^2 \tag{6.34}$$

式中：$R_{S \times S}(\tau)$ 是信号自身产生的项；$R_{N \times N}(\tau)$ 是噪声自身产生的项；$R_{S \times N}(\tau)$ 是信号与噪声相互作用产生的交叉项。这三项中，只有 $R_{S \times S}(\tau)$ 项与噪声无关，仅与需要的信号有关；而 $R_{S \times N}(\tau)$ 和 $R_{N \times N}(\tau)$ 两项都与噪声有关系。

（2）输出的功率谱密度。取 $R_Y(\tau)$ 的傅里叶变换可得输出 $Y(t)$ 的功率谱密度为

$$G_Y(f) = G_{S \times S}(f) + G_{S \times N}(f) + G_{N \times N}(f) \tag{6.35}$$

$$G_{S \times S}(f) = b^2 \int_{-\infty}^{\infty} R_{S^2}(\tau) \mathrm{e}^{-\mathrm{j}2\pi f\tau} \, \mathrm{d}\tau \tag{6.36}$$

$$G_{N \times N}(f) = b^2 \int_{-\infty}^{\infty} R_{N^2}(\tau) \mathrm{e}^{-\mathrm{j}2\pi f\tau} \, \mathrm{d}\tau \tag{6.37}$$

$$G_{S \times N}(f) = 4b^2 \int_{-\infty}^{\infty} R_S(\tau)R_N(\tau)\mathrm{e}^{-\mathrm{j}2\pi f\tau} \, \mathrm{d}\tau + 2b^2\sigma_S^2\sigma_N^2\delta(f) =$$

$$4b^2 \int_{-\infty}^{\infty} G_N(f')G_S(f - f') \, \mathrm{d}f' + 2b^2\sigma_S^2\sigma_N^2\delta(f) \tag{6.38}$$

式中，$G_S(f)$ 和 $G_N(f)$ 分别是输入信号和噪声的功率谱密度。通常，将交叉项 $G_{S \times N}(f)$ 看作为无用的噪声分量，交叉项中由于输入信号的出现，使得输出噪声增大；但是在另外一些情况下，却又把交叉项归并到信号中去，对此在本章的最后还将进一步讨论。

（3）输入为随相余弦信号与平稳高斯噪声之和。设输入信号 $S(t)$ 为

$$S(t) = a\cos(\omega_0 t + \theta) \tag{6.39}$$

式中：a 为正实常数；θ 为 $(0, 2\pi)$ 上均匀分布的随机变量。$S(t)$ 与零均值平稳高斯噪声 $N(t)$ 互不相关。

$S(t)$ 及其平方 $S^2(t)$ 的自相关函数分别为

$$R_S(t_1, t_2) = a^2 E\left[\cos(\omega_0 t_1 + \theta) \cdot \cos(\omega_0 t_2 + \theta)\right] = \frac{a^2}{2}\cos\omega_0\tau \tag{6.40}$$

$$R_{S^2}(\tau) = E\left[S_1^2 S_2^2\right] = a^4 E\left[\cos^2(\omega_0 t_1 + \theta)\cos^2(\omega_0 t_2 + \theta)\right] = \frac{a^4}{4} + \frac{a^4}{8}\cos 2\omega_0\tau \tag{6.41}$$

上两式中，$\tau = t_2 - t_1$。若令 $\tau = 0$，则有 $\sigma_S^2 = R_S(0) = a^2/2$。将以上结果代入到式（6.32）和式（6.34），可得

$$R_{S \times S}(\tau) = \frac{b^2 a^4}{4} + \frac{b^2 a^4}{8}\cos 2\omega_0\tau \tag{6.42}$$

$$R_{S \times N}(\tau) = 2b^2 a^2 R_N(\tau)\cos\omega_0\tau + b^2 a^2\sigma_N^2 \tag{6.43}$$

对于 $R_{N \times N}(\tau)$ 部分，利用式（6.22），可得

$$R_{N \times N}(\tau) = b^2\sigma_N^4 + 2b^2 R_N^2(\tau) \tag{6.44}$$

对式(6.42)、式(6.43)和式(6.44)分别取傅里叶变换,可得

$$G_{S \times S}(f) = \frac{b^2 a^4}{4} \delta(f) + \frac{b^2 a^4}{16} \left[\delta(f - 2f_0) + \delta(f + 2f_0) \right] \tag{6.45}$$

$$G_{S \times N}(f) = b^2 a^2 \left[G_N(f - f_0) + G_N(f + f_0) \right] + b^2 a^2 \sigma_N^2 \delta(f) \tag{6.46}$$

$$G_{N \times N}(f) = b^2 \sigma_N^4 \delta(f) + 2b^2 \int_{-\infty}^{\infty} G_N(f') G_N(f - f') \, \mathrm{d}f' \tag{6.47}$$

因此,输出 $Y(t)$ 的自相关函数和功率谱密度分别为

$$R_Y(\tau) = b^2 \left(\frac{a^2}{2} + \sigma_N^2 \right)^2 + 2b^2 R_N^2(\tau) + 2b^2 a^2 R_N(\tau) \cos \omega_0 \tau + \frac{b^2 a^4}{8} \cos 2\omega_0 \tau \tag{6.48}$$

$$G_Y(f) = b^2 \left(\frac{a^2}{2} + \sigma_N^2 \right)^2 \delta(f) + 2b^2 \int_{-\infty}^{\infty} G_N(f') G_N(f - f') \, \mathrm{d}f' +$$

$$b^2 a^2 \left[G_N(f - f_0) + G_N(f + f_0) \right] + \frac{b^2 a^4}{16} \left[\delta(f - 2f_0) + \delta(f + 2f_0) \right] \tag{6.49}$$

由于式(6.48)等号右边的第一项即为 m_Y^2,于是 $Y(t)$ 的均值为

$$m_Y = E[Y(t)] = b \left(\frac{a^2}{2} + \sigma_N^2 \right) \tag{6.50}$$

令 $\tau = 0$,可得 $Y(t)$ 的均方值为

$$E[Y^2(t)] = R_Y(0) = 3b^2 \left(\frac{a^4}{8} + a^2 \sigma_N^2 + \sigma_N^4 \right) \tag{6.51}$$

所以,$Y(t)$ 的方差为

$$\sigma_Y^2 = 2b^2 \left(\frac{a^4}{16} + a^2 \sigma_N^2 + \sigma_N^4 \right) \tag{6.52}$$

如果输入噪声 $N(t)$ 为零均值平稳限带高斯白噪声,功率谱密度为

$$G_N(f) = \begin{cases} c_0, & |f \pm f_0| < \dfrac{\Delta f}{2} \\ 0, & |f \pm f_0| \geqslant \dfrac{\Delta f}{2} \end{cases} \tag{6.53}$$

式中,$\Delta f \ll f_0$,且有 $\sigma_N^2 = \displaystyle\int_{-\infty}^{\infty} G_N(f) \mathrm{d}f = 2c_0 \Delta f$。则平方律检波器输入 $X(t)$ 的功率谱密度如图 6.6(a)所示,有

$$G_X(f) = \frac{a^2}{4} \left[\delta(f - f_0) + \delta(f + f_0) \right] + \begin{cases} c_0, & |f \pm f_0| < \dfrac{\Delta f}{2} \\ 0, & |f \pm f_0| \geqslant \dfrac{\Delta f}{2} \end{cases} \tag{6.54}$$

将式(6.53)代入式(6.46),可得

$$G_{S \times N}(f) = 2b^2 a^2 c_0 \Delta f \delta(f) + \begin{cases} 2b^2 a^2 c_0, & |f| < \dfrac{\Delta f}{2} \\ b^2 a^2 c_0, & |f \pm 2f_0| < \dfrac{\Delta f}{2} \\ 0, & \text{其他} \end{cases} \tag{6.55}$$

由式(6.27)和式(6.28),可得

$$G_{N \times N}(f) = 4b^2 c_0^2 \Delta f^2 \delta(f) + \begin{cases} 4b^2 c_0^2 (\Delta f - |f|), & |f| < \Delta f \\ 2b^2 c_0^2 (\Delta f - ||f| - 2f_0|), & |f \pm 2f_0| < \Delta f \\ 0, & \text{其他} \end{cases} \tag{6.56}$$

图 6.6(b)(c)(d) 分别为输出的 $G_{S\times S}(f),G_{S\times N}(f)$ 和 $G_{N\times N}(f)$ 项,其中 $G_{N\times N}(f)$ 项与平方律检波器输入仅为零均值平稳限带高斯白噪声时所产生的输出功率谱密度完全相同的。图 6.6(e) 为输出 $Y(t)$ 的功率谱密度。

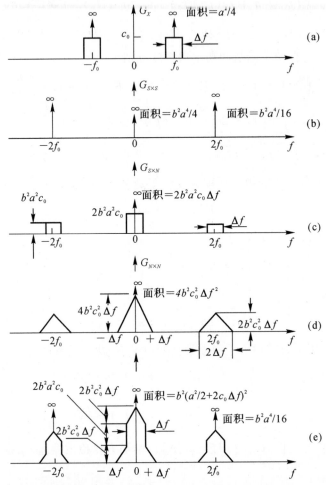

图 6.6 平方律设备的输入为余弦信号加平稳高斯噪声时,输入输出的功率谱密度

(a) 输入功率谱密度; (b)$G_{S\times S}(f)$ 图形; (c)$G_{S\times N}(f)$ 图形

(d)$G_{N\times N}(f)$ 图形; (e) 输出功率谱密度

现在,从物理意义上来解释为什么图 6.6 中图形(d)为三角形,而图形(c)是矩形。可以把噪声分量看成是许多正弦分量叠加的结果。平方过程是一个非线性过程,噪声中各频率分量在这个过程中相互差拍而形成许多拍频分量。已假定输入噪声的频谱在频带内是均匀分布的,差频越小则拍频分量越多,因而能量就越大;反之,差频越大,拍频分量就越小,因而能量就小。这就是说,能量与差频呈线性递减的规律。由于正负差频的对称性,于是便出现了以拍频等于零时为顶点(即有最大功率)的一个三角形,这便是图 6.6(d) 产生三角图形的原因。图 6.6(c)是通过平方律设备过程中,由信号与噪声各分量差拍而形成的,由于信号位于 Δf 的中心频率 f_0 上,所以它和噪声的最大差频便是 $\Delta f/2$。由于占据在 Δf 内的所有噪声,都要和信号进行拍频,因此就等于是将频带内的每一噪声分量都加或减同一信号频率分量,于是在 $f=$

0 和 $f = \pm 2f_0$ 处形成和图 6.6(a) 相似的功率谱密度图形。

最后，平方律设备输出 $Y(t)$ 通过后面的低通滤波器将高频成分滤除，即可得平方律检波器输出的功率谱密度为

$$G_Z(f) = b^2 \left(\frac{a^2}{2} + 2c_0 \Delta f \right)^2 \delta(f) + \begin{cases} 2b^2 a^2 c_0, & |f| < \dfrac{\Delta f}{2} \\ 0, & |f| \geqslant \dfrac{\Delta f}{2} \end{cases} +$$

$$\begin{cases} 4b^2 c_0^2 (\Delta f - |f|), & |f| < \Delta f \\ 0, & |f| \geqslant \Delta f \end{cases} \tag{6.57}$$

6.2.3　半波线性检波器

半波线性检波器由半波线性设备和后续的低通滤波器组成。半波线性设备的传输特性为

$$y = \begin{cases} bx, & x > 0 \\ 0, & x \leqslant 0 \end{cases} \tag{6.58}$$

其传输特性如图 6.7 所示。

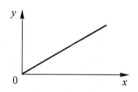

图 6.7　半波线性传输特性

设半波检波器的输入 $X(t)$ 是零均值平稳高斯过程，下面分析半波线性设备输出 $Y(t)$ 的统计特性。

(1) 输出的均值、均方值和方差：

$$E[Y(t)] = m_Y = \int_{-\infty}^{\infty} g(x) f_X(x) \mathrm{d}x = \int_0^{\infty} bx \, \frac{1}{\sigma_X \sqrt{2\pi}} \mathrm{e}^{-\frac{x^2}{2\sigma_X^2}} \mathrm{d}x = \frac{b\sigma_X}{\sqrt{2\pi}} \tag{6.59}$$

$$E[Y^2(t)] = \int_{-\infty}^{\infty} g^2(x) f_X(x) \mathrm{d}x = \int_0^{\infty} b^2 x^2 \, \frac{1}{\sigma_X \sqrt{2\pi}} \mathrm{e}^{-\frac{x^2}{2\sigma_X^2}} \mathrm{d}x = \frac{b^2 \sigma_X^2}{2} \tag{6.60}$$

$$\sigma_Y^2 = E[Y^2] - m_Y^2 = \frac{b^2 \sigma_X^2}{2} - \frac{b^2 \sigma_X^2}{2\pi} = \frac{b^2 \sigma_X^2}{2} \left(1 - \frac{1}{\pi} \right) \tag{6.61}$$

(2) 输出的自相关函数：

$$R_Y(\tau) = \int_0^{\infty} \int_0^{\infty} bx_1 bx_2 f_X(x_1, x_2) \mathrm{d}x_1 \mathrm{d}x_2 =$$

$$\int_0^{\infty} \int_0^{\infty} \frac{b^2 x_1 x_2}{2\pi \sigma_X^2 \sqrt{1 - \rho_X^2(\tau)}} \exp\left[-\frac{x_1^2 + x_2^2 - 2x_1 x_2 \rho_X(\tau)}{2\sigma_X^2 [1 - \rho_X^2(\tau)]} \right] \mathrm{d}x_1 \mathrm{d}x_2 \tag{6.62}$$

为了便于计算式(6.62)的二重积分，令

$$z = \frac{x}{\{2\sigma_X^2 [1 - \rho_X^2(\tau)]\}^{\frac{1}{2}}} \tag{6.63}$$

于是 $R_Y(\tau)$ 可写成

$$R_Y(\tau) = \frac{2}{\pi} b^2 \sigma_X^2 \left[1 - \rho_X^2(\tau)\right]^{\frac{3}{2}} \int_0^\infty \int_0^\infty z_1 z_2 \exp\left[-z_1^2 - z_2^2 + 2z_1 z_2 \rho_X(\tau)\right] \mathrm{d}z_1 \mathrm{d}z_2 \tag{6.64}$$

可以证明，当 $0 \leqslant \psi \leqslant 2\pi$ 时，有

$$\int_0^\infty \int_0^\infty xy \exp\left[-x^2 - y^2 - 2xy\cos\psi\right]\mathrm{d}x\mathrm{d}y = \frac{1}{4}\csc^2\psi(1 - \psi\cot\psi) \tag{6.65}$$

因 $|\rho_X(\tau)| \leqslant 1$，可设 $-\rho_X(\tau) = \cos\psi$，于是，当输入为平稳高斯过程时，半波线性设备输出的自相关函数可表示为

$$R_Y(\tau) = \frac{b^2 \sigma_X^2}{2\pi}\left\{\left[1 - \rho_X^2(\tau)\right]^{\frac{1}{2}} + \rho_X(\tau)\arccos\left[-\rho_X(\tau)\right]\right\} \tag{6.66}$$

对式(6.66)进行傅里叶变换，可得到输出 $Y(t)$ 的功率谱密度。但由于计算积分时有困难，故在求傅里叶变换之前，先把它表示成无穷级数的形式。$\arccos(-\rho)$ 和 $(1-\rho^2)^{\frac{1}{2}}$ 的幂级数展开式分别为

$$\arccos(-\rho) = \frac{\pi}{2} + \rho + \frac{\rho^3}{2 \times 3} + \frac{3\rho^5}{2 \times 4 \times 5} + \frac{3 \times 5\rho^5}{2 \times 4 \times 6 \times 7} + \cdots =$$

$$\frac{\pi}{2} + \rho + \sum_{n=1}^\infty \frac{(2n-1)!!}{(2n)!!} \cdot \frac{\rho^{2n+1}}{(2n+1)}, \quad |\rho| \leqslant 1 \tag{6.67}$$

$$(1-\rho^2)^{\frac{1}{2}} = 1 - \frac{\rho^2}{2} - \frac{\rho^4}{2 \times 4} - \frac{3\rho^6}{2 \times 4 \times 6} - \cdots = 1 - \frac{\rho^2}{2} - \sum_{n=1}^\infty \frac{(2n-1)!!}{(2n+2)!!} \cdot \rho^{2n+2},$$

$$|\rho| \leqslant 1 \tag{6.68}$$

式中，!! 表示双阶乘。将两展开式代入式(6.66)中，可得 $R_Y(\tau)$ 的级数表示式为

$$R_Y(\tau) = \frac{b^2 \sigma_X^2}{2\pi}\left[1 + \frac{\pi}{2}\rho_X(\tau) + \frac{1}{2}\rho_X^2(\tau) + \sum_{n=1}^\infty \frac{(2n-1)!!}{(2n+2)!!} \frac{\left[\rho_X(\tau)\right]^{2n+2}}{(2n+1)}\right] =$$

$$\frac{b^2 \sigma_X^2}{2\pi}\left[1 + \frac{\pi}{2}\rho_X(\tau) + \frac{1}{2}\rho_X^2(\tau) + \frac{1}{4!}\rho_X^4(\tau) + \cdots\right] \tag{6.69}$$

由于 $|\rho_X(\tau)| \leqslant 1$，所以级数高于 $\rho_X(\tau)$ 二次幂的项已经很小，因此可以作合理的近似，通常只取前三至四项即可。

式(6.69)得到的是一般形式的解，它是以输入随机过程的相关系数的幂级数形式表示的，条件是输入为平稳高斯过程。它既适用于宽带随机过程，也适用于窄带随机过程，完全取决于输入随机过程的相关系数 $\rho_X(\tau)$ 的性质。式(6.69)等号右边第一项与 $\rho_X(\tau)$ 无关，是半波线性设备输出随机过程的均值的平方 m_Y^2，它与前面已求得的均值式(6.59)是完全一致的。下面着重讨论一下式(6.69)中的其他项，也就是输出相关函数的起伏部分，即

$$R_{\tilde{Y}}(\tau) = \frac{b^2 \sigma_X^2}{2\pi}\left[\frac{\pi}{2}\rho_X(\tau) + \frac{1}{2}\rho_X^2(\tau) + \frac{1}{4!}\rho_X^4(\tau) + \cdots\right] \tag{6.70}$$

在雷达、通信的接收系统中，检波前大多数都是窄带系统(窄带中频放大器)，因此作用在检波器输入的随机过程相关系数满足：

$$\rho_X(\tau) = \rho_0(\tau)\cos\omega_0\tau \tag{6.71}$$

式中：$\rho_0(\tau)$ 取决于窄带系统的频率特性，是相关系数的包络；ω_0 为窄带系统的中心频率。将式(6.71)代入到式(6.70)，得

$$R_{\tilde{Y}}(\tau) = \frac{b^2 \sigma_X^2}{2\pi}\left[\frac{\pi}{2}\rho_0(\tau)\cos\omega_0\tau + \frac{1}{2}\rho_0^2(\tau)\cos^2\omega_0\tau + \frac{1}{4!}\rho_0^4(\tau)\cos^4\omega_0\tau\right] \tag{6.72}$$

利用三角函数展开式，有

$$\cos^2 \omega_0 \tau = \frac{1}{2}(1 + \cos 2\omega_0 \tau) \tag{6.73}$$

$$\cos^4 \omega_0 \tau = \frac{1}{8}(\cos 4\omega_0 \tau + 4\cos 2\omega_0 \tau + 3) \tag{6.74}$$

代入式(6.72)并化简和略去 $\cos 4\omega_0 \tau$ 项,得

$$R_{Y^\sim}(\tau) = \frac{b^2 \sigma_X^2}{2\pi} \cdot \left\{ \frac{\pi}{2}\rho_0(\tau)\cos\omega_0\tau + \frac{1}{4}\left[\rho_0^2(\tau) + \frac{1}{16}\rho_0^4(\tau)\right] + \frac{1}{4}\left[\rho_0^2(\tau) + \frac{\rho_0^4(\tau)}{12}\right]\cos 2\omega_0\tau \right\} \tag{6.75}$$

再通过低通滤波器滤除高频成分后,得

$$R_{Z^\sim}(\tau) = \frac{b^2 \sigma_X^2}{8\pi}\left[\rho_0^2(\tau) + \frac{1}{16}\rho_0^4(\tau)\right] \tag{6.76}$$

式(6.76)即为零均值平稳高斯噪声输入下,半波线性检波器的输出自相关函数的起伏部分。

(3) 输出的功率谱密度。计算式(6.69)的傅里叶变换,可得 $Y(t)$ 的功率谱密度近似表达式(取前三项)为

$$G_Y(f) = \frac{b^2 \sigma_X^2}{2\pi}\delta(f) + \frac{b^2}{4}G_X(f) + \frac{b^2}{4\pi\sigma_X^2}\int_{-\infty}^{\infty} G_X(f')G_X(f - f')\,\mathrm{d}f' \tag{6.77}$$

若假设输入高斯噪声具有窄带矩形功率谱,即

$$G_X(f) = \begin{cases} c_0, & |f \pm f_0| < \dfrac{\Delta f}{2} \\ 0, & |f \pm f_0| \geqslant \dfrac{\Delta f}{2} \end{cases} \tag{6.78}$$

显然有 $\sigma_X^2 = \displaystyle\int_{-\infty}^{\infty} G_X(f)\mathrm{d}f = 2c_0 \Delta f$。将 $G_X(f)$ 及 σ_X^2 代入到式(6.78),得

$$G_Y(f) = \frac{b^2 c_0 \Delta f}{\pi}\delta(f) + \begin{cases} \dfrac{b^2 c_0}{4}, & |f \pm f_0| < \dfrac{\Delta f}{2} \\ 0, & |f \pm f_0| \geqslant \dfrac{\Delta f}{2} \end{cases} +$$

$$\begin{cases} \dfrac{b^2 c_0}{4\pi}\left(1 - \dfrac{|f|}{\Delta f}\right), & |f| < \Delta f \\ \dfrac{b^2 c_0}{8\pi}\left(1 - \dfrac{1}{\Delta f}||f| - 2f_0|\right), & |f \pm 2f_0| < \Delta f \\ 0, & \text{其他} \end{cases} \tag{6.79}$$

通过低通滤波器,滤除高频成分后,得

$$G_Z(f) = \frac{b^2 c_0 \Delta f}{\pi}\delta(f) + \begin{cases} \dfrac{b^2 c_0}{4\pi}\left(1 - \dfrac{|f|}{\Delta f}\right), & |f| < \Delta f \\ 0, & |f| \geqslant \Delta f \end{cases} \tag{6.80}$$

以上情况的各种功率谱密度如图 6.8 所示。

现在把平方律检波器与半波线性检波器的结果做一个比较。从图 6.5 和图 6.8 可见,平方律检波器只在零频附近和二倍中频处有输出;线性检波器则不仅在零频处和二倍中频处有输出,而且在中频 f_0 处也有输出;但经过低通滤波后两者的功率谱密度图形是相似的。此外,平方律检波器输出的每一个单位频带面积与输入随机过程的方差平方成正比,而线性检波器

则只与方差成正比。

最后再说明一点，由于式(6.77)给出的是近似解，因此图 6.8(c)给出的输出功率谱密度图形是个近似图形(见图 6.9，图中的 $F_Z(f)$ 是半波线性检波器输出的单边功率谱密度)。

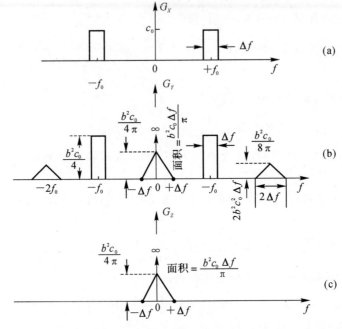

图 6.8 半波线性检波器的输入为窄带高斯噪声时，输入输出的功率谱密度

(a)输入功率谱密度； (b)半波线性设备输出功率谱密度； (c)低通滤波器输出功率谱密度

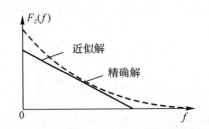

图 6.9 输出功率谱密度的精确解与近似解

例 6.5 设有白噪声通过具有高斯频率特性的窄带滤波器，其输出相关系数为

$$\rho(\tau) = e^{-\frac{\beta^2\tau^2}{4}}\cos\omega_0\tau$$

现将它作为输入，作用于半波线性检波器，求输出自相关函数和功率谱密度的低频部分。

解 根据已知条件，可得输入相关系数包络为

$$\rho_0(\tau) = e^{-\frac{\beta^2\tau^2}{4}}$$

代入式(6.76)，得

$$R_{Z^\sim}(\tau) = \frac{b^2\sigma_X^2}{8\pi}\left[(e^{-\frac{\beta^2\tau^2}{4}})^2 + \frac{1}{16}(e^{-\frac{\beta^2\tau^2}{4}})^4\right] \approx \frac{b^2\sigma_X^2}{8\pi}e^{-\frac{\beta^2\tau^2}{2}}$$

计算上式的傅里叶变换，即得输出功率谱密度的低频部分为

$$F_{Z^\sim}(\omega) = 4 \int_0^\infty \frac{b^2 \sigma_X^2}{8\pi} \mathrm{e}^{-\frac{\beta^2 \tau^2}{4}} \cos \omega\tau \, \mathrm{d}\tau$$

6.3　特征函数法

当遇到较为复杂的非线性变换问题时,采用直接法求解往往会出现积分运算上的困难。这些问题中的部分重要情况,有时可通过本节介绍的特征函数法(又称作变换法)去解决。

6.3.1　转移函数的引入

若非线性系统的传输特性为 $y = g(x)$,函数 $g(x)$ 和它的导数是逐段连续的,并且 $g(x)$ 满足绝对可积条件:

$$\int_{-\infty}^\infty |g(x)| \, \mathrm{d}x < \infty \tag{6.81}$$

那么传输特性 $g(x)$ 的傅里叶变换 $f(\mu)$ 存在,这里

$$f(\mu) = \int_{-\infty}^\infty g(x) \mathrm{e}^{-\mathrm{j}\mu x} \, \mathrm{d}x \tag{6.82}$$

于是非线性设备的输出特性,可以借助于傅里叶反变换得到,可表示成

$$y = g(x) = \frac{1}{2\pi} \int_{-\infty}^\infty f(\mu) \mathrm{e}^{\mathrm{j}\mu x} \, \mathrm{d}\mu \tag{6.83}$$

称 $f(\mu)$ 为非线性系统的转移函数。

在许多重要情况中(例如半波线性设备),其传输特性不是绝对可积的,因而它的傅里叶变换不存在,这样式(6.83)就不能采用。虽然这样,但转移函数的定义,常常可以推广到包含上述情况,并得到类似于式(6.83)的结果。例如:当 $x < 0$ 时,$g(x) = 0$。此时可把式(6.82)改写为

$$f(\mu) = \int_0^\infty g(x) \mathrm{e}^{-\mathrm{j}\mu x} \, \mathrm{d}x \tag{6.84}$$

但函数 $g(x)$ 还应满足绝对可积条件,亦即

$$\int_0^\infty |g(x)| \, \mathrm{d}x < \infty \tag{6.85}$$

为此,可将 $g(x)$ 乘上某个已知函数,使之满足绝对可积条件。在获得结果以后,再将已知函数去掉。具体而言,是设法在 $g(x)$ 上乘以 $\mathrm{e}^{-\lambda x}$,然后令 $\lambda \to 0$ 便恢复成原来的函数。现在举例说明。

例 6.6　设 $g(x)$ 为单位矩形函数,如图 6.10 所示,其表示式为

$$g(x) = \begin{cases} 0, & x < 0 \\ 1, & x > 0 \end{cases}$$

求转移函数。

解　将 $g(x)$ 乘以 $\mathrm{e}^{-\lambda x}(\lambda > 0)$,即得图 6.10 所示的虚线曲线,按式(6.84)有

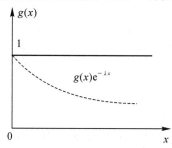

图 6.10　单位矩形函数

$$f(\lambda,\mu)=\int_0^\infty e^{-\lambda x}e^{-j\mu x}\,dx=\frac{1}{-(\lambda+j\mu)}e^{-(\lambda+j\mu)x}\Big|_0^\infty=\frac{1}{\lambda+j\mu}$$

取 $\lambda \to 0$ 的极限,得

$$f(\mu)=\frac{1}{j\mu}$$

上述例子说明,对于不满足绝对可积条件的 $g(x)$,可对 $[g(x)e^{-\lambda x}](\lambda>0)$ 取傅里叶变换,即

$$f(\mu)=\int_0^\infty [g(x)e^{-\lambda x}]e^{-j\mu x}\,dx=\int_0^\infty g(x)e^{-(\lambda+j\mu)x}\,dx \tag{6.86}$$

令 $\omega=\lambda+j\mu$,则式(6.86)可写成

$$f(\omega)=\int_0^\infty g(x)e^{-\omega x}\,dx \tag{6.87}$$

利用式(6.83),有

$$g(x)e^{-\lambda x}=\frac{1}{2\pi}\int_{-\infty}^\infty f(\omega)e^{j\mu x}\,d\mu \tag{6.88}$$

该式两边各乘以 $e^{\lambda x}$,得

$$g(x)=\frac{1}{2\pi}\int_{-\infty}^\infty f(\omega)e^{(\lambda+j\mu)x}\,d\mu \tag{6.89}$$

由于 $\omega=\lambda+j\mu$,故 $d\omega=d\lambda+jd\mu=jd\mu$,这里 λ 是选定的正实常数。变换变量得

$$g(x)=\frac{1}{2\pi j}\int_{\lambda-j\infty}^{\lambda+j\infty} f(\omega)e^{\omega x}\,d\omega \tag{6.90}$$

于是,在这种情况下,非线性系统的转移函数可以定义成传输特性的单边拉普拉斯变换,并用式(6.87)表示。

此外,在实际中还存在一些情况,其传输特性在半无限区间上不为零,这时式(6.87)就不能采用了,因为式(6.87)是在傅里叶积分的下限限制为零的前提下,引入了衰减因子 $e^{-\lambda x}(\lambda>0)$ 后得出的,否则在 $x<0$ 的范围内 $e^{-\lambda x}$ 变成增长因子,不但不起收敛作用,反而使积分更快地发散。如 $g(x)=x,\lambda>0$ 时,虽然 $\lim\limits_{x\to\infty}xe^{-\lambda x}=0$,但是 $\lim\limits_{x\to-\infty}xe^{-\lambda x}=-\infty$,故积分 $\int_{-\infty}^\infty xe^{-\omega x}\,dx=-\infty$,积分发散。

但也有一些函数,当 λ 选在一定范围内时,有

$$\int_{-\infty}^\infty g(x)e^{-\omega x}\,dx<\infty \tag{6.91}$$

现在来讨论这种情况。一般无记忆非线性系统的传输特性,经常都是满足连续条件的,并且符合正、负 x 值是按指数级变化的情况,即

$$\begin{cases} |g(x)|\leqslant M_1 e^{ax}, & x>0 \\ |g(x)|\leqslant M_2 e^{bx}, & x<0 \end{cases} \tag{6.92}$$

称这个函数的增大(或减小)是指数级的。式中 M_1,a,M_2,b 都是常数。在这种情况下,定义半波传输特性为

$$g_+(x)=\begin{cases} g(x), & x>0 \\ 0, & x\leqslant 0 \end{cases}$$

$$g_-(x)=\begin{cases} 0, & x\geqslant 0 \\ g(x), & x<0 \end{cases}$$

于是

$$g(x) = g_+(x) + g_-(x) \tag{6.93}$$

这时的 $g_+(x)$ 和 $g_-(x)$ 是满足单边拉普拉斯变换的,于是有

$$f_+(\omega) = \int_0^\infty g_+(x)\mathrm{e}^{-\omega x}\,\mathrm{d}x \tag{6.94}$$

在 $\lambda > a$ 时收敛,而

$$f_-(\omega) = \int_{-\infty}^0 g_-(x)\mathrm{e}^{-\omega x}\,\mathrm{d}x \tag{6.95}$$

在 $\lambda < b$ 时收敛。这样,给定系统的转移函数可以看作是一对函数 $f_+(\omega)$ 和 $f_-(\omega)$。由于 $g_+(x)$ 可以从 $f_+(\omega)$ 用式(6.90)类型的线积分求得,而 $g_-(x)$ 同样可由 $f_-(\omega)$ 求得,所以整个传输特性可由式(6.93)得到,表示式为

$$g(x) = \frac{1}{2\pi\mathrm{j}}\int_{D_+} f_+(\omega)\mathrm{e}^{x\omega}\,\mathrm{d}\omega + \frac{1}{2\pi\mathrm{j}}\int_{D_-} f_-(\omega)\mathrm{e}^{x\omega}\,\mathrm{d}\omega \tag{6.96}$$

式中:积分路线 D_+ 可取为直线 $\omega = \lambda' + \mathrm{j}\mu(\lambda' > a)$;$D_-$ 可取为直线 $\omega = \lambda'' + \mathrm{j}\mu(\lambda'' < b)$。

若上述关系中能满足 $a < b$,或者说 λ 的右边界 λ_-(它取决于 $x < 0$ 的函数)大于 λ 的左边界 λ_+(它取决于 $x > 0$ 的函数),这时 $f_+(\omega)$ 和 $f_-(\omega)$ 在 ω 平面上有重叠的收敛区域,因而对这种情况,可以相应地定义系统的转移函数为双边拉普拉斯变换:

$$f(\omega) = f_+(\omega) + f_-(\omega) = \int_{-\infty}^\infty g(x)\mathrm{e}^{-\omega x}\,\mathrm{d}x \tag{6.97}$$

它在 $a < \lambda < b$ 时收敛。这里 $\lambda_+ = a$,$\lambda_- = b$。

例 6.7　已知非线性系统的传输特性为 $g(x) = \begin{cases} g_+(x) = 1, & x > 0 \\ g_-(x) = \mathrm{e}^x, & x < 0 \end{cases}$,讨论系统的转移函数的收敛域。

解　$\displaystyle\int_{-\infty}^\infty g(x)\mathrm{e}^{-\lambda x}\,\mathrm{d}x = \int_{-\infty}^0 \mathrm{e}^x \cdot \mathrm{e}^{-\lambda x}\,\mathrm{d}x + \int_0^\infty 1 \cdot \mathrm{e}^{-\lambda x}\,\mathrm{d}x = \int_{-\infty}^0 \mathrm{e}^{(1-\lambda)x}\,\mathrm{d}x + \int_0^\infty \mathrm{e}^{-\lambda x}\,\mathrm{d}x$

上式等号右边的第一个积分在 $\lambda < 1$ 时收敛,第二个积分在 $\lambda > 0$ 时收敛。可见收敛域的左边界为"0",小于右边界"1",因此,在 $x < 0$ 和 $x > 0$ 时的两个函数有重叠的收敛域。也就是说,在 $0 < \lambda < 1$ 范围内函数 $g(x)\mathrm{e}^{-\lambda x}$ 满足收敛条件,双边拉普拉斯变换存在。因此,可以定义这个系统的转移函数为

$$f(\omega) = \int_{-\infty}^\infty g(x)\mathrm{e}^{-\omega x}\,\mathrm{d}x$$

它在 $0 < \lambda < 1$ 时收敛(收敛域如图 6.11 所示)。

还应指出,有些情况下按照严格意义其双边拉普拉斯变换不存在,但可以给出经过"修正"的函数的双边拉氏变换,然后取极限,使之恢复到原函数的情况。若"修正"过的函数变换后极限存在,就称之为原函数存在极限意义下的双边拉氏变换。例如,一个理想限幅器,若其传输特性(见图 6.12)为

$$g(x) = \begin{cases} 1, & x > 0 \\ -1, & x < 0 \end{cases} \tag{6.98}$$

则此函数的收敛域是 $\lambda = 0$ 的一条线。这种情况就属于上面所说的:该函数存在极限意义下的双边拉氏变换。

本小节主要说明:运用非线性系统的传输特性 $g(x)$ 求它的转移函数时,是采用傅里叶变

换,还是采用单边拉氏变换或双边拉氏变换,完全取决于非线性系统 $g(x)$ 的特性。

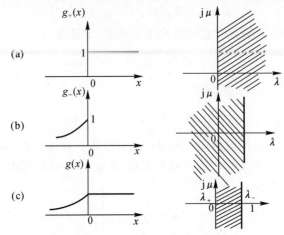

图 6.11　双边拉氏变换的收敛域

(a) $g_+(x)$ 函数及其收敛域；　(b) $g_-(x)$ 函数及其收敛域；　(c) $g(x)$ 函数及其收敛域

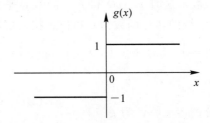

图 6.12　理想限幅器传输特性

6.3.2　随机过程非线性变换的特征函数法

将式(6.83)引入自相关函数表示式,有

$$R_Y(\tau) = E[Y(t)Y(t+\tau)] = E\left[\frac{1}{2\pi}\int_{-\infty}^{\infty} f(\mu)\mathrm{e}^{\mathrm{j}\mu X(t)}\mathrm{d}\mu \cdot \frac{1}{2\pi}\int_{-\infty}^{\infty} f(v)\mathrm{e}^{\mathrm{j}vX(t+\tau)}\,\mathrm{d}v\right] =$$

$$\frac{1}{4\pi^2}\int_{-\infty}^{\infty} f(\mu)\int_{-\infty}^{\infty} f(v)E[\mathrm{e}^{\mathrm{j}\mu X(t)+\mathrm{j}vX(t+\tau)}]\mathrm{d}\mu\mathrm{d}v \tag{6.99}$$

式中, $E[\mathrm{e}^{\mathrm{j}\mu X(t)+\mathrm{j}vX(t+\tau)}] = \Phi_x(\mu, v; \tau)$ 正是随机过程 $X(t)$ 的二维特征函数,所以 $R_Y(\tau)$ 可写成

$$R_Y(\tau) = \frac{1}{4\pi^2}\int_{-\infty}^{\infty} f(\mu)\int_{-\infty}^{\infty} f(v)\Phi_X(\mu, v; \tau)\,\mathrm{d}\mu\mathrm{d}v \tag{6.100}$$

式(6.100)中的转移函数是用傅里叶变换定义的,若由拉氏变换定义,则 $R_Y(\tau)$ 应表示为

$$R_Y(\tau) = \frac{1}{(2\pi\mathrm{j})^2}\int_D f(\omega_1)\int_D f(\omega_2)\Phi_X(\omega_1, \omega_2; \tau)\,\mathrm{d}\omega_1\mathrm{d}\omega_2 \tag{6.101}$$

式中, ω_1, ω_2 是复变量, D 代表在复平面上积分线路的选取方法。采用式(6.100)和式(6.101)分析随机过程非线性变换的方法,常称作特征函数法,这是因为在这些表示式中,出现了输入随机过程的二维特征函数。有时这种方法又称之为变换法,这是因为在表示式中,出现了由非线性系统传输特性变换来的转移函数。这两种名称在有关书籍和文献中均有所见。

现在首先分两种情况来讨论采用特征函数法求非线性系统输出随机过程的相关函数:一种是输入仅有高斯噪声的情况;一种是信号和噪声同时输入的情况。然后讨论功率谱密度。

(1) 当输入为高斯噪声时,非线性系统输出的自相关函数。设输入为零均值平稳高斯噪声,它的二维特征函数为

$$\Phi_N(\omega_1,\omega_2;\tau)=\exp\left\{\frac{1}{2}\left[\omega_1^2+\omega_2^2+2\omega_1\omega_2 R_N(\tau)\right]\right\} \tag{6.102}$$

式中,$R_N(\tau)=E[N(t)N(t+\tau)]$,并满足 $E[N^2(t)]=1$。将式(6.102)代入式(6.101,)得

$$R_Y(\tau)=\frac{1}{(2\pi\mathrm{j})^2}\int_D f(\omega_1)\int_D f(\omega_2)\exp\left\{\frac{1}{2}\left[\omega_1^2+\omega_2^2+2\omega_1\omega_2 R_N(\tau)\right]\right\}\mathrm{d}\omega_1\mathrm{d}\omega_2$$

将 $\exp[\omega_1\omega_2 R_N(\tau)]$ 展成级数,即

$$\exp[\omega_1\omega_2 R_N(\tau)]=\sum_{k=0}^{\infty}\frac{R_N^k(\tau)}{k!}(\omega_1\omega_2)^k \tag{6.103}$$

因此当输入是高斯噪声时,输出自相关函数可写成

$$R_Y(\tau)=\sum_{k=0}^{\infty}\frac{R_N^k(\tau)}{k!}\frac{1}{(2\pi\mathrm{j})^2}\int_D f(\omega_1)\omega_1^k e^{\frac{\omega_1^2}{2}}\mathrm{d}\omega_1\int_D f(\omega_2)\omega_2^k e^{\frac{\omega_2^2}{2}}\mathrm{d}\omega_2 \tag{6.104}$$

(2) 当输入为余弦函数加高斯噪声时,非线性系统输出的自相关函数。系统输入为 $X(t)=S(t)+N(t)$。其中,信号 $S(t)=a(t)\cos(\omega_0 t+\theta)$,$a(t)$ 是余弦波的幅度调制部分,ω_0 为载频,相位 θ 为 $(0,2\pi)$ 上均匀分布的随机变量。噪声 $N(t)$ 是零均值平稳窄带高斯过程,噪声与信号互不相关。

信号与噪声的联合特征函数为

$$\Phi_X(\omega_1,\omega_2;\tau)=\Phi_S(\omega_1,\omega_2;\tau)\Phi_N(\omega_1,\omega_2;\tau) \tag{6.105}$$

式中:$\Phi_N(\omega_1,\omega_2;\tau)$ 是噪声的二维特征函数;$\Phi_S(\omega_1,\omega_2;\tau)$ 是信号的二维特征函数,有

$$\Phi_S(\omega_1,\omega_2;\tau)=E[\exp(\omega_1 S_1+\omega_2 S_2)] \tag{6.106}$$

式中:$S_1=S(t_1)=a(t_1)\cos(\omega_0 t_1+\theta)$;$S_2=S(t_2)=a(t_2)\cos(\omega_0 t_2+\theta)$;$\tau=t_2-t_1$。

利用雅克比-安格尔(Anger)公式,有

$$\exp[z\cos\theta]=\sum_{m=0}^{\infty}\varepsilon_m I_m(z)\cos m\theta \tag{6.107}$$

式中:ε_m 是聂曼(Neumann)因数,其中 $\varepsilon_0=1$,而 $\varepsilon_m=2(m=1,2,3,\cdots)$;$I_m(z)$ 是第一类 m 阶修正贝塞尔函数。将式(6.107)代入式(6.106),则有

$$\Phi_S(\omega_1,\omega_2;\tau)=\sum_{m=0}^{\infty}\sum_{n=0}^{\infty}\left\{\varepsilon_m\varepsilon_n E[I_m(a_1\omega_1)I_n(a_2\omega_2)]\times E[\cos m(\omega_0 t_1+\theta)\cos n(\omega_0 t_2+\theta)]\right\} \tag{6.108}$$

式中:$a_1=a(t_1)$;$a_2=a(t_2)$。由于

$$E[\cos m(\omega_0 t_1+\theta)\cos n(\omega_0 t_2+\theta)]=\begin{cases}0, & m\neq n\\ \dfrac{1}{\varepsilon_m}\cos m\omega_0\tau, & m=n\end{cases} \tag{6.109}$$

于是有

$$\Phi_S(\omega_1,\omega_2;\tau)=\sum_{m=0}^{\infty}\varepsilon_m E[I_m(a_1\omega_1)I_m(a_2\omega_2)]\cos m\omega_0\tau \tag{6.110}$$

将式(6.110)代入式(6.105),然后将所得 $\Phi_X(\omega_1,\omega_2;\tau)$ 代入式(6.101),得到非线性系统输出

的自相关函数为

$$R_Y(\tau) = \frac{1}{(2\pi j)^2} \int_D f(\omega_1) \, d\omega_1 \int_D f(\omega_2) \, d\omega_2 \times$$

$$\sum_{k=0}^{\infty} \frac{R_N^k(\tau)}{k!} (\omega_1 \omega_2)^k e^{\frac{\omega_1^2}{2}} e^{\frac{\omega_2^2}{2}} \sum_{m=0}^{\infty} \varepsilon_m E\lfloor I_m(a_1\omega_1) I_m(a_2\omega_2) \rfloor \cos m\omega_0\tau \qquad (6.111)$$

现在定义函数：

$$h_{mk}(t_i) = \frac{1}{2\pi j} \int_D f(\omega) \omega^k I_m(a_i\omega) e^{\frac{\omega^2}{2}} d\omega \qquad (6.112)$$

式中，$a_i = a(t_i)$。再定义 $h_{mk}(t)$ 的自相关函数为

$$R_{mk}(\tau) = E[h_{mk}(t_1) h_{mk}(t_2)] \qquad (6.113)$$

于是，可以把 $R_Y(\tau)$ 写成以下比较简洁的形式：

$$R_Y(\tau) = \sum_{m=0}^{\infty} \sum_{k=0}^{\infty} \frac{\varepsilon_m}{k!} R_{mk}(\tau) R_N^k(\tau) \cos m\omega_0\tau \qquad (6.114)$$

若输入信号是一个未调制的余弦波，那么 $a(t) = a$ 是个常数，于是 $h_{mk}(t_1) = h_{mk}(t_2)$ 也是常数，这样，自相关函数成为

$$R_Y(\tau) = \sum_{m=0}^{\infty} \sum_{k=0}^{\infty} \frac{\varepsilon_m h_{mk}^2}{k!} R_N^k(\tau) \cos m\omega_0\tau \qquad (6.115)$$

分析式(6.114)可见，由于信号和噪声在非线性系统中作用的结果，各种分量的拍频将组合成各种各样的分量。这里 m 代表信号的各种分量，k 代表噪声的各种分量。

虽然构成输出自相关函数的分量很多，但总可以把它们按其性质划分成 3 种类型的组合分量，即

$$R_Y(\tau) = R_{S\times S}(\tau) + R_{S\times N}(\tau) + R_{N\times N}(\tau) \qquad (6.116)$$

式中

$$R_{S\times S}(\tau) = \sum_{m=0}^{\infty} \varepsilon_m R_{m0}(\tau) \cos m\omega_0\tau \qquad (6.117)$$

$$R_{N\times N}(\tau) = \sum_{k=1}^{\infty} \frac{1}{k!} R_{0k}(\tau) R_N^k(\tau) \qquad (6.118)$$

$$R_{S\times N}(\tau) = 2 \sum_{m=1}^{\infty} \sum_{k=1}^{\infty} \frac{1}{k!} R_{mk}(\tau) R_N^k(\tau) \cos m\omega_0\tau \qquad (6.119)$$

式(6.114)中，若令 $k = 0$，$m = 0$ 则对应于非线性系统输出的直流分量。

对于 $k = 0$ 时，对应的全体周期性分量，主要是由于输入信号本身相互作用引起的，总起来可用式(6.117)表示。这个式子中，输出信号选取哪些项，完全取决于非线性设备本身的用途。例如非线性系统是一个检波器时，希望输出的信号集中在零频率附近，这时输出的自相关函数信号部分为

$$R_{S\times S}(\tau) = R_{00}(\tau) \qquad (6.120)$$

因为 $\varepsilon_0 = 1$，$\cos m\omega_0\tau = 1$(当 $m = 0$ 时)。

又如非线性系统是要求输出信号集中在载频 ω_0 附近的非线性放大器时，则

$$R_{S\times S}(\tau) = 2R_{10}(\tau) \cos \omega_0\tau$$

因为 $\varepsilon_1 = 2$。

对于 $m = 0$，$k \geqslant 1$ 的那些项，是由输入噪声本身的相互作用所引起的，可由式(6.118)

表示。

对于 $m \geqslant 1, k \geqslant 1$ 的各项,是由输入信号和输入噪声之间的相互作用所引起的,由式(6.119)表示。

(3) 非线性系统输出的功率谱密度。对式(6.116)给出的输出自相关函数作傅里叶变换,即可得到相应的输出功率谱密度为

$$G_Y(f) = G_{S \times S}(f) + G_{N \times N}(f) + G_{S \times N}(f) \tag{6.121}$$

定义 $G_{mk}(f)$ 是自相关函数 $R_{mk}(\tau)$ 的傅里叶变换,即

$$G_{mk}(f) = \int_{-\infty}^{\infty} R_{mk}(\tau) \mathrm{e}^{-\mathrm{j}2\pi ft} \, \mathrm{d}\tau \tag{6.122}$$

定义 $_kG_N(f)$ 为 $R_N^k(\tau)$ 的傅里叶变换,即

$$_kG_N(f) = \int_{-\infty}^{\infty} R_N^k(\tau) \mathrm{e}^{-\mathrm{j}2\pi ft} \, \mathrm{d}\tau \tag{6.123}$$

于是,输出功率谱密度的各组成部分可表示为

$$G_{S \times S}(f) = \sum_{m=0}^{\infty} \frac{\varepsilon_m}{2} \left[G_{m0}(f + mf_0) + G_{m0}(f - mf_0) \right] \tag{6.124}$$

$$G_{N \times N}(f) = \sum_{k=1}^{\infty} \frac{1}{k!} \int_{-\infty}^{\infty} G_{0k}(f') \, _kG_N(f - f') \, \mathrm{d}f' \tag{6.125}$$

$$G_{S \times N}(f) = \sum_{m=1}^{\infty} \sum_{k=1}^{\infty} \frac{1}{k!} \int_{-\infty}^{\infty} G_{mk}(f') \left[_kG_N(f + mf_0 - f') + _kG_N(f - mf_0 - f') \right] \mathrm{d}f' \tag{6.126}$$

式(6.126)表明,$G_{S \times N}(f)$ 是由 $G_{mk}(f)$ 与 $_kG_N(f)$ 的卷积积分构成的。

现在说明一下 $_kG_N(f)$ 与 $G_N(f)$ 的关系。

当 $k = 1$ 时,由式(6.125),可得

$$_1G_N(f) = G_N(f) \tag{6.127}$$

而当 $k \geqslant 2$ 时,$R_N^k(\tau)$ 可分离因子写成

$$_kG_N(f) = \int_{-\infty}^{\infty} R_N^{k-1}(\tau) R_N(\tau) \mathrm{e}^{-\mathrm{j}2\pi ft} \, \mathrm{d}\tau \tag{6.128}$$

于是,$_kG_N(f)$ 可以表示成 $_{(k-1)}G_N(f)$ 和 $G_N(f)$ 的卷积,即

$$_kG_N(f) = \int_{-\infty}^{\infty} {}_{k-1}G_N(f') G_N(f - f') \, \mathrm{d}f' \tag{6.129}$$

重复运用这个递推公式,可得

$$_kG_N(f) = \int_{-\infty}^{\infty} \cdots \int_{-\infty}^{\infty} G_N(f_{k-1}) G_N(f_{k-2} - f_{k-1}) \cdots G_N(f - f_1) \, \mathrm{d}f_{k-1} \cdots \mathrm{d}f_1 \tag{6.130}$$

该式表明,$_kG_N(f)$ 可以表示为输入噪声功率谱密度与其本身的 $(k-1)$ 重卷积积分。

前面各小节导出了求非线性系统输出端随机过程的自相关函数和功率谱密度的一般公式,有了这些公式便可根据不同的信号类型与不同的非线性系统传输特性,求出它们相应输出的自相关函数与功率谱密度。

6.3.3　普赖斯(Price)定理

普赖斯运用了特征函数法,在输入随机过程是高斯分布的特定条件下,把输入自相关函数

与输出的自相关函数联系起来,提出了一个定理,被称之为普赖斯定理。有了这个定理,可以使有些问题的求解计算过程大为简化。普赖斯提出的这个定理是用随机过程 n 维分布律的一般形式证明的。由于在大多数的实际情况下,用到二维分布已经满足需要了,这样,为了简化,在这里对于普赖斯定理的叙述,只限于讨论二维分布的情况。

设 $X(t)$ 是零均值、单位方差、平稳高斯过程。它的二维概率密度函数和二维特征函数分别为

$$f_X(x_1,x_2;\tau)=\frac{1}{2\pi\sqrt{1-\rho^2(\tau)}}\exp\left[-\frac{x_1^2+x_2^2-2x_1x_2\rho(\tau)}{2[1-\rho^2(\tau)]}\right] \tag{6.131}$$

$$\Phi_X(\mu,\nu;\tau)=\exp\left\{-\frac{1}{2}[\mu^2+\nu^2+2\mu\nu\rho(\tau)]\right\} \tag{6.132}$$

对式(6.132)求各阶导数 $\dfrac{\partial\Phi_X}{\partial\rho},\dfrac{\partial^2\Phi_X}{\partial\rho^2},\cdots,\dfrac{\partial^k\Phi_X}{\partial\rho^k}$(这里 $\rho=\rho(\tau)$,为了书写简便,本节下面的公式将都采用这种写法),得

$$\frac{\partial^k\Phi_X}{\partial\rho^k}=(-1)^k(\mu\nu)^k\Phi_X(\mu,\nu;\tau) \tag{6.133}$$

将式(6.100)两边对 $\rho(\tau)$ 求导数,得

$$\frac{\partial^kR_Y(\tau)}{\partial\rho^k}=\frac{1}{4\pi^2}\int_{-\infty}^{\infty}f(\mu)\int_{-\infty}^{\infty}f(\nu)\frac{\partial^k\Phi_X}{\partial\rho^k}\mathrm{d}\mu\mathrm{d}\nu \tag{6.134}$$

将式(6.133)代入,得

$$\frac{\partial^kR_Y(\tau)}{\partial\rho^k}=\frac{1}{4\pi^2}\int_{-\infty}^{\infty}f(\mu)\int_{-\infty}^{\infty}f(\nu)(-1)^k(\mu\nu)^k\Phi_X(\mu,\nu;\tau)\mathrm{d}\mu\mathrm{d}\nu \tag{6.135}$$

而

$$\Phi_X(\mu,\nu;\tau)=E[\exp[\mathrm{j}\mu X(t)+\mathrm{j}\nu X(t+\tau)]] \tag{6.136}$$

于是有

$$\frac{\partial^kR_Y(\tau)}{\partial\rho^k}=\frac{1}{4\pi^2}E\left[\int_{-\infty}^{\infty}f(\mu)(\mathrm{j}\mu)^k\mathrm{e}^{\mathrm{j}\mu X(t)}\mathrm{d}\mu\int_{-\infty}^{\infty}f(\nu)(\mathrm{j}\nu)^k\mathrm{e}^{\mathrm{j}\nu X(t+\tau)}\mathrm{d}\nu\right] \tag{6.137}$$

由于

$$g(X)=\frac{1}{2\pi}\int_{-\infty}^{\infty}f(\mu)\mathrm{e}^{\mathrm{j}\mu X}\mathrm{d}\mu \tag{6.138}$$

可得其对 μ,ν 的 k 阶导数为

$$g^{(k)}(X_1)=\frac{\partial^kg(X_1)}{\partial X_1^k}=\frac{1}{2\pi}\int_{-\infty}^{\infty}(\mathrm{j}\mu)^kf(\mu)\mathrm{e}^{\mathrm{j}\mu X_1}\mathrm{d}\mu$$

$$g^{(k)}(X_2)=\frac{\partial^kg(X_2)}{\partial X_2^k}=\frac{1}{2\pi}\int_{-\infty}^{\infty}(\mathrm{j}\nu)^kf(\nu)\mathrm{e}^{\mathrm{j}\nu X_2}\mathrm{d}\nu \tag{6.139}$$

式中:$X_1=X(t_1);X_2=X(t_2);t_2-t_1=\tau$。将 $g^{(k)}(X_1)$ 和 $g^{(k)}(X_2)$ 代入式(6.137),得

$$\frac{\partial^kR_Y(\tau)}{\partial\rho^k}=E[g^{(k)}(X_1)g^{(k)}(X_2)]=\int_{-\infty}^{\infty}\int_{-\infty}^{\infty}g^{(k)}(x_1)g^{(k)}(x_2)f_X(x_1,x_2;\tau)\mathrm{d}x_1\mathrm{d}x_2 \tag{6.140}$$

式中:$g^{(k)}(x)$ 为 $g(x)$ 对 x 的 k 阶导数;$x_1=x(t_1);x_2=x(t_2),t_2-t_1=\tau$。将式(6.131)代入式(6.140),得

$$\frac{\partial^k R_Y(\tau)}{\partial \rho^k} = \int_{-\infty}^{\infty}\int_{-\infty}^{\infty} \frac{g^{(k)}(x_1)g^{(k)}(x_2)}{2\pi\sqrt{1-\rho^2}}\exp\left[-\frac{x_1^2+x_2^2-2x_1x_2\rho}{2(1-\rho^2)}\right]\mathrm{d}x_1\mathrm{d}x_2 \qquad (6.141)$$

式(6.141)即为普赖斯定理的表达式。它把输入随机过程的统计特性、非线性系统的传输特性、输出随机过程的统计特性三者用式(6.141)联系起来。如果遇到的 $g(x)$ 求导若干次后，能形成 δ 函数，那么这种情况下的积分可以大大地简化，因为 δ 函数在积分上有一个重要的性质，即对任意函数 $f(x)$，若在 x_0 点连续，则有下列关系存在：

$$\int_{-\infty}^{\infty} f(x)\delta(x-x_0)\,\mathrm{d}x = f(x_0) \qquad (6.142)$$

因此，若式(6.141)能用到式(6.142)的性质，就会使问题的求解变得十分简便，这是普赖斯方法的特殊优越之处。

例 6.8　由图 6.12 所示传输特性的理想限幅器。其输入为零均值平稳高斯过程，试用普赖斯方法求出输出自相关函数 $R_Y(\tau)$。

解　由图 6.12 可知 $g(x) = \begin{cases} 1, & x>0 \\ -1, & x<0 \end{cases}$，它在 t_1 和 t_2 时刻的导数分别为 $\dot{g}(x_1) = 2\delta(x_1)$，$\dot{g}(x_2) = 2\delta(x_2)$，于是

$$\frac{\partial R_Y(\tau)}{\partial \rho} = \int_{-\infty}^{\infty}\int_{-\infty}^{\infty} \frac{4\delta(x_1)\delta(x_2)}{2\pi\sqrt{1-\rho^2}}\exp\left[-\frac{x_1^2+x_2^2-2x_1x_2\rho}{2(1-\rho^2)}\right]\mathrm{d}x_1\mathrm{d}x_2 = \frac{2}{\pi\sqrt{1-\rho^2}}$$

边界条件为

$$R_Y(\tau)\mid_{\rho=0} = \int_{-\infty}^{\infty}\int_{-\infty}^{\infty} \frac{g(x_1)g(x_2)}{2\pi\sqrt{1-\rho^2}}\exp\left[-\frac{x_1^2+x_2^2-2x_1x_2\rho}{2(1-\rho^2)}\right]\mathrm{d}x_1\mathrm{d}x_2\mid_{\rho=0} =$$

$$\left[\int_{-\infty}^{\infty} \frac{g(x)}{\sqrt{2\pi}}\exp\left(-\frac{x^2}{2}\right)\mathrm{d}x\right]^2 =$$

$$\left[\int_{-\infty}^{0} \frac{-1}{\sqrt{2\pi}}\exp\left(-\frac{x^2}{2}\right)\mathrm{d}x + \int_{0}^{\infty} \frac{1}{\sqrt{2\pi}}\exp\left(-\frac{x^2}{2}\right)\mathrm{d}x\right]^2 = 0$$

对 $\dfrac{\partial R_Y(\tau)}{\partial \rho}$ 求积分即可得到 $R_Y(\tau)$ 为

$$R_Y(\tau) = \frac{2}{\pi}\int_{0}^{\rho} \frac{\mathrm{d}\rho}{\sqrt{1-\rho^2}} = \frac{2}{\pi}\arcsin\rho$$

对照前面例 6.4 可见，采用不同的方法得出的结果相同。此外，该例若采用特征函数方法进行计算，则其过程将是相当烦琐的。

普赖斯方法在解决某些问题上的优越性是明显的，但这种方法的局限性也是较大的。它要求输入必须是高斯随机过程，而且一般情况下，只有非线性系统的传输特性 $g(x)$ 多次求导后能得到 δ 函数时，这种方法才特别有效。不过也不是说其他类型问题一概不能解决。有些特例尽管不能满足 $g(x)$ 多次求导形成 δ 函数的条件，也同样可以有效地采用普赖斯法求解。下面举一个这方面的特例。

例 6.9　平滑限幅器的传输特性为

$$g(x) = \frac{1}{\sqrt{2\pi}}\int_{0}^{x} \mathrm{e}^{-\frac{t^2}{2\sigma^2}}\mathrm{d}t$$

用普赖斯方法求出输入为高斯过程 $X(t)$ 时平滑限幅器的输出自相关函数 $R_Y(\tau)$。

解　对 $g(x)$ 求导可得

$$\dot{g}(x) = \frac{1}{\sqrt{2\pi}} e^{-\frac{x^2}{2\sigma^2}}$$

显然这个函数不可能由求导形成 δ 函数。但仍可利用式(6.141),求得

$$\frac{\partial R_Y(\tau)}{\partial \rho} = \frac{1}{2\pi \sqrt{(1+\sigma^{-2})^2 - \sigma^{-4}\rho^2}}$$

又因为

$$R_Y(\tau) \mid_{\rho=0} = 0$$

所以得

$$R_Y(\tau) = \frac{\sigma^2}{2\pi} \arcsin\left[\frac{\rho}{1+\sigma^2}\right]$$

6.3.4   用特征函数法及普赖斯方法分析半波线性检波器

前两节系统地介绍了特征函数法与普赖斯法,本节再用这两种方法来分析一下重要实例:半波线性设备,进一步熟悉它们的应用,并达到与直接法相对照的目的。这三种方法通过不同分析途径可以得到完全相同的结果。

半波线性设备的传输特性(参阅图 6.7)为

$$g(x) = \begin{cases} bx, & x > 0 \\ 0, & x \leqslant 0 \end{cases} \tag{6.143}$$

设输入 $X(t)$ 为零均值、单位方差的平稳高斯噪声。

(1) 用特征函数法求输出自相关函数。先求得系统转移函数为

$$f(\omega) = \int_0^\infty g(x) e^{-\omega x} \, dx = \frac{b}{\omega^2} \tag{6.144}$$

又知

$$\Phi_X(\omega_1, \omega_2; \tau) = \exp\left[\frac{1}{2}(\omega_1^2 + \omega_2^2 + 2\omega_1\omega_2\rho)\right] \tag{6.145}$$

将它们代入式(6.101),得

$$R_Y(\tau) = \frac{1}{(2\pi j)^2} \int_D f(\omega_1) \int_D f(\omega_2) \Phi_X(\omega_1, \omega_2; \tau) \, d\omega_1 \, d\omega_2 \tag{6.146}$$

将 $\exp(\omega_1\omega_2\rho)$ 展开成级数为

$$\exp(\omega_1\omega_2\rho) = \sum_{k=0}^\infty \frac{\rho^k}{k!} \omega_1^k \omega_2^k \tag{6.147}$$

于是,得

$$R_Y(\tau) = \frac{1}{(2\pi j)^2} \int_D \frac{b}{\omega_1^2} \int_D \frac{b}{\omega_2^2} \exp\left[\frac{1}{2}(\omega_1^2 + \omega_2^2 + 2\omega_1\omega_2\rho)\right] d\omega_2 \, d\omega_1 =$$

$$-\frac{b^2}{4\pi^2} \sum_{k=0}^\infty \frac{\rho^k}{k!} \int_D \omega_1^{k-2} e^{\frac{\omega_1^2}{2}} d\omega_1 \int_D \omega_2^{k-2} e^{\frac{\omega_2^2}{2}} d\omega_2 =$$

$$-\frac{b^2}{4\pi^2} \sum_{k=0}^\infty \frac{\rho^k}{k!} \left[\int_{\lambda-j\infty}^{\lambda+j\infty} \omega^{k-2} e^{\frac{\omega^2}{2}} d\omega\right]^2 = -\frac{b^2}{4\pi^2} \sum_{k=0}^\infty \frac{\rho^k}{k!} I_k \tag{6.148}$$

式中, $I_k = \int_{\lambda-j\infty}^{\lambda+j\infty} \omega^{k-2} e^{\frac{\omega^2}{2}} d\omega$。这样 $R_Y(\tau)$ 被展成幂级数形式,其中 I_k^2 是幂级数的系数,下面来求

不同幂次(k)时的I_k值。

当$k>2$时，I_k中的被积函数在复平面上是解析的，因而根据柯西-古萨(Cauchy-Goursat)定理沿图 6.13 所示封闭曲线 D 的积分为零，当$\mu \to \infty$时可推得

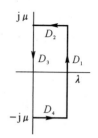

$$I_k = \int_{\lambda-j\infty}^{\lambda+j\infty} \omega^{k-2} e^{\frac{\omega^2}{2}} d\omega = \int_{-j\infty}^{j\infty} \omega^{k-2} e^{\frac{\omega^2}{2}} d\omega = j^{k-1} \int_{-\infty}^{\infty} \eta^{k-2} e^{-\frac{\eta^2}{2}} d\eta, \quad k>2 \tag{6.149}$$

图 6.13　积分回线

式中，$\omega = j\eta$。当k为奇数时，由于被积函数为奇函数，所以有$I_k=0$。当k为偶数时，由于

$$\int_0^\infty x^{2n} e^{-bx^2} dx = \frac{1\times 3\times 5\times \cdots \times (2n-1)}{2^{n+1} b^n} \sqrt{\frac{\pi}{b}} \tag{6.150}$$

则有

$$I_k = 2j^{k-1} \int_0^\infty \eta^{k-2} e^{-\frac{\eta^2}{2}} d\eta = 2j^{k-1} \frac{1\times 3\times 5\times \cdots \times (k-2-1)}{2^{\frac{k-2}{2}+1} \left(\frac{1}{2}\right)^{\frac{k-2}{2}}} \sqrt{2\pi} = j^{k-1}(k-3)!! \sqrt{2\pi} \tag{6.151}$$

当$k=2$时，有

$$I_2 = 2j \int_0^\infty e^{-\frac{\eta^2}{2}} d\eta = j\sqrt{2\pi} \tag{6.152}$$

当$k<2$时，被积函数在原点处不可积，需采用复变函数积分进行计算，可得

$$\left. \begin{array}{l} I_0 = \int_{\lambda-j\infty}^{\lambda+j\infty} \omega^{-2} e^{\frac{\omega^2}{2}} d\omega = -j\sqrt{2\pi} \\[2mm] I_1 = \int_D \omega^{-1} e^{\frac{\omega^2}{2}} d\omega = -j\pi \end{array} \right\} \tag{6.153}$$

式(6.153)利用柯西积分公式得到。将I_0,I_1,I_2和I_k代入$R_Y(\tau)$，得

$$R_Y(\tau) = -\frac{b^2}{4\pi^2}(-j\sqrt{2\pi})^2 - \frac{b^2}{4\pi^2}(j\pi)^2 - \frac{b^2}{4\pi^2}(j\sqrt{2\pi})^2 \frac{\rho^2}{2} -$$

$$\frac{b^2}{4\pi^2} \sum_{k>2(\text{偶数})}^\infty \frac{\rho^k}{k!} \left[j^{k-1}(k-3)!! \sqrt{2\pi} \right]^2 \tag{6.154}$$

令$k=2n+2$，则$R_Y(\tau)$可写成

$$R_Y(\tau) = \frac{b^2}{2\pi} + \frac{b^2}{4}\rho + \frac{b^2}{4\pi}\rho^2 + \sum_{n=1}^\infty \frac{b^2}{2\pi} \frac{(2n-1)!!}{(2n+2)!!} \frac{\rho^{2n+2}}{(2n+1)} \tag{6.155}$$

(2) 用普赖斯方法求输出自相关函数。半波线性设备的传输特性经两次求导后，可在$x=0$处得到δ函数，如图 6.14 所示。即

$$\left. \begin{array}{l} \dot{g}(x) = bU(x) \\[2mm] \ddot{g}(x) = b\delta(x) \end{array} \right\} \tag{6.156}$$

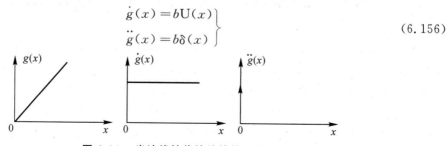

图 6.14　半波线性传输特性的导数

由式(6.141)和式(6.142),可得

$$\frac{\partial^2 R_Y(\tau)}{\partial \rho^2} = \int_{-\infty}^{\infty} \int_{-\infty}^{\infty} \frac{b^2 \delta(x_1) \delta(x_2)}{2\pi \sqrt{1-\rho^2}} \exp\left[-\frac{x_1^2 + x_2^2 - 2x_1 x_2 \rho}{2(1-\rho^2)}\right] dx_1 dx_2 = \frac{b^2}{2\pi \sqrt{1-\rho^2}}$$

(6.157)

现在求这个微分方程的边界条件。由式(6.141),得

$$\frac{\partial R_Y(\tau)}{\partial \rho}\bigg|_{\rho=0} = \left[\int_{-\infty}^{\infty} \dot{g}(x) \frac{1}{\sqrt{2\pi}} e^{-\frac{x^2}{2}} dx\right]^2 = \left[\int_0^{\infty} \frac{b}{\sqrt{2\pi}} e^{-\frac{x^2}{2}} dx\right]^2 = \frac{b^2}{4} \tag{6.158}$$

$$R_Y(\tau)\bigg|_{\rho=0} = \left[\int_0^{\infty} bx \frac{1}{\sqrt{2\pi}} e^{-\frac{x^2}{2}} dx\right]^2 = \frac{b^2}{2\pi} \left[\int_0^{\infty} e^{-\frac{x^2}{2}} d\left(\frac{x^2}{2}\right)\right]^2 = \frac{b^2}{2\pi} \tag{6.159}$$

因此,有

$$\frac{\partial R_Y(\tau)}{\partial \rho} = \int \frac{b^2}{2\pi \sqrt{1-\rho^2}} d\rho = \frac{b^2}{2\pi} \arcsin\rho + c_1 \tag{6.160}$$

$$\frac{\partial R_Y(\tau)}{\partial \rho}\bigg|_{\rho=0} = c_1 = \frac{b^2}{4} \tag{6.161}$$

$$R_Y(\tau) = \int \left(\frac{b^2}{2\pi} \arcsin\rho + \frac{b^2}{4}\right) d\rho = \frac{b^2 \rho}{4} + \frac{b^2}{2\pi}\left(\rho \arcsin\rho + \sqrt{1-\rho^2}\right) + c_2 \tag{6.162}$$

$$R_Y(\tau)\bigg|_{\rho=0} = \frac{b^2}{2\pi} + c_2 = \frac{b^2}{2\pi} \tag{6.163}$$

当 $c_2 = 0$ 时,可得

$$R_Y(\tau) = \frac{b^2 \rho}{4} + \frac{b^2}{2\pi}\left(\rho \arcsin\rho + \sqrt{1-\rho^2}\right) \tag{6.164}$$

将式中 $\arcsin\rho$ 及 $\sqrt{1-\rho^2}$ 展开,得

$$\arcsin\rho = \rho + \sum_{n=1}^{\infty} \frac{(2n-1)!!}{(2n)!!} \frac{\rho^{2n+1}}{(2n+1)} \tag{6.165}$$

$$\sqrt{1-\rho^2} = 1 - \frac{\rho^2}{2} - \sum_{n=1}^{\infty} \frac{(2n-1)!!}{(2n+2)!!} \rho^{2n+1} \tag{6.166}$$

代回式(6.164),故得

$$R_Y(\tau) = \frac{b^2 \rho}{4} + \frac{b^2}{2\pi}\left(\rho^2 + \sum_{n=1}^{\infty} \frac{(2n-1)!!}{(2n)!!} \frac{\rho^{2n+2}}{(2n+1)} + 1 - \frac{\rho^2}{2} - \sum_{n=1}^{\infty} \frac{(2n-1)!!}{(2n+2)!!} \rho^{2n+1}\right) =$$

$$\frac{b^2}{2\pi} + \frac{b^2 \rho}{4} + \frac{b^2 \rho^2}{4\pi} + \frac{b^2}{2\pi} \sum_{n=1}^{\infty} \frac{(2n-1)!!}{(2n+2)!!} \frac{\rho^{2n+2}}{(2n+1)} \tag{6.167}$$

6.4　随机信号通过有记忆非线性系统

以上讨论均把一般非线性系统分解成无记忆非线性系统与线性系统级联起来处理。在求解其输出特性(主要是相关函数和功率谱)时,首先求出无记忆非线性系统输出的统计特性,再利用线性系统的传递函数就可求出整个非线性系统输出的统计特性。但是在某些情况下则无法去明显地区分开无记忆非线性系统与一般线性系统。特别是未知非线性系统辨识或逆辨识情况,往往需要一种将一般非线性系统输出输入直接联系起来的描述方法,这就是本节要介

绍的伏特拉(Volterra)函数级数表示法。

6.4.1　伏特拉级数的导出

众所周知,线性系统满足叠加原理。对于时不变线性系统,在 τ_1 时刻的冲激 $\delta(t-\tau_1)$ 产生的响应为 $h(t-\tau_1)$,在 τ_2 时刻的冲激 $\delta(t-\tau_2)$ 产生的响应为 $h(t-\tau_2)$,则当 $\delta(t-\tau_1)+\delta(t-\tau_2)$ 作用时产生的响应必为 $h(t-\tau_1)+h(t-\tau_2)$。但是对于非线性系统,叠加原理就不能用。如果发生在 τ_1,τ_2 时刻的冲激响应产生的输出响应分别为 $k(t-\tau_1)$ 和 $k(t-\tau_2)$,则 $x(t)=\delta(t-\tau_1)+\delta(t-\tau_2)$ 产生的响应并不是 $k(t-\tau_1)+k(t-\tau_2)$,而是

$$y(t)=k(t-\tau_1)+k(t-\tau_2)+f_2[\delta(t-\tau_1),\delta(t-\tau_2)] \tag{6.168}$$

式中,$f_2[\delta(t-\tau_1),\delta(t-\tau_2)]$ 是非线性系统输出与一般线性系统输出 $k(t-\tau_1)$ 和 $k(t-\tau_2)$ 之差。这一项正是非线性系统本质特征所决定的,它表征了系统非线性所引起的两个冲激函数相互作用在系统输出引起的响应。显然,它具有以下特征:

$$f_2[\delta(t-\tau_1),\delta(t-\tau_2)]=0, \quad t<\max(\tau_1,\tau_2) \tag{6.169}$$

将这个表示式加以推广,当 m 个发生在 $\tau_1,\tau_2,\cdots,\tau_n$ 的冲激作用于非线性系统时,则可能产生多种相互作用的交叉项,其总输出应包含下列各项之和。

(1) 各冲激各自产生的响应之和(线性系统仅有此项)可表示为

$$y_1(t)=\sum_{i=1}^m f_1[\delta(t-\tau_i)]=\sum_{i=1}^m k(t-\tau_i) \tag{6.170}$$

(2) 每 2 个冲激相互作用的响应可表示为

$$y_2(t)=\sum_{\substack{i=1\\i\neq j}}^m\sum_{j=1}^m f_2[\delta(t-\tau_i),\delta(t-\tau_j)] \tag{6.171}$$

(3) 每 3 个冲激相互作用的响应可表示为

$$y_3(t)=\sum_{\substack{i=1\\i\neq j\neq k}}^m\sum_{j=1}^m\sum_{k=1}^m f_3[\delta(t-\tau_i),\delta(t-\tau_j),\delta(t-\tau_k)] \tag{6.172}$$

总响应为

$$y(t)=\sum_{i=1}^m y_i(t) \tag{6.173}$$

类似于线性系统输出的卷积公式导出方式,可以将一般连续函数 $X(t)$ 看成是若干不同时刻、不同强度的冲激函数之和,则可导出一般连续函数 $X(t)$ 作用于非线性系统的输出表示式为

$$Y(t)=k_0+\int_0^\infty k_1(\tau)X(t-\tau)+\int_0^\infty\int_0^\infty k_2(\tau_1,\tau_2)X(t-\tau_1)X(t-\tau_2)\mathrm{d}\tau_1\mathrm{d}\tau_2+$$

$$\int_0^\infty\int_0^\infty\int_0^\infty k_3(\tau_1,\tau_2,\tau_3)X(t-\tau_1)X(t-\tau_2)X(t-\tau_3)\mathrm{d}\tau_1\mathrm{d}\tau_2\mathrm{d}\tau_3+\cdots=$$

$$\sum_{n=0}^\infty\int_0^\infty\cdots\int_0^\infty k_n(\tau_1,\tau_2,\cdots,\tau_n)X(t-\tau_1)\cdots X(t-\tau_n)\mathrm{d}\tau_1\mathrm{d}\tau_2\cdots\mathrm{d}\tau_n \tag{6.174}$$

此式即为一般非线性系统输出的伏特拉级数表示。式中,$k_0,k_1(\tau_1),k_2(\tau_1,\tau_2),\cdots$,称为 Volterra 核函数。$k_n(\tau_1,\tau_2,\cdots,\tau_n)$ 具有以下性质:

(1) 因果律,当任一 $\tau_i < 0$ 时,$k_n(\tau_1,\tau_2,\cdots,\tau_n) = 0$。

(2) 自变量 $\tau_1,\tau_2,\cdots,\tau_n$ 可以相互交换,如 $k_2(\tau_1,\tau_2) = k_2(\tau_2,\tau_1)$。

例 6.10 如图 6.15(a) 所示的非线性系统是由一具有冲激响应为 $g(t)$ 的线性系统与一无惯性非线性系统 $y = aw + bw^2$ 所组成的,则有

$$W(t) = \int_0^\infty g(\tau)X(t-\tau)\mathrm{d}\tau$$

$$Y(t) = a\int_0^\infty g(\tau)X(t-\tau)\mathrm{d}\tau + b\int_0^\infty g(\tau_1)X(t-\tau_1)\mathrm{d}\tau_1 \int_0^\infty g(\tau_2)X(t-\tau_2)\mathrm{d}\tau_2 = $$

$$a\int_0^\infty g(\tau)X(t-\tau)\mathrm{d}\tau + b\int_0^\infty\int_0^\infty g(\tau_1)g(\tau_2)X(t-\tau_1)X(t-\tau_2)\mathrm{d}\tau_1\mathrm{d}\tau_2$$

即有

$$k_1(\tau) = ag(\tau)$$
$$k_2(\tau_1,\tau_2) = bg(\tau_1)g(\tau_2)$$
$$k_n(\tau_1,\tau_2,\cdots,\tau_n) = 0, \quad n \geqslant 3$$

假设 $g(\tau)$ 如图 6.15(b) 所示,则 $k_2(\tau_1,\tau_2)$ 在 τ_1,τ_2 平面上的等高线如图 6.15(c) 所示。伏特拉级数既可用于确定性信号输入也适用于随机信号输入。但是直接由伏特拉级数导出无记忆非线性系统输出的统计特性是非常烦琐的。其主要困难在于求输出二阶矩(如相关函数、功率谱密度等)时会出现大量的交叉项,即式(6.174)中不同 n 值对应的积分之间的交叉乘积项的期望运算。为了简化讨论,下节仅对存在式(6.174)中某一项的所谓齐次非线性系统加以讨论。

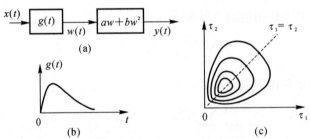

图 6.15 非线性系统的例子及其 Volterra 核

6.4.2 齐次非线性系统

假设对于时不变非线性系统,其输入输出满足关系式:

$$y(t) = \int_{-\infty}^{+\infty}\cdots\int_{-\infty}^{+\infty} k_n(\tau_1\cdots,\tau_n)x(t-\tau_1)\cdots x(t-\tau_n)\mathrm{d}\tau_1\cdots\mathrm{d}\tau_n \tag{6.175}$$

这样的系统称为 n 个自由度的齐次系统,然后再推广到具有有限项和无限项的情况,如图 6.16 所示。其主要特征为,对于任意标量 a,若 $ax(t)$ 为输入,则输出为 $a^n y(t)$。显然,若 $n = 1$,则还原为线性系统。

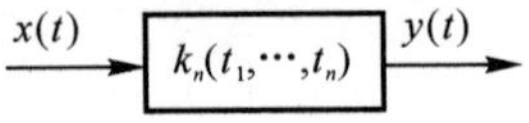

图 6.16 n 个自由度的齐次系统

为了简化而不混淆,将式(6.175)的多重积分用单重积表示为

$$y(t) = \int_{-\infty}^{+\infty} k_n(\tau_1 \cdots, \tau_n) x(t-\tau_1) \cdots x(t-\tau_n) \mathrm{d}\tau_1 \cdots \mathrm{d}\tau_n \qquad (6.176)$$

在工程技术应用中遇到的一些实际的非线性系统,往往可以用一些线性子系统通过简单的非线性运算,如乘法交叉连接而成。这种情况下齐次系统模型非常有用。

例 6.11　考察图 6.17 所示的用乘法器连接起来的 3 个线性子系统,线性子系统描述为

$$y_i(t) = \int_{-\infty}^{+\infty} h_i(\sigma) u(t-\sigma) \mathrm{d}\sigma, \quad i = 1,2,3$$

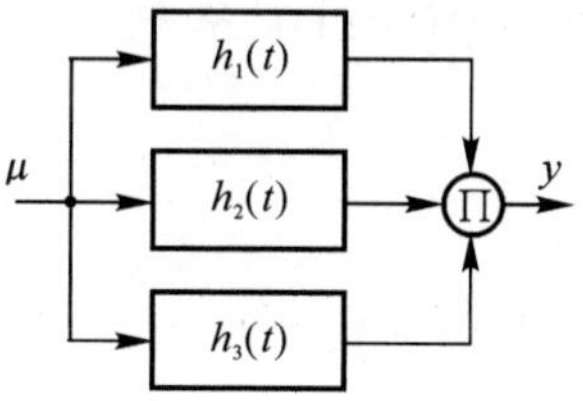

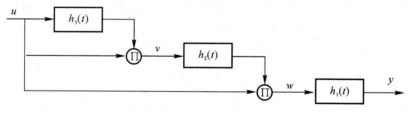

图 6.17　一个简单的齐次系统

由图 6.15 直接看出,整个非线性系统可描述为

$$y(t) = y_1(t) y_2(t) y_3(t) = \int_{-\infty}^{+\infty} h_1(\sigma) u(t-\sigma) \mathrm{d}\sigma \int_{-\infty}^{+\infty} h_2(\sigma) u(t-\sigma) \mathrm{d}\sigma \int_{-\infty}^{+\infty} h_3(\sigma) u(t-\sigma) \mathrm{d}\sigma =$$
$$\int_{-\infty}^{+\infty} h_1(\sigma) h_2(\sigma) h_3(\sigma) u(t-\sigma_1) u(t-\sigma_2) u(t-\sigma_3) \mathrm{d}\sigma_1 \mathrm{d}\sigma_2 \mathrm{d}\sigma_3$$

显然,这是一个 3 个自由度的齐次系统,其核函数为

$$k(\tau_1, \tau_2, \tau_3) = h_1(\tau_1) h_2(\tau_2) h_3(\tau_3)$$

例 6.12　考察图 6.18 所示的由 3 个因果线性系统交叉连接起来的非线性系统,求它的核函数。

图 6.18　例 6.12 考察的系统

解　按照图上标出的信号,容易导出下列表示式:

$$v(t) = \int_{-\infty}^{t} h_3(t-\sigma_3) u(\sigma_3) \mathrm{d}\sigma_3 u(t)$$

$$w(t) = \int_{-\infty}^{t} h_2(t-\sigma_2) v(\sigma_2) \mathrm{d}\sigma_2 u(t) = \int_{-\infty}^{t} h_2(t-\sigma_2) \int_{-\infty}^{\sigma_2} h_3(\sigma_2 - \sigma_3) u(\sigma_3) \mathrm{d}\sigma_3 u(\sigma_2) \mathrm{d}\sigma_2 u(t) =$$
$$\int_{-\infty}^{t} \int_{-\infty}^{\sigma_2} h_2(t-\sigma_2) h_3(\sigma_2 - \sigma_3) u(\sigma_3) u(\sigma_2) \mathrm{d}\sigma_3 \mathrm{d}\sigma_2 u(t)$$

最后的输出信号为

$$y(t) = \int_{-\infty}^{t} h_1(t-\sigma_1) w(\sigma_1) \mathrm{d}\sigma_1 =$$
$$\int_{-\infty}^{t} \int_{-\infty}^{\sigma_1} \int_{-\infty}^{\sigma_2} h_1(t-\sigma_1) h_2(\sigma_1 - \sigma_2) h_3(\sigma_2 - \sigma_3) u(\sigma_1) u(\sigma_2) u(\sigma_3) \mathrm{d}\sigma_3 \mathrm{d}\sigma_2 \mathrm{d}\sigma_1$$

因此,它的核函数为

$$k(t,\tau_1,\tau_2,\tau_3) = h_1(t-\tau_1)h_2(\tau_1-\tau_2)h_3(\tau_2-\tau_3)U(\tau_2-\tau_3)U(\tau_1-\tau_2)$$

式中,$U(t) = \begin{cases} 0, & t < 0 \\ 1, & t \geqslant 0 \end{cases}$ 为单位矩形函数。

如果随时注意到有关系统因果性的假设,式中单位矩形函数也可以不写入。

6.4.3　多项式系统和 Volterra 系统

对于一个有限项齐次系统方程,如

$$Y(t) = \sum_{n=1}^{N} \int_{-\infty}^{+\infty} k_n(\sigma_1,\cdots,\sigma_n)u(t-\sigma_1)\cdots u(t-\sigma_n)\mathrm{d}\sigma_1\cdots\mathrm{d}\sigma_n \qquad (6.177)$$

式中,$k_N(\tau_1,\cdots,\tau_N) \neq 0$。

描述的系统称为 N 个自由度的多项式系统。如果一个系统需要用无穷项齐次系统方程来描述,则称为 Volterra 系统,即需用式(6.174)的 Volterra 级数描述。

式(6.177)的一种特殊情况是前面讨论的无记忆非线性系统可由一个输入的多项式或幂级数来表示,即

$$y(t) = a_1 x(t) + a_2 x^2(t) + \cdots + a_N x^N(t) \qquad (6.178)$$

$$Y(t) = \sum_{n=1}^{\infty} a_n x^n(t) \qquad (6.179)$$

它是式(6.177)的一个特例,即只须在式(6.177)中令 $k_n(\tau_1,\cdots,\tau_n) = a_n\delta(\tau_1)\cdots\delta(\tau_n)$ 即可。

讨论随机信号通过齐次非线性系统,求输出的统计特性相对简单。假设齐次非线性系统的输入为 $X(t)$,输出为 $Y(t)$,则类似于直接法求得。

(1)输出的均值:

$$E[Y(t)] = \int_{-\infty}^{+\infty} k(\sigma_1,\cdots,\sigma_n)E[X(t-\sigma_1),\cdots,X(t-\sigma_n)]\mathrm{d}\sigma_1\cdots\mathrm{d}\sigma_n =$$

$$\int_{-\infty}^{+\infty} k(\sigma_1,\cdots,\sigma_n)R_X^{(n)}(t-\sigma_1,\cdots,t-\sigma_n)\mathrm{d}\sigma_1\cdots\mathrm{d}\sigma_n \qquad (6.180)$$

式中,$R_X^{(n)}(t_1,\cdots,t_n)$ 称为 $X(t)$ 的 n 阶自相关函数,实际上是 $X(t)$ 的 n 阶原点矩,即

$$R_X^{(n)}(t_1,\cdots,t_n) = E[X(t_1),\cdots,X(t_n)] \qquad (6.181)$$

(2)输入输出的互相关和输出的自相关函数:

$$R_{YX}(t_1,t_2) = \int_{-\infty}^{+\infty} k(\sigma_1,\cdots,\sigma_n)R_X^{(n+1)}(t_1-\sigma_1,\cdots,t_1-\sigma_n,t_2)\mathrm{d}\sigma_1\cdots\mathrm{d}\sigma_n \qquad (6.182)$$

$$R_Y(t_1,t_2) = \int_{-\infty}^{+\infty} k(\sigma_1,\cdots,\sigma_n)k(\sigma_{n+1},\cdots,\sigma_{2n})R_X^{(2n)}(t_1-\sigma_1,\cdots,t_1-\sigma_n,t_2-\sigma_{n+1},\cdots,t_2-\sigma_{2n})\mathrm{d}\sigma_1\cdots\mathrm{d}\sigma_n$$

$$(6.183)$$

若 $n=1$,则式(6.180)、式(6.182)和式(6.183)还原为线性系统输出的相应公式。系统输出的均值、自相关函数仅与系统输入的均值、自相关函数有关。但若 $n>1$,系统输出的均值、自相关函数与系统输入的高阶统计量有关。而且随着 n 的增大,为了求输出的统计特性,则需要更多的有关输入的统计信息。

　　另外,由式(6.180)、式(6.182)和式(6.183)还可看出,若要求系统输出为宽平稳随机过程,则一般说来要求系统输入为严平稳随机过程。

　　以上仅讨论了随机信号通过齐次非线性系统。对于随机信号通过多项式系统和 Volterra 系统原则上可以采用同样的方法。但在实际应用中尚存在某些困难,主要表现在具体计算输出二阶矩时,除了按式(6.180)和式(6.183)计算不同 n 值的齐次非线性系统输出的自相关函数外,还得计算式(6.174)中大量的不同 n 值对应积分之间的交叉乘积项的期望运算。若将输入的过程限制为高斯白噪声,则可以将 Volterra 级数变成各项相互正交的展开形式,这就是 Wiener 级数,它在一定程度上可以缓解上述困难,这里不再详述,有兴趣的读者可参看相关文献。

　　作为一般动态非线性系统的伏特拉级数的表示也存在两个问题,一是该方法对某些非线性系统会出现伏特拉级数不收敛(不存在)的情况,另一个困难就是一般情况 Volterra 核的测量比较困难。尽管如此,伏特拉级数在未知非线性系统辨识、非线性滤波等方面有重要的理论和实际应用价值。

6.5　非线性变换后信噪比的计算

　　前面已经指出,一个电子系统往往包含着许多环节,这些环节基本上由线性系统和非线性系统所组成,因此,要定量地计算一个电子系统输出的信噪比,只要解决线性系统输出端和非线性系统输出端信噪比的计算问题即可。

　　线性系统输出端信噪比的计算比较容易。因为线性系统满足叠加原理。例如在线性系统输入端,加入一个确定的随相信号与平稳高斯噪声的混合波形时,若信号和噪声相互统计独立,则通过线性系统后,其输出端仍然是信号和噪声之和。由式

$$G_Y(\omega) = |H(\omega)|^2 G_X(\omega) \tag{6.184}$$

可分别计算出信号与噪声通过线性系统后的功率。最后,再算出系统输出端的功率信噪比。

　　关于非线性系统输出端信噪比的计算要复杂一些。由式(6.35)可知,信号和噪声同时作用于非线性系统的输入端,其输出端的功率谱由三部分组成:

　　$G_{S \times S}$——信号各分量间差拍形成的功率谱;

　　$G_{N \times N}$——噪声各分量间差拍形成的功率谱;

　　$G_{S \times N}$——信号与噪声各分量间差拍形成的功率谱。

　　一般而言,在非线性系统中,由于各种频率分量的差拍,形成许多组合频率,所以在非线性系统后总要接一个滤波器或调谐放大器,以选择所需的频率分量。例如,检波器后接一个低通滤波器,以滤除高频分量。现假设,在非线性系统后,接一个频率特性为 $H(\omega)$ 的线性系统,于是在这个线性系统输出端的单边功率谱

$$F(\omega) = |H(\omega)|^2 [F_{S \times S}(\omega) + F_{N \times N}(\omega) + F_{S \times N}(\omega)] \tag{6.185}$$

　　在计算其输出端的信噪比时,要特别注意式(6.185)中的 $|H(\omega)|^2 F_{S \times N}(\omega)$ 项的处理问题,因为这一项既包含着噪声也包含着有用信号的信息,把这部分当作有用信号还是当作噪声,需要根据使用场合的不同来决定,由于有时可以把它作为有用信号来处理,而有时又可以把它作为噪声来处理,这样就产生了两种不同的以功率估价抗干扰性能的准则:

(1) 有用信号与噪声之间的差拍部分归并到噪声;

(2) 有用信号与噪声之间的差拍部分归并到信号。

第一种准则用来估价通信系统的抗干扰性能较合适。在这种系统中,S/N 应理解为:无干扰情况下,非线性系统后的滤波器通频带内的有用信号功率,与信号、干扰同时存在时的相同频带内干扰功率之比。此时的信噪比按下列公式计算:

$$\frac{S_o}{N_o} = \frac{\int_0^\infty |H(\omega)|^2 F_{S \times S}(\omega) d\omega}{\int_0^\infty |H(\omega)|^2 [F_{N \times N}(\omega) + F_{S \times N}(\omega)] d\omega} = \frac{\int_0^\infty F_{S_o}(\omega) d\omega}{\int_0^\infty F_{N_o}(\omega) d\omega} \tag{6.186}$$

式中:S_o/N_o 表示输出端的功率信噪比;$F_{S_o}(\omega)$ 表示有用输出信号单边功率谱密度;$F_{N_o}(\omega)$ 表示输出干扰单边功率谱密度。

第二种准则用来估价雷达系统的抗干扰性能较为合适。例如用雷达搜索隐蔽在干扰中的微弱信号,由于信号与干扰之间差拍成分的存在,会有助于发现信号。此时信噪比可按式

$$\frac{S_o}{N_o} = \frac{\int_0^\infty |H(\omega)|^2 [F_{S \times S}(\omega) + F_{S \times N}(\omega)] d\omega}{\int_0^\infty |H(\omega)|^2 F_{N \times N}(\omega) d\omega} \tag{6.187}$$

来计算。

现在以前面分析过的平方律检波器为例,按照第一种准则,讨论平方律检波器输入和输出的信号噪声功率比之间的关系。

设平方律检波器输入端,作用有信号与噪声。信号为 $S(t) = a\cos(\omega_0 t + \theta)$,其幅度 a 为常数,相位 θ 是 $(0, 2\pi)$ 上均匀分布的随机变量;噪声为平稳高斯过程,并在以频率 f_o 为中心的窄带 Δf 上,具有均匀的功率谱密度 c_o。因此平方律检波器输入端的信噪比可用 S_i/N_i 表示为

$$\frac{S_i}{N_i} = \frac{a^2/2}{2 c_0 \Delta f} \tag{6.188}$$

又设平方律设备之后,所接低通滤波器的频率特性 $H(\omega) = 1$。于是根据式(6.42),平方律设备的输出经低通滤波后的有用信号功率是 $b^2 a^4/4$;信号和噪声差拍而形成的功率,根据式(6.43) 是 $2 b^2 a^2 c_0 \Delta f$;根据式(6.44) 噪声功率是 $4 b^2 c_0^2 \Delta f^2$。将以上各项代入式(6.186),可得输出功率信噪比为

$$\frac{S_o}{N_o} = \frac{b^2 a^4/4}{2 b^2 a^2 c_0 \Delta f + 4 b^2 c_0^2 \Delta f^2} = \frac{b^2 a^4/4}{4 b^2 c_0^2 \Delta f^2 (1 + 2 S_i/N_i)} =$$
$$\frac{(a^2/2)^2}{(2 c_0 \Delta f)^2} \cdot \frac{1}{1 + 2 S_i/N_i} = \frac{(S_i/N_i)^2}{1 + 2 S_i/N_i} \tag{6.189}$$

由式(6.189)可见,当 $S_i/N_i \gg 1$ 时,有

$$\frac{S_o}{N_o} \approx \frac{1}{2} \cdot \frac{S_i}{N_i} \tag{6.190}$$

而当 $S_i/N_i \ll 1$ 时,有

$$\frac{S_o}{N_o} \approx \left(\frac{S_i}{N_i}\right)^2 \tag{6.191}$$

即输入信噪比足够大时,输出信噪比与输入信噪比成正比,输入信噪比足够小时,输出信噪比与输入信噪比的平方成正比(参阅图 6.19)。这个结果表明了非线性系统对弱信号的抑制效应。虽然这里只讨论了平方律检波器的例子,实际上对检波器而言,这是共有的现象。

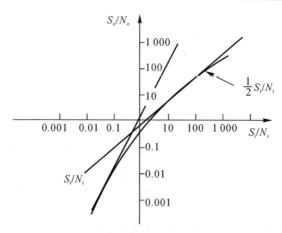

图 6.19　平方律检波器输出信号噪声功率比与输入信号噪声功率比的关系

6.6　随机信号通过非线性系统的仿真

非线性系统的仿真比较复杂,无线电系统中常见的非线性系统主要是 6.2 节中讨论的检波器。下面以平方律检波器为例,讨论非线性系统的仿真。

例 6.13　编写一个 MATLAB 函数,完成带通随机信号通过平方律检波器,画出平方律检波器输入、输出的功率谱密度如图 6.5 所示。

解　(1)平方律检波器函数。通常在检波后,均有低通滤波器将高频成分滤除,故该函数应包括计算平方检波和低通滤波两部分。函数的输入参数应该包括平方律的系数 b 和输入的带通随机信号 x。输出参数为平方律检波后的信号功率谱密度 S_{yy} 及通过低通滤波器后的功率谱密度 S_{zz}

```
function [Syy Szz] = Square_Detector(b,x,L)
    % b———平方律的系数;
    % x————输入的带通随机信号;
    % L————傅里叶变换的长度,为功率谱的点数,大于信号长度

    Nl = length(x);
    L = max(Nl,L);
    y = b * x. * x;
    Syy = abs(fft(y,L)).^2/L;    % 输出的功率谱密度
    hlp = fir1(100,0.2);         %设计的低通滤波器
    Hlp = abs(fft(hlp,L)).^2;    %低通滤波器系统的功率传输函数
    Szz = Syy. * Hlp;            %低通滤波后的功率谱
end
```

(2)编写主程序,需要提供一个带通随机信号,这里用白噪声通过一个带通滤波器来仿真,画出三个功率谱的曲线。100 次实验的平均如图 6.20 所示,虽然假设白噪声是各态历经过程,但是由于在仿真时只能产生有限时长的样本,如果利用足够多个样本平均,则可以接近理论结果。为了画图方便和清晰展示,功率谱密度 S_{yy} 和 S_{zz} 在画图时采用对数坐标。

```
N=512;                      %随机过程样本个数
Sxx = zeros(1,2 * N);       %各向量初始化
Syy = zeros(1,2 * N);
Szz = zeros(1,2 * N);
bpf=fir1(101,[0.3 0.45]);   %设计带通滤波器,通带为 0.3～0.45
K = 100;                    %样本个数
for k=1:K
    xn=random('norm',0,1,1,N);%产生一个均值为 0、方差为 1 的高斯过程样本
    xb=filter(bpf,1,xn);        %xn 滤波后成为带通随机信号
    Pxx=abs(fft(xb,2 * N)).^2/(2 * N);%周期图估计带通随机信号的功率谱密度
    [Pyy Pzz]=Square_Detector(1,xb,2 * N);%调用平方律检波函数
    Sxx=Sxx+fftshift(Pxx)/K;%将输入的所有样本平均
    Syy=Syy+fftshift(Pyy)/K;%将平方律检波后输出的所有样本平均
    Szz=Szz+fftshift(Pzz)/K;%将低通滤波后输出的所有样本平均


end
nfreq = (-N:N-1)/N;
figure
subplot(311),plot(nfreq,Sxx),xlabel('归一化频率'),ylabel('Sxx(f)')
subplot(312),plot(nfreq,Syy),xlabel('归一化频率'),ylabel('Syy(f)')
subplot(313),plot(nfreq,Szz),xlabel('归一化频率'),ylabel('Szz(f)')
```

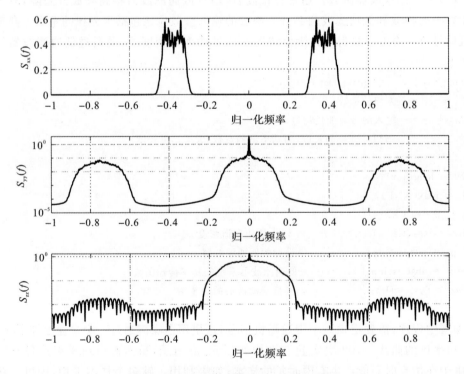

图 6.20　例 6.12 输入和输出的功率谱密度

习　题　六

6.1　非线性系统(见图 6.21)的传输特性为 $y=g(x)=be^x$,已知输入 $X(t)$ 是一个具有均值为 m_X、方差为 σ_X^2 的平稳高斯噪声。求:

(1) 输出随机过程 $Y(t)$ 的一维概率密度函数;

(2) 输出随机过程 $Y(t)$ 的均值和方差。

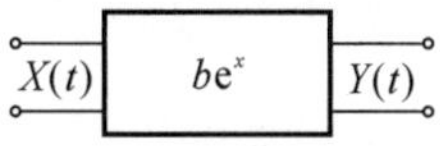

$$X(t) \quad \boxed{be^x} \quad Y(t)$$

图 6.21　题 6.1 图

6.2　题 6.1 中,设 $b=2$,且输入端作用的 $X(t)$ 是均值为零、方差为 σ_X^2 的平稳高斯噪声时,试采用直接法求出输出随机过程的自相关函数。

6.3　非线性系统的传输特性为 $y=g(x)=\begin{cases}2e^x, & x\geqslant 0 \\ 0, & x<0\end{cases}$,已知输入 $X(t)$ 是均值为零、方差为 1 的平稳高斯噪声。试采用特征函数法求出输出随机过程的自相关函数。

6.4　将均值为零、方差为 1 的平稳高斯噪声 $X(t)$,输入到半波线性设备,已知该设备的传输特性为 $y=g(x)=\begin{cases}2x, & x>0 \\ 0, & x\leqslant 0\end{cases}$,试用普赖斯方法求出输出随机过程的自相关函数。

6.5　对称限幅器的传输特性如图 6.22 所示,求:

(1) 导出用输入概率密度函数表示的限幅器输出概率密度函数表达式。

(2) 当输入为零均值平稳高斯噪声时,求该系统的输出随机过程概率密度函数。

6.6　有非线性系统如图 6.23 所示,系统输入端的 $X(t)$ 为零均值平稳高斯噪声,求证:

$(1) G_Y(f)=\left[\int_{-\infty}^{\infty} G_X(f)\mathrm{d}f\right]^2 \delta(f)+2G_X(f)*G_X(f);$

$(2) G_Z(f)=G_Y(f)\,|H(f)|^2;$

$(3) D[Z(t)]=2\int_{-\infty}^{\infty}[G_X(f)*G_X(f)]\,|H(f)|^2\mathrm{d}f.$

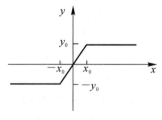

图 6.22　题 6.5 图

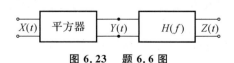

图 6.23　题 6.6 图

6.7　设有非线性系统如图 6.24 所示。输入随机过程 $X_1(t)$ 为高斯白噪声,其功率谱密度为 $G_{X_1}(\omega)=N_0/2$。若电路本身热噪声忽略不计,试求:输出随机过程 $Y(t)$ 的自相关函数和功率谱密度。

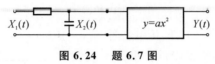

图 6.24　题 6.7 图

6.8　设整流设备的传输特性(见图 6.25)为 $y=g(x)=|x|$,输入随机过程 $X(t)$ 是均值为零、方差为"1"的平稳高斯噪声,其二维概率密度函数为

$$f_X(x_1,x_2;\tau)=\frac{1}{2\pi\sqrt{1-\rho^2(\tau)}}\exp\left\{-\frac{x_1^2+x_2^2-2\rho(\tau)x_1x_2}{2[1-\rho^2(\tau)]}\right\}$$

试用直接法求输出随机过程 $Y(t)$ 的自相关函数。(提示:可利用下式,并令 $\rho=-\cos\psi$)

$$\int_0^\infty dx\int_0^\infty xy\exp\left[-x^2-y^2-2xy\cos\psi\right]dy=\frac{1}{4}\csc^2\psi(1-\psi\cot\psi)$$

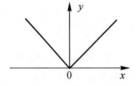

图 6.25　题 6.8 图

6.9　设理想限幅器(见图 6.26)传输特性为 $y=g(x)=\begin{cases}1,&x>0\\-1,&x<0\end{cases}$,输入随机过程 $X(t)$ 是均值为零、方差为"1"的平稳高斯噪声,其二维特征函数为

$$\Phi_X(\omega_1,\omega_2;\tau)=\exp\left[\frac{1}{2}(\omega_1^2+\omega_2^2-2\rho(\tau)\omega_1\omega_2)\right]$$

试用特征函数法求出输出随机过程 $Y(t)$ 的自相关函数。

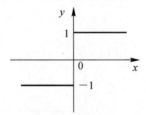

图 6.26　题 6.9 图

6.10　设非线性设备的输入是 $X(t)=S(t)+N(t)$,式中,$S(t)$ 和 $N(t)$ 分别是均值为零、方差为 σ_{St}^2 和 σ_{Nt}^2 的独立高斯过程。证明:输出随机过程 $Y(t)$ 的自相关函数 $R_Y(t_1,t_2)$ 可表示为

$$R_Y(t_1,t_2)=\sum_{k=0}^\infty\sum_{k=0}^\infty\frac{h_{km}(t_1)h_{km}(t_2)}{k!\ m!}R_S^m(t_1,t_2)R_N^k(t_1,t_2)。\quad 式\ 中,h_{km}(t_i)=\frac{1}{2\pi j}\int_D f(\omega)\omega_x^{k+mx}$$

$\exp\left[\dfrac{\omega^2}{2}(\sigma_{Si}^2+\sigma_{Ni}^2)\right]d\omega$。这里,$f(\omega)$ 是非线性设备的转移函数,$\sigma_{Si}^2=\sigma_{Si}^2$,$\sigma_{Ni}^2=\sigma_{Nti}^2$。

6.11　非线性设备的输入是 $X(t)=\cos(\omega_0 t+\theta)+a\cos(\Omega t+\varphi)$,式中,$|\omega_0-\Omega|\ll\omega_0$,

θ 和 φ 都是在 $(0,2\pi)$ 上均匀分布的独立随机变量，幅值 a 为常数。证明：输出随机过程 $Y(t)$ 的自相关函数可以表示成 $R_Y(\tau) = \sum\limits_{m=0}^{\infty} \sum\limits_{k=0}^{\infty} \varepsilon_m \varepsilon_k h_{mk}^2 \cos m\omega_0\tau \cos k\Omega\tau$。式中，$\varepsilon_m, \varepsilon_k$ 为聂曼系数，系数为 $h_{mk} = \dfrac{1}{2\pi \mathrm{j}} \displaystyle\int_D f(\omega) \mathrm{I}_m(\omega) \mathrm{I}_k(\omega a)\, \mathrm{d}\omega$。其中，$f(\omega)$ 是非线性设备的转移函数，$\mathrm{I}_m(\cdot)$ 为第一类 m 阶修正贝塞尔函数。

6.12　设某通信系统中的全波平方律设备输入为
$$X(t) = b(1 + m\cos \omega_m t) \cos \omega_0 t + N(t)$$
式中，b 和 m 是常数，且 $0 < m < 1, \omega_m \ll \omega_0$；$N(t)$ 是均值为零的平稳高斯噪声，噪声的功率谱密度为 $G_N(\omega) = \begin{cases} c_0, & \omega_0 - 2\omega_m < |\omega| < \omega_0 + 2\omega_m \\ 0, & \text{其他} \end{cases}$。求：

（1）输出随机过程 $Y(t)$ 的功率谱密度；

（2）系统输出信号噪声功率比。

6.13　某雷达系统的全波平方律设备输入为 $X(t) = a\cos(\omega_0 t + \theta) + N(t)$，式中，幅度 a 为常数，相位 θ 是 $(0,2\pi)$ 上均匀分布的随机变量。$N(t)$ 是均值为零的平稳高斯噪声，其功率谱密度为
$$G_u(f) = \begin{cases} c_0, & f_0 - \dfrac{\Delta f}{2} < |f| < f_0 + \dfrac{\Delta f}{2} \\ 0, & \text{其他} \end{cases}$$
求输出信号噪声功率比，并讨论与输入信号噪声功率比之间的关系。

第7章 马尔可夫过程、独立增量 过程及独立随机过程

前面几章详细介绍了平稳随机过程、高斯随机过程、白噪声等,它们是工程领域中最常见、最基本的几种随机过程。本章将主要讨论另几种在工程技术中常见且重要的随机过程:马尔可夫过程、独立增量过程和独立随机过程。

马尔可夫过程是目前发展最快、应用很广的一种随机过程,它在信息理论、自动控制、数字计算方法以及近代物理、生物(生灭过程),甚至公用事业方面有着重要的应用。独立增量过程是一种特殊的马尔可夫过程,维纳(Wiener)过程和泊松(Poisson)过程是两个重要的独立增量过程。它们在电子系统中具有重要的实用价值,是研究热噪声和散弹噪声的数学基础。独立随机过程是一个很特殊的随机过程,它的重要应用就是高斯白噪声。连续时间参数的独立随机变量是一种理想化的随机过程,它在数学处理上具有简单、方便的优点。

7.1 马尔可夫过程

电子系统中,马尔可夫过程是一种重要的随机过程,具有如下特性:当过程在时刻 t_k 所处的状态为已知的条件下时,过程在时刻 t(这里 $t > t_k$)处的状态,只与过程在 t_k 时刻的状态有关,而与过程在 t_k 时刻以前所处的状态无关。这种特性称为无后效性。

无后效性也可理解为:过程 $X(t)$ 在现在时刻 t_k 的状态 $X(t_k) = i_k$ 已知的条件下,过程"将来"的情况与"过去"的情况是无关的。或者说,这种随机过程的"将来"只是通过"现在"与"过去"发生联系,如果一旦"现在"已知,那么"将来"和"过去"就无关了。

马尔可夫过程按照其状态和时间参数是连续还是离散,常划分为 4 类(见表 7.1)。

表 7.1 数学期望(均值)、均方值和方差的物理含义

时间参数集 T	状态空间 I	
	离 散	连 续
离散($n = 0,1,2,\cdots$)	马尔可夫链	马尔可夫序列
连续($t \geqslant 0$)	可列马尔可夫过程	马尔可夫过程

可见,马尔可夫链是指时间、状态皆离散的马尔可夫过程;马尔可夫序列是指时间离散、状态连续的马尔可夫过程;可列马尔可夫过程是指过程时间连续、状态离散的马尔可夫过程;至于马尔可夫过程,有时指时间和状态皆连续的马尔可夫过程,有时也为此 4 类过程的总称。

实际上,观察到的物理过程并不一定是精确的马尔可夫过程。然而,在很多具体问题中,有时却能近似地将其看作马尔可夫过程,这正是研讨马尔可夫过程的原因。本节首先着重讨论马尔可夫序列、马尔可夫链,对一般的马尔可夫过程只作些概念性的介绍,然后在下节再进一步详细讨论属于第二类马氏过程的泊松过程和属于第三类马氏过程的维纳过程。

7.1.1　马尔可夫序列

1.定义

随机序列 $\{X(n)\}=\{X_1,X_2,\cdots,X_n,\cdots\}$ 可看作随机过程 $X(t)$ 在 t 为整数时的采样值。

定义 7.1　若对于任意的 n,随机序列 $\{X(n)\}$ 的条件分布函数满足:

$$F_X(x_n\mid x_{n-1},x_{n-2},\cdots,x_1)=F_X(x_n\mid x_{n-1}) \tag{7.1}$$

则称此随机序列 $\{X(n)\}$ 为马尔可夫序列。条件分布函数 $F_X(x_n\mid x_{n-1})$ 常被称为转移分布。

对于连续型随机变量,由式(7.1)可得

$$f_X(x_n\mid x_{n-1},x_{n-2},\cdots,x_1)=f_X(x_n\mid x_{n-1}) \tag{7.2}$$

因此,利用条件概率的性质,有

$$f_X(x_1,x_2,\cdots,x_n)=f_X(x_n\mid x_{n-1},x_{n-2},\cdots,x_1)\cdots f_X(x_2\mid x_1)f_X(x_1) \tag{7.3}$$

结合式(7.2)可得

$$f_X(x_1,x_2,\cdots,x_n)=f_X(x_n\mid x_{n-1})f_X(x_{n-1}\mid x_{n-2})\cdots f_X(x_2\mid x_1)f_X(x_1) \tag{7.4}$$

故 $X_1,X_2,\cdots,X_n$ 的联合概率密度函数可由转移概率密度函数 $f_X(x_k\mid x_{k-1})\,(k=2,\cdots,n)$ 和初始概率密度函数 $f_X(x_1)$ 所确定。相反地,若式(7.4)对所有的 n 皆成立,则序列是马尔可夫序列,即

$$f_X(x_n\mid x_{n-1},x_{n-2},\cdots,x_1)=\frac{f_X(x_1,x_2,\cdots,x_{n-1},x_n)}{f_X(x_1,x_2,\cdots,x_{n-1})}=f_X(x_n\mid x_{n-1}) \tag{7.5}$$

2.性质

(1)马尔可夫序列的子序列仍为马尔可夫序列。

给定 n 个任意整数 $k_1<k_2<\cdots<k_n$,有

$$f_X(x_{k_n}\mid x_{k_{n-1}},x_{k_{n-2}},\cdots,x_{k_1})=f_X(x_{k_n}\mid x_{k_{n-1}}) \tag{7.6}$$

马尔可夫序列通常由式(7.6)来定义,但用式(7.2)定义更为紧凑。

(2)马尔可夫序列按其反方向组成的逆序列仍为马尔可夫序列。

对任意的整数 n 和 k,有

$$f_X(x_n\mid x_{n+1},x_{n+2},\cdots,x_{n+k})=f_X(x_n\mid x_{n+1}) \tag{7.7}$$

证明　由式(7.5)和式(7.4)可得

$$f_X(x_n\mid x_{n+1},x_{n+2},\cdots,x_{n+k})=\frac{f_X(x_n,x_{n+1},x_{n+2},\cdots,x_{n+k})}{f_X(x_{n+1},x_{n+2},\cdots,x_{n+k})}=$$

$$\frac{f_X(x_{n+k}\mid x_{n+k-1})f_X(x_{n+k-1}\mid x_{n+k-2})\cdots f_X(x_{n+1}\mid x_n)f_X(x_n)}{f_X(x_{n+k}\mid x_{n+k-1})f_X(x_{n+k-1}\mid x_{n+k-2})\cdots f_X(x_{n+2}\mid x_{n+1})f_X(x_{n+1})}=$$

$$\frac{f_X(x_{n+1}\mid x_n)f_X(x_n)}{f_X(x_{n+1})}=\frac{f_X(x_{n+1},x_n)}{f_X(x_{n+1})}=f_X(x_n\mid x_{n+1}) \tag{7.8}$$

(3)马尔可夫序列的条件数学期望满足:

$$E[X_n\mid X_{n-1},\cdots,X_1]=E[X_n\mid X_{n-1}] \tag{7.9}$$

如果马尔可夫序列:

$$E[X_n\mid X_{n-1},\cdots,X_1]=X_{n-1} \tag{7.10}$$

则称此随机序列为"鞅"。

(4) 马尔可夫序列中,若现在已知,则未来与过去无关。

若 $n > r > s$,则假定 X_r 已知的条件下,随机变量 X_n 与 X_s 是独立的,满足

$$f_X(x_n, x_s \mid x_r) = f_X(x_n \mid x_r) f_X(x_s \mid x_r) \tag{7.11}$$

证明 由式(7.4)可知

$$f_X(x_n, x_s \mid x_r) = \frac{f_X(x_n, x_r, x_s)}{f_X(x_r)} = \frac{f_X(x_n \mid x_r) f_X(x_r \mid x_s) f_X(x_s)}{f_X(x_r)} =$$

$$\frac{f_X(x_n \mid x_r) f_X(x_r, x_s)}{f_X(x_r)} = f_X(x_n \mid x_r) f_X(x_s \mid x_r) \tag{7.12}$$

可把上述结论推广到具有任意个过去与未来随机变量的情况。

(5) 多重马尔可夫序列。马尔可夫序列的概念可以推广,满足式(7.1)的随机序列为 1 重马尔可夫序列。而对于任意 n,满足

$$F_X(x_n \mid x_{n-1}, x_{n-2}, \cdots, x_1) = F_X(x_n \mid x_{n-1}, x_{n-2}) \tag{7.13}$$

的随机序列称为 2 重马尔可夫序列。以此类推,可定义多重马尔可夫序列。

(6) 齐次马尔可夫序列。对一般马尔可夫序列而言,条件概率密度函数 $f_X(x_n \mid x_{n-1})$ 是 x 和 n 的函数,如果条件概率密度函数 $f_X(x_n \mid x_{n-1})$ 与 n 无关,则称马尔可夫序列是齐次的。用记号

$$f_X(x \mid X_{n-1} = x_0) = f_X(x \mid x_0) \tag{7.14}$$

表示 $X_{n-1} = x_0$ 条件下,X_n 的条件概率密度函数。

(7) 平稳马尔可夫序列。如果一个马尔可夫是齐次的,并且所有的随机变量 X_n 具有相同的概率密度函数,则称马尔可夫序列为平稳的。可以用更精确的记号 $f_{X_n}(x)$ 来表示此概率密度函数,则要求这个函数与 n 无关。不难证明,在一个齐次马尔可夫序列中,若最初的两个随机变量 X_1 和 X_2 具有相同的概率密度函数,则此序列是平稳的。

(8) 切普曼-柯尔莫哥洛夫(Chapman - Колмогóров)方程。

若一个马尔可夫序列的转移概率密度函数满足:

$$f_X(x_n \mid x_s) = \int_{-\infty}^{\infty} f_X(x_n \mid x_r) f_X(x_r \mid x_s) \, \mathrm{d}x_r \tag{7.15}$$

其中 $n > r > s$ 为任意整数,则称该方程为切普曼-柯尔莫哥洛夫方程。

证明 对任意三个随机变量 $X_n, X_r, X_s, n > r > s$,有

$$f_X(x_n \mid x_s) = \int_{-\infty}^{\infty} f_X(x_n, x_r \mid x_s) \, \mathrm{d}x_r = \int_{-\infty}^{\infty} \frac{f_X(x_n, x_r, x_s)}{f_X(x_s)} \, \mathrm{d}x_r =$$

$$\int_{-\infty}^{\infty} \frac{f_X(x_n \mid x_r, x_s) f_X(x_r, x_s)}{f_X(x_s)} \, \mathrm{d}x_r =$$

$$\int_{-\infty}^{\infty} f_X(x_n \mid x_r, x_s) f_X(x_r \mid x_s) \, \mathrm{d}x_r = \int_{-\infty}^{\infty} f_X(x_n \mid x_r) f_X(x_r \mid x_s) \, \mathrm{d}x_r$$

$$\tag{7.16}$$

最后一步应用了无后效性,即 $f_X(x_n \mid x_r, x_s) = f_X(x_n \mid x_r)$。反复应用切普曼-柯尔莫哥洛夫方程,可根据相邻随机变量的转移概率密度函数,来求得 X_s 条件下 X_n 的转移概率密度函数。

(9) 高斯-马尔可夫序列。如果一个 n 维随机序列矢量 $\{\boldsymbol{X}(n)\}$ 既是高斯序列,又是马尔可

夫序列,则称它为高斯-马尔可夫序列。高斯-马尔可夫序列的高斯特性决定了它的幅度的概率密度函数分布,而马尔可夫特性则决定了它在时间上的传播。这种模型常用在运动目标(导弹、飞机)的轨迹测量中。

7.1.2 马尔可夫链

1.定义

状态和时间参数都是离散的马氏过程即为马尔可夫链。

定义 7.2 设随机过程 $X(t)$ 在每一时刻 $t_n(n=1,2,\cdots)$ 的采样为 $X_n=X(t_n)$,X_n 所可能取的状态(即可能值)为 $a_1,a_2,\cdots,a_N$ 之一,而且过程只在 $t_1,t_2,\cdots,t_n,\cdots$ 可列个时刻发生状态转移(或者说改变其状态)。在这种情况下,若过程在 t_{m+k} 时刻变成任一状态 $a_i(i=1,2,\cdots,N)$ 的概率,只与该过程在 t_m 时刻的状态有关,而与 t_m 以前过程所处的状态无关,可用公式表示为

$$P\{X_{m+k}=a_{i_{m+k}}\mid X_m=a_{i_m},X_{m-1}=a_{i_{m-1}},\cdots,X_1=a_{i_1}\}=P\{X_{m+k}=a_{i_{m+k}}\mid X_m=a_{i_m}\}$$
(7.17)

则称这个过程(实际为一个随机变量序列 $X(n)$)为马尔可夫链(简称马尔可夫链)。式中 a_{i_1} 为状态 $a_1,a_2,\cdots,a_N$ 之一。其实式(7.17)是由式(7.1)演变而来的。

2.马尔可夫链的转移概率及其转移概率矩阵

(1)马尔可夫链的转移概率。通常以 $p_{ij}(m,m+k)$ 来表示马尔可夫链"在 t_m 时刻出现 $X_m=a_i$ 条件下,在 t_{m+k} 时刻出现 $X_{m+k}=a_j$"的条件概率,即

$$p_{ij}(m,m+k)=P\{X_{m+k}=a_j\mid X_m=a_i\}$$
(7.18)

式中:$i,j=1,2,\cdots,N$;m,k 都是正整数,则称 $p_{ij}(m,m+k)$ 为马尔可夫链的转移概率。

一般来说,$p_{ij}(m,m+k)$ 不仅依赖于 i,j 和 k,而且还与 m 有关。如果 $p_{ij}(m,m+k)$ 与 m 无关,则称这个马尔可夫链是齐次的。这里只讨论齐次马尔可夫链,并且通常把"齐次"二字省去。

(2)一步转移概率及其矩阵。当转移概率 $p_{ij}(m,m+k)$ 的 k 为 1 时,可以用 p_{ij} 来表示马尔可夫链由状态 a_i 经过一次转移到达状态 a_j 的转移概率,即

$$p_{ij}=p_{ij}(m,m+1)=P\{X_{m+1}=a_j\mid X_m=a_i\}$$
(7.19)

并称 p_{ij} 为马尔可夫链的一步转移概率。

所有的一步转移概率 p_{ij} 可以构成矩阵:

$$\boldsymbol{P}=\begin{bmatrix} p_{11} & p_{12} & \cdots & p_{1N} \\ p_{21} & p_{22} & \cdots & p_{2N} \\ \vdots & \vdots & & \vdots \\ p_{N1} & p_{N2} & \cdots & p_{NN} \end{bmatrix}$$
(7.20)

称为一步转移概率矩阵,简称为转移概率矩阵,它决定了 $X_1,X_2,\cdots,X_n,\cdots$ 状态转移的概率法则,具有以下两个性质:

$$0\leqslant p_{ij}\leqslant 1$$
(7.21)

$$\sum_{j=1}^N p_{ij}=1$$
(7.22)

可见,转移概率矩阵是一个每行元素和为 1 的非负元素矩阵。由于 p_{ij} 为条件概率,所以第一条性质是显然的。第二条性质可由下式推得:

$$\sum_{j=1}^{N} p_{ij} = \sum_{j=1}^{N} p_{ij}\{X_{m+1} = a_j \mid X_m = a_i\} =$$
$$p_{ij}\{X_{m+1} = a_1 \mid X_m = a_i\} + \cdots + p_{ij}\{X_{m+1} = a_N \mid X_m = a_i\} = 1 \tag{7.23}$$

任意满足这两个性质的矩阵也称之为随机矩阵。通常也可以将有限个状态的马尔可夫链形象地用状态转移图来表示。

(3)n 步转移概率及其转移概率矩阵。与一步转移概率类似,当转移概率 $p_{ij}(m,m+k)$ 的 k 等于 n 时,则可得 n 步转移概率为

$$p_{ij}(n) = p_{ij}(m,m+n) = P\{X_{m+n} = a_j \mid X_m = a_i\} \quad n \geqslant 1 \tag{7.24}$$

表明马尔可夫链在时刻 t_m 的状态为 a_i 的条件下,经过 n 步转移到达状态 a_j 的概率。相应的 n 步转移概率矩阵为

$$\boldsymbol{P}(n) = \begin{bmatrix} p_{11}(n) & p_{12}(n) & \cdots & p_{1N}(n) \\ p_{21}(n) & p_{22}(n) & \cdots & p_{2N}(n) \\ \vdots & \vdots & & \vdots \\ p_{N1}(n) & p_{N2}(n) & \cdots & p_{NN}(n) \end{bmatrix} \tag{7.25}$$

它同样满足式(7.21)和式(7.22)的两个性质,因此 n 步转移概率矩阵也是随机矩阵。当 $n=1$ 时,$p_{ij}(n)$ 就是一步转移概率,即

$$p_{ij}(n) = p_{ij}(1) = p_{ij} = p_{ij}(m,m+1) \tag{7.26}$$

通常,还规定

$$p_{ij}(0) = p_{ij}(m,m) = \begin{cases} 1, & i=j \\ 0, & i \neq j \end{cases} \tag{7.27}$$

(4)n 步转移概率与一步转移概率的关系。对于 n 步转移概率,有切普曼-柯尔莫哥洛夫(Chapman - Колмогóров)方程的离散形式为

$$p_{ij}(n) = p_{ij}(l+k) = \sum_{r=1}^{N} p_{ir}(l) p_{rj}(k) \tag{7.28}$$

此式表明,由于马尔可夫链的无后效性与齐次性,马尔可夫链从状态 a_i 经过 n 步转移到达状态 a_j 这一过程,可以看成先经过 $l(n>l>0)$ 次转移到达某一状态 $a_r(r=1,2,3,\cdots,N)$,再由状态 a_r 经过 $k(l+k=n)$ 次转移到达状态 a_j。现在给出它的证明。

证明 由全概率公式可得

$$p_{ij}(l+k) = P\{X_{m+l+k} = a_j \mid X_m = a_i\} = \frac{P\{X_m = a_i, X_{m+l+k} = a_j, X_{m+l} = a_r\}}{P\{X_m = a_i\}} =$$
$$\sum_r \frac{P\{X_m = a_i, X_{m+l+k} = a_j, X_{m+l} = a_r\}}{P\{X_m = a_i, X_{m+l} = a_r\}} \cdot \frac{P\{X_m = a_i, X_{m+l} = a_r\}}{P\{X_m = a_i\}} =$$
$$\sum_r P\{X_{m+l+k} = a_j \mid X_m = a_i, X_{m+l} = a_r\} P\{X_{m+l} = a_r \mid X_m = a_i\} \tag{7.29}$$

利用无后效性与齐次性,$\sum_r$ 号下的第一个因子等于

$$P\{X_{m+l+k} = a_j \mid X_{m+l} = a_r\} = p_{rj}(k) \tag{7.30}$$

第二个因子等于 $p_{ir}(l)$,因此,得

$$p_{ij}(l+k) = \sum_r p_{ir}(l)\, p_{rj}(k) \tag{7.31}$$

同样,可以用矩阵形式表示式(7.28),即

$$\boldsymbol{P}(n) = \boldsymbol{P}(l+k) = \boldsymbol{P}(l) \cdot \boldsymbol{P}(k) \tag{7.32}$$

当 $n=2$ 时,有

$$\boldsymbol{P}(2) = \boldsymbol{P}(1) \cdot \boldsymbol{P}(1) = [\boldsymbol{P}(1)]^2 \tag{7.33}$$

当 $n=3$ 时,有

$$\boldsymbol{P}(3) = \boldsymbol{P}(1)\boldsymbol{P}(2) = [\boldsymbol{P}(1)]^3 \tag{7.34}$$

当 n 为任意整数时,有

$$\boldsymbol{P}(n) = [\boldsymbol{P}(1)]^n \tag{7.35}$$

这里 $\boldsymbol{P}(1)$ 就是一步转移概率矩阵 $\boldsymbol{P}$。由式(7.35)可知,n 步转移概率矩阵等于一步转移概率矩阵自乘 n 次。

(5) 马尔可夫链的有限维分布。由式(7.35),以一步转移概率 p_{ij} 为元素的转移概率矩阵 $\boldsymbol{P}$ 决定了马尔可夫链状态转移过程的概率法则,也就是说,在已知 $X_m = a_i$ 条件下,$X_{m+n} = a_j$ 的条件概率可由一步转移概率矩阵 $\boldsymbol{P}$ 求出。但是转移概率矩阵 $\boldsymbol{P}$ 决定不了初始概率分布,亦即 $X_0 = a_i$ 的概率不能由 $\boldsymbol{P}$ 求出。

1) 初始分布。称马尔可夫链在 $t=0$ 时所处状态 a_i 的概率为初始概率,即

$$p_i(0) = P\{X_0 = a_i\} = p_i, \quad i \in I = \{1, \cdots, N\} \tag{7.36}$$

且有 $0 \leqslant p_i < 1$ 和 $\sum\limits_{i=1}^{N} p_i = 1$ 成立。对于 N 个状态而言,所有初始概率的集合 $\{p_i\}$ 称为马尔可夫链的初始分布。

2) 一维分布。马尔可夫链在第 n 步所处状态为 a_j 的无条件概率称为马尔可夫链的"一维分布",也称为状态概率,可以表示为

$$P\{X_n = a_j\} = p_j(n), \quad j \in I = \{1, \cdots, N\} \tag{7.37}$$

且有 $0 \leqslant p_j < 1$ 和 $\sum\limits_{j=1}^{N} p_j = 1$ 成立。由全概率公式,一维分布可以表示为

$$p_j(n) = \sum_{i=1}^{N} P\{X_n = a_j \mid X_s = a_i\} P\{X_s = a_i\} = \sum_{i=1}^{N} p_{ij}(n-s)\, p_i(s), \quad i,j \in I \tag{7.38}$$

式(7.38)给出了不同时刻一维分布 $p_j(n)$,$p_i(s)$ 以及 $(n-s)$ 步转移概率 $p_{ij}(n-s)$ 之间的关系。

若 $s=0$,则式(7.38)可表示为

$$p_j(n) = \sum_{i=1}^{N} p_{ij}(n)\, p_i \tag{7.39}$$

式(7.39)表明,一维分布可由初始概率 p_i 和转移概率所决定。

3) n 维分布。齐次马尔可夫链在 $t = 0,1,2,\cdots,n-1$ 时刻分别取得状态 $a_{i_0}, a_{i_1}, a_{i_2}, \cdots, a_{i_{\langle n-1 \rangle}}$（ $i_0, i_1, i_2, \cdots, i_{\langle n-1 \rangle} \in I$）这一事件的概率为 $P\{X_0 = a_{i_0}, X_1 = a_{i_1}, \cdots, X_{n-1} = a_{i_{\langle n-1 \rangle}}\}$,称为马尔可夫链的 n 维分布。由全概率公式和无后效性可证得,有

$$\begin{aligned}
&P\{X_0 = a_{i_0}, X_1 = a_{i_1}, \cdots, X_{n-1} = a_{i_{\langle n-1 \rangle}}\} = \\
&\quad P\{X_0 = a_{i_0}\} P\{X_1 = a_{i_1} \mid X_0 = a_{i_0}\} \cdots P\{X_{n-1} = a_{i_{\langle n-1 \rangle}} \mid X_0 = a_{i_0}, \cdots, X_{n-2} = a_{i_{\langle n-2 \rangle}}\} = \\
&\quad P\{X_0 = a_{i_0}\} P\{X_1 = a_{i_1} \mid X_0 = a_{i_0}\} \cdots P\{X_{n-1} = a_{i_{\langle n-1 \rangle}} \mid X_{n-2} = a_{i_{\langle n-2 \rangle}}\} = \\
&\quad p_{i_0} p_{i_0,i_1} \cdots p_{i_{\langle n-2 \rangle},\, i_{\langle n-1 \rangle}}
\end{aligned} \tag{7.40}$$

由式(7.39)和式(7.40)可知,对于马尔可夫链,任意有限维概率函数完全由初始概率和一步转移概率所决定,因此,初始分布和一步转移概率矩阵是描述马尔可夫链的统计特性的两个重要的分布特征。

马尔可夫链在研究质点的随机运动、自动控制、通信技术、气象预报、生物遗传工程等方面皆有广泛的应用。

例 7.1 设线段 $[1,5]$ 上有 5 个质点,假设它只能停在 $1,2,3,4,5$ 点上,并且只在 $t_1, t_2, \cdots$ 等时刻发生随机移动,如图 7.1 所示移动的规则是:移动前若在 $2,3,4$ 点则均以 $1/3$ 的概率向左或向右移一格或停留原处。若移动前在 1 点上,则以概率 1 移到 2 点。若在 5 点则以概率 1 移到 4 点。这样如果以 $X_n = i(i=1,2,3,4,5)$ 表示质点在时刻 t_n 时位于 i 点,则容易看出 X_1, $X_2, \cdots$ 是一个齐次马尔可夫链,转移概率矩阵为

$$\boldsymbol{P} = \begin{bmatrix} 0 & 1 & 0 & 0 & 0 \\ 1/3 & 1/3 & 1/3 & 0 & 0 \\ 0 & 1/3 & 1/3 & 1/3 & 0 \\ 0 & 0 & 1/3 & 1/3 & 1/3 \\ 0 & 0 & 0 & 1 & 0 \end{bmatrix}$$

由于 $1,5$ 两点,质点不能越过,上述这种运动被称作不可越壁的随机游动。其状态转移图如图 7.2 所示。

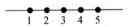

图 7.1　质点随机移动的线段

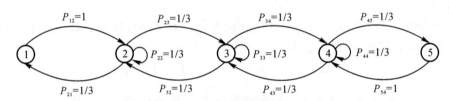

图 7.2　状态转移图

只要改变一下质点移动的规则(即转移概率),就可造出许多不同的随机游动。例如保留以上大部分规则,只把其中在 $1,5$ 点处的规定变一下,变为质点一旦到达 1 或 5 就不动了,犹如被吸住一般,于是就成为带有吸收壁的随机游动。它也是一个齐次马尔可夫链,其转移概率矩阵为

$$\boldsymbol{P} = \begin{bmatrix} 1 & 0 & 0 & 0 & 0 \\ 1/3 & 1/3 & 1/3 & 0 & 0 \\ 0 & 1/3 & 1/3 & 1/3 & 0 \\ 0 & 0 & 1/3 & 1/3 & 1/3 \\ 0 & 0 & 0 & 0 & 1 \end{bmatrix}$$

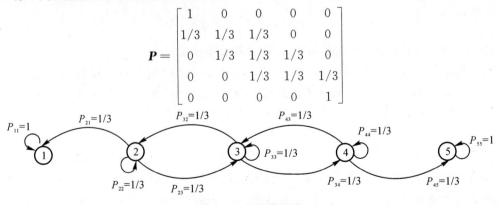

图 7.3　状态转移图

例 7.2　在某数字通信系统中传递 0,1 两种信号,且传递要经过若干级。因为系统中存在噪声,各级将会造成错误。若某级输入 0,1 数字信号后,其输出不产生错误的概率为 p(即各级正确传递信息的概率),产生错误的概率为 $q=1-p$。该级的输入状态和输出状态构成了一个两状态的马尔可夫链,它的一步转移概率矩阵为

$$\boldsymbol{P} = \begin{bmatrix} p & q \\ q & p \end{bmatrix}$$

于是,二步转移概率矩阵为

$$\boldsymbol{P}(2) = (\boldsymbol{P})^2 = \begin{bmatrix} p & q \\ q & p \end{bmatrix}\begin{bmatrix} p & q \\ q & p \end{bmatrix} = \begin{bmatrix} p^2+q^2 & 2pq \\ 2pq & p^2+q^2 \end{bmatrix}$$

例 7.3　天气预报问题。若明天是否降雨只与今日的天气(是否下雨)有关,而与以往的天气无关;并设今日有雨而明日也有雨的概率 0.6,今日无雨而明日有雨的概率为 0.3;另外,假定将有雨称为"1"状态天气,而把无雨称为"2"状态天气,则本例属于一个两状态的马尔可夫链。

(1) 试求其 1 步至 4 步转移概率矩阵。

(2) 今日有雨而后日(第三日)仍有雨的概率为多少?

(3) 今日有雨而第四日无雨的概率为多少?

(4) 今日无雨而第五日有雨的概率为多少?

解　由题可知,1 步转移概率为

$$p_{11} = 0.6, \quad p_{12} = 1-0.6 = 0.4$$
$$p_{21} = 0.3, \quad p_{22} = 1-0.3 = 0.7$$

(1) 此马尔可夫链的 1 步转移概率矩阵为

$$\boldsymbol{P} = \begin{bmatrix} p_{11} & p_{12} \\ p_{21} & p_{22} \end{bmatrix} = \begin{bmatrix} 0.6 & 0.4 \\ 0.3 & 0.7 \end{bmatrix}$$

2 步转移概率矩阵为

$$\boldsymbol{P}(2) = (\boldsymbol{P})^2 = \begin{bmatrix} 0.6 & 0.4 \\ 0.3 & 0.7 \end{bmatrix}\begin{bmatrix} 0.6 & 0.4 \\ 0.3 & 0.7 \end{bmatrix} = \begin{bmatrix} 0.48 & 0.52 \\ 0.39 & 0.61 \end{bmatrix}$$

3 步转移概率矩阵为

$$\boldsymbol{P}(3) = (\boldsymbol{P})^3 = (\boldsymbol{P})^2\boldsymbol{P} = \begin{bmatrix} 0.48 & 0.52 \\ 0.39 & 0.61 \end{bmatrix}\begin{bmatrix} 0.6 & 0.4 \\ 0.3 & 0.7 \end{bmatrix} = \begin{bmatrix} 0.444 & 0.556 \\ 0.417 & 0.583 \end{bmatrix}$$

4 步转移概率矩阵为

$$\boldsymbol{P}(4) = (\boldsymbol{P}(2))^2 = \begin{bmatrix} 0.48 & 0.52 \\ 0.39 & 0.61 \end{bmatrix}\begin{bmatrix} 0.48 & 0.52 \\ 0.39 & 0.61 \end{bmatrix} = \begin{bmatrix} 0.433\,2 & 0.566\,8 \\ 0.425\,1 & 0.574\,9 \end{bmatrix}$$

(2) 今日有雨而第三日仍有雨的概率为 $p_{11}(2) = 0.48$。

(3) 今日有雨而第四日无雨的概率为 $p_{12}(3) = 0.556$。

(4) 今日无雨而第五日有雨的概率为 $p_{21}(4) = 0.425\,1$。

3. 遍历性与平稳分布

遍历性问题是马尔可夫链理论中的一个重要问题。

若齐次马尔可夫链对一切 i,j 存在不依赖于 i 的极限,即

$$\lim_{n\to\infty}p_{ij}(n)=p_j \tag{7.41}$$

则称马尔可夫链具有遍历性。这里 $p_{ij}(n)$ 是此链的 n 步转移概率。

因此遍历性问题的中心是要确定在怎样的条件下,转移概率 $p_{ij}(n)$ 在 $n\to\infty$ 时,趋于一个与初始状态无关的极限 p_j,也就是说过程不论从哪一个状态 a_i 出发,当转移步数 n 足够大时,来到状态 a_j 的概率都趋近于 p_j,并且 p_j 是一个概率分布 $\{p_j\}$。从物理上可以理解为,系统经过一段时间后将走到平衡状态,此后系统的宏观状态不再随时间而变化。从数学上可以证明,这个极限分布正是一个平稳分布。

马尔可夫链的遍历性问题已经彻底解决,这里只介绍一下平稳分布的概念,并由一个定理给出马尔可夫链具备遍历性的充分条件以及求 p_j 的方法。

(1)平稳分布。一个概率分布 $\{v_j\}$(即满足 $v_j\geqslant 0$ 和 $\sum_{j=0}^{\infty}v_j=1$,v_j 表示出现状态 a_j 的概率)如有

$$v_j=\sum_{i=0}^{\infty}v_i p_{ij} \tag{7.42}$$

则称它为这个马尔可夫链的平稳分布。

对于平稳分布,有

$$v_j=\sum_i v_i p_{ij}=\sum_i\left(\sum_k v_k p_{ki}\right)p_{ij}=\sum_k v_k\left(\sum_i p_{ki}p_{ij}\right)=\sum_k v_k p_{kj}(2) \tag{7.43}$$

类推地,可得一般情况为

$$v_j=\sum_i v_i p_{ij}(n) \tag{7.44}$$

比较式(7.42)和式(7.44)可知,对平稳分布而言,无论是一步转移到状态 a_j 还是 n 步转移到状态 a_j,其概率分布不变,与转移时间 n 无关。

推论 如果马尔可夫链的初始分布 $P\{X_0=a_i\}=p_i$ 是平稳分布,则对任意 n,X_n 的分布也是平稳分布,而且正好就是 p_j,事实上有

$$P\{X_n=a_j\}=\sum_i P\{X_0=a_i\}P\{X_n=a_j\mid X_0=a_i\}=\sum_i p_i p_{ij}(n)=p_j \tag{7.45}$$

平稳分布的直观意义是概率分布不随转移而引起变化。

(2)有限马尔可夫链具有遍历性的充分条件。

定理 对有限马尔可夫链如果存在正整数 k,使

$$p_{ij}(k)>0, \quad 对一切\ i,j=1,2,\cdots,N \tag{7.46}$$

则此链是遍历性的,而且式(7.41)中的 $\{p_j\}=(p_1,p_2,\cdots,p_N)$ 是方程组:

$$p_j=\sum_{i=1}^{N}p_i p_{ij}, \quad j=1,2,\cdots,N \tag{7.47}$$

满足条件:

$$p_j>0, \quad \sum_{j=1}^{N}p_j=1 \tag{7.48}$$

的唯一解。

该定理的证明可参阅有关书籍。为了帮助理解上述概念现给出一些例子。

例 7.4 设马尔可夫链只有 3 个状态,它的一步转移矩阵为 $\boldsymbol{P}=\begin{bmatrix}q&p&0\\q&0&p\\0&q&p\end{bmatrix}$,其中,$0<p$

<1，$q=1-p$，求证该链具有遍历性，并求出极限分布 $\{p_j\}$。

解　(1) 先证明该链具有遍历性。显然该链对于 $\Phi_S(\omega_1,\omega_2;\tau)=\langle\exp\left[\omega_1 S_1+\omega_2 S_2\right]\rangle$ 的情况，式(7.46)不能满足，但当 $k=2$ 时，有

$$\boldsymbol{P}(2)=\left[\boldsymbol{P}\right]^2=\begin{bmatrix} q^2+pq & pq & p^2 \\ q^2 & 2pq & p^2 \\ q^2 & pq & pq+p^2 \end{bmatrix}$$

其元素都大于零，即在 $k=2$ 时，式(7.46)满足。因此该链具有遍历性，即

$$\lim_{n\to\infty}p_{ij}(n)=p_j,\quad i,j=1,2,3$$

(2) 求 p_j。由式(7.47)和式(7.48)，考虑到 $j=1,2,3$，可列出如下方程组：

$$\begin{cases} p_1=p_{11}p_1+p_{21}p_2+p_{31}p_3 \\ p_2=p_{12}p_1+p_{22}p_2+p_{32}p_3 \\ p_3=p_{13}p_1+p_{23}p_2+p_{33}p_3 \\ p_1+p_2+p_3=1 \end{cases}$$

将已知条件代入，并联解

$$\begin{cases} p_1=qp_1+qp_2 \\ p_2=pp_1+qp_3 \\ p_3=pp_2+pp_3 \\ p_1+p_2+p_3=1 \end{cases}$$

若 $p=q=\dfrac{1}{2}$，则可得

$$p_1=p_2=p_3=\frac{1}{3}$$

若 $p\neq q$，则得

$$p_i=\frac{1-\dfrac{p}{q}}{1-\left(\dfrac{p}{q}\right)^3}\left(\frac{p}{q}\right),\quad j=1,2,3$$

例 7.5　验证例 7.1 所给出的带有不可越壁的随机游动，具有遍历性，并求出极限分布 $\{p_j\}$ 的各个概率。

解　给出的转移概率矩阵为

$$\boldsymbol{P}=\begin{bmatrix} 0 & 1 & 0 & 0 & 0 \\ 1/3 & 1/3 & 1/3 & 0 & 0 \\ 0 & 1/3 & 1/3 & 1/3 & 0 \\ 0 & 0 & 1/3 & 1/3 & 1/3 \\ 0 & 0 & 0 & 1 & 0 \end{bmatrix}$$

可见，对 $k=1$ 的情况，条件式(7.46)不满足。但因

$$\boldsymbol{P}(4)=\begin{bmatrix} 5/27 & 10/27 & 8/27 & 1/9 & 1/27 \\ 10/81 & 33/81 & 21/81 & 14/81 & 1/27 \\ 8/81 & 21/81 & 23/81 & 21/81 & 8/81 \\ 1/27 & 14/81 & 21/81 & 33/81 & 10/81 \\ 1/27 & 1/9 & 8/27 & 10/27 & 5/27 \end{bmatrix}$$

的元素都大于零,故条件式(7.46)对 $k=4$ 满足。因此该马尔可夫链具有遍历性,即

$$\lim_{n \to \infty} p_{ij}(n) = p_j, \quad i,j = 1,2,3,4,5$$

由式(7.47)和式(7.48)可列出方程组:

$$
\begin{cases}
p_1 = 0 \cdot p_1 + \dfrac{1}{3} \cdot p_2 + 0 \cdot p_3 + 0 \cdot p_4 + 0 \cdot p_5 \\[2mm]
p_2 = 1 \cdot p_1 + \dfrac{1}{3} \cdot p_2 + \dfrac{1}{3} \cdot p_3 + 0 \cdot p_4 + 0 \cdot p_5 \\[2mm]
p_3 = 0 \cdot p_1 + \dfrac{1}{3} \cdot p_2 + \dfrac{1}{3} \cdot p_3 + \dfrac{1}{3} \cdot p_4 + 0 \cdot p_5 \\[2mm]
p_4 = 0 \cdot p_1 + 0 \cdot p_2 + \dfrac{1}{3} \cdot p_3 + \dfrac{1}{3} \cdot p_4 + 1 \cdot p_5 \\[2mm]
p_5 = 0 \cdot p_1 + 0 \cdot p_2 + 0 \cdot p_3 + \dfrac{1}{3} \cdot p_4 + 0 \cdot p_5 \\[2mm]
p_1 + p_2 + p_3 + p_4 + p_5 = 1
\end{cases}
$$

联立求解,得

$$
\begin{cases}
p_1 = p_5 = \dfrac{1}{11} \\[3mm]
p_2 = p_3 = p_4 = \dfrac{3}{11}
\end{cases}
$$

例 7.6 验证转移概率矩阵 $\boldsymbol{P} = \begin{bmatrix} 1 & 0 \\ 0 & 1 \end{bmatrix}$ 的马尔可夫链,其遍历性是否成立。

解 由于

$$\boldsymbol{P}(1) = \boldsymbol{P} = \begin{bmatrix} 1 & 0 \\ 0 & 1 \end{bmatrix}$$

$$\boldsymbol{P}(n) = [\boldsymbol{P}(1)]^n = \boldsymbol{P}(1) = \begin{bmatrix} 1 & 0 \\ 0 & 1 \end{bmatrix}$$

无论 n 为多大,始终有 $p_{12}(n)$ 和 $p_{21}(n)$ 两个元素为零,于是式(7.46)不满足,故该马尔可夫链遍历性不成立。

上面叙述了关于马尔可夫链的遍历性和平稳性的概念,与一般随机过程相同,平稳性只是遍历性的先决条件,即遍历的马尔可夫链一定具有平稳性,但平稳的马尔可夫链不一定具备遍历性。

7.1.3 马尔可夫过程

1.定义

定义 7.3 随机过程 $X(t)$, $t \in T$, $t_1 < t_2 < \cdots < t_n$,若在 $t_1, t_2, \cdots, t_{n-1}, t_n$ 对 $X(t)$ 观测得到相应的观测值 $x_1, x_2, \cdots, x_{n-1}, x_n$,满足:

$$P\{X(t_n) \leqslant x_n \mid X(t_{n-1}) \leqslant x_{n-1}, X(t_{n-2}) \leqslant x_{n-2}, \cdots, X(t_1) \leqslant x_1\} =$$
$$P\{X(t_n) \leqslant x_n \mid X(t_{n-1}) \leqslant x_{n-1}\}, \quad n \geqslant 3 \tag{7.49}$$

或

$$F_X(x_n;t_n \mid x_{n-1},x_{n-2},\cdots,x_1;t_{n-1},t_{n-2},\cdots,t_1)=F_X(x_n;t_n \mid x_{n-1};t_{n-1}), \quad n \geqslant 3 \quad (7.50)$$

则称此类过程 $X(t)$ 为具有马尔可夫性质（无后效性）的过程或马尔可夫过程，简称为马氏过程，其中，$F_X(x_n;t_n \mid x_{n-1},x_{n-2},\cdots,x_1;t_{n-1},t_{n-2},\cdots,t_1)$ 表示在 $X(t_{n-1})=x_n,\cdots,X(t_2)=x_2$，$X(t_1)=x_1$ 的条件下，在 t_n 时刻 $X(t_n)$ 取 x_n 值的条件分布函数。

若把 t_{n-1} 看作是"现在"，则因为 $t_n > t_{n-1}$，故 t_n 就可看成"将来"；而因 $t_1 < t_2 < \cdots < t_{n-2} < t_{n-1}$，故 $t_1,t_2,\cdots,t_{n-2}$ 就当作"过去"。因此，上述定义中的条件可表述为：在 t_{n-1} 时 $X(t_{n-1})$ 取值为 x_{n-1} 的条件下，$X(t)$ 的"将来"状态与"过去"状态是无关的。即 $X(t)$ 的"将来"只是通过"现在"与"过去"状态发生联系，一旦"现在"已经确定，"将来"与"过去"无关。这个条件称为过程的无后效性。

2. 转移概率分布

$$F_X(x_n;t_n \mid x_{n-1};t_{n-1})=P\{X(t_n) \leqslant x_n \mid X(t_{n-1})=x_{n-1}\} \quad (7.51)$$

或

$$F_X(x;t \mid x';t')=P\{X(t) \leqslant x \mid X(t')=x'\}, t > t' \quad (7.52)$$

称为马氏过程的转移概率分布。转移概率分布是条件概率分布，$F_X(x;t \mid x';t')$ 是关于 x 的分布函数，故满足：

(1) $F_X(x;t \mid x';t') \geqslant 0$；

(2) $F_X(\infty;t \mid x';t')=1$；

(3) $F_X(-\infty;t \mid x';t')=0$；

(4) $F_X(x;t \mid x';t')$ 是 x 的单调不减和右连续函数。

3. 转移概率密度函数

如果 $F_X(x;t \mid x';t')$ 关于 x 的导数存在，则有

$$f_X(x;t \mid x';t')=\frac{\partial}{\partial x}F_X(x;t \mid x';t') \quad (7.53)$$

称为马尔可夫过程的转移概率密度函数。反之，可得

$$\int_{-\infty}^x f_X(u;t \mid x';t')\,\mathrm{d}u=\int_{-\infty}^x \mathrm{d}F_X(u;t \mid x';t')=F_X(x;t \mid x';t') \quad (7.54)$$

显然概率密度函数满足：

$$\int_{-\infty}^\infty f_X(x;t \mid x';t')\,\mathrm{d}x=F_X(\infty;t \mid x';t')=1 \quad (7.55)$$

和

$$f_X(x;t \mid x';t') \xrightarrow{t \to t'} \delta(x-x') \quad (7.56)$$

而此时无后效性可表示为

$$f_X(x_n;t_n \mid x_{n-1},x_{n-2},\cdots,x_1;t_{n-1},t_{n-2},\cdots,t_1)=f_X(x_n;t_n \mid x_{n-1};t_{n-1}) \quad (7.57)$$

如果马尔可夫过程的转移概率分布（密度）仅与转移前后状态及相应的时间差有关，则称为齐次转移概率，而相应的随机过程成为齐次马尔可夫过程。

马尔可夫过程的转移概率密度函数也满足切普曼-科尔莫哥洛夫方程，即

$$f_X(x_n;t_n \mid x_k;t_k) = \int_{-\infty}^{\infty} f_X(x_n;t_n \mid x_r;t_r) f_X(x_r;t_r \mid x_k;t_k) \, \mathrm{d}x_r, \quad t_k < t_r < t_n$$
$$(7.58)$$

证明 已知

$$f_X(x_n;t_n \mid x_k;t_k) = \int_{-\infty}^{\infty} f_X(x_n,x_r;t_n,t_r \mid x_k;t_k)\mathrm{d}x_r \tag{7.59}$$

其中

$$f_X(x_n,x_r;t_n,t_r \mid x_k;t_k) = \frac{f_X(x_n,x_r,x_k;t_n,t_r,t_k)}{f_X(x_k;t_k)} =$$
$$\frac{f_X(x_r,x_k;t_r,t_k) f_X(x_n;t_n \mid x_r,x_k;t_r,t_k)}{f_X(x_k;t_k)} =$$
$$f_X(x_r;t_r \mid x_k;t_k) f_X(x_n;t_n \mid x_r,x_k;t_r,t_k) =$$
$$f_X(x_r;t_r \mid x_k;t_k) f_X(x_n;t_n \mid x_r;t_r) \tag{7.60}$$

故

$$f_X(x_n;t_n \mid x_k;t_k) = \int_{-\infty}^{\infty} f_X(x_n;t_n \mid x_r;t_r) f_X(x_r;t_r \mid x_k;t_k)\mathrm{d}x_r \tag{7.61}$$

4. 马尔可夫过程的统计特性及性质

随机过程可用有限维联合概率分布来近似描述统计特性。对马尔可夫过程而言,其 n 维概率分布(密度)可表示为

$$f_X(x_1,x_2,\cdots,x_n;t_1,t_2,\cdots,t_n) = f_X(x_1;t_1)\prod_{k=1}^{n-1} f_X(x_{k+1};t_{k+1} \mid x_k;t_k) \tag{7.62}$$
$$t_1 < t_2 < \cdots < t_n, \quad n=1,2,\cdots$$

这就是说,马尔可夫过程的统计特性可由它的初始概率分布(密度)和转移概率分布(密度)完全确定。

证明

$$f_X(x_1,x_2,\cdots,x_n;t_1,t_2,\cdots,t_n) = f_X(x_1) f_X(x_2 \mid x_1) f_X(x_3 \mid x_1,x_2)\cdots$$
$$f_X(x_n \mid x_1,x_2,\cdots,x_{n-1}) =$$
$$f_X(x_1) f_X(x_2 \mid x_1) f_X(x_3 \mid x_2)\cdots f_X(x_n \mid x_{n-1}) =$$
$$f_X(x_1;t_1)\prod_{k=1}^{n-1} f_X(x_{k+1};t_{k+1} \mid x_k;t_k) \tag{7.63}$$

以上介绍了马氏过程的定义及一些特征,下面给出马氏过程的几个有用的性质。

(1) 同马尔可夫序列的情况一样,逆方向的马尔可夫过程仍为马尔可夫过程。对于任意的 n 和 k,有

$$f_X(x_n;t_n \mid x_{n+1},x_{n+2},\cdots,x_{n+k};t_{n+1},t_{n+2},\cdots,t_{n+k}) = f_X(x_n;t_n \mid x_{n+1};t_{n+1}), n,k \text{ 为任意整数}$$
$$(7.64)$$

证明

$$f_X(x_n;t_n \mid x_{n+1},x_{n+2},\cdots,x_{n+k};t_{n+1},t_{n+2},\cdots,t_{n+k}) =$$
$$\frac{f_X(x_n,x_{n+1},x_{n+2},\cdots,x_{n+k};t_n,t_{n+1},t_{n+2},\cdots,t_{n+k})}{f_X(x_{n+1},x_{n+2},\cdots,x_{n+k};t_{n+1},t_{n+2},\cdots,t_{n+k})} =$$

$$\dfrac{f_X(x_n;t_n)\displaystyle\prod_{i=n}^{n+k-1}f_X(x_{i+1};t_{i+1}\mid x_i;t_i)}{f_X(x_{n+1};t_{n\mid1})\displaystyle\prod_{i=n+1}^{n+k-1}f_X(x_{i+1};t_{i+1}\mid x_i;t_i)}=\dfrac{f_X(x_n;t_n)f_X(x_{n+1};t_{n+1}\mid x_n;t_n)}{f_X(x_{n+1};t_{n+1})}=$$

$$\dfrac{f_X(x_{n+1},x_n;t_{n+1},t_n)}{f_X(x_{n+1};t_{n+1})}=f_X(x_n;t_n\mid x_{n+1};t_{n+1}),\quad n,k \text{ 为任意整数} \tag{7.65}$$

（2）若马尔可夫过程现在状态已知，那么未来的状态与过去的状态是无关的。亦即，若 $t_k<t_r<t_n$，当过程在 t_r 时刻状态已知，则随机变量 X_n 和 X_k 无关，即

$$f_X(x_n,x_k;t_n,t_k\mid x_r;t_r)=f_X(x_n;t_n\mid x_r;t_r)f_X(x_k;t_k\mid x_r;t_r) \tag{7.66}$$

证明　根据式（7.62），有

$$f_X(x_k,x_r,x_n;t_k,t_r,t_n)=f_X(x_k;t_k)f_X(x_r;t_r\mid x_k;t_k)f_X(x_n;t_n\mid x_r;t_r) \tag{7.67}$$

于是

$$f_X(x_n,x_k;t_n,t_k\mid x_r;t_r)=\dfrac{f_X(x_k,x_r,x_n;t_k,t_r,t_n)}{f_X(x_r;t_r)}=$$

$$\dfrac{f_X(x_k;t_k)f_X(x_r;t_r\mid x_k;t_k)f_X(x_n;t_n\mid x_r;t_r)}{f_X(x_r;t_r)}=$$

$$\dfrac{f_X(x_k,x_r;t_k,t_r)}{f_X(x_r;t_r)}f_X(x_n;t_n\mid x_r;t_r)=f_X(x_k;t_k\mid x_r;t_r)f_X(x_n;t_n\mid x_r;t_r) \tag{7.68}$$

（3）若对每个 $t\leqslant t_1<t_2$，$X(t_2)-X(t_1)$ 与 $X(t)$ 皆独立，则过程 $X(t)$ 是马氏过程。

（4）由转移概率密度函数的无后效性可推出

$$E[X(t_n)\mid X(t_{n-1}),\cdots,X(t_1)]=E[X(t_n)\mid X(t_{n-1})]\quad t_1<t_2<\cdots<t_n \tag{7.69}$$

顺便指出，若满足：

$$E[X(t_n)\mid X(t_{n-1}),\cdots,X(t_1)]=X(t_{n-1}) \tag{7.70}$$

则这个过程就称为"鞅"。

7.2　独立增量过程

7.2.1　概述

若随机过程 $X(t)$，$t\in T$ 对任意的时刻 $0\leqslant t_0<t_1<\cdots<t_n<b$，过程的增量 $X(t_1)-X(t_0)$，$X(t_2)-X(t_1)$，$\cdots$，$X(t_n)-X(t_{n-1})$ 是相互独立的随机变量，则称 $X(t)$ 为独立增量过程，又称为可加过程。

若由独立增量过程 $X(t)$，$t\in T$，构造一个新过程 $Y(t)=X(t)-X(t_0)$，$t\in T$，则新过程 $Y(t)$ 也是一个独立增量过程，不仅与 $X(t)$ 有相同的增量规律，而且有 $P\{Y(t_0)=0\}=1$。因此对一般的独立增量过程 $X(t)$，均假设（规定）其初始概率分布为 $P\{X(t_0)=0\}=1$。

由此可见，独立增量过程有这样的特点：在任一个时间间隔上过程状态的改变，并不影响未来的任一时间间隔上状态的改变（也称为无后效性），从而决定了独立增量过程是一种特殊的马尔可夫过程。因此同马尔可夫过程一样，独立增量过程的有限维分布可由它的初始概率

分布 $P\{X(t_0) < x_0\}$ 及一切增量的概率分布唯一确定,这里 t_0 为过程的初始时刻。

本节介绍独立增量过程两个重要的性质。

(1) 独立增量过程 $X(t)$ 是一种特殊的马尔可夫过程。

证明 设增量以 $Y(t_i)$ 表示,即 $Y(t_i) = X(t_i) - X(t_{i-1})(i=1,2,\cdots,n)$。由于 $X(t)$ 为独立增量过程,故 $Y(t_1) = X(t_1), Y(t_2) = X(t_2) - X(t_1), \cdots, Y(t_n) = X(t_n) - X(t_{n-1})$ 为独立随机变量。则有

$$f_Y(y_1, y_2, \cdots, y_n; t_1, t_2, \cdots, t_n) = f_1(y_1; t_1) f_2(y_2; t_2) \cdots f_n(y_n; t_n) \tag{7.71}$$

由 $X(t_0) = 0$,并且利用多维随机变量的函数变换,得

$$f_X(x_1, x_2, \cdots, x_n; t_1, t_2, \cdots, t_n) = f_Y(y_1, y_2, \cdots, y_n; t_1, t_2, \cdots, t_n) =$$
$$f_1(x_1; t_1) f_2(x_2 - x_1; t_2, t_1) \cdots f_n(x_n - x_{n-1}; t_n, t_{n-1}) \tag{7.72}$$

可得

$$f_X(x_n; t_n \mid x_{n-1}, \cdots, x_1; t_{n-1}, \cdots, t_1) = \frac{f_X(x_1, \cdots, x_n; t_1, \cdots, t_n)}{f_X(x_1, \cdots, x_{n-1}; t_1, \cdots, t_{n-1})} =$$
$$\frac{f_1(x_1; t_1) f_2(x_2 - x_1; t_2, t_1) \cdots f_n(x_n - x_{n-1}; t_n, t_{n-1})}{f_1(x_1; t_1) f_2(x_2 - x_1; t_2, t_1) \cdots f_n(x_{n-1} - x_{n-2}; t_{n-1}, t_{n-2})} =$$
$$f_n(x_n - x_{n-1}; t_n, t_{n-1}) = f_n(x_n; t_n \mid x_{n-1}; t_{n-1}) \tag{7.73}$$

可见,在 x_{n-1} 已知条件下,x_n 与 $x_{n-2}, \cdots, x_1$ 无关,因此,过程 $X(t)$ 是马尔可夫过程。

(2) 独立增量过程有限维分布可由它的初始概率分布和所有增量概率分布唯一确定。

设 $Y(t_0) = X(t_0), Y(t_i) = X(t_i) - X(t_{i-1})(i=1,2,\cdots,n)$,增量 $Y(t_i)$ 的概率分布函数可写成 $F_Y(y_i; t_i)$,有

$$X(t_0) = Y(t_0)$$
$$X(t_1) = X(t_1) - X(t_0) + X(t_0) = Y(t_1) + Y(t_0)$$
$$X(t_2) = X(t_2) - X(t_1) + X(t_1) - X(t_0) + X(t_0) = Y(t_2) + Y(t_1) + Y(t_0)$$
$$\cdots\cdots$$
$$X(t_n) = [X(t_n) - X(t_{n-1})] + [X(t_{n-1}) - X(t_{n-2})] + \cdots + [X(t_1) - X(t_0)] + X(t_0) =$$
$$Y(t_0) + Y(t_1) + Y(t_2) + \cdots + Y(t_n) = \sum_{i=0}^{n} Y(t_i) \tag{7.74}$$

可见,$X(t_0)$ 与 $Y(t_0)$ 具有相同的概率分布,$X(t_n)$ 与 $\sum_{i=0}^{n} Y(t_i)$ 具有相同的概率分布,而根据定义中增量的独立性,独立增量过程 $X(t)$ 的 n 维概率分布可表示为

$$F_X(x_0, x_1, x_2, \cdots, x_n; t_0, t_1, t_2, \cdots, t_n) =$$
$$P\{X(t_0) \leqslant x_0, X(t_1) \leqslant x_1, X(t_2) \leqslant x_2, \cdots, X(t_n) \leqslant x_n\} =$$
$$P\Big\{Y(t_0) \leqslant x_0, Y(t_0) + Y(t_1) \leqslant x_1, \cdots, \sum_{i=0}^{n} Y(t_i) \leqslant x_n\Big\} \tag{7.75}$$

利用条件概率表示 n 维分布的方法及马氏过程的无后效性,有

$$F_X(x_0, x_1, x_2, \cdots, x_n; t_0, t_1, t_2, \cdots, t_n) =$$
$$P\{Y(t_0) \leqslant x_0\} P\{Y(t_0) + Y(t_1) \leqslant x_1 \mid Y(t_0) = x_0\} \cdots P\Big\{\sum_{i=0}^{n} Y(t_i) \leqslant x_n \mid \sum_{i=0}^{n-1} Y(t_i) \leqslant x_{n-1}\Big\} =$$

$$P\{Y(t_0)\leqslant x_0\}\,P\{Y(t_1)\leqslant x_1-y_0\}\cdots P\Big\{Y(t_n)\leqslant x_n-\sum_{i=0}^{n-1}y_i\Big\}=$$

$$F(x_0;t_0)\,F(x_1-y_0;t_1)\cdots F\Big(x_n-\sum_{i=0}^{n-1}y_i;t_n\Big)\qquad(7.76)$$

因为

$$\left.\begin{array}{l}x_0=y_0=0\\y_1=x_1\\\cdots\cdots\\\sum_{i=0}^{n-1}y_i=x_{n-1}\end{array}\right\}\qquad(7.77)$$

并且当 $X(t_0)=0$ 时，$F(x_0;t_0)=P\{X(t_0)=0\}=1$，则

$$F_X(x_0,x_1,x_2,\cdots,x_n;t_0,t_1,t_2,\cdots,t_n)=F(x_1;t_1)\cdots F\Big(x_n-\sum_{i=0}^{n-1}y_i;t_n\Big)=$$

$$F(x_1;t_1)\prod_{k=2}^{n}F_n(x_k-x_{k-1};t_k)\qquad(7.78)$$

这就说明，用一维增量概率分布和 $X(t)$ 的初始分布 $F(x_1;t_1)$ 就可充分描述一个独立增量过程的 n 维分布。

如果独立增量过程 $X(t)$ 的增量 $X(t_i)-X(t_{i-1})$ 的分布只与 t_i-t_{i-1} 有关，而与 t_i,t_{i-1} 本身无关，则称 $X(t)$ 为齐次独立增量过程或平稳独立增量过程。

下面介绍两个最重要的独立增量过程：泊松过程和维纳过程。

7.2.2　泊松过程

在日常生活及工程技术领域中，往往需要研究这样一类问题：即在一定时间间隔$[0,t)$内某种现象出现次数的统计规律。例如：在公用事业中，在某个固定的时间间隔$[0,t)$内，到某商店去的顾客数，通过某交叉路口的汽车数，某船舶甲板"上浪"次数，某电话总机接到的呼唤次数；在电子技术中的散弹噪声和脉冲噪声，数字通信中已编码信号的误码个数；等等。所有这些都可以用泊松过程来模拟，进而解决之。实际上，泊松过程属于具有可列个矩形的矩形型马尔可夫过程（或称作纯不连续马尔可夫过程），同时它也是一个独立增量过程。

1. 泊松过程的定义及条件

（1）**定义 7.4**　设随机过程 $X(t),t\in[t_0,\infty)\,(t_0\geqslant0)$，其状态只取非负整数值，若满足以下 3 个条件：

1）$P\{X(t_0)=0\}=1$；

2）$X(t)$ 为均匀独立增量过程；

3）在任意时刻 $t_1,t_2\in[t_0,\infty)$，$t_1<t_2$，相应的随机变量的增量 $X(t_2)-X(t_1)$ 服从数学期望为 $\lambda(t_2-t_1)$ 的泊松分布，即对于 $K=0,1,\cdots$，有

$$P_K(t_2,t_1)=P\{X(t_2,t_1)=K\}=\frac{[\lambda(t_2-t_1)]^K}{K!}\exp[-\lambda(t_2-t_1)],\quad0<t_1<t_2\quad(7.79)$$

式中，$X(t_2,t_1)=X(t_2)-X(t_1)$，则称 $X(t)$ 为泊松过程。

（2）泊松过程 $X(t)$ 满足以下条件：

1）对于任意时刻 $0 \leqslant t_1 < t_2 < \cdots < t_n$，事件出现次数 $X(t_i, t_{i+1})$（$i=1,2,\cdots,n-1$）是相互独立的。

2）对于充分小的 Δt，在 $[t, t+\Delta t)$ 内事件出现 1 次的概率为

$$P_1(t, t+\Delta t) = P\{X(t, t+\Delta t)=1\} = \lambda \Delta t + o(\Delta t) \tag{7.80}$$

式中，$o(\Delta t)$ 是当 $\Delta t \to 0$ 时，关于 Δt 的高阶无穷小量，常数 $\lambda > 0$，λ 称为过程 $X(t)$ 的强度。

3）对于充分小的 Δt，在 $[t, t+\Delta t)$ 内事件出现 2 次及 2 次以上的概率为

$$\sum_{j=2}^{\infty} P_j(t, t+\Delta t) = \sum_{j=2}^{\infty} P\{X(t, t+\Delta t)=j\} = o(\Delta t) \tag{7.81}$$

它与出现 1 次概率式（7.80）相比，可以忽略不计。

将式（7.80）与式（7.81）结合起来可以得到在 $[t, t+\Delta t)$ 内不出现事件（或出现事件 0 次）的概率为

$$P_0(t, t+\Delta t) = 1 - P_1(t, t+\Delta t) - \sum_{j=2}^{\infty} P_j(t, t+\Delta t) = 1 - \lambda \Delta t - o(\Delta t) \tag{7.82}$$

也就是说，若随机过程 $X(t)$ 满足以上 3 个条件，则 $X(t)$ 为泊松过程。这可以通过确定概率 $P_K(t_0, t)$，$0 \leqslant t_0 < t$，$K=0,1,2,\cdots$，证明之。

证明 首先来确定 $P_0(t_0, t)$。为此，对于充分小 $\Delta t > 0$，考虑

$$P_0(t_0, t+\Delta t) = P\{X(t_0, t+\Delta t)=0\} \tag{7.83}$$

因为

$$X(t_0, t+\Delta t) = X(t+\Delta t) - X(t_0) = X(t+\Delta t) - X(t) + X(t) - X(t_0) =$$
$$X(t, t+\Delta t) + X(t_0, t) \tag{7.84}$$

故

$$P_0(t_0, t+\Delta t) = P\{[X(t_0, t) + X(t, t+\Delta t)]=0\} = P\{X(t_0, t)=0, X(t, t+\Delta t)=0\} \tag{7.85}$$

由条件 1），可写成

$$P_0(t_0, t+\Delta t) = P\{X(t_0, t)=0\} P\{X(t, t+\Delta t)=0\} = P_0(t_0, t) P_0(t, t+\Delta t) =$$
$$P_0(t_0, t)[1 - \lambda \Delta t - O(\Delta t)]$$
$$P_0(t_0, t+\Delta t) - P_0(t_0, t) = P_0(t_0, t)[-\lambda \Delta t - O(\Delta t)] \tag{7.86}$$

式（7.86）除以 Δt，并令 $\Delta t \to 0$，得微分方程：

$$\frac{dP_0(t_0, t)}{dt} = -\lambda P_0(t_0, t) \tag{7.87}$$

因为 $P_0(t_0, t_0)=1$，把它作为初始条件，即可求出方程式（7.87）的解为

$$P_0(t_0, t) = e^{-\lambda(t-t_0)}, \quad t > t_0 \tag{7.88}$$

用同样的方法可以确定 $P_1(t_0, t)$。

$$P_1(t_0, t+\Delta t) = P\{X(t_0, t+\Delta t)=1\} = P\{[X(t_0, t) + X(t, t+\Delta t)]=1\} =$$
$$P\{X(t_0, t)=1, X(t, t+\Delta t)=0\} + P\{X(t_0, t)=0, X(t, t+\Delta t)=1\} =$$
$$P_1(t_0, t) P_0(t, t+\Delta t) + P_0(t_0, t) P_1(t, t+\Delta t) \tag{7.89}$$

将式（7.80）、式（7.82）和式（7.88）代入式（7.89）中，经整理后两边除以 Δt，并令 $\Delta t \to 0$，得微分方程：

$$\frac{\mathrm{d}P_1(t_0,t)}{\mathrm{d}t} = -\lambda P_1(t_0,t) + \lambda \mathrm{e}^{-\lambda(t-t_0)} \tag{7.90}$$

由于 $P_1(t_0,t_0)=0$，把它看作初始条件，可以求出方程式（7.90）的解为

$$P_1(t_0,t) = \lambda(t-t_0)\mathrm{e}^{-\lambda(t-t_0)}, \quad t>t_0 \tag{7.91}$$

依此类推，可求得在 $[t_0,t)$ 内事件出现 K 次的概率为

$$P_K(t_0,t) = \frac{[\lambda(t-t_0)]^K}{K!}\exp[-\lambda(t-t_0)], \quad t>t_0, \quad K=0,1,2,\cdots \tag{7.92}$$

得证。

显然，当取 $t_0=0$ 时，有

$$P_K(0,t) = \frac{(\lambda t)^K}{K!}\mathrm{e}^{-\lambda t}, \quad t>0, \quad K=0,1,2,\cdots \tag{7.93}$$

该式表明，对于固定的 t，与泊松分布相应的随机变量 $X(t)$ 服从参数为 λt 的泊松分布，而 λt 也就是在 $[0,t)$ 内事件出现次数的数学期望。也就是说，强度 λ 是单位时间内事件出现次数的数学期望。

图 7.4 为泊松过程的波形图。由图可见，这个过程的每个函数都是阶梯形函数。它在每个随机点 t_i 上产生单位为"1"的矩形。对于给定的 t，$X(t)$ 等于在间隔 $[0,t)$ 内随机点的数量。若用计数器记录一个电子随机发射的过程，就得到这样一个波形，计数器在时刻 t 的指示即为 $X(t)$。

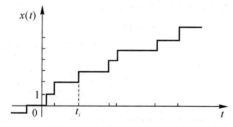

图 7.4　泊松过程的波形图

2. 泊松过程的统计特性

给定时刻 t_a 和 t_b，且 $t_a>t_b$，则有

$$P\{X(t_a)-X(t_b)=K\} = \frac{[\lambda(t_a-t_b)]^K}{K!}\exp[-\lambda(t_a-t_b)] \tag{7.94}$$

下面，先来讨论服从泊松分布的随机变量 $[X(t_b)-X(t_a)]$ 及 $[X(t_c)-X(t_d)]$ 的数学期望、方差和相关函数等统计量。

（1）数学期望。令 $\lambda(t_a-t_b)=m$，于是

$$E[(X(t_a)-X(t_b))] = \sum_{K=0}^{\infty} K\cdot\frac{m^K}{K!}\mathrm{e}^{-m} = m\mathrm{e}^{-m}\sum_{K=1}^{\infty}\frac{m^{K-1}}{(K-1)!} = m\mathrm{e}^{-m}\mathrm{e}^{m} = m = \lambda(t_a-t_b)$$

$$\tag{7.95}$$

（2）均方值及方差。仍令 $\lambda(t_a-t_b)=m$，故均方值为

$$E\{[X(t_a)-X(t_b)]^2\} = \sum_{K=0}^{\infty}K^2\cdot\frac{m^K}{K!}\mathrm{e}^{-m} = \sum_{k=0}^{\infty}K(K-1)\cdot\frac{m^K}{K!}\mathrm{e}^{-m} + \sum_{K=0}^{\infty}K\cdot\frac{m^K}{K!}\mathrm{e}^{-m} = $$

$$m^2 \sum_{K=2}^{\infty} \frac{m^{K-2}}{(K-2)!} e^{-m} + m = m^2 + m = \lambda^2 (t_a - t_b)^2 + \lambda (t_a - t_b)$$

(7.96)

$$D[(X(t_a) - X(t_b))] = E\{[X(t_a) - X(t_b)]^2\} - \{E[X(t_a) - X(t_b)]\}^2 =$$
$$\lambda^2 (t_a - t_b)^2 + \lambda(t_a - t_b) - \lambda^2(t_a - t_b)^2 = \lambda(t_a - t_b) \quad (7.97)$$

(3) 相关函数。

1) 若 $t_a > t_b > t_c > t_d$，如图 7.5(a) 所示，则时间间隔 $(t_a - t_b)$ 与 $(t_c - t_d)$ 互不重叠，于是随机变量 $[X(t_a) - X(t_b)]$ 与 $[X(t_c) - X(t_d)]$ 相互独立，故有

$$E\{[X(t_a) - X(t_b)][X(t_c) - X(t_d)]\} = \lambda^2(t_a - t_b)(t_c - t_d) \quad (7.98)$$

2) 若 $t_a > t_c > t_b > t_d$，如图 7.3(b) 所示，则这时 $(t_a - t_b)$ 与 $(t_c - t_d)$ 有重叠，式(7.98)不再成立，但可将随机变量写成

$$\left.\begin{array}{c} X(t_a) - X(t_b) = [X(t_a) - X(t_c)] + [X(t_c) - X(t_b)] \\ X(t_c) - X(t_d) = [X(t_c) - X(t_b)] + [X(t_b) - X(t_d)] \end{array}\right\} \quad (7.99)$$

利用式(7.96)及式(7.98)经过简单运算后，可得

$$E\{[X(t_a) - X(t_b)][X(t_c) - X(t_d)]\} = \lambda^2(t_a - t_b)(t_c - t_d) + \lambda(t_c - t_b) \quad (7.100)$$

这里 $t_c - t_b$ 是间隔 (t_b, t_a) 和 (t_d, t_c) 重叠部分的长度。

然后由以上所得结果，可以推导出泊松过程 $X(t)$ 的数学期望和相关函数。由式(7.95)，令其中 $t_b = 0, t_a = t$，即可得到 $X(t)$ 的数学期望为

$$E[X(t)] = \lambda t \quad (7.101)$$

由式(7.100)，令式中 $t_b = t_d = 0, t_a = t_1, t_c = t_2$，可得 $X(t)$ 的相关函数为

$$R_X(t_1, t_2) = E[X(t_1)X(t_2)] = \begin{cases} \lambda^2 t_1 t_2 + \lambda t_2 & t_1 \geqslant t_2 \\ \lambda^2 t_1 t_2 + \lambda t_1 & t_1 \leqslant t_2 \end{cases} \quad (7.102)$$

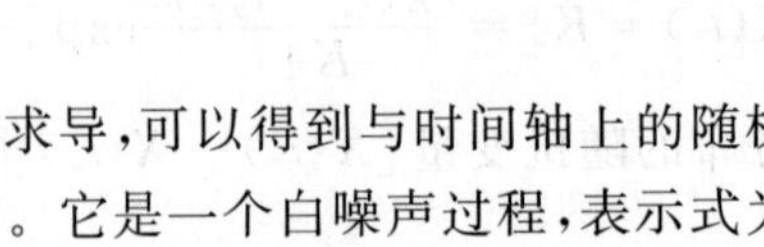

图 7.5　时间位置图

3. 泊松冲激序列

阶梯形的泊松过程对时间求导，可以得到与时间轴上的随机点 t_i 相对应的冲激序列，称此离散随机过程为泊松冲激序列。它是一个白噪声过程，表示式为

$$Z(t) = \frac{\mathrm{d}X(t)}{\mathrm{d}t} = \sum_i \delta(t - t_i) \quad (7.103)$$

研究泊松增量，然后再讨论泊松冲激序列的统计特性。

(1) 泊松增量。由泊松过程 $X(t)$ 在时间间隔 $\Delta t > 0$ 内的增量与 Δt 之比，构成一个新的随机过程，即

$$Y(t) = \frac{X(t + \Delta t) - X(t)}{\Delta t} \quad (7.104)$$

并称为泊松增量。显然，$Y(t)$ 等于 $K/\Delta t$，这里 K 是间隔 $(t, t + \Delta t)$ 内的随机点数（即随机事件

出现的次数）。因此

$$P\left\{Y(t)=\frac{K}{\Delta t}\right\}=\mathrm{e}^{-\lambda\Delta t}\frac{(\lambda\Delta t)^{K}}{K!} \tag{7.105}$$

由式（7.101）可以得到 $Y(t)$ 的均值为

$$E[Y(t)]=\frac{1}{\Delta t}E[X(t+\Delta t)]-\frac{1}{\Delta t}E[X(t)]=\lambda \tag{7.106}$$

为了确定 $Y(t)$ 的自相关函数 $R(t_1,t_2)$，要考虑两种情况。如果 $t_1>t_2+\Delta t$，则间隔 $(t_1,t_1+\Delta t)$ 与 $(t_2,t_2+\Delta t)$ 不重叠，于是由式（7.98），得

$$E[\Delta t^2 Y(t_1)Y(t_2)]=\lambda^2\Delta t^2 \quad 或 \quad E[Y(t_1)Y(t_2)]=\lambda^2 \tag{7.107}$$

如果 $t_2<t_1<t_2+\Delta t$，则 $(t_1+\Delta t,t_1)$ 与 $(t_2+\Delta t,t_2)$ 有重叠，重叠部分的长度为 $(t_2+\Delta t-t_1)$（参看图 7.6）。于是由式（7.100），得

$$E[\Delta t^2 Y(t_1)Y(t_2)]=\lambda^2\Delta t^2+\lambda[\Delta t-(t_1-t_2)] \tag{7.108}$$

或

$$E[Y(t_1)Y(t_2)]=\lambda^2+\frac{\lambda}{\Delta t}-\frac{t_1-t_2}{(\Delta t)^2}\lambda \tag{7.109}$$

对于 $t_1<t_2$ 的情况，可以得到和式（7.109）类似的结果。于是

$$R_Y(t_1,t_2)=E[Y(t_1)Y(t_2)]=\begin{cases}\lambda^2, & |t_1-t_2|>\Delta t（无重叠时）\\ \lambda^2+\dfrac{\lambda}{\Delta t}-\dfrac{\lambda|t_1-t_2|}{\Delta t^2}, & |t_1-t_2|<\Delta t（有重叠时）\end{cases} \tag{7.110}$$

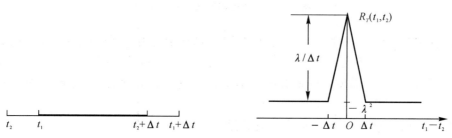

图 7.6　时间位置　　　　　　图 7.7　$R_Y(t_1,t_2)$ 函数曲线图

图 7.7 表示出了 $R_Y(t_1,t_2)$ 曲线。这个函数是常数 λ^2 与面积等于 λ 的三角形之和。当 $\Delta t\to 0$ 时，这个三角形趋于一个冲激 $\lambda\delta(t_1-t_2)$。

（2）泊松冲激序列的统计特性。由于泊松冲激序列实际为

$$Z(t)=\lim_{\Delta t\to 0}Y(t)=\frac{\mathrm{d}X(t)}{\mathrm{d}t} \tag{7.111}$$

故其数学期望和相关函数可分别由式（7.106）和式（7.110）取 $\Delta t\to 0$ 时的极限得到，即

$$E[Z(t)]=\lambda \tag{7.112}$$

$$R_Z(t_1,t_2)=\begin{cases}\lambda^2 & |t_1-t_2|>\Delta t\\ \lambda^2+\lambda\delta(t_1-t_2) & |t_1-t_2|<\Delta t\end{cases} \tag{7.113}$$

由此可见，泊松冲激序列是平稳的。

4. 过滤的泊松过程与散弹噪声

设有一泊松冲激脉冲序列 $Z(t)=\sum_i\delta(t-t_i)$ 经过线性时不变滤波器，则此滤波器输出是

随机过程 $X(t)$（见图 7.8），则

$$X(t) = Z(t) * h(t) = \sum_{i=1}^{N(T)} h(t-t_i) , \quad 0 \leqslant t < \infty \tag{7.114}$$

称之为过滤的泊松过程，t_i 是泊松冲激序列随机出现的时刻点；$h(t)$ 是某个线性时不变系统的冲激响应；$N(T)$ 为在 $[0,T]$ 内输入到滤波器的冲激脉冲的个数，它服从泊松分布，即

$$P\{N(T) = K\} = \frac{(\lambda T)^K}{K!} e^{-\lambda T} , \quad K = 0,1,2,\cdots \tag{7.115}$$

式中，λ 为单位时间内的平均脉冲数。

经分析可知，若 $[0,T]$ 内输入到滤波器的冲激脉冲数 $N(T)$ 为 K，则该 K 个冲激脉冲出现的时间均为独立同分布的随机变量，且此随机变量均匀分布在 $[0,T]$ 内，即

$$f(t_i \mid N(T) = K) = \begin{cases} \dfrac{1}{T}, & 0 \leqslant t_i < T \\ 0, & 其他 \end{cases} \tag{7.116}$$

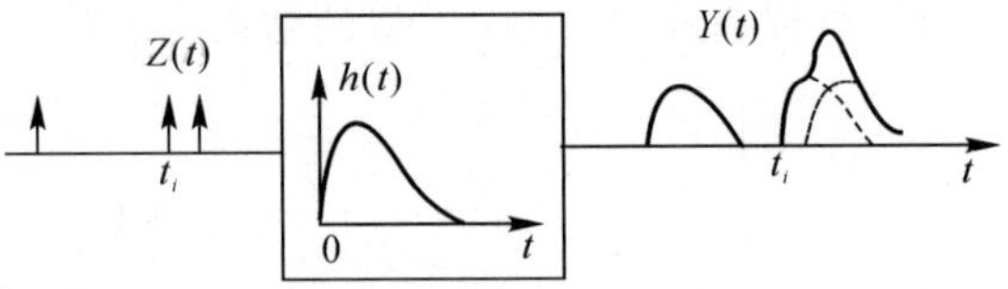

图 7.8　过滤的泊松过程示意图

在温度限制的电子二极管中，由散弹（或散粒）效应引起的散弹（或散粒）噪声电流是过滤的泊松分布。晶体管中有三种类型的噪声：① 热噪声；② 散弹噪声；③ 闪烁噪声（又称 $1/f$ 噪声，是一种低频噪声）。晶体管的散弹噪声的机理与电子管的相类似，它们皆为过滤的泊松分布。

也就是说，散弹噪声 $X(t)$ 也能表示成类似式（7.114）的形式：

$$X(t) = \sum_i h(t-t_i) \tag{7.117}$$

即，可把它看作是泊松冲激（脉冲）序列输入到线性时不变系统的输出。下面来讨论散弹噪声 $X(t)$ 的统计特性。

（1）对于均匀（即 λ 为常数）的情况，可以证明 $X(t)$ 是平稳的。

首先由式（7.112）和式（7.113）可知泊松冲激脉冲序列 $Z(t) = \sum_i \delta(t-t_i)$ 的数学期望和自相关函数为

$$\left.\begin{aligned} E[Z(t)] &= \lambda \\ R_Z(\tau) &= \lambda^2 + \lambda\delta(\tau) \end{aligned}\right\} \tag{7.118}$$

因此可得泊松冲激序列的功率谱密度为

$$G_Z(\omega) = \int_{-\infty}^{\infty} R_Z(\tau) e^{-j\omega\tau} d\tau = 2\pi\lambda^2 \delta(\omega) + \lambda \tag{7.119}$$

现在求散弹噪声的数学期望、相关函数与功率谱密度。根据平稳随机信号通过线性时不变系统的统计特性，可得

$$E[X(t)] = E[Z(t)*h(t)] = E\left[\int_{-\infty}^{\infty} Z(t-\tau)h(\tau)d\tau\right] = \lambda\int_{-\infty}^{\infty} h(\tau)d\tau = \lambda H(0) \tag{7.120}$$

散弹噪声的功率谱密度为

$$G_X(\omega) = |H(\omega)|^2 G_Z(\omega) = 2\pi\lambda^2\delta(\omega)|H(\omega)|^2 + \lambda|H(\omega)|^2 =$$
$$2\pi\lambda^2\delta(\omega)H^2(0) + \lambda|H(\omega)|^2 \tag{7.121}$$

式中，$|H(\omega)|^2\delta(\omega) = H^2(0)\delta(\omega)$。于是可求得散弹噪声的相关函数为

$$R_X(\tau) = \frac{1}{2\pi}\int_{-\infty}^{\infty}G_X(\omega)\mathrm{e}^{\mathrm{j}\omega\tau}\,\mathrm{d}\omega = \lambda^2 H^2(0) + \frac{\lambda}{2\pi}\int_{-\infty}^{\infty}|H(\omega)|^2\mathrm{e}^{\mathrm{j}\omega\tau}\,\mathrm{d}\omega \tag{7.122}$$

又由于

$$|H(\omega)|^2 = H(\omega)H(-\omega) \quad\Leftrightarrow\quad h(t)*h(-t) = \int_{-\infty}^{\infty}h(t-\beta)h(-\beta)\,\mathrm{d}\beta =$$
$$\int_{-\infty}^{\infty}h(t+\alpha)h(\alpha)\,\mathrm{d}\alpha \tag{7.123}$$

即

$$\frac{1}{2\pi}\int_{-\infty}^{\infty}|H(\omega)|^2\mathrm{e}^{\mathrm{j}\omega\tau}\,\mathrm{d}\omega = \int_{-\infty}^{\infty}h(\tau+\alpha)h(\alpha)\,\mathrm{d}\alpha \tag{7.124}$$

故得

$$R_X(\tau) = \lambda^2 H^2(0) + \lambda\int_{-\infty}^{\infty}h(\tau+\alpha)h(\alpha)\,\mathrm{d}\alpha =$$
$$\lambda^2\left[\int_{-\infty}^{\infty}h(t)\,\mathrm{d}t\right]^2 + \lambda\int_{-\infty}^{\infty}h(\tau+\alpha)h(\alpha)\,\mathrm{d}\alpha \tag{7.125}$$

由式(7.125)可见，$X(t)$ 确实是平稳随机过程。均匀的泊松冲激序列 $Z(t)$ 和散弹噪声 $X(t)$ 的自相关函数及功率谱密度如图7.9所示。

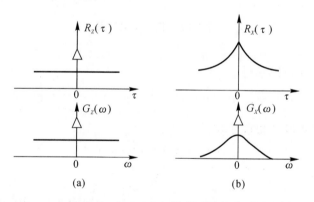

图 7.9　泊松冲激序列和散弹噪声的相关函数和功率谱密度

散弹噪声 $X(t)$ 的自协方差函数和方差为

$$C_X(\tau) = R_X(\tau) - \{E[X]\}^2 = \lambda\int_{-\infty}^{\infty}h(\tau+\alpha)h(\alpha)\,\mathrm{d}\alpha \tag{7.126}$$

$$\sigma_X^2 = R_X(0) - \{E[X]\}^2 = \lambda\int_{-\infty}^{\infty}h^2(\alpha)\,\mathrm{d}\alpha = \lambda\int_{-\infty}^{\infty}h^2(t)\,\mathrm{d}t \tag{7.127}$$

(2) 对于非均匀的情况，即 $\lambda(t)$ 不是常数，则 $X(t)$ 的均值与自协方差函数分别为

$$E[X(t)] = E[Z(t)*h(t)] = \left[\int_{-\infty}^{\infty}E[Z(\tau)]h(t-\tau)\,\mathrm{d}\tau\right] = \int_{-\infty}^{\infty}\lambda(\tau)h(t-\tau)\,\mathrm{d}\tau \tag{7.128}$$

$$C_X(t_1,t_2) = R_X(t_1,t_2) - E[X(t_1)]E[X(t_2)] = \int_{-\infty}^{\infty}\lambda(\alpha)h(t_1-\alpha)h(t_2-\alpha)\,\mathrm{d}\alpha \tag{7.129}$$

式中,$E[Z(t)]=\lambda(t)$。

(3) 如果每个输入冲激脉冲的强度(面积)不等于1,而是q(例如电子电荷),则均匀散弹噪声变为

$$X(t)=\sum_i qh(t-t_i) \tag{7.130}$$

其均值与方差分别为

$$E[X(t)]=\lambda q\int_{-\infty}^{\infty}h(t)\mathrm{d}t \tag{7.131}$$

$$\sigma_X^2=\lambda q^2\int_{-\infty}^{\infty}h^2(t)\mathrm{d}t \tag{7.132}$$

这可以在式(7.120)和式(7.127)中用$qh(t)$代替$h(t)$而得到,若$h(t)$已知,则由测量$X(t)$的均值与方差,就能求出λ和q。

例7.7 图7.10所示的电路中,$i(t)$是一个由冲激电流序列组成的电流源$i(t)=\sum_i q\delta(t-t_i)$,电路两端产生的电压为$V(t)=\sum_i qh(t-t_i)$,这里$h(t)=\frac{1}{C}\mathrm{e}^{-\frac{t}{RC}}U(t)$,$U(t)$为矩形函数。

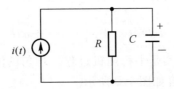

图7.10 例7.7电路图

解 由已知$h(t)$可以求得

$$\int_{-\infty}^{\infty}h(t)\mathrm{d}t=\int_{0}^{\infty}h(t)\mathrm{d}t=R,\quad \int_{-\infty}^{\infty}h^2(t)\mathrm{d}t=\int_{0}^{\infty}h^2(t)\mathrm{d}t=\frac{R}{2C}$$

于是由式(7.131)和式(7.132),可得

$$m_V=E[V(t)]=\lambda qR$$

$$\sigma_V^2=\lambda q^2\frac{R}{2C}$$

若已经测得$V(t)$的均值和方差,则联解上面二式,可推导出λ和q为

$$\lambda=\frac{m_V^2}{2RC\sigma_V^2},\quad q=\frac{2C\sigma_V^2}{m_V}$$

该例是限温二极管的阳极电压数学模型。这里$i(t)$是电流,电子渡越时间被忽略。

5. 泊松过程的应用实例 —— 电报信号

在随机点密度λ为常数的均匀情况下,研究下述泊松过程的另外两个应用实例的统计特性。

(1) 半随机电报信号。半随机电报信号$X(t)$是由只取$+1$或-1的电流给出的随机过程,图7.11所示为$X(t)$的一条样本函数曲线。若在时间间隔$(0,t)$内变号时刻点的总数是偶数,则$X(t)=+1$;如果这个数是奇数,则$X(t)=-1$。

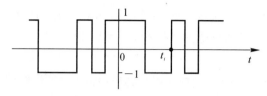

图 7.11　电报信号 $X(t)$ 的样本函数

1) 半随机电报信号的概率分布。在 $(0,t)$ 内出现 K 个变号点的概率 $P_K(0,t)$ 为

$$P_K(0,t) = \frac{(\lambda t)^K}{K!} e^{-\lambda t} \qquad (7.133)$$

由于事件在序列 $\{$在 $(0,t)$ 内出现 K 点$\}(K=0,1,\cdots)$ 是互不相容的,所以在 $(0,t)$ 内变号点的总数为偶数的概率为

$$P_0(0,t) + P_2(0,t) + \cdots = e^{-\lambda t}\left[1 + \frac{(\lambda t)^2}{2!} + \cdots\right] = e^{-\lambda t}\cosh(\lambda t) \qquad (7.134)$$

类似地,可得到 $(0,t)$ 内变号点数为奇数的概率为

$$P_1(0,t) + P_3(0,t) + \cdots = e^{-\lambda t}\left[\lambda t + \frac{(\lambda t)^3}{3!} + \cdots\right] = e^{-\lambda t}\sinh(\lambda t) \qquad (7.135)$$

故得

$$\left. \begin{array}{l} P\{X(t)=1\} = e^{-\lambda t}\cosh(\lambda t) \\ P\{X(t)=-1\} = e^{-\lambda t}\sinh(\lambda t) \end{array} \right\} \qquad (7.136)$$

2) 半随机电报信号的均值。

$$E[X(t)] = (1)\cdot e^{-\lambda t}\cosh(\lambda t) + (-1)\cdot e^{-\lambda t}\sinh(\lambda t) = e^{-\lambda t}\left[\cosh(\lambda t) - \sinh(\lambda t)\right] = e^{-2\lambda t} \qquad (7.137)$$

3) 半随机电报信号的自相关函数。为此需要先找随机变量 $X(t_1)$ 和 $X(t_2)$ 的联合概率。假设 $t_1 - t_2 = \tau > 0$。在此情况下,如果 $X(t_2)=1$,并且在间隔 (t_2,t_1) 内变号点的数量有偶数个,则 $X(t_1)=1$,故

$$P\{X(t_1)=1 \mid X(t_2)=1\} = e^{-\lambda \tau}\cosh(\lambda \tau)$$

$$P\{X(t_1)=1, X(t_2)=1\} = P\{X(t_1)=1 \mid X(t_2)=1\} P\{X(t_2)=1\} =$$
$$e^{-\lambda \tau}\cosh(\lambda \tau) e^{-\lambda t_2}\cosh(\lambda t_2) \qquad (7.138)$$

类似可得

$$P\{X(t_1)=-1, X(t_2)=-1\} = e^{-\lambda \tau}\cosh(\lambda \tau) e^{-\lambda t_2}\sinh(\lambda t_2) \qquad (7.139)$$

同理,还可以得到

$$\left. \begin{array}{l} P\{X(t_1)=1 \mid X(t_2)=-1\} = e^{-\lambda \tau}\sinh(\lambda \tau) \\ P\{X(t_1)=-1 \mid X(t_2)=1\} = e^{-\lambda \tau}\sinh(\lambda \tau) \end{array} \right\} \qquad (7.140)$$

以及

$$\left. \begin{array}{l} P\{X(t_1)=1, X(t_2)=-1\} = e^{-\lambda \tau}\sinh(\lambda \tau)\cdot e^{-\lambda t_2}\sinh(\lambda t_2) \\ P\{X(t_1)=-1, X(t_2)=1\} = e^{-\lambda \tau}\sinh(\lambda \tau)\cdot e^{-\lambda t_2}\cosh(\lambda t_2) \end{array} \right\} \qquad (7.141)$$

于是有

$$R_X(t_1,t_2) = \sum_{\substack{X(t_1)=\pm 1 \\ X(t_2)=\pm 1}} X(t_1)X(t_2)P\{X(t_1),X(t_2)\} =$$

$$1 \times 1 \times P\{X(t_1)=1, X(t_2)=1\} + 1 \times (-1) \times P\{X(t_1)=1, X(t_2)=-1\} +$$
$$1 \times (-1) \times P\{X(t_1)=-1, X(t_2)=1\} +$$
$$(-1) \times (-1) \times P\{X(t_1)=-1, X(t_2)=-1\} = e^{-2\lambda\tau} \tag{7.142}$$

对于 $t_2 - t_1 = \tau > 0$ 的情况,可以推导出与式(7.142)完全相同的表达式。因此 $X(t)$ 的自相关函数为

$$R_X(t_1, t_2) = R_X(\tau) = e^{-2\lambda|t_1-t_2|} = e^{-2\lambda|\tau|} \tag{7.143}$$

图 7.12 所示为半随机电报信号的相关函数图形。由式(7.143)可见,半随机电报信号的自相关函数只与时间差 τ 有关,而与时刻点 t_1, t_2 本身无关。

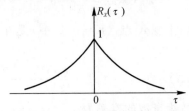

图 7.12 电报信号的自相关函数

由自相关函数可推导出半随机电报信号的功率谱密度为

$$G_X(\omega) = \frac{4\lambda}{4\lambda^2 + \omega^2} \tag{7.144}$$

(2)随机电报信号。给定一个随机变量 a,它以等概率取 $+1$ 和 -1 值,即

$$P\{a=1\} = P\{a=-1\} = \frac{1}{2} \tag{7.145}$$

因此,$E\{a\}=0$,$E\{a^2\}=1$。假设 a 与半随机电报过程 $X(t)$ 相互独立,即对于每个 t,随机变量 $X(t)$ 与随机变量 a 是统计独立的。现在构成一个新的随机过程:

$$Y(t) = aX(t) \tag{7.146}$$

于是,$Y(t) = -X(t)$ 或 $X(t)$,为了与 $X(t)$ 相区别,称 $Y(t)$ 为随机电报信号。显然 $Y(t)$ 的均值和自相关函数分别为

$$E[Y(t)] = E[AX(t)] = E[A]E[X(t)] = 0 \tag{7.147}$$

$$R_Y(t_1, t_2) = E[Y(t_1)Y(t_2)] = E[a^2 X(t_1)X(t_2)] = E[a^2]E[X(t_1)X(t_2)] =$$
$$R_X(t_1, t_2) = e^{-2\lambda|t_1-t_2|} \tag{7.148}$$

或
$$R_Y(\tau) = R_X(\tau) = e^{-2\lambda|\tau|} \tag{7.149}$$

注意,随机过程 $X(t)$ 和 $Y(t)$ 具有渐进($t \to \infty$)相等的统计特性。

7.2.3 维纳过程

维纳过程是另一个重要的独立增量过程,有时称作布朗运动过程。它可以作为随机游动的极限形式来研究,游动过程中的所有轨迹几乎都是连续的。维纳过程可以作为质点的布朗运动,以及电子线路中的理论噪声的一个很好的数学模型,如电阻中电子的热运动就具有维纳过程的性质,可用维纳过程来描述。实际中常把白噪声作为热噪声的理想化模型,而维纳过程可以看作是白噪声通过积分器的输出。此外,维纳过程也是一个非平稳的高斯过程。

1. 定义

若独立增量过程 $X(t)$，其增量的概率分布服从高斯分布，即

$$p\{X(t_2) - X(t_1) < \lambda\} = \frac{1}{\sqrt{2\pi\alpha(t_2 - t_1)}} \int_{-\infty}^{\lambda} \exp\left(\frac{-u^2}{2\alpha(t_2 - t_1)}\right) du, \quad 0 < t_1 < t_2$$

(7.150)

则 $X(t)$ 称为维纳过程。

可以证明，维纳过程是几乎处处连续的，但是在任一固定时刻 t 上以概率 1 不可微分。

对维纳过程还可以给出另外一种定义。即，对所有样本函数几乎处处连续的齐次独立增量过程（或齐次独立增量过程 $X(t, \zeta)$，几乎对所有 ζ，在时间轴上连续），称为维纳过程。按照这个定义给出的条件，可以证明：过程增量是服从高斯分布的。下面对此做些简要说明。

令 $\Delta = \dfrac{t_2 - t_1}{n}, t_2 > t_1$。由于

$$X(t_2) - X(t_1) = [X(t_2) - X(t_2 - \Delta)] + [X(t_2 - \Delta) - X(t_2 - 2\Delta)] + \cdots +$$

$$[X(t_2 - (n-1)\Delta) - X(t_1)] = \sum_{i=1}^{n} Y_i$$

(7.151)

由上述条件，当 $n \to \infty$ 时，亦即 $\Delta \to 0$ 时，$Y_i = X[s - (i-1)\Delta] - X(s - i\Delta) \xrightarrow{\text{a. e.}} 0$，故由中心极限定理可得 $X(t_2) - X(t_1)$ 趋于高斯分布。可见，两种定义是完全一致的。图 7.13 为维纳过程一个样本函数的示意图。

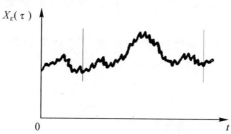

图 7.13　维纳过程一个样本函数

2. 维纳过程统计特性

（1）维纳过程的数学期望和相关函数。由定义式(7.150)，可知

$$E[X(t)] = 0$$

(7.152)

又因为维纳过程 $X(t)$ 是独立增量过程，所以有 $X(t_0) = 0$，则

$$P\{X(t_1) - X(t_0) < \lambda\} = P\{X(t_1) < \lambda\} = \frac{1}{\sqrt{2\pi\alpha t_1}} \int_{-\infty}^{\lambda} \exp\left(\frac{-u^2}{2\alpha t_1}\right) du$$

(7.153)

故

$$D[X(t_1)] = E[X^2(t_1)] = \alpha t_1$$

(7.154)

现在确定相关函数 $R_X(t_1, t_2) = E[X(t_1)X(t_2)]$。

1）当 $t_1 = t_2 = t$ 时，有

$$R_X(t_1, t_2) = E[X(t_1)X(t_2)] = E[X^2(t)] = \alpha t$$

(7.155)

2) 当 $t_1 > t_2$，并将 $X(t_1)$ 写成 $X(t_1) = X(t_2) + X(t_1) - X(t_2)$ 时,有

$$R_X(t_1, t_2) = E[X(t_1)X(t_2)] = E\{[X(t_2) + X(t_1) - X(t_2)]X(t_2)\} =$$
$$E[X^2(t_2)] + E\{[X(t_1) - X(t_2)][X(t_2) - X(t_0)]\} = E[X^2(t_2)] = \alpha t_2 \tag{7.156}$$

3) 当 $t_2 > t_1$ 时,同理可得

$$R_X(t_1, t_2) = E[X(t_1)X(t_2)] = \alpha t_1 \tag{7.157}$$

综合 1)、2)、3) 可得维纳过程的自相关函数为

$$R_X(t_1, t_2) = E[X(t_1)X(t_2)] = \alpha \cdot \min(t_1, t_2) \tag{7.158}$$

(2) 维纳过程与高斯白噪声。虽然维纳过程是连续的(在 a.e. 意义下),但由维纳过程的自相关函数表达式(7.158)可知,对于 $t_1 = t_2 = t$,该过程的 $\partial^2 R_X(t_1, t_2)/\partial t_1 \partial t_2$ 不存在(在 t 点间断),因此维纳过程几乎处处不可微。这样在通常情况下它的导数是不存在的。不过,可以在形式上研究其导数及其性质。$X(t)$ 的形式上的导数也是零均值的高斯过程。

令 $N(t) = \dot{X}(t)$ 为 $X(t)$ 形式上的导数,则 $N(t)$ 的自相关函数为

$$R_N(t_1, t_2) = E[\dot{X}(t_1) \cdot \dot{X}(t_2)] = \alpha \delta(t_1 - t_2) \tag{7.159}$$

可见,形式导数 $N(t) = \dot{X}(t)(t \geqslant 0)$ 正是高斯白噪声,于是维纳过程 $X(t)$,可以写成白噪声(具有零均值、均匀谱的平稳高斯过程) 的积分,即

$$X(t) = \int_0^t N(\tau)\mathrm{d}\tau \tag{7.160}$$

式中,$N(t)$ 有 $E[N(t)] = 0, G_N(\omega) = \alpha$。换言之,维纳过程就是高斯白噪声通过积分器的输出。

(3) 维纳过程的概率分布。维纳过程 $X(t)$ 的一维概率密度函数可以很容易由上述的讨论结果得到

$$f_X(x; t) = \frac{1}{\sqrt{2\pi \alpha t}} \mathrm{e}^{-\frac{x^2}{2\alpha t}} \tag{7.161}$$

而维纳过程 $X(t)$ 的 n 维概率密度函数为

$$f_X(x_1, x_2, \cdots, x_n; t_1, t_2, \cdots, t_n) = f(x_1; t_1)f(x_2 - x_1; t_2, t_1) \cdots f(x_n - x_{n-1}; t_n, t_{n-1}) =$$
$$\prod_{i=1}^{n} \frac{\exp\left(-\frac{1}{2\alpha} \frac{(x_i - x_{i-1})^2}{t_i - t_{i-1}}\right)}{\sqrt{2\pi \alpha (t_i - t_{i-1})}} \tag{7.162}$$

最后将维纳过程的性质归纳为以下几点:

1) $X(t_0) = 0$,且 $X(t)$ 是实过程。

2) $E[X(t)] = 0$。

3) 维纳过程是独立增量过程。

4) 维纳过程满足齐次性,换言之,$X(t_1) - X(t_2)$ 的分布只与 $(t_1 - t_2)$ 有关,而与 t_1 或 t_2 本身无关。

5) $X(t_1) - X(t_2)$ 的方差与 $(t_1 - t_2)$ 成正比,即

$$E\{[X(t_1) - X(t_2)]^2\} = \alpha(t_1 - t_2) \tag{7.163}$$

因为

$$E\{[X(t_1) - X(t_2)]^2\} = E[X^2(t_1)] + E[X^2(t_2)] - 2E[X(t_1)X(t_2)] =$$

$$at_1 + at_2 - 2at_2 = \alpha(t_1 - t_2), \quad t_1 > t_2 \tag{7.164}$$

6）维纳过程是非平稳高斯过程。

3. 扩散方程

可以证明，维纳过程 $X(t)$ 满足下列关系式：

$$\left.\begin{array}{l} \dfrac{\partial f}{\partial t_1} = \dfrac{\alpha}{2}\dfrac{\partial^2 f}{\partial x_1^2} \\[2mm] \dfrac{\partial f}{\partial t_2} + \dfrac{\alpha}{2}\dfrac{\partial^2 f}{\partial x_2^2} = 0 \end{array}\right\} \tag{7.165}$$

它们被称作扩散过程。式中，$f = f(x_2, t_2; x_1, t_1) = f(x_2 \mid x(t_1) = x_1)(t_2 > t_1)$ 是随机变量 $X(t_2)$ 在 $X(t_1) = x_1$ 条件下的条件概率密度函数。

证明　因为 $X(t)$ 具有零均值并为高斯分布，有

$$E[X(t_2) \mid X(t_1) = x_1] = \alpha x_1 = \frac{E[X(t_1)X(t_2)]}{E[X^2(t_1)]}x_1 = x_1, \quad t_2 > t_1 \tag{7.166}$$

又

$$E\{[X(t_2) - \alpha X(t_1)]^2 \mid x_1\} = E[X^2(t_2)] - \frac{E^2[X(t_1)X(t_2)]}{E[X^2(t_1)]} = \alpha t_2 - \frac{\alpha^2 t_1^2}{\alpha t_1} = \alpha(t_2 - t_1) \tag{7.167}$$

即，$X(t_1) = x_1$ 条件下，$X(t_2)$ 的条件方差等于 $\alpha(t_2 - t_1)$，则有

$$f(x_2; t_2 \mid x_1; t_1) = \frac{1}{\sqrt{2\pi\alpha(t_2 - t_1)}}e^{-\frac{(x_2 - x_1)^2}{2\alpha(t_2 - t_1)}} \tag{7.168}$$

对式（7.168）作求导运算，即可证明方程式（7.165）中的扩散方程。实际上，扩散方程是柯尔莫哥洛夫方程（前进方程和后退方程）的特例。柯尔莫哥洛夫方程也称为福克尔-普朗克（Fokker-Planck）方程。这是因为这组方程在特殊的场合用不十分严格的方法，首先为福克尔和普朗克所获得，而在一般的场合，并用严格的方法，则为柯尔莫哥洛夫所得到。

设扩散过程 $X(t)$ 的条件概率密度函数 $f = f(x_2, t_2; x_1, t_1)(t_2 > t_1)$，则柯尔莫哥洛夫（前进和后退）方程可表示为

$$\frac{\partial f}{\partial t_2} + a(x_2; t_2)\frac{\partial f}{\partial x_2} + \frac{1}{2}b(x_2; t_2)\frac{\partial^2 f}{\partial x_2^2} = 0 \tag{7.169}$$

$$\frac{\partial f}{\partial t_1} + \frac{\partial}{\partial x_1}[a(x_1; t_1)f] - \frac{1}{2}\frac{\partial^2}{\partial x_1^2}[b(x_1; t_1)f] = 0, \quad t_1 > t_2 \tag{7.170}$$

式中，$a(x; t)$ 是在 t 时刻质点自 x 出发的瞬时平均速度（或者说是过程 $X(t)$ 变化的平均速度）；$b(x; t)$ 是与质点的瞬时平均动能成比例的，换言之，$b(x; t)$ 是在很小的 Δt 内，质点位移的平方平均偏差与 Δt 的比值。这组方程的意义在于：一般情况下，若想直接通过实验所得资料来确定条件分布函数（一个四元函数），是非常复杂和困难的。但是，可以根据其物理意义，通过比较容易找到的 $a(x; t)$ 和 $b(x; t)$ 来解柯尔莫哥洛夫微分方程，从而得到条件分布函数。因此这组方程在马尔可夫过程的研究中有着重要的意义。

当随机过程 $X(t)$ 为维纳过程，且 $a(x; t) = 0, b(x; t) = \alpha$ 时，代入这组方程便可得到扩散方程，从而解出条件分布函数，也就是说维纳过程是一种特殊的扩散过程。

例 7.8　研究液体中微粒的随机扩散运动。设液体的质量是均匀的，由于微粒的运动是

由许多分子碰撞所产生的许多小随机位移的和,因而可以认为:自时刻 s 到 t 的位移 $(X_t - X_s)$,是许多几乎独立的小位移的和,故由中心极限定理,可假定 $(X_t - X_s)$ 服从高斯分布。此外由液体的均匀性,还可设 $E[X_t - X_s] = 0$,而方差只依赖于时间区间 $(t-s)$,即 $D[X_t - X_s] = \alpha(t-s)$,其中 α 是依赖于液体本身的扩散常数(不同的液体一般有不同的 α)。显然这种情况下的微粒扩散运动 —— 布朗运动,是一个维纳过程,故此维纳过程有时也直接称之为布朗运动。

例 7.9　热噪声是由导线中电子的布朗运动引起的随机现象。电子通过单位导体截面的瞬时电荷量 $q(t)$ 是典型的维纳过程。它服从高斯分布的原因,在于它是由许多独立的电子随机运动叠加产生的。又因每个电子电荷量与通过截面的总载荷量相比为极小量,故过程可看成是连续的。

7.3　独立随机过程

本节简要介绍一下独立随机过程。正如本章开始时所指出的,这是一种比较特殊的随机过程。它的特点是,过程在任一时刻的状态和任何其他时刻的状态之间互不影响。首先给出它严格的定义。

若随机过程 $X(t)$,$t \in T$,它在时间 t 的任意 n 个数值 $t_1, t_2, \cdots, t_n$ 相应的随机变量 $X(t_1)$,$X(t_2), \cdots, X(t_n)$ 是相互独立的,或者说 $X(t)$ 的 n 维分布函数可表示成

$$F_X(x_1, x_2, \cdots, x_n; t_1, t_2, \cdots, t_n) = \prod_{k=1}^{n} F_X(x_k, t_k), \quad n = 2, 3, \cdots \tag{7.171}$$

则称 $X(t)$ 为独立随机过程。可见,独立随机过程的一维分布函数包含了整个过程的全部统计信息。

按照时间参数是连续的还是离散的,独立随机过程可分为下述两种情况:

(1)当 T 为可列集时,独立随机过程就成为独立随机变量序列。例如,在时刻 $t_1, t_2, t_3, \cdots$ 独立和重复地投掷硬币,以正面对应"1",反面对应"0",X_n 表示 t_n 点投掷结果,则 $X_1, X_2, \cdots$,X_n 即为独立随机变量序列。

(2)当 T 为不可列集时,过程的样本函数极不规则,它可能处处不连续。

例 7.10　设独立随机过程 $X(t)$ 的一维分布函数为

$$F_X(x; t) = \frac{1}{\sqrt{2\pi}} \int_{-\infty}^{x} e^{-\frac{y^2}{2}} dy$$

由上式可见,此过程一维分布函数与 t 无关。于是 $X(t_1), X(t_2), \cdots$ 的分布函数均为

$$\frac{1}{\sqrt{2\pi}} \int_{-\infty}^{x} e^{-\frac{y^2}{2}} dy$$

因而可得 $X(t + \Delta t) - X(t)$ 的分布函数为

$$\frac{1}{\sqrt{4\pi}} \int_{-\infty}^{x} e^{-\frac{y^2}{4}} dy$$

这样,对于所有的 Δt,当 $\varepsilon \to 0$ 时,有

$$P\{|X(t + \Delta t) - X(t)| < \varepsilon\} = \int_{-\varepsilon}^{\varepsilon} \frac{1}{\sqrt{4\pi}} e^{-\frac{y^2}{4}} dy \to 0$$

这表明,当 $\Delta t \to 0$ 时,$X(t+\Delta t)$ 与 $X(t)$ 之差小于任意正数 ε 的概率为"0"。换言之,即 $X(t)$ 的样本函数几乎处处不连续。

事实上,这种连续参数的独立随机过程从物理观点上来看是不存在的。因为对于 $t_2 > t_1$ 的两个时刻,当 t_2,t_1 充分接近时完全有理由断言,状态 $X(t_2)$ 将依赖于 $X(t_1)$ 的统计信息,所以连续参数(不可列)的独立随机过程,被认为是一种理想化的随机过程。由于它在数学处理上有简单、方便的特点,所以在实际中常有应用。

独立随机过程的重要应用,就是理想白噪声,它常被用以模拟电子技术中各种常见的随机噪声。若用 $X(t)$ 表示白噪声,则相应于时刻 t 和 $t+\Delta t$ 的任意两个随机变量 $X(t)$ 和 $X(t+\Delta t)$ 总是相互独立的,任何一个有限区间内,总包含有无限多个相互独立的随机变量。换言之,白噪声可认为是大量无限窄脉冲的随机组合。图 7.14 为实际的随机噪声与理想白噪声的波形示意图。

(a)　　　　　　　　　　(b)

图 7.14　实际的随机噪声(a)与理想白噪声(b)

习　题　七

7.1　已知独立随机序列 $\{X(n)\}$ 的各个随机变量分别具有概率密度函数 $f_X(x_1),\cdots,$ $f_X(x_n),\cdots$。令

$$
\begin{cases}
Y_1 = X_1 \\
Y_2 + CY_1 = X_2 \\
\cdots\cdots \\
Y_n + CY_{n-1} = X_n \\
\cdots\cdots
\end{cases}
, \quad n \geqslant 2, \quad C \text{ 为常数}
$$

构成一个新序列 $\{Y(n)\}$。试证明序列 $\{Y(n)\}$ 为马尔可夫序列。

7.2　写出下列集合的马尔可夫链的转移概率矩阵。

(1) $I_1 = \{0,1,2,\cdots,n\}$,$n \geqslant 2$ 是有限个正整数集合。若 $p_{00}=1,p_{nn}=1$,而

$$
p_{ij} = \begin{cases}
p, & j = i+1 \\
q, & j = i-1 \\
0, & \text{其他}
\end{cases}
$$

(2) $I_2 = \{\cdots,-2,-1,0,1,2,\cdots\}$ 是全体整数的集合。

$$
p_{ij} = \begin{cases}
p, & j = i+1 \\
q, & j = i-1 \\
0, & \text{其他}
\end{cases}
$$

7.3 研究质点不可越壁的随机游动。如图 7.15 所示,在线段$[-2,2]$上质点随机游动,它只能停在 $-2,1,0,1,2$ 五个点上,且移动只在 $t=T,2T,\cdots,$ 时刻发生。规则是:移动前在 $-1,0,1$ 点分别以 $\frac{1}{2}$ 概率向前或向后移一步;若在 2 和 -2 点则分别以概率 1 移动到 1 和 -1。设 $X_n=X(nT)$ 为质点在时刻 $t=nT$ 的位置。试列出其一步转移矩阵,并求出极限分布 $\{p_j\}$ 的各个概率。

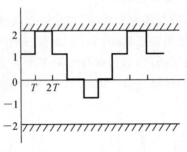

图 7.15 题 7.3 图

7.4 天气预报问题。设明日是否有雨仅与今日的天气(是否有雨)有关,而与过去的天气无关。已知今日有雨而明日也有雨的概率为 0.7,今日无雨而明日有雨的概率为 0.4。把"有雨"称作"1"状态天气,而把"无雨"称为"2"状态天气,则本题属于一个两状态的马尔可夫链。试求:

(1) 它的 1 步至 4 步转移概率矩阵;

(2) 今日有雨而后日(第三日)无雨,今日有雨而第四日也有雨,今日无雨而第五日也无雨的概率各是多少?

7.5 设有 $\{0,1,2\}$ 3 个状态的马尔可夫链,其一步转移概率矩阵为

$$\boldsymbol{P}=\begin{bmatrix} p_1 & q_1 & 0 \\ 0 & p_2 & q_2 \\ q_3 & 0 & p_3 \end{bmatrix}, \quad q_i=1-p_i, i=1,2,3$$

试求:$f_{00}(1),f_{00}(2),f_{00}(3),f_{01}(1),f_{01}(2),f_{01}(3)$。

7.6 设齐次马尔可夫链的转移矩阵为

$$\boldsymbol{P}=\begin{bmatrix} 1/2 & 1/3 & 1/6 \\ 1/3 & 1/3 & 1/3 \\ 1/3 & 1/2 & 1/6 \end{bmatrix}$$

试问此链共有几个状态?求二步转移矩阵。此链是否遍历?求极限分布的各个概率。

7.7 设齐次马尔可夫链的转移矩阵为

$$\boldsymbol{P}=\begin{bmatrix} 0 & 1/2 & 1/2 \\ 1/3 & 0 & 2/3 \\ 1/2 & 1/2 & 0 \end{bmatrix}$$

试问此链共有几个状态?是否具有遍历性?求极限分布的各个概率。

7.8 齐次马尔可夫链的转移矩阵为 $\boldsymbol{P}=\begin{bmatrix} 2/3 & 1/3 \\ 1/3 & 2/3 \end{bmatrix}$,求证:

$$\boldsymbol{P}(n)=\boldsymbol{P}^n \xrightarrow[n\to\infty]{} \begin{bmatrix} 1/2 & 1/2 \\ 1/2 & 1/2 \end{bmatrix}$$

提示：利用遍历性。

7.9　给定一个随机过程 $X(t)$，有 $X_1 = X(t_1)$，$X_2 = X(t_2)$，$\cdots$，$X_n = X(t_n)$，$\cdots$ 为独立随机变量序列，并分别具有概率密度函数为 $f_{X_n}(x_n, t_n) = f_n(x_n, t_n)$，现在构造一个新的随机变量序列

$$Y_1 = Y(t) = X_1, \quad Y_2 = X_1 + X_2, \quad \cdots, \quad Y_n = X_1 + X_2 + \cdots + X_n + \cdots$$

求证：$Y(t)$ 为马尔可夫过程。

7.10　给定一个随机过程 $X(t)$，有 $X_1 = X(t_1)$，$X_2 = X(t_2)$，$\cdots$，$X_n = X(t_n)$，$\cdots$ 为独立随机变量序列，构造一个新随机变量序列为

$$Y_1 = Y(t_1) = X_1, \quad Y_n + c Y_{n-1} = X_n, \quad n \geqslant 2$$

求证：$Y(t)$ 是马尔可夫过程。

7.11　随机过程 $Y(t) = aX(t)$，其中 $X(t)$ 为电报信号 $R_X(\tau) = \mathrm{e}^{-2\lambda|t_1 - t_2|}$，$a$ 为仅能以等概率取 $+1$ 或 -1 的随机变量 $P\{a=1\} = P\{a=-1\} = \dfrac{1}{2}$，且 a 与任意时刻 t 的随机变量 $X(t)$ 相互独立。求 $Y(t)$ 的自相关函数。

7.12　已知泊松冲激序列 $Z(t) = \sum_i \delta(t - t_i)$，这里 t_i 是在时间轴上具有均匀密度 λ 的随机点。过程 $Z(t)$ 通过一个具有冲激响应 $h(t) = \mathrm{e}^{-at} U(t)$ 的线性系统，$U(t)$ 为单位矩形函数，在系统的输出端得到散弹噪声 $X(t)$。求散弹噪声的功率谱、相关函数、均值、方差。

7.13　证明维纳过程是个独立增量过程。

7.14　证明维纳过程的一维特征函数等于 $\mathrm{e}^{-at\omega^2/2}$。

7.15　广义维纳过程：给定具有参量 α 的维纳过程和两个连续函数 $\eta(t)$ 和 $v(t)$ 这里 $v(t)$，是不减函数，构造一个新的随机过程

$$Y(t) = \eta(t) + X[v(t)]$$

求证：$E[\mathrm{e}^{\mathrm{j}\omega Y(t)}] = \mathrm{e}^{\mathrm{j}\omega\eta(t) - \alpha v(t)\omega^2/2}$。

附　　录

附录一　常用傅里叶变换对

序号	时域 $x(t)$	频域 $X(\omega)$
1	$x_n(t)$	$X_n(\omega)$
2	$\sum\limits_{n=1}^{N} a_n x_n(t)$	$\sum\limits_{n=1}^{N} a_n X_n(\omega)$
3	$x(t-t_0)$	$X(\omega)\mathrm{e}^{-\mathrm{j}\omega t_0}$
4	$x(t)\mathrm{e}^{\mathrm{j}\omega_0 t}$	$X(\omega-\omega_0)$
5	$x(at)$	$\dfrac{1}{|a|}X\left(\dfrac{\omega}{a}\right)$
6	$x(-t)$	$X(-\omega)$
7	$x^*(t)$	$X^*(-\omega)$
8	$X(t)$	$2\pi x(-\omega)$
9	$\dfrac{\mathrm{d}^n x(t)}{\mathrm{d}t}$	$(\mathrm{j}\omega)^n X(\omega)$
10	$(-\mathrm{j}t)^n x(t)$	$\dfrac{\mathrm{d}^n X(\omega)}{\mathrm{d}\omega}$
11	$\displaystyle\int_{-\infty}^{t} x(\tau)\mathrm{d}\tau$	$\dfrac{X(\omega)}{\mathrm{j}\omega}+\pi X(0)\delta(\omega)$
12	$x(t)*y(t)$	$X(\omega)Y(\omega)$
13	$x(t)\cdot y(t)$	$\dfrac{1}{2\pi}X(\omega)*Y(\omega)$
14	$\delta(t)$	1
15	1	$2\pi\delta(\omega)$
16	$\mathrm{e}^{\mathrm{j}\omega_0 t}$	$2\pi\delta(\omega-\omega_0)$
17	$\sum\limits_{n=-\infty}^{\infty} a_n\mathrm{e}^{\mathrm{j}n\omega_0 t}$	$2\pi\sum\limits_{n=-\infty}^{\infty} a_n\delta(\omega-n\omega_0)$
18	$\mathrm{sgn}\,(t)$	$\dfrac{2}{\mathrm{j}\omega}$
19	$\mathrm{j}\dfrac{1}{\pi t}$	$\mathrm{sgn}\,(\omega)$
20	$\mathrm{U}(t)$	$\pi\delta(\omega)+\dfrac{1}{\mathrm{j}\omega}$
21	$\mathrm{rect}\left(\dfrac{t}{T}\right)$	$T\cdot\mathrm{Sa}\left(\dfrac{\omega T}{2}\right)$
22	$\dfrac{B}{2\pi}\cdot\mathrm{Sa}\left(\dfrac{Bt}{2}\right)$	$\mathrm{rect}\left(\dfrac{\omega}{B}\right)$

续 表

序号	时域 $x(t)$	频域 $X(\omega)$
23	$\mathrm{tri}\left(\dfrac{t}{T}\right)$	$T \cdot \mathrm{Sa}^2\left(\dfrac{\omega T}{2}\right)$
24	$\dfrac{B}{2\pi} \cdot \mathrm{Sa}^2\left(\dfrac{Bt}{2}\right)$	$\mathrm{tri}\left(\dfrac{\omega}{B}\right)$
25	$\cos \omega_0 t$	$\pi[\delta(\omega-\omega_0)+\delta(\omega+\omega_0)]$
26	$\sin \omega_0 t$	$-\mathrm{j}\pi[\delta(\omega-\omega_0)-\delta(\omega+\omega_0)]$
27	$\cos \omega_0 t \cdot U(t)$	$\dfrac{\pi}{2}[\delta(\omega-\omega_0)+\delta(\omega+\omega_0)]+\dfrac{\mathrm{j}\omega}{\omega_0^2-\omega^2}$
28	$\sin \omega_0 t \cdot U(t)$	$\dfrac{\pi}{2\mathrm{j}}[\delta(\omega-\omega_0)-\delta(\omega+\omega_0)]+\dfrac{\omega}{\omega_0^2-\omega^2}$
29	$\mathrm{e}^{-\beta t}U(t)$	$\dfrac{1}{\beta+\mathrm{j}\omega}$
30	$t\mathrm{e}^{-\beta t}U(t)$	$\dfrac{1}{(\beta+\mathrm{j}\omega)^2}$
31	$t^n\mathrm{e}^{-\beta t}U(t)$	$\dfrac{n!}{(\beta+\mathrm{j}\omega)^{n+1}}$
32	$\mathrm{e}^{-\beta|t|}$	$\dfrac{2\beta}{\beta^2+\omega^2}$
33	$\exp\left(-\dfrac{t^2}{2\sigma^2}\right)$	$\sigma\sqrt{2\pi}\exp\left(-\dfrac{\sigma^2\omega^2}{2}\right)$
34	$\mathrm{e}^{-\beta t}\cos \omega_0 t \cdot U(t)$	$\dfrac{\beta+\mathrm{j}\omega}{\omega_0^2+(\beta+\mathrm{j}\omega)^2}$
35	$\mathrm{e}^{-\beta t}\sin \omega_0 t \cdot U(t)$	$\dfrac{\omega_0}{\omega_0^2+(\beta+\mathrm{j}\omega)^2}$

说明：

(1) 表中：a, a_n, t_0 和 ω_0 都是实常数，T, B, β 和 σ 都是正的实常数。

(2) $U(t)$ 为单位阶跃函数，$U(t)=\begin{cases}1, & t \geqslant 0 \\ 0, & t < 0\end{cases}$。

(3) $\mathrm{sgn}(t)$ 为符号函数，$\mathrm{sgn}(t)=\begin{cases}1, & t > 0 \\ 0, & t = 0 \\ -1, & t < 0\end{cases}$。

(4) $\mathrm{rect}(t)$ 为单位矩形函数，$\mathrm{rect}(t)=\begin{cases}1, & |t| \leqslant 1/2 \\ 0, & |t| > 1/2\end{cases}$。

(5) $\mathrm{Sa}(t)$ 为取样函数，$\mathrm{Sa}(t)=\dfrac{\sin t}{t}$。

(6) $\mathrm{tri}(t)$ 为三角函数，$\mathrm{tri}(t)=\begin{cases}1-|t|, & |t| \leqslant 1 \\ 0, & |t| > 1\end{cases}$。

附录二　　常见电路的单位冲激响应函数和传递函数

序　号	电　路	单位冲激响应函数 $h(t)$ 和传递函数 $H(\omega)$
1		$h(t) = \dfrac{1}{RC}e^{-t/RC}U(t), H(\omega) = \dfrac{1}{1+\mathrm{j}\omega RC}$
2		$h(t) = \delta(t) - \dfrac{1}{RC}e^{-t/RC}U(t), H(\omega) = \dfrac{\mathrm{j}\omega RC}{1+\mathrm{j}\omega RC}$
3		$h(t) = \dfrac{R}{L}e^{-Rt/L}U(t), H(\omega) = \dfrac{R}{R+\mathrm{j}\omega L}$
4		$h(t) = \delta(t) - \dfrac{R}{L}e^{-Rt/L}U(t), H(\omega) = \dfrac{\mathrm{j}\omega L}{R+\mathrm{j}\omega L}$
5	高斯滤波器	$h(t) = \dfrac{\Delta\omega}{\sqrt{2\pi}}\exp\left\{-\dfrac{\Delta\omega^2}{2\pi}(t-t_0)^2 + \mathrm{j}\omega_0 t\right\},$ $H(\omega) = \exp\left\{-\dfrac{\pi}{2}\left(\dfrac{\omega-\omega_0}{\Delta\omega}\right)^2 - \mathrm{j}t_0(\omega-\omega_0)\right\}$
6	理想带通滤波器	$h(t) = \dfrac{\Delta\omega}{2\pi}\mathrm{Sa}\left[\dfrac{\Delta\omega(t-t_0)}{2}\right]e^{\mathrm{j}\omega_0 t},$ $H(\omega) = \begin{cases} e^{-\mathrm{j}t_0(\omega-\omega_0)}, & -\Delta\omega/2 \leqslant \omega-\omega_0 \leqslant \Delta\omega/2 \\ 0, & \text{其他} \end{cases}$

附录三　　常用积分公式

1. $\displaystyle\int_0^\infty e^{-\alpha^2 x^2}\,\mathrm{d}x = \frac{\sqrt{\pi}}{2\mid\alpha\mid}$

2. $\displaystyle\int_0^\infty e^{-ax^2}\cos(bx)\,\mathrm{d}x = \frac{1}{2}\sqrt{\frac{\pi}{\mid a\mid}}\exp\left(-\frac{b^2}{4\mid a\mid}\right)$

3. $\displaystyle\int_0^\infty \frac{\sin ax}{x}\,\mathrm{d}x = \frac{\pi}{2},\ a>0$

4. $\displaystyle\frac{\mathrm{d}(\arctan x)}{\mathrm{d}x} = \frac{1}{1+x^2}$

5. $\displaystyle\int_{-\infty}^\infty \delta(\tau)e^{-\mathrm{j}\omega\tau}\,\mathrm{d}\tau = 1$

6. $\displaystyle\int_{-\infty}^\infty e^{\mathrm{j}\omega\tau}\,\mathrm{d}\tau = 2\pi\delta(\omega)$

参 考 文 献

[1]   朱华，黄辉宁，李永庆，等. 随机信号分析[M]. 北京：北京理工大学出版社，1990.

[2]   吴祁耀. 随机过程[M]. 北京：国防工业出版社，1984.

[3]   罗鹏飞，张文明. 随机信号分析与处理[M]. 北京：清华大学出版社，2006.

[4]   STARK H, WOODS J W. Probability and Random Processes with Applications to Signal Processing [M]. 北京：高等教育出版社，2008.

[5]   ORFANIDIS S J. Introduction to Signal Processing[M]. 北京：清华大学出版社，1999.

[6]   TREES H L. Detect, Estimation, and Modulation Theory：Part Ⅲ：Radar‐Sonar Signal Processing and Gaussian Signals in Noise [M]. 北京：电子工业出版社，2003.

[7]   OPPENHEIM A V, SCHAFER R W. Digital Signal Processing [M]. Englewood Cliffs：Prentice‐Hall，1975.

[8]   LAWLER G F. 随机过程导论[M]. 张景肖，译. 北京：机械工业出版社，2010.

[9]   KAY S M. 统计信号处理基础：估计与检测理论[M]. 罗鹏飞，张文明，刘忠，等译. 北京：电子工业出版社，2006.

[10]   张贤达. 现代信号处理[M]. 北京：清华大学出版社，1995.

[11]   沈永欢，梁在中，许履瑚，等. 实用数学手册[M]. 北京：科学出版社，1992.

[12]   常建平，李海林. 随机信号分析[M]. 北京：科学出版社，2006.

[13]   李晓峰，李在铭，周宁，等. 随机信号分析[M]. 3 版. 北京：电子工业出版社，2007.

[14]   赵淑清，郑薇. 随机信号分析[M]. 哈尔滨：哈尔滨工业大学出版社，1999.

[15]   马文平，李兵兵，田红心，等. 随机信号分析与应用[M]. 北京：科学出版社，2006.

[16]   王永德，王军. 随机信号分析基础[M]. 5 版. 北京：电子工业出版社，2020.

[17]   张贤达，保铮. 非平稳信号分析与处理[M]. 北京：国防工业出版社，1998.

[18]   科恩. 时-频分析：理论与应用[M]. 白居宪，译. 西安：西安交通大学出版社，1998.

[19]   张力军，钱学荣，张宗橙，等. 通信原理[M]. 北京：高等教育出版社，2008.

[20]   郑薇，赵淑清，李卓明，等，随机信号分析[M]. 3 版. 北京：电子工业出版社，2015.

[21]   杨洁，刘聪锋. 随机信号分析：英文版[M]. 北京：科学出版社，2019.

[22]   李欣，等. MATLAB 信号处理与应用. 北京：机械工业出版社，2022.